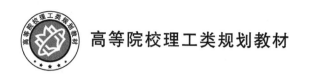

高等院校理工类规划教材

概率论与数理统计

主　编　刘喜波
副主编　崔玉杰　徐礼文

北京邮电大学出版社
www.buptpress.com

图书在版编目(CIP)数据

概率论与数理统计 / 刘喜波主编. -- 北京：北京邮电大学出版社，2020.8(2025.3 重印)
ISBN 978-7-5635-6003-5

Ⅰ. ①概… Ⅱ. ①刘… Ⅲ. ①概率论—高等学校—教材②数理统计—高等学校—教材 Ⅳ. ①O21

中国版本图书馆 CIP 数据核字(2020)第 040436 号

策划编辑：马晓仟　　责任编辑：马晓仟　米文秋　　封面设计：七星博纳

出版发行：北京邮电大学出版社
社　　址：北京市海淀区西土城路 10 号
邮政编码：100876
发 行 部：电话：010-62282185　传真：010-62283578
E-mail：publish@bupt.edu.cn
经　　销：各地新华书店
印　　刷：保定市中画美凯印刷有限公司
开　　本：787 mm×1 092 mm　1/16
印　　张：15.5
字　　数：404 千字
版　　次：2020 年 8 月第 1 版
印　　次：2025 年 3 月第 6 次印刷

ISBN 978-7-5635-6003-5　　　　　　　　　　　　　　　　　定价：40.00 元
・如有印装质量问题，请与北京邮电大学出版社发行部联系・

前　言

"概率论与数理统计"是研究和揭示随机现象统计规律性的科学，在自然科学、社会科学、工程技术、工农业生产及日常生活等领域有着广泛的应用，是高等学校理、工、经、管类本科各专业的一门重要的基础理论课程，也是绝大多数专业在本科阶段开设的唯一一门研究随机现象的课程。

本书共分两部分：第一部分（第 1 章至第 5 章）为概率论部分，主要介绍概率论的基本概念、基本理论、基本方法等；第二部分（第 6 章至第 10 章）为数理统计部分，主要介绍参数估计、假设检验、方差分析和线性回归分析等内容。编者在编写本书的过程中，力求直观明了、通俗易懂，减少烦琐的理论证明；例题、习题的选择尽量兼顾不同专业的特点，具有普适性；每一章后均附有习题，其中习题(B)是近年来全国硕士研究生入学考试试题，以满足参加研究生入学考试学生的需求，因而本书也可作为硕士研究生入学考试的应试参考书。同时，本书也可供工程技术人员参考。

本书主编为刘喜波，副主编为崔玉杰、徐礼文。

本书编写分工如下：崔玉杰（第 1 章）、赵桂梅（第 2 章）、刘喜波（第 3 章）、周梅（第 4 章）、高波（第 5 章）、李俊刚（第 6 章）、李文鸿（第 7 章）、陈云（第 8 章）、徐嗣棪（第 9 章）、徐礼文（第 10 章），全书由刘喜波定稿。

本书的编写得到了北方工业大学统计学系全体教师的支持和帮助，编者在此表示诚挚的谢意。编者也参阅了大量公开出版的相关教材，在此对相关教材的作者一并表示感谢。限于编者的水平，本书难免存在不足之处，欢迎读者批评指正。

编　者
2019 年 12 月于北京

目 录

第1章 概率论的基本知识 ·· 1

1.1 随机试验、随机事件及样本空间 ··· 1
1.1.1 随机试验 ·· 1
1.1.2 随机事件及样本空间 ·· 2
1.2 事件间的关系与事件的运算 ·· 2
1.2.1 包含关系 ·· 2
1.2.2 事件的并与交 ··· 3
1.2.3 对立事件与差事件 ··· 3
1.2.4 互斥事件 ·· 4
1.2.5 完备事件组 ·· 4
1.2.6 事件运算的性质 ·· 4
1.3 频率与概率 ··· 5
1.3.1 频率 ·· 5
1.3.2 概率的统计定义 ·· 6
1.3.3 概率的数学定义 ·· 6
1.3.4 古典概型(等可能概型) ··· 7
1.4 概率的加法法则 ·· 9
1.5 条件概率、乘法公式、全概率公式和贝叶斯公式 ··· 11
1.5.1 条件概率 ·· 11
1.5.2 全概率公式 ··· 12
1.5.3 贝叶斯(Bayes)公式 ··· 13
1.6 事件的独立性 ·· 15
1.6.1 事件的独立性 ··· 15
1.6.2 独立试验序列 ··· 18
1.7 几何概率 ··· 19
习题1 ··· 21

第2章 随机变量及其分布 ··· 26

2.1 随机变量及其分布函数 ··· 26

  2.1.1 随机变量的概念和例子 ·· 26
  2.1.2 随机变量的数学定义 ·· 27
  2.1.3 随机变量的分布函数 ·· 27
 2.2 离散型随机变量及其分布 ·· 28
 2.3 连续型随机变量及其分布 ·· 35
 2.4 随机变量函数的分布 ·· 44
 习题 2 ·· 46

第 3 章　多维随机变量及其分布 ··· 51

 3.1 二维随机变量 ·· 51
 3.2 二维离散型随机变量 ·· 53
 3.3 二维连续型随机变量 ·· 58
 3.4 随机变量的独立性 ·· 64
 3.5 随机变量的函数的分布 ··· 67
 习题 3 ·· 71

第 4 章　随机变量的数字特征 ··· 79

 4.1 数学期望 ··· 79
  4.1.1 数学期望的概念 ·· 79
  4.1.2 随机变量函数的期望 ·· 83
  4.1.3 数学期望的性质及其应用 ·· 85
 4.2 方差 ·· 87
  4.2.1 方差的概念 ··· 87
  4.2.2 方差的计算 ··· 88
  4.2.3 一些常用分布的方差 ·· 89
  4.2.4 方差的性质 ··· 91
 4.3 协方差与相关系数 ·· 94
  4.3.1 协方差的定义 ·· 94
  4.3.2 协方差的性质 ·· 94
  4.3.3 协方差的计算 ·· 94
  4.3.4 相关系数 ·· 95
 4.4 随机变量的矩 ··· 97
 习题 4 ·· 98

第 5 章　大数定律及中心极限定理 ·· 102

 5.1 引言 ·· 102
 5.2 大数定律 ··· 103
 5.3 中心极限定理 ··· 108
 习题 5 ·· 113

第6章 样本及抽样分布 ············ 115

6.1 简单随机样本 ············ 115
6.1.1 总体和表征总体的随机变量 ············ 115
6.1.2 简单随机样本 ············ 116
6.2 统计量 ············ 118
6.3 抽样分布 ············ 121
6.3.1 χ^2 分布 ············ 121
6.3.2 t 分布 ············ 123
6.3.3 F 分布 ············ 124
6.3.4 正态总体的常用抽样分布 ············ 125
习题 6 ············ 129

第7章 参数估计 ············ 131

7.1 点估计 ············ 131
7.1.1 参数估计 ············ 131
7.1.2 点估计方法 ············ 132
7.2 估计量的评价标准 ············ 138
7.2.1 无偏性 ············ 139
7.2.2 有效性 ············ 140
7.2.3 一致性 ············ 141
7.3 区间估计 ············ 141
7.3.1 单一正态总体均值与方差的区间估计 ············ 141
7.3.2 两个正态总体均值之差与方差之比的区间估计 ············ 144
7.3.3 大样本情形下总体均值的区间估计 ············ 146
7.3.4 单侧置信区间 ············ 148
习题 7 ············ 148

第8章 假设检验 ············ 153

8.1 假设检验的基本概念 ············ 153
8.1.1 统计假设的概念和类型 ············ 153
8.1.2 统计假设的检验 ············ 154
8.1.3 显著性检验 ············ 156
8.2 单个正态总体的假设检验 ············ 157
8.2.1 单个正态总体的双侧假设检验 ············ 158
8.2.2 单个正态总体的单侧假设检验 ············ 160
8.3 两个正态总体的检验 ············ 162
8.3.1 两个正态总体均值(或均值差)的检验 ············ 162
8.3.2 两个正态总体方差(或方差比)的检验 ············ 163
8.3.3 非正态总体数学期望的检验* ············ 164

习题 8 ··· 165

第 9 章 方差分析 ·· 167

9.1 单因素试验的方差分析 ··· 167
9.1.1 方差分析的基本思想 ··· 167
9.1.2 单因素等重复试验的方差分析模型 ·· 169
9.1.3 不等重复试验的单因素方差分析 ··· 172

9.2 双因素试验的方差分析 ··· 174
9.2.1 双因素等重复试验的方差分析 ·· 174
9.2.2 双因素无重复试验的方差分析 ·· 179

习题 9 ··· 182

第 10 章 线性回归分析 ·· 185

10.1 一元线性回归模型 ·· 185
10.2 参数估计 ··· 187
10.2.1 最小二乘估计 ··· 187
10.2.2 极大似然估计 ··· 189
10.2.3 估计的性质 ·· 190

10.3 回归模型的检验 ··· 191
10.3.1 F 检验 ·· 192
10.3.2 t 检验 ·· 194

10.4 根据回归方程进行预测和控制 ·· 195
10.4.1 均值 $E(y_0|x_0)$ 的置信区间 ·· 195
10.4.2 观测值 y_0 的预测区间 ··· 196
10.4.3 几点说明 ··· 197
10.4.4 控制问题 ··· 197

10.5 可化为线性回归的非线性回归模型 ··· 199
10.6 多元线性回归简介 ··· 201

习题 10 ·· 204

习题参考答案 ·· 206

附录 ··· 229

第1章 概率论的基本知识

概率论是从数量方面研究随机现象规律性的学科，概率论的理论与方法已广泛应用于工业、农业、军事和科学技术中。比如应用于气象预报、地震预报、石油勘探、经济管理、空间技术和自动控制领域等。数理统计方法应用于工农业生产及社会科学研究中，比如产品检验、质量控制、人口预测、风险管理和精算研究，等等。

那么，什么是随机现象？当我们观察自然界和社会上发生的多种现象时发现，自然界和人类社会中的各种现象，大体上可以分为两大类：必然现象和随机现象。必然现象指在一定条件下一定出现的现象。例如，"在标准大气压下，纯水加热到100℃沸腾""平面三角形的任意两边之和大于第三边""同性电荷互相排斥"……都是必然现象。自然科学和社会科学中多数学科的任务，就是研究必然现象出现的条件，并且预示它们出现时所产生的结果。随机现象，指在相同的条件下，可能出现也可能不出现的现象，而且这类现象出现时所产生的结果是不确定的，并且是事先不能确切预测的。如有人买了一张奖券，在开奖前无法确知他是否中奖；掷一枚均匀硬币，在硬币落地前不能确定正面是否朝上等。

但经大量的反复试验发现随机现象又有一定的规律，概率论和数理统计就是研究随机现象发生规律的学科，概率论和数理统计提供了度量现象发生可能性大小的技术和方法，正如物体的重量可"称"、物体的长度可"量"一样，现象发生的可能性大小也可以通过概率论方法进行"测量"。

1.1 随机试验、随机事件及样本空间

1.1.1 随机试验

概率论中的试验是一个含义广泛的术语，这种试验既包括各种各样的科学实验又包括对某一事物的某一特征的观测。

例如，对某一目标进行射击，产品的抽样验收，观察某商店每天的销售额，观察某交通干线上每天交通事故的次数，在分析天平上称量一件物品，记录某地一昼夜的气温……都可以视为随机试验。由于概率论主要研究大量随机现象，一般不研究个别随机现象，故通常假定随机试验可以重复进行，如将一枚硬币抛掷多次，观测其出现正反面的次数；将一枚骰子抛掷多次，观测其出现点数的次数。此外，虽然试验结果具有随机性，但是随机试验中一切可能出现的结果应当是明确的，因为所研究的随机现象应当是可以观测的，否则就无法对其进行研究。

所以,概率论中的随机试验具有以下 3 个特点:

第一,可以在相同的条件下重复进行;

第二,每次试验的可能结果不止一个,并且能事先明确试验的所有结果;

第三,进行一次试验之前不能确定哪个结果出现。

本教材中所说的试验都是指随机试验,我们利用随机试验来研究随机现象发生的规律。

1.1.2 随机事件及样本空间

掷一枚均匀硬币的随机试验共有两个可能的基本结果:正面朝上、正面朝下;掷一枚均匀骰子出现的点数共有 6 个可能的基本结果:1,2,3,4,5,6;这样我们把随机试验所有可能的结果放在一起组成的集合称为样本空间。用字母 Ω 表示,$\Omega_1 = \{$正面朝上、正面朝下$\}$;$\Omega_2 = \{1,2,3,4,5,6\}$。

随机试验的每一基本结果称为基本事件,也称样本点;第一个试验有两个基本事件:$\{$正面朝上$\}$、$\{$正面朝下$\}$,第二个试验有 6 个基本事件:$\{1\}$、$\{2\}$、$\{3\}$、$\{4\}$、$\{5\}$、$\{6\}$。

在一定的条件下,可能发生也可能不发生的事件叫作**随机事件**,简称**事件**;以字母 $A,B,C,\cdots$ 表示随机事件。

因为基本事件在一次试验中可能发生也可能不发生,所以基本事件是随机事件,但是随机事件不一定都是基本事件,比如事件"掷一枚骰子出现的点数大于 3"可能发生也可能不发生,显然它是随机事件,但它包括 3 个基本结果 4、5、6,记为 $A = \{4,5,6\}$,所以不能说它是一个基本事件。注意:一个基本事件能且只能包含一个基本结果。

在一定条件下必然发生的事件叫作必然事件;在一定条件下必然不发生的事件叫作不可能事件。分别以字母 Ω 和 $\varnothing$ 表示必然事件和不可能事件。

例 同时掷两枚均匀硬币的试验,记为试验 E,硬币出正面记为 H,硬币出反面记为 T,事件 A_1:"第一枚是正面",即 $A_1 = \{HH,HT\}$;事件 A_2:"两枚都出正面",即 $A_2 = \{HH\}$;事件 A_3:"两枚出现的面相同",即 $A_3 = \{HH,TT\}$;必然事件 $\Omega = \{HH,HT,TH,TT\}$。

1.2 事件间的关系与事件的运算

1.2.1 包含关系

若事件 A 发生必导致事件 B 发生,则称 B 包含 A(图 1.2.1),记作 $A \subset B$。若 $A \subset B$ 且 $A \supset B$,则 $A = B$,称 A 与 B 相等。

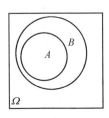

图 1.2.1

1.2.2 事件的并与交

事件 A,B 的并(图 1.2.2),有时也称事件 A,B 的和,表示 A,B 两个事件中至少有一个发生,记为 $A\cup B$。事件 A,B 的交(图 1.2.3)表示 A,B 两事件同时发生,记为 $A\cap B, A\cdot B$ 或 AB。

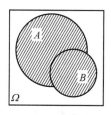

图 1.2.2

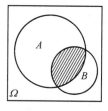

图 1.2.3

还可定义 n 个事件的并与交。表示为

$$A_1\cup A_2\cup\cdots\cup A_n=\bigcup_{k=1}^{n}A_k, \quad A_1\cap A_2\cap\cdots\cap A_n=\bigcap_{k=1}^{n}A_k$$

同理可定义无穷个事件的并与交。表示为

$$A_1\cup A_2\cup\cdots=\bigcup_{k=1}^{\infty}A_k, \quad A_1\cap A_2\cap\cdots=\bigcap_{k=1}^{\infty}A_k$$

如投掷两枚均匀的硬币,A 表示"正好一枚正面朝上",B 表示"正好两枚正面朝上",C 表示"至少一枚正面朝上",于是

$A\cup B=C, \quad A\cap C=A, \quad B\cap C=B, \quad A\cap B=\varnothing$($\varnothing$ 表示不可能事件)

1.2.3 对立事件与差事件

事件"非 A"称为事件 A 的对立事件或逆事件(图 1.2.4),记作 $\overline{A}$。$\overline{\overline{A}}=\{$非非 $A\}=A$,所以 A 也是 $\overline{A}$ 的对立事件。

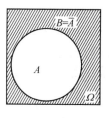

图 1.2.4

差事件 $A-B$(图 1.2.5 及图 1.2.6)表示事件 A 发生,但事件 B 不发生。于是 $A-B=A\overline{B}=A-AB$。

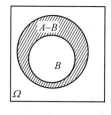

图 1.2.5

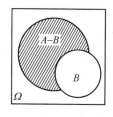

图 1.2.6

我们看到,在一次试验中,A 与 $\bar{A}$ 不会同时发生,而且 A 与 $\bar{A}$ 中至少有一个发生。这就是说,A 与 $\bar{A}$ 满足:

(1) $A \cup \bar{A} = \Omega$(Ω 表示必然事件);

(2) $A \cap \bar{A} = \varnothing$。

1.2.4 互斥事件

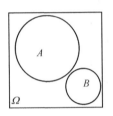

图 1.2.7

如果事件 A 与 B 不能同时发生,即
$$A \cap B = \varnothing$$
则称 A 与 B 是互不相容的事件(图 1.2.7),或称 A 与 B 为互斥事件。

如从 10 件产品中任取 2 件,"正好有一件不合格品"与"正好有两件不合格品"是互不相容的事件。"正好有一件不合格品"和"至少有一件不合格品"不是互不相容的事件。

显然,对立事件一定是互不相容的;反之不尽然。

1.2.5 完备事件组

称有限或可数个事件 $\{H_1, H_2, \cdots, H_n, \cdots\}$ 构成完备事件组,如果①它们两两不相容,即 $H_i H_j = \varnothing$ $(i \neq j)$;②它们之和 $H_1 \cup H_2 \cup \cdots \cup H_n \cup \cdots = \Omega$ 是必然事件。

例如,一批产品分为 3 个等级,以 $H_i (i=1,2,3)$ 表示事件"随意抽取一件恰好抽到 i 等品",则 H_1, H_2, H_3 构成完备事件组。

1.2.6 事件运算的性质

对于任意事件 $A, B, C, A_1, A_2, \cdots, A_n, \cdots$,它们的运算具有如下性质:

① 交换律: $\quad A \cup B = B \cup A, \quad AB = BA$

② 结合律: $\quad A \cup B \cup C = (A \cup B) \cup C = A \cup (B \cup C)$
$$ABC = (AB)C = A(BC)$$

③ 分配律: $\quad A(B \cup C) = AB \cup AC, \quad A(B-C) = AB - AC$
$$A(A_1 \cup \cdots \cup A_n \cup \cdots) = AA_1 \cup \cdots \cup AA_n \cup \cdots$$

④ 对偶律(德摩根律): $\quad \overline{A \cup B} = \bar{A} \bar{B}, \quad \overline{AB} = \bar{A} \cup \bar{B}$
$$\overline{A_1 \cup \cdots \cup A_n \cup \cdots} = \bar{A}_1 \cdots \bar{A}_n \cdots$$
$$\overline{A_1 \cdots A_n \cdots} = \bar{A}_1 \cup \cdots \cup \bar{A}_n \cup \cdots$$

事件运算的性质都不难证明,可借助文氏图理解,在进行事件的运算时要善于运用这些性质。

例 1.2.1 随机向平面上圆心在坐标原点,半径为 1 的圆面上掷点,试表示点与圆心距离小于 0.5 的随机事件(记为事件 A)及其对立事件。
$$A = \{(x, y) \mid x^2 + y^2 < 0.25\}$$
$$\bar{A} = \{(x, y) \mid 0.25 \leqslant x^2 + y^2 \leqslant 1\}$$

例 1.2.2 甲、乙两支篮球队进行比赛,假设有 3 种可能的结局:甲胜,乙胜和平局。设事

件 $A=\{$甲胜乙负$\}$，则 $\overline{A}=($ $)$。

(A) $B_1=\{$甲负而乙胜$\}$ (B) $B_2=\{$甲和乙平局$\}$
(C) $B_3=\{$甲胜或平局$\}$ (D) $B_4=\{$乙胜或平局$\}$

解 把"甲、乙两支篮球队比赛"视为随机试验 E，则试验 E 的基本事件空间为
$$\Omega=\{\omega_1,\omega_2,\omega_3\}$$
其中 $\omega_1=\{$甲胜$\},\omega_2=\{$乙胜$\},\omega_3=\{$平局$\}$。所给 4 个事件可以通过基本事件分别表示为
$$B_1=\{\omega_2\}, \quad B_2=\{\omega_3\}, \quad B_3=\{\omega_1,\omega_3\}, \quad B_4=\{\omega_2,\omega_3\}$$
事件 $A=\{$甲胜乙负$\}=\{\omega_1\}$，因此 $\overline{A}=\{\omega_2,\omega_3\}=B_4$，即 $\overline{A}$ 表示"$\{$乙胜或平局$\}$"。于是 (D) 是唯一正确选项。

例 1.2.3 设 ν 为 10 次射击命中次数，且命中不少于 6 次为及格，否则为不及格。考虑事件 $A=\{\nu\geqslant 6\},B=\{\nu<6\},C=\{\nu\geqslant 7\}$；$D_1=\{$及格$\},D_2=\{$不及格$\}$，则事件 A 与 B 以及 D_1 与 D_2 两两互为对立事件，且 $A=D_1,B=D_2$；A 与 C 是相容事件，而且 $A\supset C$；B 与 C 是不相容事件，但不是对立事件。

例 1.2.4 在 1.1.2 节的例中
$$A_1\cup A_2=\{HH,HT\}$$
$$A_1\cap A_2=\{HH\}$$
$$A_1-A_2=\{HT\}, \quad A_2-A_1=\varnothing$$
$$\overline{A_1\cap A_2}=\{HT,TH,TT\}$$

1.3 频率与概率

下面通过抛掷均匀硬币例子来说明频率和概率。以 A 记"正面朝上"这一事件，显然，在上述条件试验一次时，事件 A 是否发生是不确定的，然而，进行大量重复抛掷硬币试验时，事件 A 发生的次数（称为频数）就出现一定的规律性，"正面朝上"出现的次数约占试验次数的一半。即事件 A 发生的频率＝频数/试验总次数 $\approx\dfrac{1}{2}$。

1.3.1 频率

定义 1.3.1 在相同的条件下，重复做 n 次试验，n_A 为 n 次试验中事件 A 发生的次数，比率 $\dfrac{n_A}{n}$ 称为事件 A 发生的频率，记为 $f_n(A)$。

由频率的定义容易看出频率有以下基本性质：
① $0\leqslant f_n(A)\leqslant 1$；
② $f_n(\Omega)=1$；
③ 若 $A_1,A_2,\cdots,A_k$ 是两两互不相容事件，则有
$$f_n(A_1\cup A_2\cup\cdots\cup A_k)=f_n(A_1)+f_n(A_2)+\cdots+f_n(A_k)$$

历史上许多人做过重复的掷币试验，表 1.3.1 列出了他们中的一些试验记录。从表 1.3.1 中可以看出，抛掷次数越多，频率越接近 0.5，这样就可以通过大量试验得到的事件发生频率来表征事件在一次试验中发生可能性大小的数——概率。

表 1.3.1

实验者	试验次数 n	A 出现的次数 n_A	$f_n(A)$
德摩根	2 048	1 061	0.518 1
蒲丰	4 049	2 048	0.506 9
K.皮尔逊	12 000	6 019	0.501 6
K.皮尔逊	24 000	12 012	0.500 5
维尼	30 000	14 994	0.499 8

大量试验证实,频率 $f_n(A)$ 随着试验次数 n 的增加逐渐稳定于某个常数,频率的稳定性就是通常所说的统计规律性,这样用大量重复试验得到的频率 $f_n(A)$ 来表征事件 A 在一次试验中发生可能性的大小是恰当的,进而引出事件 A 发生概率(记为 $P(A)$)的概念。

1.3.2 概率的统计定义

定义 1.3.2 在相同的条件下,重复做 n 次试验,n_A 为 n 次试验中事件 A 发生的次数,如果随着 n 逐渐增大,频率 $\frac{n_A}{n}$ 逐渐稳定在某一数值 p 附近,则数值 p 称为事件 A 在该条件下发生的概率,记作 $P(A)=p$。这个定义称为概率的统计定义。

由于频率 $\frac{n_A}{n}$ 总是介于 0 和 1 之间,从定义 1.3.2 可知,对任意事件 A,皆有 $0 \leqslant P(A) \leqslant 1$,$P(\Omega)=1, P(\varnothing)=0$。

在实际问题中,许多情况都采用概率的统计定义。如产品的合格率、某疾病的发病率、某粮种的发芽率,等等。所以概率的统计定义是很有用的。直观上说,概率的统计定义就是在试验次数 n 较大时,用频率代替概率。

1.3.3 概率的数学定义

在理论研究中概率的概念非常重要,因为我们不可能对每一个事件都做大量重复试验。在历史上,雅各布·伯努利(1654~1705)是第一个对"当试验次数 n 逐渐增大,频率 $\frac{n_A}{n}$ 稳定在其概率 p 上"这一论断给予严格意义和数学证明的学者,本书在第 5 章将给出证明。仿照频率的定义给出概率的数学定义。

定义 1.3.3 设 E 是随机试验,Ω 是它的样本空间,对于 E 的每一个随机事件 A 定义一个实数 $P(A)$,如果集合函数 $P(\cdot)$ 满足以下 3 个条件,就称 $P(A)$ 是随机事件 A 的概率。

条件 1,非负性:对于每一个事件 A 都有 $P(A) \geqslant 0$;

条件 2,规范性:对于必然事件 Ω 都有 $P(\Omega)=1$;

条件 3,可列可加性:设事件 $A_1, A_2, \cdots$ 是两两互不相容事件,即 $A_i A_j = \varnothing, i \neq j, i,j=1, 2, \cdots$,有 $P(A_1 \cup A_2 \cup \cdots \cup A_k \cup \cdots) = P(A_1) + P(A_2) + \cdots + P(A_k) + \cdots$。

第 5 章将证明 $n \to \infty$ 时频率 $f_n(A)$ 在一定意义下接近随机事件 A 的概率 $P(A)$,进而从数学意义上说明概率 $P(A)$ 来表征事件 A 在一次试验中发生可能性的大小。

我们不加证明地给出概率的性质:

① $P(\varnothing)=0$;

② $0 \leqslant P(A) \leqslant 1$；

③ 设事件 $A_1, A_2, \cdots, A_n$ 是两两互不相容事件，即 $A_i A_j = \varnothing, i \neq j, i, j = 1, 2, \cdots, n$，有：
$$P(A_1 \cup A_2 \cup \cdots \cup A_k \cup \cdots \cup A_n) = P(A_1) + P(A_2) + \cdots + P(A_k) + \cdots + P(A_n)$$

1.3.4 古典概型(等可能概型)

概率的统计定义的优点是直观明了且实用性强，但要求试验次数 n 很大，依此来计算事件的概率并不方便，即使能进行大量重复试验也只能得到概率的近似值，即用频率来近似代替概率。在实际问题的研究中还可以根据问题本身所具有的某种"对等性"来对概率进行研究。

概率的古典定义是根据问题本身所具有的某种"对等性"，分析事物的本质，来直接计算概率的。

定义 1.3.4 如果一个试验满足两个条件：

① 试验只有有限个基本结果；

② 试验的每个基本结果出现的可能性是一样的。

这样的试验，称为等可能试验或古典试验。

对于古典试验中的事件 A，它的概率定义为

$$P(A) = \frac{m}{n} = \frac{\text{事件 } A \text{ 包含的基本结果数}}{\text{样本空间 } \Omega \text{ 包含的基本结果数}} \tag{1.3.1}$$

其中：n 表示该试验中所有可能出现基本结果的总数目，m 表示事件 A 包含的试验基本结果数。这种定义概率的方法称为概率的古典定义。

概率的古典定义直观上容易理解，掷一均匀硬币，$P(\text{字面朝上}) = \frac{1}{2}$。

掷一枚均匀骰子，$P(\text{出现偶数点}) = \frac{3}{6} = \frac{1}{2}$，$P(\text{出现点数小于 3}) = \frac{2}{6} = \frac{1}{3}$。

在用古典定义计算时，首先要看该试验是否是古典试验，也就是是否满足古典定义的两个条件，否则就易出错，请看下面的例子。

例 1.3.1 等可能地从 1, 2, 3, 4, 5 这 5 个数字中可重复地抽取两个数，两个数的数字之和的可能结果共有 $2, 3, \cdots, 10$ 这 9 种，"数字之和等于 6"这个事件记为 A，事件 A 发生的概率是 $\frac{1}{9}$ 吗？

如果不假思索地利用古典定义解题，则

$$P(A) = \frac{m}{n} = \frac{\text{事件 } A \text{ 包含的基本结果数}}{\text{样本空间 } \Omega \text{ 包含的基本结果数}} = \frac{1}{9}$$

但这是错误的，该试验样本空间满足概率古典定义的第 1 个条件，但注意到该试验样本空间的基本结果并不满足概率古典定义的第 2 个条件，比如数字之和等于 2 的机会和等于 3 的机会并不相等，原因是数字之和为 2 的事件包含第 1 个数是 1 且第 2 个数还是 1(用(1,1)表示)，数字之和为 3 的事件包含第 1 个数是 1 且第 2 个数是 2(用(1,2)表示)和第 1 个数是 2 且第 2 个数是 1(用(2,1)表示)两个等可能的事件，因此根据试验条件知数字之和等于 3 的机会是数字之和等于 2 的机会的 2 倍，为此必须重新构建样本空间：

$$\Omega = \{(1,1), (1,2), \cdots, (5,5)\}$$

共 25 个等可能的基本事件，数字之和等于 6 的事件包括 5 个基本事件 $\{(1,5), (2,4), (3,3), (4,2), (5,1)\}$，所以

$$P(A) = \frac{m}{n} = \frac{5}{25} = \frac{1}{5}$$

例 1.3.2 设有 N 件产品,其中有 D 件不合格品,今从中任取 n 件,试问这 n 件产品中恰有 $k(k \leqslant D)$ 件不合格品的概率是多少?

解 在 N 件产品中任取 n 件(这里指不放回抽样)共有 C_N^n 种取法,从 D 件不合格品中取 k 件的可能取法为 C_D^k,在 $N-D$ 件合格品中取 $n-k$ 件的可能取法为 C_{N-D}^{n-k},故所求概率为

$$p = \frac{C_D^k C_{N-D}^{n-k}}{C_N^n}$$

这个概率称为超几何概率。

例 1.3.3 将 n 个球任意放入 $N(N \geqslant n)$ 个盒子中,试求每个盒子至多有一只球的概率(设盒子的容量不限)。

解 将 n 只球放入 N 个盒子中,每一种放法是一个基本事件。易知,这是古典概率问题。因每一只球都可以放入 N 个盒子中的任一个盒子。故共有 $N \cdot N \cdots N = N^n$ 种不同的放法,而每个盒子中至多放一只球共有 $N(N-1)\cdots[N-(n-1)]$ 种不同的放法。因而所求的概率为

$$p = [N(N-1)\cdots(N-n+1)]/N^n = A_N^n/N^n$$

有许多问题和本例具有相同的数学模型。例如,假设每人生日在一年 365 天中的任一天是等可能的,即都等于 $1/365$,那么随机选取 $n(n \leqslant 365)$ 个人,他们的生日各不相同的概率为

$$[365 \times 364 \times \cdots \times (365-n+1)]/365^n$$

因而,n 个人中至少有两人生日相同的概率为

$$p = 1 - [365 \times 364 \times \cdots \times (365-n+1)]/365^n$$

经计算可得如下结果:

n	20	23	30	40	50	64	100
p	0.411	0.507	0.706	0.891	0.970	0.997	0.999 999 7

从上表可以看出,在仅有 64 人的群体中,至少有两人生日相同的概率很接近 1。

例 1.3.4 将 12 名乒乓球手随机地平均分配到 3 个组(组有编号),这 12 名球手中有 3 名国手,试问:

(1) 每组各分配 1 名国手的概率是多少?

(2) 3 名国手分配在同一组的概率是多少?

解 12 名球手平均分配到 3 个组的分法总数 n 是 $C_{12}^4 C_8^4 C_4^4 = 12!/(4!4!4!)$。

(1) 将 3 名国手分到 3 组每组 1 名国手的分法共 3! 种,对应每一种分法,其余 9 名球手平均分到 3 个组的分法有 $C_9^3 C_6^3 C_3^3 = 9!/(3!3!3!)$ 种。故每组恰有一名国手的分法共有 $m = 3!9!/(3!3!3!)$ 种。于是所求概率 p_1 为

$$p_1 = m/n \approx 0.290\ 9$$

(2) 将 3 名国手分到同一组内的分法有 3 种,对应每一种分法,其余 9 名球手的分法(一组 1 名,另两组各 4 名)有 $9!/(1!4!4!)$ 种,因此 3 名国手分在同一组的分法共有 $(3 \times 9!)/(1!4!4!)$ 种,于是,所求概率 p_2 为

$$p_2 \approx 0.054\ 5$$

例 1.3.5 从数字 $1,2,\cdots,9$ 中每次任取一个数字,独立重复地抽取 n 次,试问这 n 个数

字的积被 10 除尽的概率是多少?

该问题仅仅依靠概率的古典定义很难解答,这类问题需要在事件的运算基础上进一步掌握概率的运算法则,在学习了概率的运算法则后我们再给出答案。

1.4 概率的加法法则

加法法则 1:如果事件 A,B 是互不相容的,则
$$P(A\cup B)=P(A)+P(B) \tag{1.4.1}$$

这个公式表达了概率最重要的特性:可加性。它是从大量实践经验中概括出来的,成为研究概率的基础和出发点。在概率论中它成为一条公理,叫作**加法公理**。

由于 $A\cup \overline{A}=\Omega$,又 $A\cap \overline{A}=\varnothing$,即 A 与 $\overline{A}$ 互不相容,依加法公理有
$$1=P(\Omega)=P(A\cup \overline{A})=P(A)+P(\overline{A})$$
从而
$$P(\overline{A})=1-P(A) \tag{1.4.2}$$
或
$$P(A)=1-P(\overline{A}) \tag{1.4.3}$$

例 1.4.1 一批产品共十件,其中有两件不合格品,从中任取 3 件,求:(1)最多一件不合格品的概率;(2)至少有一件不合格品的概率。

解 (1) 设 A 表示"最多一件不合格品",B 表示"无不合格品",C 表示"正好一件不合格品"。则 $A=B\cup C$,且 $BC=\varnothing$,依式(1.4.1)有
$$P(A)=P(B\cup C)=P(B)+P(C)=C_8^3/C_{10}^3+(C_8^2C_2^1)/C_{10}^3=7/15+7/15=14/15$$

(2) 设事件 D 表示"至少有一件不合格品",则 $\overline{D}=B=$"全合格品",依式(1.4.3)有
$$P(D)=1-P(\overline{D})=1-(7/15)=8/15$$

加法公理的推广:对于 n 个互不相容事件或可列个互不相容事件的表达形式为
$$P(\bigcup_{i=1}^{n}A_i)=\sum_{i=1}^{n}P(A_i),\quad \text{其中 } A_iA_j=\varnothing,i\neq j,\quad i,j=1,2,\cdots,n$$
$$P(\bigcup_{i=1}^{\infty}A_i)=\sum_{i=1}^{\infty}P(A_i),\quad \text{其中 } A_iA_j=\varnothing,i\neq j,\quad i,j=1,2,\cdots$$

加法法则的拓展(减法法则),对于任意两个事件 A,B,总有
$$P(B-A)=P(B)-P(AB) \tag{1.4.4}$$

证明 根据差事件的定义知,
$$B-A=B-AB$$
$$B=AB\cup(B-A)$$
又
$$AB\cap(B-A)=\varnothing$$
由加法法则 1,
$$P(B)=P(AB)+P(B-A)$$
即
$$P(B-A)=P(B)-P(AB)$$

加法法则 2(概率的一般加法公式):若 A,B 是相容的,即 $AB\neq\varnothing$,则有
$$P(A\cup B)=P(A)+P(B)-P(AB) \tag{1.4.5}$$

证明 $\quad A\cup B=A\cup(B-A)=A\cup(B-AB)$

又
$$A\cap(B-AB)=\varnothing$$
$$P(A\cup B)=P(A\cup(B-AB))=P(A)+P(B-AB)=P(A)+P(B)-P(AB)$$

证毕。

加法法则 2 的推广:对于 n 个事件
$$P(\bigcup_{i=1}^{n}A_i)=\sum_{i=1}^{n}P(A_i)-\sum_{i<j}P(A_iA_j)+\sum_{i<j<k}P(A_iA_jA_k)+\cdots+(-1)^{n-1}P(A_1A_2\cdots A_n)$$

特别地,
$$P(A\cup B\cup C)=P(A)+P(B)+P(C)-P(AB)-P(AC)-P(BC)+P(ABC)$$

下面利用加法法则 2 解答 1.3 节例 1.3.5。

解 设 $A=\{n$ 个数字的乘积被 10 除尽$\}$,$B=\{n$ 个数字中不含 5$\}$,$C=\{n$ 个数字中不含偶数$\}$,则 $\overline{A}=B\cup C$,显然 B 和 C 是相容的,故
$$P(\overline{A})=P(B\cup C)=P(B)+P(C)-P(BC)$$

而
$$P(B)=8^n/9^n,\quad P(C)=5^n/9^n,\quad P(BC)=4^n/9^n$$

故
$$P(\overline{A})=\frac{8^n+5^n-4^n}{9^n},\quad P(A)=1-P(\overline{A})=\frac{9^n-8^n-5^n+4^n}{9^n}$$

例 1.4.2 将 $1,2,\cdots,n$ 这 n 个自然数分别写在 n 张同样的卡片上,然后将其随意排成一列,试求至少有一张卡片上的数字与其排列的序号一致的概率。

解 引进事件:$A=\{$至少有一张卡片上的数字与其排列的序号一致$\}$,$A_i=\{$写有数字 i 的卡片恰好排在第 i 位上$\}(i=1,2,\cdots,n)$。显然所要求的概率为
$$P(A)=(\bigcup_{i=1}^{n}A_i)$$
$$P(A_i)=\frac{(n-1)!}{n!},\quad 1\leqslant i\leqslant n$$
$$P(A_iA_j)=\frac{(n-2)!}{n!},\quad 1\leqslant i<j\leqslant n$$
$$P(A_iA_jA_k)=\frac{(n-3)!}{n!},\quad 1\leqslant i<j<k\leqslant n$$
$$\vdots$$
$$P(A_{j_1}A_{j_2}\cdots A_{j_k})=\frac{(n-k)!}{n!},\quad 1\leqslant j_1<j_2<\cdots<j_k\leqslant n$$

由概率的一般加法公式,有
$$P(A)=P(\bigcup_{i=1}^{n}A_i)=\sum_{k=1}^{n}(-1)^{k-1}C_n^k\frac{(n-k)!}{n!}=C_n^1\frac{(n-1)!}{n!}-C_n^2\frac{(n-2)!}{n!}+\cdots+(-1)^{n-1}\frac{1}{n!}$$
$$=1-\frac{1}{2!}+\frac{1}{3!}-\cdots+(-1)^{n-1}\frac{1}{n!}\longrightarrow 1-e^{-1}\approx 0.63$$

1.5 条件概率、乘法公式、全概率公式和贝叶斯公式

1.5.1 条件概率

条件概率的概念在概率论中的地位非常重要。我们借助 1.1 节例子来理解条件概率的概念。同时掷两枚均匀硬币的试验,在已经知道第一枚硬币是正面的条件下,分析第二枚硬币也是正面的概率。硬币出现正面记为 H,硬币出现反面记为 T,记事件 A 为"第一枚硬币是正面",即 $A=\{HH,HT\}$;事件 B 为"第二枚硬币出现正面",即 $B=\{HH,TH\}$;仍记必然事件 $\Omega=\{HH,HT,TH,TT\}$;则事件 $AB=\{HH\}$。

记在已经知道第一枚硬币是正面的条件下,第二枚硬币也是正面的概率为 $P(B|A)=\frac{1}{2}=\frac{1/4}{2/4}$,而 $P(A)=\frac{1}{2}, P(B)=\frac{1}{2}, P(AB)=\frac{1}{4}$,从而 $P(B|A)=\frac{P(AB)}{P(A)}$。

对于古典概型的一般问题,若仍以 $P(B|A)$ 记事件 A 已经发生的条件下事件 B 发生的概率,上面的关系式仍成立。事实上,设试验的基本事件总数为 n,事件 A 所包含的基本事件数为 m,事件 AB 所包含的基本事件数为 k,即有

$$P(B|A)=\frac{k}{m}=\frac{k/n}{m/n}=\frac{P(AB)}{P(A)}$$

定义 1.5.1 对任意事件 $A,B,P(A)>0$,则称

$$P(B|A)=\frac{P(AB)}{P(A)} \tag{1.5.1}$$

为在事件 A 已发生的情况下,事件 B 发生的条件概率。

例 1.5.1 一批产品有 100 件,其中 95 件合格品、5 件不合格品,先后从中随意(非还原地)抽出两件。设 $A=\{$第一件抽到的是不合格品$\}, B=\{$第二件抽到的是不合格品$\}$,则

$$P(A)=\frac{5}{100}, \quad P(AB)=\frac{5\times 4}{100\times 99}$$

$$P(B)=\frac{5\times 4+95\times 5}{100\times 99}=\frac{5}{100}$$

$$P(B|A)=\frac{P(AB)}{P(A)}=\frac{4}{99}$$

当然把 A 看成缩小的样本空间来处理也容易理解,即 $\Omega'=A$,在缩小的样本空间 Ω' 内求解 B 的概率就是 $P(B|A)$。

由式(1.5.1)立即得到

$$P(AB)=P(A)P(B|A) \tag{1.5.2}$$

同理可得

$$P(AB)=P(B)P(A|B) \tag{1.5.3}$$

式(1.5.2)很容易推广到多个事件交的情况,A,B,C 为任意 3 个事件,且 $P(AB)>0$,则有

$$P(ABC)=P(C|AB)P(B|A)P(A) \tag{1.5.4}$$

更一般地有
$$P(A_1A_2\cdots A_n)=P(A_n|A_1A_2\cdots A_{n-1})P(A_{n-1}|A_1A_2\cdots A_{n-2})\cdots P(A_2|A_1)P(A_1) \quad (1.5.5)$$
(假定 $P(A_1A_2\cdots A_{n-1})>0$)

式(1.5.2)~式(1.5.5)称为概率的**乘法公式**。

例 1.5.2 设袋中装有 r 只红球，t 只白球，每次自袋中任取一只球，观察其颜色然后放回，并再放入 a 只与所取出的那只球同色的球，若在袋中连续取球 4 次，试求第一、二次取到红球且第三、四次取到白球的概率。

解 以事件 $A_i(i=1,2,3,4)$ 表示"第 i 次取到红球"，则事件 $\overline{A_3},\overline{A_4}$ 分别表示"第三、四次取到白球"。所求概率为
$$P(A_1A_2\overline{A_3}\overline{A_4})=P(\overline{A_4}|A_1A_2\overline{A_3})P(\overline{A_3}|A_1A_2)P(A_2|A_1)P(A_1)$$
$$=\frac{t+a}{r+t+3a}\cdot\frac{t}{r+t+2a}\cdot\frac{r+a}{r+t+a}\cdot\frac{r}{r+t}$$

例 1.5.3 设某光学仪器厂制造的透镜，第一次落下时打破的概率为 $\frac{1}{2}$，若第一次落下未打破，第二次落下打破的概率是 $\frac{7}{10}$，若前两次落下未打破，第三次落下打破的概率为 $\frac{9}{10}$。试求透镜落下 3 次未打破的概率。

解 以事件 $A_i(i=1,2,3)$ 表示"透镜第 i 次落下打破"，以事件 B 表示"透镜落下 3 次未打破"。则
$$B=\overline{A_1}\,\overline{A_2}\,\overline{A_3}$$
所以，
$$P(B)=P(\overline{A_1}\,\overline{A_2}\,\overline{A_3})=P(\overline{A_3}|\overline{A_1}\,\overline{A_2})P(\overline{A_2}|\overline{A_1})P(\overline{A_1})$$
$$=\left(1-\frac{9}{10}\right)\left(1-\frac{7}{10}\right)\left(1-\frac{1}{2}\right)=\frac{3}{200}$$

1.5.2 全概率公式

将加法公理和乘法公式结合起来就可得到全概率公式。

设 Ω 为试验 E 的样本空间，$B_1,B_2,\cdots,B_n$ 为完备事件组，即满足两两互斥事件，$\bigcup_{i=1}^{n}B_i=\Omega$，且 $P(B_i)>0(i=1,2,\cdots,n)$，则对于任意的事件 A，均有
$$P(A)=\sum_{i=1}^{n}P(B_i)P(A|B_i) \quad (1.5.6)[①]$$

证明 因为
$$A=A\Omega=A\left(\bigcup_{i=1}^{n}B_i\right)=\bigcup_{i=1}^{n}AB_i$$
又
$$(AB_i)(AB_j)=\varnothing,\quad i\neq j;i,j=1,2,\cdots,n$$

---
① 可以将此公式的使用条件推广至以下两种情况：
  a. 条件 $\bigcup_{i=1}^{n}B_i=\Omega$ 可降为 $A\subset\bigcup_{i=1}^{n}B_i$；
  b. 将有限个互斥事件 $B_1,B_2,\cdots,B_n$ 推广至可列个两两互不相容事件 $B_1,B_2,\cdots,B_n,\cdots$。

所以
$$P(A) = P(\bigcup_{i=1}^{n}(AB_i)) = \sum_{i=1}^{n}P(AB_i) = \sum_{i=1}^{n}P(B_i)P(A|B_i)$$

例 1.5.4 设甲袋中有 m 个红球，n 个白球；乙袋中有 r 个红球，s 个白球。今从甲袋中任取一球放入乙袋，再从乙袋中任取一球，求该球是红球的概率。

解 令 R="从乙袋中取出的球为红球"，W="从甲袋中取出的球为白球"，则依式(1.5.6)有

$$P(R) = P(W)P(R|W) + P(\overline{W})P(R|\overline{W})$$
$$= \frac{n}{m+n} \cdot \frac{r}{r+s+1} + \frac{m}{m+n} \cdot \frac{r+1}{r+s+1} = \frac{nr+mr+m}{(m+n)(r+s+1)}$$

1.5.3 贝叶斯(Bayes)公式

设 Ω 为试验 E 的样本空间，A 为 E 的事件，$B_1, B_2, \cdots, B_n$ 为完备事件组，即满足两两互斥事件，$\bigcup_{i=1}^{n}B_i = \Omega$，且 $P(A) > 0$，$P(B_i) > 0 (i=1,2,\cdots,n)$ 则

$$P(B_j|A) = \frac{P(B_j)P(A|B_j)}{\sum_{i=1}^{n}P(B_i)P(A|B_i)} \tag{1.5.7}$$

证明 依式(1.5.1)有 $P(B_j|A) = \frac{P(AB_j)}{P(A)}$，又依全概率公式有 $P(A) = \sum_{i=1}^{n}P(B_i)P(A|B_i)$，代入式(1.5.7)即得证。

例 1.5.5 8 支枪中，有 3 支未经试射校正，5 支已经试射校正。用校正过的枪射击时，中靶的概率为 0.8，用未校正的枪射击时，中靶的概率为 0.3，今从 8 支枪中任取一支射击中靶。问所用这支枪是校正过的概率是多少？

解 设事件 $A = \{$射击中靶$\}$，$B_1 = \{$任取一支枪是校正过的$\}$，$B_2 = \{$任取一支枪是未校正过的$\}$，B_1, B_2 构成完备事件组，则

$$P(B_1) = \frac{5}{8}, \quad P(B_2) = \frac{3}{8}, \quad P(A|B_1) = 0.8, \quad P(A|B_2) = 0.3$$

故所求概率为

$$P(B_1|A) = \frac{P(B_1)P(A|B_1)}{P(B_1)P(A|B_1) + P(B_2)P(A|B_2)} = \frac{40}{49} = 0.816$$

例 1.5.6 某电子设备制造商所用的元件由 3 家元件制造厂提供，根据以往的记录有以下数据：

元件制造厂	次品率	提供元件的份额
1	0.02	0.15
2	0.01	0.80
3	0.03	0.05

设这 3 家工厂的产品在仓库中是均匀混合的，且无区别的标志。(1)在仓库中随机地取一只元件，求它是次品的概率；(2)在仓库中随机地取一只元件，若已知取到的元件是次品，那么，该元件由 3 家工厂生产的概率分别是多少？并根据结果分析该次品元件出自何厂。

解 设 A 表示"取到的是一只次品",$B_i(i=1,2,3)$ 表示"所取到的产品是由第 i 家工厂提供的"。易知,B_1,B_2,B_3 构成样本空间 Ω 的一个完备事件组,且有

$$P(B_1)=0.15, \quad P(B_2)=0.80, \quad P(B_3)=0.05$$
$$P(A|B_1)=0.02, \quad P(A|B_2)=0.01, \quad P(A|B_3)=0.03$$

(1) 根据全概率公式,知

$$P(A)=P(B_1)P(A|B_1)+P(B_2)P(A|B_2)+P(B_3)P(A|B_3)=0.0125$$

(2) 由贝叶斯公式,知

$$P(B_1|A)=\frac{P(B_1)P(A|B_1)}{P(A)}=\frac{0.02\times 0.15}{0.0125}=0.24$$

$$P(B_2|A)=0.64, \quad P(B_3|A)=0.12$$

以上结果表明,这只次品来自第 2 家工厂的可能性最大。

例 1.5.7 根据美国的一份资料报道,在美国总体来说患肺癌的概率约为 0.1%,在人群中有 20% 是吸烟者,他们患肺癌的概率约为 0.4%,求不吸烟者患肺癌的概率是多少?

解 以 C 记事件"患肺癌",以 A 记事件"吸烟",按题意 $P(C)=0.001,P(A)=0.20$,$P(C|A)=0.004$,不吸烟者患肺癌的概率可用 $P(C|\overline{A})$ 表示。

由全概率公式知,

$$P(C)=P(A)P(C|A)+P(\overline{A})P(C|\overline{A})$$

将数据代入,得

$$0.001=0.004\times 0.20+P(C|\overline{A})P(\overline{A})$$
$$=0.004\times 0.20+P(C|\overline{A})(1-0.20)$$
$$P(C|\overline{A})=0.00025$$

另一解法:

$$P(C|\overline{A})=\frac{P(C\overline{A})}{P(\overline{A})}=\frac{P(C)-P(AC)}{1-P(A)}=\frac{P(C)-P(A)P(C|A)}{1-P(A)}$$

$$=\frac{0.001-0.20\times 0.004}{1-0.20}=0.00025$$

例 1.5.8 根据以往的临床记录,某种诊断癌症试验具有以下效果:若以 A 表示事件"试验反应为阳性",以 C 表示事件"被诊断者患癌症",则有 $P(A|C)=0.95,P(\overline{A}|\overline{C})=0.95$。现在对自然人群进行普查,设被试验的人患癌症的概率为 0.005,即 $P(C)=0.005$,试求 $P(C|A)$。

解 已知 $P(A|C)=0.95,P(A|\overline{C})=1-P(\overline{A}|\overline{C})=1-0.95=0.05,P(C)=0.005$,$P(\overline{C})=0.995$,由贝叶斯公式,得

$$P(C|A)=\frac{P(C)P(A|C)}{P(C)P(A|C)+P(\overline{C})P(A|\overline{C})}=0.087$$

结果表明,尽管 $P(A|C)=0.95,P(\overline{A}|\overline{C})=0.95$ 都很高,但将此用于普查癌症检验为阳性确实患癌症的概率只有 $P(C|A)=0.087$,即其正确性只有 8.7%(平均 1000 个具有阳性反应的人中大约只有 87 人患癌症),如果不注意这点,将会得出错误的诊断,这说明混淆 $P(C|A)$ 和 $P(A|C)$ 会造成不良后果。

例 1.5.9 商店的玻璃杯成箱出售,每箱 20 只。假设每箱含 0,1,2 只残品的概率分别为 0.8,0.1 和 0.1。有一顾客欲买一箱玻璃杯,售货员随意取一箱交给顾客,而顾客只随意察看其中 4 只,结果未发现残品,于是买下。试求在顾客买下的一箱中确实无残品的概率 β。

解 引进事件：$A=\{$顾客买下所察看的一箱$\}$，$H_i=\{$箱中恰有 i 件残品$\}(i=0,1,2)$。由条件知

$$P(H_0)=0.8, \quad P(H_1)=0.1, \quad P(H_2)=0.1$$

$$P(A|H_0)=1, \quad P(A|H_1)=\frac{C_{19}^4}{C_{20}^4}=\frac{4}{5}, \quad P(A|H_2)=\frac{C_{18}^4}{C_{20}^4}=\frac{12}{19}$$

由全概率公式，可知

$$P(A)=\sum_{i=0}^{2}P(H_i)P(A|H_i)=0.8\times 1+0.1\times\frac{4}{5}+0.1\times\frac{12}{19}\approx 0.94$$

于是，由贝叶斯公式，得

$$\beta=P(H_0|A)=\frac{P(H_0)P(A|H_0)}{P(A)}\approx\frac{0.8}{0.94}\approx 0.85$$

例 1.5.10 对以往数据进行分析结果表明，当机器调整得良好时，产品的合格率为 98%，而当机器发生某种故障时，其合格率为 55%。每天早上机器开动时，机器良好的概率为 95%，试求已知早上第一件产品是合格品时，机器调整良好的概率是多少？

解 设 A 为事件"产品合格"，B 为事件"机器调整良好"。$P(A|B)=0.98$，$P(A|\overline{B})=0.55$，$P(B)=0.95$，$P(\overline{B})=0.05$，所求概率由贝叶斯公式，得

$$P(B|A)=\frac{P(B)P(A|B)}{P(B)P(A|B)+P(\overline{B})P(A|\overline{B})}$$

$$=\frac{0.95\times 0.98}{0.95\times 0.98+0.05\times 0.55}=0.97$$

即当第一件产品是合格品时，此时机器调整良好的概率为 0.97，这里概率 0.95 是由以往的经验分析得到的，叫作先验概率，而得到信息（生产第一件产品是合格品）后再重新加以修正的概率（即 0.97）叫作后验概率。

1.6 事件的独立性

1.6.1 事件的独立性

事件的独立性，在概率论中具有特殊重要性。

对于试验 E 的两个事件 A,B，若 $P(B)>0$，可以定义 $P(A|B)$，一般来说 B 的发生对 A 发生的概率有影响，这时 $P(A|B)\neq P(A)$，只有在影响不存在时才会有 $P(A|B)=P(A)$。

定义 1.6.1 如果 $P(A|B)=P(A)$ 或 $P(B|A)=P(B)$，则称 A,B 是相互独立的事件或简称事件 A,B 独立。

在实际问题中，往往是从直观上判断事件 A,B 是否独立，如果事件 A 发生与否不影响事件 B 发生的概率（反过来，事件 B 发生与否不影响事件 A 发生的概率），我们说事件 A,B 是相互独立的。

若事件 A,B 相互独立，由乘法公式知

$$P(AB)=P(A)P(B|A)=P(A)P(B) \tag{1.6.1}$$

在理论上，人们用式(1.6.1)作为事件 A,B 相互独立的定义。

例 1.6.1 设试验 E 为"抛掷甲、乙两枚硬币,观察正反面出现的情况"。设事件 A 表示"甲币出现 H",事件 B 表示"乙币出现 H",E 的样本空间为
$$\Omega = \{HH, HT, TH, TT\}$$
所以
$$P(A) = \frac{2}{4} = \frac{1}{2}, \quad P(B) = \frac{2}{4} = \frac{1}{2}, \quad P(B|A) = \frac{1}{2}, \quad P(AB) = \frac{1}{4}$$
有 $P(B|A) = P(B), P(AB) = P(A)P(B)$。

所以事件 A,B 相互独立,实际从试验的直观判断看事件 A 发生与否不影响事件 B 发生的概率,两者是一致的。

定义 1.6.2 3 个事件 A,B,C 相互独立用下面 4 个式子来定义

$$\begin{cases} P(AB) = P(A)P(B) \\ P(AC) = P(A)P(C) \\ P(BC) = P(B)P(C) \\ P(ABC) = P(A)P(B)P(C) \end{cases} \tag{1.6.2}$$

严格从定义上看,前 3 个式子的成立,只表明 A,B,C 3 个事件两两独立,由于用前三式导不出第四式,故两两独立,不一定相互独立,但相互独立,一定两两独立。

定义 1.6.3 n 个事件 $A_1, A_2, \cdots, A_n$ 相互独立是由下列 $2^n - n - 1$ 个式子定义的。

$$\begin{cases} P(A_i A_j) = P(A_i)P(A_j), \quad i<j; i,j=1,2,\cdots,n \\ P(A_i A_j A_k) = P(A_i)P(A_j)P(A_k), \quad i<j<k; i,j,k=1,2,\cdots,n \\ \vdots \\ P(A_1 A_2 \cdots A_n) = P(A_1)P(A_2)\cdots P(A_n) \end{cases} \tag{1.6.3}$$

如前所述,在实际中,人们往往通过经验或专业知识来判断事件之间是否独立,若独立,则可用式(1.6.2)和式(1.6.3),这给概率的计算带来了很大的方便。

若事件 A,B 是相互独立的,容易证明:$\overline{A}$ 与 B,A 与 $\overline{B}$,$\overline{A}$ 与 $\overline{B}$ 也是相互独立的。

事实上,假设事件 A 和 B 相互独立,首先证明 $\overline{A}$ 和 B 也独立。由 $P(AB) = P(A)P(B)$,可见
$$P(\overline{A}B) = P(B) - P(AB) = P(B) - P(A)P(B)$$
$$= [1 - P(A)]P(B) = P(\overline{A})P(B)$$

从而 $\overline{A}$ 和 B 独立。这样,我们证明了:如果两事件独立,则其中一个事件换成其对立事件,所得两个事件仍然独立。因此,由 A 和 B 独立,可见 A 和 $\overline{B}$ 独立;而由 A 和 $\overline{B}$ 独立,可见 $\overline{A}$ 和 $\overline{B}$ 独立。

若 n 个事件 $A_1, A_2, \cdots, A_n$ 相互独立,则将它们之中任意 $m(1 \leq m \leq n)$ 个事件换成其对立事件后,所得 n 个事件仍然相互独立,证明同两个事件类似。

例 1.6.2 若生产某产品经过 5 道工序,每道工序的不合格率分别为 0.01, 0.02, 0.03, 0.04, 0.05,假定工序之间是相互独立的,求该产品的合格率和不合格率。

解 设 $A_i = \{$第 i 道工序生产合格$\}$,$i = 1,2,3,4,5$,则
$$P(该产品合格) = P(A_1 A_2 A_3 A_4 A_5)$$
$$= P(A_1)P(A_2)P(A_3)P(A_4)P(A_5)$$
$$= (1-0.01)(1-0.02)(1-0.03)(1-0.04)(1-0.05) = 0.8583$$
$$P(该产品不合格) = 1 - P(该产品合格) = 0.1417$$

例 1.6.3 一电路系统由元件 A 和 2 个并联的元件 B 与 C 串联而成(图 1.6.1)。假设 3 个元件的状态(好与坏)相互独立;元件 A,B,C 损坏的概率相应为 0.3、0.2、0.2,求该电路系统因元件损坏而不通的概率 α。

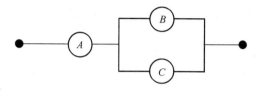

图 1.6.1

解 以 A,B 和 C 分别表示事件 $\{A$ 损坏$\}$,$\{B$ 损坏$\}$ 和 $\{C$ 损坏$\}$;由条件知事件 A,B 和 C 相互独立。易见,事件"电路因元件损坏而不通"等于 $A\cup BC$。因此,由事件 A,B 和 C 的独立性知,电路因元件损坏而不通的概率为

$$\alpha = P(A\cup BC) = P(A) + P(BC) - P(ABC)$$
$$= P(A) + P(B)P(C) - P(A)P(B)P(C) = 0.328$$

例 1.6.4 设 $P(A)=0.4, P(A\cup B)=0.7$,求 $P(B)$,已知(1)事件 A 和 B 互不相容;(2)事件 A 和 B 相互独立。

解 对于任意事件 A 和 B,由加法公式,有

$$P(A\cup B) = P(A) + P(B) - P(AB)$$

得

$$P(B) = P(A\cup B) - P(A) + P(AB)$$

(1) 设事件 A 和 B 不相容,即 $AB=\varnothing$,则 $P(AB)=0$,因此

$$P(B) = 0.7 - 0.4 = 0.3$$

(2) 设事件 A 和 B 相互独立,则 $P(AB)=P(A)P(B)$,因此

$$P(A\cup B) = P(A) + P(B) - P(AB)$$
$$P(B) = P(A\cup B) - P(A) + P(AB)$$
$$= P(A\cup B) - P(A) + P(A)P(B)$$
$$P(B)[1-P(A)] = P(A\cup B) - P(A)$$
$$P(B) = \frac{P(A\cup B) - P(A)}{1-P(A)} = \frac{0.7-0.4}{0.6} = 0.5$$

例 1.6.5 设某科学工作者每次试验成功的概率是 0.01,试问他要做多少次试验才能十拿九稳地做到试验成功(假定试验与试验之间是相互独立的)?

解 设某科学工作者要做 N 次试验才能十拿九稳地使试验成功,即 N 次试验至少有一次成功的概率是 90%,又设 $F=\{$某科学工作者一次试验失败$\}$,$C=\{$某科学工作者 N 次试验失败$\}$,由题设知

$$P(F) = 1 - 0.01 = 0.99$$
$$P(C) = (0.99)^N = 1 - 0.9 = 0.1$$

两边取对数得到

$$N\log(0.99) = \log(0.1)$$

由此解出

$$N = [\log(0.1)/\log(0.99)] + 1 = 229 + 1 = 230$$

$[x]$ 表示不超过 x 的最大整数。

1.6.2 独立试验序列

假若一串试验具备下列 3 个条件：

① 每一次试验只有两个结果，一个记为"成功"，一个记为"失败"，$P(成功)=p$，$P(失败)=1-p=q$；

② 成功的概率 p 在每次试验中保持不变；

③ 试验与试验之间是相互独立的，

则这一串试验称为独立试验序列，也称为 Bernoulli(伯努利)概型。

如连续抛掷一枚硬币的试验，有放回的抽样试验等，都是独立试验序列的例子。

在独立试验序列中主要考察下面两种事件的概率：

① n 次试验中恰有 k 次"成功"的概率；

② 第 k 次试验首次出现"成功"的概率。

请读者自行证明第①种事件的概率为 $C_n^k p^k q^{n-k}$，第②种事件的概率为 $q^{k-1}p$。

例 1.6.6 有一批产品，其不合格率为 10%，每次抽取一个，观察后再放回，独立地重复 5 次，求 5 次观察中有 2 次是不合格品的概率。

解 设 $A=\{$一次观察中出现不合格品$\}$，$B=\{5$ 次观察中出现 2 次不合格品$\}$。按照题意有

$$P(A)=\frac{1}{10}=p$$

$$P(B)=C_5^2 p^2(1-p)^{5-2}=10\times 0.1^2\times 0.9^3=0.0729$$

例 1.6.7 有一大批产品，不合格率为 0.1，今从中任取 4 个，求至少有 1 个不合格品的概率。

解 由于批量大，无放回抽取 4 个，可以近似地看成有放回抽取 4 个，有放回抽样是独立试验序列，抽取 4 个，其中没有不合格品的概率为 $C_4^0(0.1)^0(0.9)^4=0.6561$，故 4 件中至少有一件不合格品的概率为

$$1-0.6561=0.3439$$

例 1.6.8 进行某试验，试验成功的概率为 $\frac{3}{4}$，试验失败的概率为 $\frac{1}{4}$，求第 10 次试验的结果是首次成功的概率。

解 所求概率为

$$\left(\frac{1}{4}\right)^9\times\frac{3}{4}=2.86\times 10^{-6}$$

例 1.6.9 假定某车间有 10 部车床，每部车床的开工率都是 $\frac{1}{5}$，每部车床开工时都需要一个单位的电力(每部车床开工与否是相互独立的)，试问该车间申请多少电力就够用了。

解 本题问该车间申请多少电力就够用了，当然申请 10 个或 10 个单位以上的电力一定够用，但这样是否太浪费了，能否少申请点而不至于影响工作。申请多少呢？下面通过概率来计算。

将观察每部车床开工与否看成一次试验，车床开工看成"成功"，则成功的概率 $p=\frac{1}{5}$，所以这是一个独立试验序列的例子。

从多少部车床算起呢？用对分法从 5 部算起：

P(10 部车床中至少有 5 部开工)
$= C_{10}^5 (0.2)^5 (0.8)^5 + C_{10}^6 (0.2)^6 (0.8)^4 + \cdots + C_{10}^{10} (0.2)^{10} (0.8)^0$
$\approx 0.026\,424\,115 + 0.005\,505\,024 + 0.000\,786\,432 + 0.000\,073\,728 + 0.000\,004\,096$
$= 0.032\,8$

P(10 部车床中至少有 6 部开工)
$= C_{10}^6 (0.2)^6 (0.8)^4 + \cdots + C_{10}^{10} (0.2)^{10} (0.8)^0$
$\approx 0.005\,505\,024 + 0.000\,786\,432 + 0.000\,073\,728 + 0.000\,004\,096 + 0.000\,000\,102\,4$
$= 0.006\,4$

P(10 部车床中至少有 8 部开工)
$= C_{10}^8 (0.2)^8 (0.8)^2 + \cdots + C_{10}^{10} (0.2)^{10} (0.8)^0$
$\approx 0.000\,073\,728 + 0.000\,000\,409\,6 + 0.000\,000\,102$
$= 0.000\,077\,926$

这就是说，如果该车间申请 7 个单位的电力，平均 100 年中仅有不足 3 天的时间发生电力不够用的现象（按每周 7 天都工作计算）。

1.7 几 何 概 率

在概率论发展的早期，人们就注意到古典概率仅考虑试验结果只有有限的情况是不够的，还必须考虑试验结果是无限的情况。为此可把无限个试验结果用欧氏空间的某一区域 S 表示，其试验结果具有所谓"均匀分布"的性质，关于"均匀分布"本书不做数学上的精确定义，只做粗浅的解释，它类似于古典概率中等可能这一概念。假设区域 S 以及其中任何可能出现的小区域 A 都是可以度量的，其度量的大小分别用 $\mu(S)$ 和 $\mu(A)$ 表示。如一维空间的长度，二维空间的面积，三维空间的体积等。并且假定这种量度具有如长度一样的各种性质，如量度的非负性、可加性等。

设某一事件 A（也是 S 中的某一区域），$A \subset S$，它的量度大小为 $\mu(A)$，若以 $P(A)$ 表示事件 A 发生的概率，考虑"均匀分布"性，事件 A 发生的概率取为

$$P(A) = \mu(A)/\mu(S) \tag{1.7.1}$$

这样计算的概率，称为几何概率。

若 $\varnothing$ 是不可能事件，即 $\varnothing$ 为 Ω 中的空的区域，其量度大小为 0，故其概率

$$P(\varnothing) = 0$$

例 1.7.1 在时间间隔 T 内的任何瞬间，两不相关的信号均等可能地进入收音机，如果当且仅当这两个信号进入收音机的间隔时间不大于 t，则收音机受到干扰，试求收音机受到干扰的概率。

解 以 x 及 y 分别表示两个信号进入收音机的瞬间，由假定

$$0 \leqslant x \leqslant T, \quad 0 \leqslant y \leqslant T$$

则样本空间是由点 (x, y) 构成的边长为 T 的正方形 Ω，其面积为 T^2，如图 1.7.1 所示。

依题意，收音机受到干扰的充分必要条件为

$$|x - y| \leqslant t$$

该区域为图 1.7.1 中的区域 A，它位于区域 Ω 内直线 $x-y=t$ 及 $x-y=-t$ 之间，其面积为 $S=T^2-(T-t)^2$。由式(1.7.1)得所求概率为
$$p=[T^2-(T-t)^2]/T^2=1-[1-(t/T)]^2$$

从式(1.7.1)可以看到，当 t 相对 T 来说很小时，即假设两信号进入收音机的间隔很短时才产生干扰，而可能进入收音机的时间间隔较长时，收音机受干扰的概率 $p\approx 0$；另外，当 $t=T$ 时，则有 $P=1$，它表明受干扰的时间间隔 t 与信号可能进入收音机的时间间隔 T 差不多相等时，则收音机以概率为 1 地受干扰。以上结果在直观上是明显的。

图 1.7.1

例 1.7.2(蒲丰针问题) 在平面上画有等距离为 $a(a>0)$ 的一些平行线，向平面上随意投掷一长为 $l(l<a)$ 的针，试求针与一平行线相交的概率。

解 令 M 表示针的中点，x 表示针投在平面上与 M 最近一条平行线的距离，φ 表示针与最近一条平行线的交角，如图 1.7.2 所示。

容易看出 $0\leqslant x\leqslant a/2, 0\leqslant \varphi\leqslant \pi$。假定取直角坐标，如图 1.7.3 所示，则前式表示 $xO\varphi$ 坐标系中的一个矩形 G，而 $x\leqslant (l/2)\sin\varphi$ 是使针与平行线(此线必为与 M 点最近的平行线)相交的充分必要条件，上面不等式表示图 1.7.3 中阴影部分 g。我们把抛掷针到平面上这件事理解为具有"均匀性"。因此，这个问题等价于向区域 G 中"均匀分布"地投掷点，而求点落入 g 中的概率 P，由式(1.7.1)得

$$p=\frac{g \text{ 的面积}}{G \text{ 的面积}}=\frac{\dfrac{1}{2}\int_0^\pi l\sin\varphi\,d\varphi}{\dfrac{1}{2}a\pi}=\frac{2l}{a\pi}$$

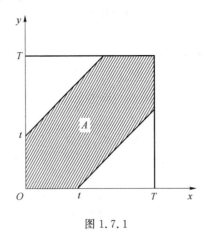

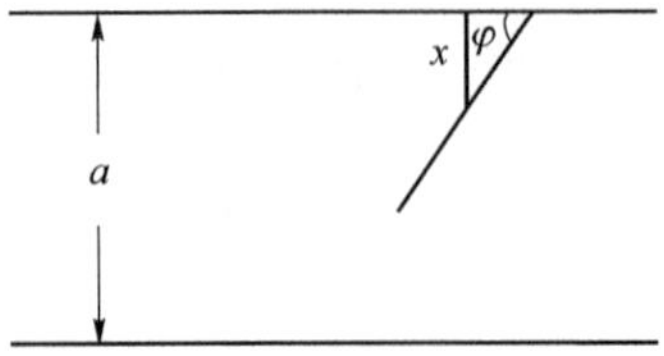

图 1.7.2 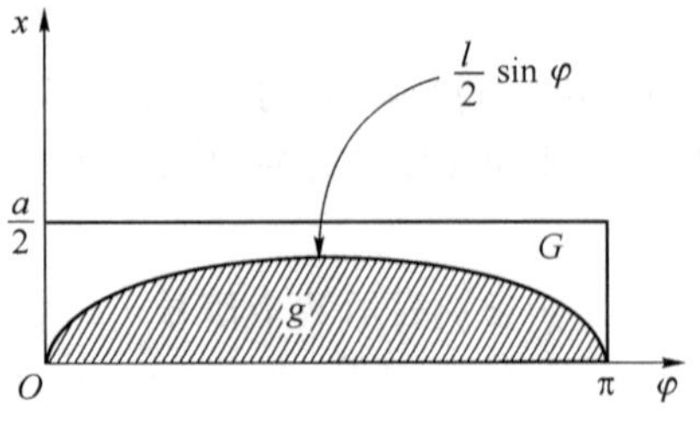　　　　　图 1.7.3

在计算几何概率时，一开始就假定点具有"均匀分布"，这一点在求具体问题中的概率时，

必须十分注意,否则可能得出不同或者完全错误的结果。

例 1.7.3 向半圆 $\Omega=\{(x,y);x^2+y^2\leqslant 4x\}$ 内均匀地投掷一随机点 Q,试求事件 $A=\{Q$ 与原点连线和横轴的夹角小于 $\pi/4\}$ 的概率 α。

解 以 (X,Y) 表示随机点 Q 的坐标。Ω 是以 $(2,0)$ 为圆心以 2 为半径的半圆。设 A 表示事件"(X,Y) 与原点连线和横轴的夹角小于 $\pi/4$",且 $(X,Y)\in\Omega$;G 为半圆内横轴与弦 OB 所夹的区域(图 1.7.4),则事件 $A=\{(X,Y)\in G\}$。半圆的面积 $S(\Omega)=2\pi$,区域 G 的面积
$$S(G)=S_1+S_2=\pi+2$$
其中 S_1 是四分之一圆 BCD 的面积,S_2 是 $\triangle OBC$ 的面积。由几何概率的计算公式,有
$$p=P(A)=\frac{S(A)}{S(\Omega)}=\frac{\pi+2}{2\pi}$$

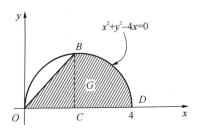

图 1.7.4

习题 1

(A)

1. 指出下列命题中哪些成立,哪些不成立。

(1) $A\cup B=AB\cup B$;

(2) $AB=A\cup B$;

(3) $A\cup BC=ABC$;

(4) $(AB)(\overline{AB})=\varnothing$;

(5) 若 $A\subset B$,则 $A=AB$;

(6) 若 $AB=\varnothing$,且 $C\subset A$,则 $BC=\varnothing$;

(7) 若 $A\subset B$,则 $B\subset A$;

(8) 若 $B\subset A$,则 $A\cup B=A$。

2. 假设市场上出售甲厂和乙厂生产的电视机。考虑事件 $A=\{$甲厂产品畅销$\}$,$B=\{$乙厂产品畅销$\}$,试说明下列事件的含义:$\overline{A},\overline{B},A\cup B,AB,\overline{A\cup B},\overline{AB},\overline{A}\,\overline{B},A-B$。

3. 已知事件 A 和 B 满足条件:
$$(A\cup\overline{X})(\overline{A}\cup\overline{X})\cup\overline{A\cup X}\cup\overline{\overline{A}\cup X}=B$$
求事件 X。

4. 设 $\Omega=\{x\mid 0\leqslant x\leqslant 2\}$,$A=\{x\mid\frac{1}{2}<x\leqslant 1\}$,$B=\{x\mid\frac{1}{4}\leqslant x<\frac{3}{2}\}$,具体写出下列各事件:
(1) AB;(2) $A\cup B$;(3) $\overline{AB}$;(4) $\overline{AB}$。

5. 把 $A \cup B \cup C$ 表示为互不相容事件之和,以证明
$$P(A \cup B \cup C) = P(A) + P(B) + P(C) - P(AB) - P(AC) - P(BC) + P(ABC)$$

6. 设 A,B 是两事件且 $P(A)=0.6, P(B)=0.8$,问

(1) 在什么条件下 $P(AB)$ 取到最大值,最大值是多少?

(2) 在什么条件下 $P(AB)$ 取到最小值,最小值是多少?

7. 把一个表面涂有红色的正立方体分成 1 000 个同样大小的小立方体,并且从中随意取出一个,试求取到的小立方体恰好有两个侧面涂有红色的概率。

8. 匣中有 3 张卡片,编号分别为 1,2,3。现在随机地将 3 张卡片取出。试求下列事件的概率:$A=\{$每张卡片被取出的顺序与其编号一致$\}$;$B=\{$至少一张卡片出现的顺序与其编号一致$\}$。

9. 某线公共汽车行驶路线上共有 11 个停车站,从始发站开车时车上共有 8 名乘客,假设 8 名乘客在各站下车的概率相同(始发站除外)。试求下列事件的概率:$A_1=\{8$ 人都在不同的站下车$\}$;$A_2=\{8$ 人都在同一站下车$\}$;$A_3=\{8$ 人都在终点站下车$\}$;$A_4=\{8$ 人中恰好有 3 人在终点站下车$\}$。

10. 在房间里有 10 个人,分别佩戴从 1 号到 10 号的纪念章,任选 3 人记录其纪念章的号码。

(1) 求最小号码为 5 的概率;

(2) 求最大号码为 5 的概率。

11. 将一枚硬币重复掷 $n=2k+1$ 次,试求正面出现的次数多于反面出现的次数的概率。

12. 从 5 双不同的鞋子中任取 4 只,这 4 只鞋子中至少有两只鞋子配成一双的概率是多少?

13. 在 11 张卡片上分别写上 Probability 这 11 个字母,从中任意连抽 7 张,求其排列结果为 ability 的概率。

14. 将 3 个球随机地放入 4 个杯子中,求杯子中球的最大个数分别为 1,2,3 的概率。

15. 假设有 10 000 张彩票依次从 00001 到 10000 编号,试求随机抽取的一张彩票的编号中含 2 不含 8 的概率 α。

16. 50 只铆钉随机地取来用在 10 个部件上,其中有 3 只铆钉强度太弱,每个部件用 3 只铆钉。若将 3 只强度太弱的铆钉都装订在一个部件上,则这个部件强度就太弱。问发生一个部件强度太弱的概率是多少?

17. 设在 20 件衬衣中有 15 件一等品 5 件二等品。现在随意从中取出两件,已知其中至少有一件是一等品,试求两件都是一等品的条件概率。

18. 已知 $P(A)=1/4, P(B|A)=1/3, P(A|B)=1/2$,求 $P(A \cup B)$。

19. 据以往资料表明,某三口之家,患某种传染病的概率有以下规律:$P\{$孩子得病$\}=0.6$,$P($母亲得病$|$孩子得病$)=0.5, P($父亲得病$|$母亲及孩子得病$)=0.4$。求母亲及孩子得病但父亲不得病的概率。

20. 已知在 10 只晶体管中有 2 只次品,在其中取两次,每次任取一只,做不放回抽样。求下列事件的概率:

(1) 两只都是正品;

(2) 两只都是次品;

(3) 一只是正品,一只是次品;

(4) 第二次取出的是次品。

21. 某人忘记了电话号码的最后一个数字,因而他随意地拨号。求他拨号不超过三次而接通所拨电话的概率。若已知最后一个数字是奇数,那么此时概率是多少?

22. 袋中有 10 个球,9 个是白球、1 个是红球。10 个人依次从袋中各取一球。每人取一球后不再放回袋中,问第一人,第二人,⋯,最后一人取得红球的概率各是多少?

23. 设有甲、乙两袋,甲袋中装有 n 只白球、m 只红球;乙袋中装有 N 只白球、M 只红球。今从甲袋中任意取一只球放入乙袋中,再从乙袋中任意取一只球。问取到白球的概率是多少?

24. $P(\overline{A})=0.3, P(B)=0.4, P(A\overline{B})=0.5$,求 $P(B|A\cup \overline{B})$。

25. 已知男人中有 5% 是色盲患者,女人中有 0.25% 是色盲患者,今从男女人数相等的人群中随机挑选一人,恰好是色盲患者,问此人是男性的概率是多少?

26. 将两信息分别编码为 A 和 B 传递出去,接收站收到时,A 被误收作 B 的概率为 0.02,而 B 被误收作 A 的概率为 0.01。信息 A 与信息 B 传送的频繁程度为 2∶1。若接收站收到的信息是 A,问原发信息是 A 的概率是多少?

27. 某人下午 5:00 下班,他所积累的资料如下表所示。

题 27 表

到家时间	5:35~5:39	5:40~5:44	5:45~5:49	5:50~5:54	迟于 5:54
乘地铁到家的概率	0.10	0.25	0.45	0.15	0.05
乘汽车到家的概率	0.30	0.35	0.20	0.10	0.05

某日他抛一枚硬币决定乘地铁还是乘汽车,结果他是 5:47 到家的。试求他乘地铁回家的概率。

28. 有两箱种类相同的零件,第一箱装 50 只,其中 10 只是一等品;第二箱装 30 只,其中 18 只是一等品。今从两箱中任意挑出一箱,然后从该箱中取零件两次,每次任取一只,做不放回抽样,试求:(1)第一次取到的零件是一等品的概率;(2)在第一次取到的零件是一等品的条件下,第二次取到的也是一等品的概率。

29. 某保险公司把火灾保险的客户分为"易发"和"偶发"两类。该公司的统计资料表明,"易发"客户占 30%,一年内索赔的概率为 10%;"偶发" 客户占 70%,一年内索赔的概率为 2%。假设现有一客户向保险公司索赔,试分别求该客户属于"易发"和"偶发"客户的条件概率 α 和 β。

30. 电路 MN 有 a_1, a_2, b_1, b_2, b_3 这 5 个元件(见下图),各有两个状态:"畅通"和"中断",且各元件的状态相互独立。已知各元件畅通的概率都为 0.99,试求电路 MN 畅通的概率 p。

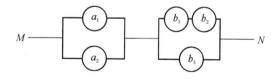

题 30 图

31. 3 人独立地去破译一份密码,已知各人能译出的概率分别为 1/5,1/3,1/4。问 3 人中至少有一人能将此密码译出的概率是多少?

32. 假设一厂家生产的每台仪器,以概率 0.70 可以直接出厂;以概率 0.30 需进一步进行调试,经调试以概率 0.80 可以出厂,以概率 0.20 定为不合格品不能出厂。现在该厂新生产了 10 台仪器(假设各台的质量状况独立)。试求:(1) 10 台仪器都能出厂的概率 α;(2) 10 台仪器中至少两台不能出厂的概率 β。

33. 设根据以往记录的数据分析,某船只运输的某种物品损坏的情况共有 3 种:损坏 2%(事件 A_1),损坏 10%(事件 A_2),损坏 90%(事件 A_3)。且知 $P(A_1)=0.8$,$P(A_2)=0.15$,$P(A_3)=0.05$。现在从已被运输的物品中随机地取 3 件,发现这 3 件都是好的(事件 B)。试求 $P(A_1|B)$,$P(A_2|B)$,$P(A_3|B)$。(这里设物品件数很多,取出一件后不影响取后一件是否为好品的概率)。

(B)①

1. 将一枚硬币独立地掷两次,引进事件:$A_1=\{$掷第一次出现正面$\}$,$A_2=\{$掷第二次出现正面$\}$,$A_3=\{$正、反面各出现一次$\}$,$A_4=\{$正面出现两次$\}$,则(　　)。

   (A) A_1,A_2,A_3 相互独立　　　　(B) A_2,A_3,A_4 相互独立
   (C) A_1,A_2,A_3 两两独立　　　　(D) A_2,A_3,A_4 两两独立

2. 从数 1,2,3,4 中任取一个数,记为 X,再从 $1,2,\cdots,X$ 中任取一个数,记为 Y,则 $P\{Y=2\}=$ _____。

3. 设 A,B 为随机事件,且 $P(B)>0$,$P(A|B)=1$,则必有(　　)。
   (A) $P(A\cup B)>P(A)$　　　　(B) $P(A\cup B)>P(B)$
   (C) $P(A\cup B)=P(A)$　　　　(D) $P(A\cup B)=P(B)$

4. 某人向同一目标独立重复射击,每次射击命中目标的概率为 $p(0<p<1)$,则此人第 4 次射击恰好第 2 次击中目标的概率为(　　)。
   (A) $3p(1-p)^2$　　　　(B) $6p(1-p)^2$
   (C) $3p^2(1-p)^2$　　　(D) $6p^2(1-p)^2$

5. 袋中有 1 个红球,2 个黑球与 3 个白球,现有放回地从袋中取两次,每次取一球。以 X,Y,Z 分别表示两次取球所取得的红球、黑球与白球的个数。求 $P\{X=1|Z=0\}$。

6. 设事件 A 与 B 互不相容,则(　　)。
   (A) $P(\overline{A}\,\overline{B})=0$　　　　(B) $P(AB)=P(A)P(B)$
   (C) $P(A)=1-P(B)$　　　(D) $P(\overline{A}\cup\overline{B})=1$

7. 设 A,B,C 是随机事件,A 与 C 互不相容,$P(AB)=\dfrac{1}{2}$,$P(C)=\dfrac{1}{3}$,则 $P(AB|\overline{C})=$ _____。

8. 设随机事件 A 与 B 相互独立,且 $P(B)=0.5$,$P(A-B)=0.3$,则 $P(B-A)=$(　　)。
   (A) 0.1　　　(B) 0.2　　　(C) 0.3　　　(D) 0.4

9. 若 A,B 为任意两个随机事件,则(　　)。
   (A) $P(AB)\leqslant P(A)P(B)$　　　　(B) $P(AB)\geqslant P(A)P(B)$
   (C) $P(AB)\leqslant\dfrac{P(A)+P(B)}{2}$　　　(D) $P(AB)\geqslant\dfrac{P(A)+P(B)}{2}$

10. 设 A,B 为两个随机事件,且 $0<P(A)<1$,$0<P(B)<1$。如果 $P(A|B)=1$,则(　　)。

---
① 习题(B)为近年的全国硕士研究生入学统一考试有关试题。

(A) $P(\bar{B}|\bar{A})=1$ （B) $P(A|\bar{B})=0$
(C) $P(A+B)=1$ （D) $P(B|A)=1$

11. 设袋中有红、白、黑球各 1 个，从中有放回地取球，每次取 1 个，直到 3 种颜色的球都取到时停止，则取球次数恰好为 4 的概率为_____。

12. 设 A,B 为随机概率，若 $0<P(A)<1, 0<P(B)<1$，则 $P(A|B)>P(A|\bar{B})$ 的充分必要件是( )。

(A) $P(B|A)>P(B|\bar{A})$ （B) $P(B|A)<P(B|\bar{A})$
(C) $P(\bar{B}|A)>P(B|\bar{A})$ （D) $P(\bar{B}|A)<P(B|\bar{A})$

13. 设随机事件 A 与 B 相互独立，A 与 C 相互独立，$BC=\varnothing$。若 $P(A)=P(B)=\dfrac{1}{2}$，$P(AC|AB\cup C)=\dfrac{1}{4}$，则 $P(C)=$_____。

14. 设 A,B 为随机事件，则 $P(A)=P(B)$ 的充分必要条件是( )。
(A) $P(A\cup B)=P(A)+P(B)$ （B) $P(AB)=P(A)P(B)$
(C) $P(A\bar{B})=P(B\bar{A})$ （D) $P(AB)=P(\bar{A}\bar{B})$

第 2 章　随机变量及其分布

随机变量是概率论的核心研究内容。这一章的主要内容是：随机变量的概念、随机变量的分布函数、离散型随机变量及其分布、连续型随机变量及其分布、常见的各种离散型及连续型随机变量分布，以及随机变量函数的分布。通过引入随机变量，对随机事件的研究就可以转化为对随机变量的研究，进而可以用数学分析的方法来研究随机现象。

2.1　随机变量及其分布函数

2.1.1　随机变量的概念和例子

首先看一些实际例子，如 n 次重复射击命中目标的次数；抽样检验的 n 件产品中出现不合格品的件数；n 台计算机在一天内出现故障的台数；出席订货会的 n 个客户中实际下订单的客户数。相对应这些随机试验中的命中目标的次数、出现不合格品的件数、出现故障的台数、下订单的客户数均有 $0,1,2,\cdots,n$ 等 $n+1$ 个可能值，但试验前到底取哪一个值事先无法预测，它是一个变量，但与确定性数学的变量不一样，它具有所谓的随机性，我们就把类似的变量称为随机变量。

上面的例子中变量的取值只有有限个，其实它们的取值可以多种多样。例如，接连射击直到命中目标为止，所需射击的次数；某电话总机在一段时间内接到的传呼次数；某条交通干线上 24 小时内出现重大交通事故的次数；它们的取值就是无限可列个。再有相继两次暴雨、两次有感地震、两次故障等之间的时间间隔，以及设备的使用寿命、设备的维修时间等的取值是一个区间。

通常用大写英文字母 $X,Y,Z,\cdots$（或希腊字母 $\xi,\eta,\zeta,\cdots$）表示随机变量。

另外，有些随机试验不具备上面例子中自然的数量关系，为研究问题方便，我们人为地引入一些变量。例如抛一枚硬币，有两个基本事件：{正面向上}和{正面向下}，约定{正面向下}={$X=0$}并且{正面向上}={$X=1$}，这样就得到一个取值为 0,1 的变量，从而使抛硬币的试验就数量化了。实际上若我们约定{正面向下}={$Y=\pi$}、{正面向上}={$Y=e$}，这样又得到一个取值为 π,e 的变量，虽说两个变量取值不同，但刻画的是同一个随机试验。

通过上述例子我们看到，所谓随机变量不过是试验结果和实数之间的一种对应关系，相当于数学分析中的函数关系，只不过随机变量 $X(\omega)$ 的自变量是基本事件 ω。因为对每一个试验结果 ω 都有实数 $X(\omega)$ 与之对应，所以 $X(\omega)$ 的定义域是样本空间 Ω，其值域是实数集。

2.1.2 随机变量的数学定义

定义 2.1.1 设 $\Omega=\{\omega\}$ 是随机试验的所有可能结果组成的集合(样本空间),则 $X=X(\omega)$ ($\omega\in\Omega$) 是定义在 $\Omega=\{\omega\}$ 上的函数,称作随机变量。

每次试验出现且只出现一个样本点 ω,同时测得变量 X 的一个值 $X=X(\omega)$;试验结果将出现哪个 ω 是随机的,因而 X 取何值也是随机的。因此把 $X=X(\omega)$ 称作随机变量。

例 2.1.1 考虑随机试验:接连进行 3 次射击。以 $\omega=(i,j,k)$ 表示样本点,其中 $i,j,k=0$ 或 1,其中"0"表示脱靶,"1"表示命中。那么,3 次射击命中目标的次数 X 是 ω 的函数,因此是随机变量,它有 0,1,2,3 这 4 个可能值(表 2.1.1)。

表 2.1.1

ω	(0,0,0)	(0,0,1)	(0,1,0)	(0,1,1)	(1,0,0)	(1,0,1)	(1,1,0)	(1,1,1)
$X=X(\omega)$	0	1	1	2	1	2	2	3

引入随机变量后,随机事件可以通过随机变量来表示。对于任一随机变量 X 和任意实数 $a,b(a<b)$,诸如 $\{X=a\},\{X<a\},\{X\leqslant a\},\{a<X\leqslant b\},\{a\leqslant X\leqslant b\},\cdots$ 都是随机事件。这样就可以把对事件的研究转化为对随机变量的研究,使我们有可能用数学分析的方法来研究随机试验。

2.1.3 随机变量的分布函数

为了计算随机变量在一定范围内取值的概率,即 $P\{a<X\leqslant b\}=P\{X\leqslant b\}-P\{X\leqslant a\}$,只需对任一实数 x 考虑函数 $P\{X\leqslant x\}$ 就足够了。这样就产生了分布函数的概念。

定义 2.1.2 设 X 是一个随机变量,x 是任意实数,函数 $F(x)=P\{X\leqslant x\}$ 称为 X 的分布函数。

如果将 X 看成数轴上的随机点的坐标,那么,分布函数 $F(x)$ 在 x 处的函数值就表示 X 落在区间 $(-\infty,x]$ 上的概率。

分布函数有 3 条最基本的性质。

① $F(x)$ ($0\leqslant F(x)\leqslant 1$) 是单调不减函数。

② $F(x)$ 是右连续函数:对于一切 $x(-\infty<x<\infty)$,
$$F(x)=\lim_{t\to x+0}F(t)=F(x+0)$$

③ $F(-\infty)=0,F(+\infty)=1$,其中
$$F(-\infty)=\lim_{x\to-\infty}F(x),\quad F(+\infty)=\lim_{x\to+\infty}F(x)$$

性质①显然。性质②和性质③的证明用到较多数学知识,此处不做证明。可以看出,性质③在几何上是很直观的。

实际上,若有函数 $F(x)$ 满足如上 3 条性质,则它一定是某一个随机变量的分布函数。

除此之外,我们不加证明地给出如下结果:$P\{X<x\}=F(x-0)$,进而,根据分布函数可以求随机变量相关事件的概率。例如,
$$P\{a<X\leqslant b\}=F(b)-F(a)$$
$$P\{a\leqslant X\leqslant b\}=F(b)-F(a-0)$$
$$P\{X=a\}=F(a)-F(a-0)$$

$$P\{X<a\}=F(a-0), \quad P\{X\geqslant a\}=1-F(a-0)$$

理论上用分布函数研究随机变量完全可以,但实际中遇到的随机变量仅用分布函数往往会产生不便,如本节例子中的随机变量有的只有有限个或可数个可能取值、有的是连续取值,因而不同类型的随机变量要用不同的体现其统计规律的工具来研究。

下面分别从离散型和连续型两个角度介绍刻画随机变量统计规律的工具。

2.2 离散型随机变量及其分布

定义 2.2.1 若随机变量 X 所有可能的取值是有限个或无限可列个,则称 X 为离散型随机变量。

对于一个离散型随机变量,要掌握它的统计规律,一方面要了解它可能的取值,更重要的是了解它取各个可能值的概率。

设随机变量 X 的所有可能取值为 $x_k(k=1,2,\cdots,n,\cdots)$,$X$ 取各个可能值的概率为

$$P\{X=x_k\}=p_k, \quad k=1,2,\cdots,n,\cdots \tag{2.2.1}$$

称式(2.2.1)为离散型随机变量的概率分布或分布律。离散型随机变量的概率分布也可表示为

X	x_1	x_2	$\cdots$	x_n	$\cdots$
p_k	p_1	p_2	$\cdots$	p_n	$\cdots$

(2.2.2)

或

$$X\sim\begin{pmatrix} x_1 & x_2 & \cdots & x_n & \cdots \\ p_1 & p_2 & \cdots & p_n & \cdots \end{pmatrix} \tag{2.2.3}$$

由概率的性质,概率分布满足如下的两个条件:

① $p_k\geqslant 0, k=1,2,\cdots$

② $\sum\limits_{k=1}^{\infty}p_k=1$ (2.2.4)

若一个随机变量的概率分布已知,则取值在任一区间内的概率都可以求得。例如,已知随机变量 X 的概率分布为

X	-1	0	1	2	3	5
p_k	$\dfrac{1}{16}$	$\dfrac{1}{8}$	$\dfrac{3}{16}$	$\dfrac{5}{16}$	$\dfrac{3}{16}$	$\dfrac{1}{8}$

则

$$P\{-1.2<X<4.2\}=\sum_{k=-1}^{3}P\{X=k\}=\frac{7}{8}$$

$$P\{X<3\}=\sum_{k=-1}^{2}P\{X=k\}=\frac{11}{16}$$

$$P\{0\leqslant X\leqslant 2\}=\sum_{k=0}^{2}P\{X=k\}=\frac{5}{8}$$

一般地,若已知随机变量的概率分布

$$p_k = P\{X=x_k\}, \quad k=1,2,\cdots$$

则对于任何实数 $a<b$,事件 $\{a<X\leqslant b\}$ 发生的概率均可由概率分布求得,因为

$$\{a<X\leqslant b\} = \bigcup_{a<x_k\leqslant b}\{X=x_k\}$$

由于诸事件 $\{X=x_k\}$ 两两互不相容,由概率的可加性得

$$P\{a<X\leqslant b\} = \sum_{a<x_k\leqslant b} P\{X=x_k\} \tag{2.2.5}$$

等式右端是对 X 取一切满足 $a<x_k\leqslant b$ 的概率求和。由此可知,X 取值在任一区间内的概率都可以由其概率分布求出,所以说概率分布完整地描述了随机变量的统计规律。由此可得,离散型随机变量的分布函数为

$$F(x) = \sum_{x_k\leqslant x} P\{X=x_k\} = \sum_{x_k\leqslant x} p_k$$

例 2.2.1 设随机变量 X 的概率分布为

X	0	1	2
p_k	$\frac{1}{4}$	$\frac{1}{2}$	$\frac{1}{4}$

求 X 的分布函数,并求 $P\left\{X\leqslant -\frac{1}{2}\right\}, P\left\{\frac{1}{2}<X\leqslant \frac{3}{2}\right\}, P\{2\leqslant X\leqslant 3\}$。

解 由概率的有限可加性,所求分布函数为

$$F(x) = \begin{cases} 0, & x<0 \\ \frac{1}{4}, & 0\leqslant x<1 \\ \frac{1}{4}+\frac{1}{2}, & 1\leqslant x<2 \\ \frac{1}{4}+\frac{1}{2}+\frac{1}{4}, & x\geqslant 2 \end{cases} = \begin{cases} 0, & x<0 \\ \frac{1}{4}, & 0\leqslant x<1 \\ \frac{3}{4}, & 1\leqslant x<2 \\ 1, & x\geqslant 2 \end{cases}$$

$F(x)$ 的图形是一条阶梯形曲线,在 $x=0,1,2$ 处有跳跃点,跳跃值分别为 $\frac{1}{4},\frac{1}{2},\frac{1}{4}$。又

$$P\left\{X\leqslant -\frac{1}{2}\right\} = 0$$

$$P\left\{\frac{1}{2}<X\leqslant \frac{3}{2}\right\} = F\left(\frac{3}{2}\right) - F\left(\frac{1}{2}\right) = \frac{3}{4} - \frac{1}{4} = \frac{1}{2}$$

$$P\{2\leqslant X\leqslant 3\} = P\{X=2\} = \frac{1}{4}$$

反过来,给出离散型随机变量的分布函数,可以写出其概率分布。

例 2.2.2 已知随机变量 X 的分布函数为

$$F(x)=\begin{cases} 0, & x<0 \\ \dfrac{1}{4}, & 0\leqslant x<2 \\ \dfrac{3}{4}, & 2\leqslant x<5 \\ 1, & x\geqslant 5 \end{cases}$$

求随机变量 X 的概率分布。

解 易见 $F(x)$ 有 $0,2,5$ 共 3 个间断点,故随机变量 X 有 3 个可能值。由于

$$P\{X=0\}=F(0)-F(0-0)=\frac{1}{4}$$

$$P\{X=2\}=F(2)-F(2-0)=\frac{3}{4}-\frac{1}{4}=\frac{1}{2}$$

$$P\{X=5\}=F(5)-F(5-0)=1-\frac{3}{4}=\frac{1}{4}$$

可见随机变量 X 的概率分布为

X	0	2	5
p_k	$\dfrac{1}{4}$	$\dfrac{1}{2}$	$\dfrac{1}{4}$

要求一个离散型随机变量的概率分布,须先确定随机变量的取值,然后求出其取每一个值的概率。

例 2.2.3 假设有 7 件一等品和 3 件二等品混放在一起,每次从其中任意抽取一件,直到取到一等品为止。试分别求抽取次数 X 的概率分布,假设

(1) 凡是取到的二等品都放回;

(2) 将取到的二等品都剔除。

解 (1) 引进事件:$A_i=\{$第 i 次取到的是二等品$\}(i=1,2,\cdots,n-1)$;对于任意正整数 $\overline{A}_n=\{$第 n 次取到的是一等品$\}(n=1,2,\cdots)$。由条件易见事件 $A_1,A_2,\cdots,A_{n-1},\overline{A}_n$ 相互独立,而且

$$P(A_i)=\frac{3}{10},\quad i=1,2,\cdots,n-1,\quad P(\overline{A}_n)=\frac{7}{10}$$

因此 $\{X=n\}=A_1A_2\cdots A_{n-1}\overline{A}_n$,

$$P\{X=n\}=P(A_1A_2\cdots A_{n-1}\overline{A}_n)=P(\overline{A}_n)\times\prod_{i=1}^{n-1}P(A_i)=0.7\times 0.3^{n-1}$$

(2) 由于恰好有 3 件二等品,易见抽取次数 X 总共有 $1,2,3,4$ 这 4 个可能值。引进事件:$A_i=\{$第 i 次取到的是二等品$\}(i=1,2,3)$;$\overline{A}_j=\{$第 j 次取到的是一等品$\}(j=1,2,3,4)$。因此,注意到抽样是非还原的,由古典型概率的计算公式,有

$$P\{X=1\}=P(\overline{A}_1)=\frac{7}{10}$$

$$P\{X=2\}=P(A_1\overline{A}_2)=\frac{3\times 7}{10\times 9}=\frac{7}{30}$$

$$P\{X=3\}=P(A_1A_2\overline{A}_3)=\frac{3\times 2\times 7}{10\times 9\times 8}=\frac{7}{120}$$

$$P\{X=4\}=P(A_1A_2A_3\overline{A}_4)=\frac{3\times 2\times 1\times 7}{10\times 9\times 8\times 7}=\frac{1}{120}$$

于是，X 的概率分布为

X	1	2	3	4
p_k	$\frac{7}{10}$	$\frac{7}{30}$	$\frac{7}{120}$	$\frac{1}{120}$

例 2.2.4 接连独立地进行两次射击，以 X 表示命中目标的次数。假设每次射击的命中率为 0.70，求 X 的概率分布。

解 随机变量 X 有 $0,1,2$ 共 3 个可能值。引进事件：$A_i = \{$第 i 次射击命中目标$\}$ ($i=1,2$)，由于两次射击相互独立，可见事件 A_1 和 A_2 相互独立，因此

$$P\{X=0\} = P(\overline{A_1}\overline{A_2}) = P(\overline{A_1})P(\overline{A_2}) = 0.09$$
$$P\{X=1\} = P(A_1\overline{A_2}) + P(\overline{A_1}A_2) = 0.42$$
$$P\{X=2\} = P(A_1A_2) = P(A_1)P(A_2) = 0.49$$

于是，X 的概率分布为

X	0	1	2
p_k	0.09	0.42	0.49

例 2.2.5 设离散型随机变量 X 的概率分布为

$$P\{X=n\} = ap^n, \quad n=0,1,2,\cdots$$

而且 X 取奇数值的概率和为 $\frac{3}{7}$，试求常数 a, p 的值。

解 因为 $\sum_{n=0}^{\infty} P(X=n) = \sum_{n=0}^{\infty} ap^n = a\frac{1}{1-p} = 1$，于是 $a = 1-p$，又 $\sum_{k=0}^{\infty} P(X=2k+1) = \frac{3}{7}$，即 $\sum_{k=0}^{\infty} ap^{2k+1} = \frac{3}{7}$，故有

$$ap\frac{1}{1-p^2} = \frac{3}{7}$$

可得 $a = \frac{1}{4}, p = \frac{3}{4}$。

下面介绍几种重要的离散型随机变量的概率分布。

1. 两点分布(0-1 分布)

只有两个可能值的随机变量 X 的概率分布称作两点分布：

$$X \sim \begin{pmatrix} x_1 & x_2 \\ q & p \end{pmatrix}, \quad q=1-p, 0<p<1 \tag{2.2.6}$$

特别地，若 $x_1=0, x_2=1$，则称 X 服从参数为 p 的 **0-1 分布**，亦称**伯努利分布**。

只计"成功"和"失败"两种结局的试验称作**伯努利试验**。设 X 是试验成功的次数：

$$X \sim \begin{cases} 1, & \text{若试验成功} \\ 0, & \text{若试验失败} \end{cases}$$

则 X 服从参数为 p 的 0-1 分布。

对于一个随机试验，若其结果可以归结为 A 与 $\overline{A}$，那么就可以用一个服从两点分布的随机变量来描述。例如，一批产品的合格品率为 0.98，随意抽取一件可以归结为两个结果：合格与不合格。设 $\{X=0\} = \{$合格$\}$，$\{X=1\} = \{$不合格$\}$。则 X 的分布律为

X	0	1
p_k	0.98	0.02

它描述了这一产品抽样检查的统计规律。

2. 二项分布

若随机变量 X 的概率分布为
$$P\{X=k\}=C_n^k p^k q^{n-k}, \quad k=0,1,2,\cdots,n \tag{2.2.7}$$
其中 $0<p<1, q=1-p$。则称 X 服从参数为 n,p 的**二项分布**。记作 $X \sim B(n,p)$。

显然，
$$P\{X=k\} \geqslant 0, \quad k=0,1,2,\cdots,n$$
$$\sum_{k=0}^{n} C_n^k p^k q^{n-k} = 1$$
即 $P\{X=k\}$ 满足条件(2.2.4)。

二项分布的概率恰好是二项式 $(p+q)^n$ 展开的各个项：
$$1 = (p+q)^n = \sum_{k=0}^{n} C_n^k p^k q^{n-k}$$

二项分布因此得名。显然，0-1 分布是 $n=1$ 时的二项分布。

二项分布是非常重要的离散型分布，有极广泛的应用，它用于表示 n **重伯努利试验中成功的次数**。例如，X 是 n 次独立重复射击命中靶子的次数，p 是命中率（一次射击命中靶子的概率）；X 是保险公司 n 个客户中因被盗而索赔的户数，p 是索赔率；X 是某车间 n 台机器在一天之内出现故障的台数，p 是每台机器的故障率；X 是在一批产品中有放回地抽取 n 次抽到的次品数，p 是次品率。上述的 X 都服从参数为 n,p 的二项分布。

例 2.2.6 假设有 10 台设备，每台的可靠性（无故障工作的概率）为 0.90，每台出现故障时需要由一人进行调整。问为保证在 95% 的情况下当设备出现故障时都能及时得到调整，至少需要安排几个人值班？

解 由条件知，每台设备出故障的概率为 0.10。以 X 表示 10 台设备中同时出现故障的台数，则 X 服从参数为 $(10, 0.10)$ 的二项分布。假设需要安排 k 个人值班，则 k 应该满足条件：$P\{X \leqslant k\} \geqslant 0.95$。通过对不同的 k 试算，可以找出满足 $P\{X \leqslant k\} \geqslant 0.95$ 的 k 值。设 $k=1,2,3$，有

$$P\{X \leqslant 1\} = P\{X=0\} + P\{X=1\} = 0.90^{10} + 10 \times 0.90^9 \times 0.10 \approx 0.74$$
$$P\{X \leqslant 2\} = P\{X \leqslant 1\} + P\{X=2\} \approx 0.74 + C_{10}^2 \times 0.90^8 \times 0.10^2 \approx 0.93 < 0.95$$
$$P\{X \leqslant 3\} = P\{X \leqslant 2\} + P\{X=3\} \approx 0.93 + C_{10}^3 \times 0.90^7 \times 0.10^3 \approx 0.9874 > 0.95$$

因此，至少需要安排 3 个人值班。

例 2.2.7 假设一部设备在一个工作日因故停用的概率为 0.2。一周使用 5 个工作日可创利润 10 万元；使用 4 个工作日可创利润 7 万元；使用 3 个工作日只创利润 2 万元；停用 3 个及多于 3 个工作日亏损 2 万元。求所创利润的概率分布。

解 设 X 为一周 5 个工作日停用的天数；Y 为一周所创利润。一周所创利润

$$Y = \begin{cases} 10, & \text{若 } X=0 \\ 7, & \text{若 } X=1 \\ 2, & \text{若 } X=2 \\ -2, & \text{若 } X \geqslant 3 \end{cases}$$

使用 5 个工作日可以视为 5 次"伯努利试验",设备停用视为"成功",成功的概率为 0.2,而随机变量 X 作为伯努利试验成功的次数,服从参数为 $(5,0.2)$ 的二项分布。因此,

$$P\{Y=10\}=P\{X=0\}=0.8^5=0.3277$$
$$P\{Y=7\}=P\{X=1\}=5\times 0.2\times 0.8^4=0.4096$$
$$P\{Y=2\}=P\{X=2\}=10\times 0.2^2\times 0.8^3=0.2048$$
$$P\{Y=-2\}=P\{X\geqslant 3\}=1-0.3277-0.4096-0.2048=0.0579$$

由此,所创利润 Y 的概率分布为

Y	-2	2	7	10
p_k	0.0579	0.2048	0.4096	0.3277

例 2.2.8 某生产线平均每 3 分钟生产一件成品,假设不合格品率为 0.01。
(1) 试求 8 小时内出现不合格品的件数 X 的概率分布;
(2) 试求需要多长时间,才能以不小于 0.95 的概率最少出现一件不合格品。

解 (1) 若平均每 3 分钟出一件成品,则 8 小时内平均可以出 $8\times 60/3=160$ 件成品,每件成品为不合格品的概率是 $p=0.01$,在 160 件成品中不合格品的件数 X 服从参数为 $(160,0.01)$ 的二项分布。

(2) 设 n 为至少出现一件不合格品所要生产成品的件数,则 n 件成品中不合格品的件数 ν_n 服从参数为 $(n,0.01)$ 的二项分布。按题意,n 应满足条件

$$P\{\nu_n\geqslant 1\}=1-P\{\nu_n=0\}=1-0.99^n\geqslant 0.95$$

$$n\geqslant \frac{\ln 0.05}{\ln 0.99}\approx 298.0729$$

于是,最少 $298.0729\times 3\approx 895$ 分钟,将近 14 小时 55 分钟,才能以不小于 0.95 的概率最少出现一件不合格品。

3. 超几何分布

若随机变量 X 的概率分布为

$$P(X=k)=\frac{C_M^k C_{N-M}^{n-k}}{C_N^n},\quad k=l,l+1,\cdots,\min(n,M)$$

其中 $l=\max(0,n-(N-M))$。这个概率分布称为**超几何分布**,记作 $X\sim H(N,M,n)$。

刻画的代表模型是,设一堆同类产品共 N 个,其中有 M 个不合格品。现从中任取 n 个,则这 n 个产品中所含的不合格品数 X 是一个离散型随机变量,且 $X\sim H(N,M,n)$。

与二项分布比较,超几何分布反映的是不放回抽样,二项分布反映的是有放回抽样,当 $n\ll N$ 时,不放回抽样近似可看作有放回抽样,因而此时超几何分布可用二项分布近似,即

$$\frac{C_M^k C_{N-M}^{n-k}}{C_N^n}\approx C_N^k\left(\frac{M}{N}\right)^k\left(1-\frac{M}{N}\right)^{n-k}$$

4. 泊松分布

若随机变量 X 所有可能取的值为 $0,1,2,\cdots$,而取各个值的概率为

$$P\{X=k\}=\frac{\lambda^k e^{-\lambda}}{k!},\quad k=0,1,2,\cdots \tag{2.2.8}$$

其中 $\lambda>0$ 是常数,则称 X 服从参数为 λ 的**泊松分布**,记为 $X\sim P(\lambda)$,易知 $P\{X=k\}\geqslant 0, k=0,1,2,\cdots$,且有

$$\sum_{k=0}^{\infty}P\{X=k\}=\sum_{k=0}^{\infty}\frac{\lambda^k e^{-\lambda}}{k!}=e^{-\lambda}\sum_{k=0}^{\infty}\frac{\lambda^k}{k!}=e^{-\lambda}e^{\lambda}=1$$

即 $P(X=x_k)$ 满足条件(2.2.4)。

泊松分布,是最重要的离散型分布之一,是描绘"稀有事件"计数资料统计规律的概率分布,最早是作为二项分布的近似计算提出的,后来成功地用于描绘随机质点在时间或空间上的分布,在生物学、医学、工业及公用事业的排队论等问题中,泊松分布是常见的。例如,容器内的细菌数,铸件的疵点数(布的疵点数),交换台的电话呼唤次数,等等,一般都服从泊松分布。在质量控制、排队论、可靠性理论等许多领域内都有重要应用。

泊松定理 假设 X 服从二项分布,参数 n 充分大,而 p 充分小,且 np 适中,则可以利用泊松分布概率近似计算二项分布概率。泊松定理可以严格地表述为:若当 $n\to\infty$ 时 $p\to 0$,$np\to\lambda$ (常数),则参数为 (n,p) 的二项分布的极限是参数为 λ 的泊松分布。

$$C_n^k p^k (1-p)^{n-k} \approx \frac{(np)^k}{k!} e^{-np}, \quad k=0,1,\cdots,n$$

实际中,当 $n\geqslant 100$,$p\leqslant 0.1$ 且 np 适中时即可用上式,不过 n 应尽量地大,否则近似效果往往不佳。

例 2.2.9 假设在数量很大的人群中,随机访问的一个人的生日在一年中 365 天是等可能的,即他的生日在一年中某一天的概率为 $p=1/365$。随机访问的 n 为 500 人,可以视为 n 次伯努利试验,一个人的"生日在元旦"为成功,而其中生日在元旦的人数 X 服从二项分布 $B(500,1/365)$,$np=500/365\approx 1.3699$。由于 n 充分大而 p 充分小,故 X 近似服从参数为 $\lambda=np\approx 1.3699$ 的泊松分布。分别按二项分布和泊松分布计算概率 $P\{X=k\}$,相应地记作

$$b_k = C_{500}^k p^k q^{500-k}, \quad p_k = \frac{1.3699^k}{k!} e^{-1.3699}$$

将计算结果列入表 2.2.1,可见 $b_k \approx p_k$。

表 2.2.1

k	0	1	2	3	4	5	6
二项概率 b_k	0.2537	0.3484	0.2388	0.1089	0.0372	0.0101	0.0023
泊松概率 p_k	0.2541	0.3481	0.2385	0.1089	0.0373	0.0102	0.0023

5. 几何分布[*]

若随机变量 X 的概率分布为

$$P\{X=k\} = q^{k-1}p, \quad k=1,2,\cdots, q=1-p \tag{2.2.9}$$

则称 X 服从几何分布,记作 $X \sim G(p)$。

几何分布的典型模型:接连不断地进行的伯努利试验首次成功所需试验的次数 N,服从参数为 p 的几何分布,其中 p 是每次试验成功的概率。

事实上,设 $A_i = \{$第 i 次试验成功$\}$ $(i=1,2,\cdots,n,\cdots)$。对于伯努利试验这些事件相互独立,且每次试验成功的概率为 p,而失败的概率为 $q=1-p$。因此,有

$$P\{N=n\} = P(\overline{A}_1 \cdots \overline{A}_{n-1} A_n) = P(\overline{A}_1) \cdots P(\overline{A}_{n-1}) P(A_n) = pq^{n-1}$$

在有放回抽样时,每次取一个产品,观察后即放回,再取下一个,设直至第一次出现不合格品所需抽样产品个数为 X,X 所可能取的值为 $1,2,\cdots$,$\{X=k\}$ 表示前 $k-1$ 次抽取都抽到合格品,而在第 k 次抽取才抽到不合格品,X 是服从几何分布的。还有,接连对同一目标进行射击,首次命中目标所需射击的次数等都服从几何分布。

例 2.2.10 统计资料表明,男性人口中色盲患者的比率为 5%。现在新生中检查辨色力,

求：
(1) 事件"发现首例患色盲的男生时已检查了 40 名男生"的概率 α；
(2) 为发现一例色盲患者至少要检查 40 名男生的概率 β；
(3) 以不小于 0.90 的概率发现一例色盲患者，至少要检查多少名男生？

解 以 X 表示发现首例色盲患者所需检查的男生数，则服从参数为 $p=0.05$ 的几何分布。

$$\alpha = P\{X=40\} = pq^{39} = 0.006\,8$$

$$\beta = P\{X \geqslant 40\} = \sum_{k=40}^{\infty} pq^{k-1} = \frac{pq^{39}}{1-q} = q^{39} = 0.95^{39} = 0.135\,3$$

$$P\{X \leqslant n\} = 1 - \sum_{k=n+1}^{\infty} pq^{k-1} = 1 - \frac{pq^n}{1-q} = 1 - q^n = 1 - 0.95^n \geqslant 0.90$$

$$1 - 0.95^n \geqslant 0.90, \quad 0.95^n \leqslant 0.10$$

$$n\lg 0.95 \leqslant \lg 0.10, \quad n \geqslant \frac{\lg 0.10}{\lg 0.95} \approx 44.89$$

于是，为以不小于 0.90 的概率发现一例色盲患者，至少要检查 45 名男生。

2.3 连续型随机变量及其分布

对于离散型随机变量 X，用分布律 $P\{X=k\}$ 来描述 X 的取值规律，但对非离散型随机变量来说用分布律就行不通了。例如，等可能地向区间 $[0,2]$ 上投点，设点落下的位置是 X，计算事件 $\{X=1\}$ 的概率

$$P\{X=1\} = \frac{\text{点 1 的长度}}{\text{区间}[0,2]\text{的长度}} = \frac{0}{2} = 0$$

因为单点集的长度为零。由此可知，不能用分布律来描述 X 的统计规律，需另外找一个合适的办法。先看一个例子。

例 2.3.1 在一质量均匀的陀螺的圆周上均匀地刻上区间 $(0,1]$ 上诸数字，旋转这陀螺，当它停下时，其圆周与桌面接触点的刻度 x 是一个随机变量，求 X 的分布函数。

解 由于陀螺刻度的均匀性，所以对于区间 $(0,1]$ 内任一子区间 $(a,b]$ 有

$$P\{a < X \leqslant b\} = b - a$$

因为 X 可能取的值为区间 $(0,1]$ 上所有值，所以求 X 的分布函数时，要将整个数轴分为 3 个区间来讨论。

当 $x \leqslant 0$ 时，$\{X \leqslant x\}$ 为不可能事件，此时 $F(x)=0$；
当 $0 < x \leqslant 1$ 时，$\{X \leqslant x\} = \{0 < X \leqslant x\}$，此时 $F(x) = x$；
当 $x > 1$ 时，$\{X \leqslant x\}$ 是必然事件，此时 $F(x) = 1$。

综上所述，求得 X 的分布函数

$$F(x) = \begin{cases} 0, & x \leqslant 0 \\ x, & 0 < x \leqslant 1 \\ 1, & x > 1 \end{cases}$$

若令 $f(x) = \begin{cases} 1, & 0 < x \leqslant 1 \\ 0, & \text{其他} \end{cases}$，则 $F(x) = \int_{-\infty}^{x} f(t)\,\mathrm{d}t$。

因而，研究类似的随机变量只需考虑 $f(x)$ 即可。

定义 2.3.1 设 X 是随机变量，$F(x)$ 是 X 的分布函数。若存在一个非负可积函数 $f(x)$，使对任意实数 x，有

$$F(x) = \int_{-\infty}^{x} f(t) \mathrm{d}t \tag{2.3.1}$$

则称 X 为连续型随机变量，$f(x)$ 称为 X 的概率密度函数，简称密度或概率密度。

由定义可知，连续型随机变量的分布函数是一个连续函数。

对于连续型随机变量，就像物体质量的分布用质量密度描绘一样，人们用概率密度描绘其概率分布。

任一连续型随机变量的概率密度函数具有以下性质：

① $f(x) \geqslant 0, -\infty < x < +\infty$；

② $\int_{-\infty}^{+\infty} f(x) \mathrm{d}x = 1$；

③ $P\{x_1 < X \leqslant x_2\} = F(x_2) - F(x_1) = \int_{x_1}^{x_2} f(x) \mathrm{d}x, \quad x_1 < x_2$； (2.3.2)

④ 若 $f(x)$ 在点 x 处连续，则有 $F'(x) = f(x)$。

由性质②可知，介于曲线 $y = f(x)$ 与 x 轴之间的面积等于 1，如图 2.3.1 所示。

由性质③可知，X 落在区间 $(x_1, x_2]$ 的概率 $P\{x_1 < X \leqslant x_2\}$ 等于区间 $[x_1, x_2]$ 上曲线 $y = f(x)$ 之下的曲边梯形面积，如图 2.3.2 所示。

由性质④可知，在 $f(x)$ 的连续点 x 处有

$$f(x) = \lim_{\Delta x \to 0} \frac{F(x + \Delta x) - F(x)}{\Delta x} = \lim_{\Delta x \to 0} \frac{P\{x < X \leqslant x + \Delta x\}}{\Delta x} \tag{2.3.3}$$

从这里看到，概率密度的定义与物理学中线密度的定义相似，这就是称 $f(x)$ 为概率密度的原因。

由式(2.3.3)可知，若不计高阶无穷小，有

$$P\{x < X \leqslant x + \Delta x\} \approx f(x) \Delta x \tag{2.3.4}$$

这表示 X 落在区间 $(x, x + \Delta x]$ 上的概率近似地等于 $f(x) \Delta x$。

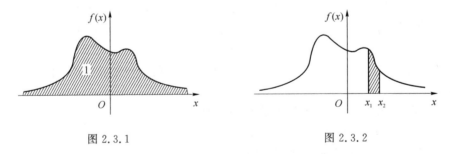

图 2.3.1　　　　　　　　　　图 2.3.2

若有一个函数 $f(x)$ 满足性质①和性质②，则该函数一定是某一个连续型随机变量的概率密度函数。

对连续型随机变量 X，其分布函数 $F(x)$ 是连续函数，因而 $P\{X = a\} = F(a) - F(a-0) = 0$。据此，在计算连续型随机变量落在某一区间的概率时，可以不必分该区间是开区间或闭区间或半开半闭区间。例如，有

$$P\{a < X \leqslant b\} = P\{a \leqslant X \leqslant b\} = P\{a < X < b\}$$

在这里,事件$\{X=a\}$并不是不可能事件,但有$P\{X=a\}=0$,这就是说,若A是不可能事件,则$P(A)=0$;反之,若$P(A)=0$,则不能说A一定是不可能事件。

除了2.2节介绍的离散型随机变量及本节介绍的连续型随机变量外,还有所谓的奇异型随机变量。

例 2.3.2 设有一均匀陀螺,在其圆周的半圈上都标明刻度1,另外半圈上均匀地刻上区间$[0,1)$上的数字。旋转这陀螺,求它停下时其圆周上触及桌面上的刻度X的分布函数。

解 设落在刻度为1的半圈上的事件为H_1,落在另外半圈上的事件为H_2,则

$$P\{H_1\} = \frac{1}{2}, \quad P\{H_2\} = \frac{1}{2}$$

$$P\{X \leqslant x \mid H_1\} = \begin{cases} 1, & x \geqslant 1 \\ 0, & \text{其他} \end{cases}$$

$$P\{X \leqslant x \mid H_2\} = \begin{cases} 0, & x < 0 \\ x, & 0 \leqslant x < 1 \\ 1, & x \geqslant 1 \end{cases}$$

由全概率公式,得

$$F(x) = P\{X \leqslant x\} = \sum_{i=1}^{2} P\{H_i\} P\{X \leqslant x \mid H_i\} = \begin{cases} 0, & x < 0 \\ \dfrac{x}{2}, & 0 \leqslant x < 1 \\ 1, & x \geqslant 1 \end{cases}$$

可看出,本题中随机变量X的分布函数既不是阶梯形跳跃函数,也不是连续函数,它是奇异型随机变量。

例 2.3.3 设连续型随机变量X的密度函数为

$$f(x) = \begin{cases} Ax, & 0 \leqslant x < \dfrac{1}{2} \\ 1, & \dfrac{1}{2} \leqslant x < 1 \\ 3 - 2x, & 1 \leqslant x < \dfrac{3}{2} \\ 0, & \text{其他} \end{cases}$$

试求:(1) A;(2) X的分布函数$F(x)$;(3) $P\left\{\dfrac{1}{4} \leqslant X \leqslant \dfrac{5}{4}\right\}$。

解 (1) 按概率密度函数性质,有

$$1 = \int_{-\infty}^{+\infty} f(x) \mathrm{d}x = \int_0^{\frac{1}{2}} Ax \mathrm{d}x + \int_{\frac{1}{2}}^{1} 1 \mathrm{d}x + \int_1^{\frac{3}{2}} (3 - 2x) \mathrm{d}x = \frac{A}{8} + \frac{3}{4}$$

求得$A = 2$。

(2) $F(x) = \int_{-\infty}^{x} f(t) \mathrm{d}t$。由于被积函数$f(t)$为分段函数,因此需要对积分上限$x$进行讨论。

① 当$x < 0$时,$F(x) = 0$;

② 当$0 \leqslant x < \dfrac{1}{2}$时,$F(x) = \int_{-\infty}^{x} f(t) \mathrm{d}t = \int_0^x 2t \mathrm{d}t = x^2$;

③ 当$\dfrac{1}{2} \leqslant x < 1$时,$F(x) = \int_{-\infty}^{x} f(t) \mathrm{d}t = \int_0^{\frac{1}{2}} 2t \mathrm{d}t + \int_{\frac{1}{2}}^{x} 1 \mathrm{d}t = x - \dfrac{1}{4}$

④ 当 $1 \leqslant x < \frac{3}{2}$ 时，$F(x) = \int_{-\infty}^{x} f(t)\mathrm{d}t$
$$= \int_{0}^{\frac{1}{2}} 2t\mathrm{d}t + \int_{\frac{1}{2}}^{1} 1\mathrm{d}t + \int_{1}^{x} (3-2t)\mathrm{d}t$$
$$= -x^2 + 3x - \frac{5}{4}$$

⑤ 当 $x \geqslant \frac{3}{2}$ 时，$F(x) = 1$。

故 X 的分布函数为

$$F(x) = \begin{cases} 0, & x < 0 \\ x^2, & 0 \leqslant x < \frac{1}{2} \\ x - \frac{1}{4}, & \frac{1}{2} \leqslant x < 1 \\ -x^2 + 3x - \frac{5}{4}, & 1 \leqslant x < \frac{3}{2} \\ 1, & x \geqslant \frac{3}{2} \end{cases}$$

(3) $P\left\{\frac{1}{4} \leqslant X \leqslant \frac{5}{4}\right\} = F\left(\frac{5}{4}\right) - F\left(\frac{1}{4}\right) = \frac{7}{8}$ 或 $P\left\{\frac{1}{4} \leqslant X \leqslant \frac{5}{4}\right\} = \int_{\frac{1}{4}}^{\frac{5}{4}} f(x)\mathrm{d}x = \frac{7}{8}$

下面介绍几种重要的连续型随机变量。

1．均匀分布

设连续型随机变量 X 具有概率密度

$$f(x) = \begin{cases} \dfrac{1}{b-a}, & a < x < b \\ 0, & \text{其他} \end{cases}$$

则称 X 在区间 (a, b) 上服从均匀分布，记作 $X \sim U(a, b)$。

利用分布函数与概率密度函数之间的关系，可以求得服从均匀分布的随机变量 X 的分布函数

$$F(x) = \begin{cases} 0, & x < a \\ \dfrac{x-a}{b-a}, & a \leqslant x < b \\ 1, & x \geqslant b \end{cases}$$

$f(x)$ 及 $F(x)$ 的图形分别如图 2.3.3 和图 2.3.4 所示。

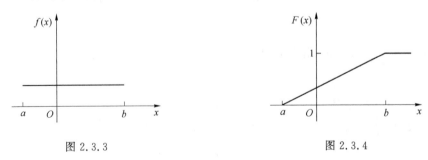

图 2.3.3　　　　　　　　　　图 2.3.4

如果随机变量落在区间 (a, b) 中的任意等长度的子区间内的可能性相同，或者说它落在子

区间内的概率只依赖于子区间的长度而与子区间的位置无关,像这样的随机变量是服从均匀分布的。

例 2.3.4 某汽车总站每隔 3 分钟发一趟车,乘客在 3 分钟内的任一时刻到达是等可能的,则乘客的候车时间 X 在区间 $[0,3]$ 上服从均匀分布,求乘客候车时间不超过 2 分钟的概率。

解 X 的概率密度函数为

$$f(x)=\begin{cases}\dfrac{1}{3}, & 0\leqslant x\leqslant 3\\ 0, & \text{其他}\end{cases}$$

所求概率

$$P\{0\leqslant X\leqslant 2\}=\int_0^2 f(x)\mathrm{d}x=\int_0^2 \dfrac{1}{3}\mathrm{d}x=\dfrac{2}{3}$$

2. 指数分布

如果随机变量 X 的概率密度函数

$$f(x)=\begin{cases}\lambda \mathrm{e}^{-\lambda x}, & x>0\\ 0, & x\leqslant 0\end{cases}$$

其中 $\lambda>0$ 为常数,则称 X 服从参数为 λ 的指数分布,记为 $X\sim E(\lambda)$。

相应的分布函数为

$$F(x)=\begin{cases}1-\mathrm{e}^{-\lambda x}, & x>0\\ 0, & x\leqslant 0\end{cases}$$

指数分布广泛用于可靠性、排队、设备的更新和维修等问题中。例如,设备无故障运转的时间、设备的使用寿命或维修时间、设备相继出现两次故障的时间间隔等都服从指数分布。

指数分布具有无后效性,无后效性是指数分布的一条重要且特有的性质,它决定了指数分布的众多应用。可证明:如果 T 服从参数为 λ 的指数分布,则对于任意实数 $s,t>0$,有

$$P\{T>s+t\mid T>s\}=P\{T>t\}$$

证明 对于任意 $s,t>0$,有

$$P\{T>s+t\mid T>s\}=\dfrac{P\{T>s+t,T>s\}}{P\{T>s\}}$$

$$=\dfrac{P\{T>s+t\}}{P\{T>s\}}=\dfrac{\mathrm{e}^{-\lambda(s+t)}}{\mathrm{e}^{-\lambda s}}=\mathrm{e}^{-\lambda t}=P\{T>t\}$$

无后效性表示,在等待时间已经超过 s 的情况下,至少需要再等待时间 t 的统计规律与已经等待了多长时间无关,就像重新开始等待一样。指数分布的无后效性源于泊松分布的无后效性,它是指数分布突出的特点。在应用中,有关等待时间的问题,凡是涉及指数分布的都可以得出比较简捷的结果。

可以证明,如果连续型概率分布具有无后效性,则它一定是指数分布。

例 2.3.5 设顾客按平均每小时 20 人的近似泊松过程到达商店,求店主等候第一位顾客到达所需时间超过 5 分钟的概率。

解 设随机变量 X 表示按分钟计算的等候时间,则参数 $\lambda=\dfrac{20}{60}=\dfrac{1}{3}$,概率密度函数为

$$f(x)=\begin{cases}\dfrac{1}{3}\mathrm{e}^{-\frac{x}{3}}, & x>0\\ 0, & x\leqslant 0\end{cases}$$

从而所求概率

$$P\{\text{等候第一位顾客到达所需时间超过 5 分钟}\}$$
$$= \int_5^{+\infty} f(x)\mathrm{d}x = \int_5^{+\infty} \frac{1}{3}\mathrm{e}^{-\frac{x}{3}}\mathrm{d}x = \mathrm{e}^{-\frac{5}{3}} \approx 0.188\,9$$

指数分布在可靠性的概率分析中有广泛的应用。产品的寿命 X 是一个随机变量，常常服从指数分布，此时可靠度

$$P(x) = P\{X \geqslant x\} = \int_x^{+\infty} \lambda \mathrm{e}^{-\lambda t}\mathrm{d}t = \mathrm{e}^{-\lambda x}$$

产品的平均寿命是 $\frac{1}{\lambda}$。

例 2.3.6 假设收音机的有效使用时间服从参数为 0.125 的指数分布。现在某人买了一台旧收音机，试求收音机还能使用 8 年以上的概率 α。

解 以 X 表示使用年限，由条件知 X 服从参数为 0.125 的指数分布。不妨假设收音机已经使用了 t 年以上。由指数分布的无后效性，可见

$$\alpha = P\{X \geqslant t+8 \mid X \geqslant t\} = P\{X \geqslant 8\}$$
$$= \mathrm{e}^{-0.125 \times 8} = \mathrm{e}^{-1} \approx 0.367\,9$$

3. 正态分布

正态分布是最常见和最重要的连续型概率分布。自然界和人类社会中的许多现象都服从或近似地服从正态分布。有些随机变量的函数服从或近似地服从正态分布。大量随机变量之和在许多情况下近似地服从正态分布。这一切决定了正态分布有众多的应用。

设连续型随机变量 X 的概率密度为

$$f(x) = \frac{1}{\sqrt{2\pi}\sigma}\mathrm{e}^{-\frac{(x-\mu)^2}{2\sigma^2}}, \quad -\infty < x < +\infty$$

其中 $\mu, \sigma(\sigma > 0)$ 为常数，则称 X 服从参数为 μ, σ^2 的正态分布，记作 $X \sim N(\mu, \sigma^2)$，其相应的分布函数

$$F(x) = \int_{-\infty}^x \frac{1}{\sqrt{2\pi}\sigma}\mathrm{e}^{-\frac{(t-\mu)^2}{2\sigma^2}}\mathrm{d}t, \quad -\infty < x < +\infty$$

正态分布亦称高斯(Gauss)分布。

正态分布的随机变量的概率密度函数具有以下性质。

① 曲线 $f(x;\mu,\sigma^2)$ 关于直线 $x=\mu$ 对称。这说明对于任意 $h>0$，有
$$P\{\mu-h < X \leqslant \mu\} = P\{\mu < X \leqslant \mu+h\}$$

② 当 $x=\mu$ 时取到最大值，$f(\mu) = \frac{1}{\sqrt{2\pi}\sigma}$。当 x 离 μ 越远，$f(x)$ 的值越小，这表明对于同样长度的区间，当区间离 μ 越远，X 落在这个区间的概率越小。在 $x = \mu \pm \sigma$ 处曲线有拐点，Ox 轴为渐近线。

③ 若固定 σ，改变 μ 的值，则图形沿着 Ox 平移，而不改变其形状(图 2.3.5)，可见正态分布的概率密度曲线的位置完全由参数 μ 确定，μ 称为位置参数。

④ 若固定 μ，改变 σ，由最大值 $f(\mu) = \frac{1}{\sqrt{2\pi}\sigma}$ 可知，当 σ 越小时图形变得越尖(图 2.3.6)，因而 X 落在 μ 附近的概率越大，σ 称为尺度参数。

X 的分布函数为

$$F(x) = \frac{1}{\sqrt{2\pi}\sigma} \int_{-\infty}^{x} e^{-\frac{(t-\mu)^2}{2\sigma^2}} dt, \quad -\infty < x < \infty$$

如图 2.3.7 所示。

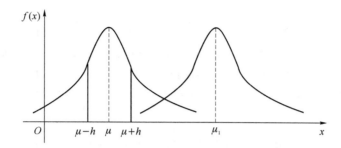

图 2.3.5

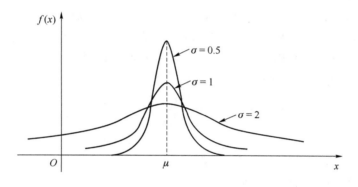

图 2.3.6

特别地,当 $\mu=0$,$\sigma=1$ 时,称 X 服从标准正态分布。其概率密度和分布函数分别用 $\varphi(x)$,$\Phi(x)$ 表示,即有

$$\varphi(x) = \frac{1}{\sqrt{2\pi}} e^{-\frac{x^2}{2}}, \quad -\infty < x < +\infty$$

$$\Phi(x) = \frac{1}{\sqrt{2\pi}} \int_{-\infty}^{x} e^{-\frac{t^2}{2}} dt, \quad -\infty < x < +\infty$$

易知

$$\Phi(-x) = 1 - \Phi(x)$$

如图 2.3.8 所示。

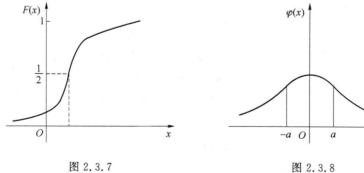

图 2.3.7　　　　　　图 2.3.8

人们又编制了 $\Phi(x)$ 的函数表,可供查用(附表 2)。

表中对于 $x \geqslant 0$ 给出了 $\Phi(x)$ 的值;对于 $x<0$,利用关系式 $\Phi(x)=1-\Phi(-x)$ 计算 $\Phi(x)$ 的值。

例如,
$$P\{|X|<1\}=\Phi(1)-\Phi(-1)=2\Phi(1)-1=2\times 0.841\ 3-1=0.682\ 6$$
$$P\{|X|<1.96\}=\Phi(1.96)-\Phi(-1.96)=2\times 0.975\ 0-1=0.950\ 0$$
$$P\{|X|<2\}=\Phi(2)-\Phi(-2)=2\Phi(2)-1=2\times 0.977\ 3-1=0.954\ 6$$
$$P\{|X|<3\}=\Phi(3)-\Phi(-3)=2\Phi(3)-1=2\times 0.998\ 7-1=0.997\ 4$$

常用的结果有
$$\Phi(0)=\frac{1}{2},\quad \Phi(-x)=1-\Phi(x),\quad P\{|X|<a\}=2\Phi(a)-1,\quad P\{|X|>a\}=2[1-\Phi(a)]$$

下面给出一般正态分布与标准正态分布的关系。

对于任意实数 $a,b(a\neq 0)$,如果 $X\sim N(\mu,\sigma^2)$,则 $Y=aX+b\sim N(a\mu+b,a^2\sigma^2)$。特别地,(1)若 $X\sim N(\mu,\sigma^2)$,则 $U=(X-\mu)/\sigma\sim N(0,1)$;(2)若 $U\sim N(0,1)$,则 $X=\sigma U+\mu\sim N(\mu,\sigma^2)$。

证明 设 $X\sim N(\mu,\sigma^2)$,则当 $a>0$ 时 $Y=aX+b$ 的分布函数为
$$F(y)=P\{Y\leqslant y\}=P\{aX+b\leqslant y\}$$
$$=P\left\{X\leqslant \frac{y-b}{a}\right\}=\frac{1}{\sqrt{2\pi}\sigma}\int_{-\infty}^{\frac{y-b}{a}}e^{-\frac{(t-\mu)^2}{2\sigma^2}}dt$$
$$F'(y)=\frac{1}{\sqrt{2\pi}(a\sigma)}e^{-\frac{[y-(a\mu+b)]^2}{2a^2\sigma^2}}$$

当 $a<0$ 时,$Y=aX+b$ 的分布函数为
$$F(y)=P\{Y\leqslant y\}=P\{aX+b\leqslant y\}$$
$$=P\left\{X\geqslant \frac{y-b}{a}\right\}=1-\frac{1}{\sqrt{2\pi}\sigma}\int_{-\infty}^{\frac{y-b}{a}}e^{-\frac{(t-\mu)^2}{2\sigma^2}}dt$$
$$F'(y)=\frac{-1}{\sqrt{2\pi}(|a|\sigma)}e^{-\frac{[y-(a\mu+b)]^2}{2a^2\sigma^2}}=\frac{1}{\sqrt{2\pi}(a\sigma)}e^{-\frac{[y-(a\mu+b)]^2}{2a^2\sigma^2}}$$

于是 $Y=aX+b\sim N(a+b\mu,a^2\sigma^2)$。作为上述结果的特殊情形容易得出(1)和(2)的结论。

若 $X\sim N(\mu,\sigma^2)$,则 X 的分布函数 $F(x)$ 可以通过标准正态分布的分布函数 $\Phi(x)$ 表示为
$$F(x)=P\{X\leqslant x\}=\Phi\left(\frac{x-\mu}{\sigma}\right),\quad -\infty<x<\infty$$

从而,可以使用标准正态分布的各种数值表进行相应的运算。例如,
$$P\{|X-\mu|<\sigma\}=P\{\mu-\sigma<X<\mu+\sigma\}=P\left\{-1<\frac{X-\mu}{\sigma}<1\right\}$$
$$=\Phi(1)-\Phi(-1)=0.682\ 6$$
$$P\{|X-\mu|<1.96\sigma\}=P\{\mu-1.96\sigma<X<\mu+1.96\sigma\} \quad (2.3.5)$$
$$=\Phi(1.96)-\Phi(-1.96)=0.95$$
$$P\{|X-\mu|<3\sigma\}=P\{\mu-3\sigma<X<\mu+3\sigma\}=\Phi(3)-\Phi(-3)=0.997\ 4$$

一般地有结论:
$$P\{a<X<b\}=\Phi\left(\frac{b-\mu}{\sigma}\right)-\Phi\left(\frac{a-\mu}{\sigma}\right)$$

例如,设 $X\sim N(1,4)$,查表得

$$P\{0 < X \leqslant 1.6\} = \Phi\left(\frac{1.6-1}{2}\right) - \Phi\left(\frac{0-1}{2}\right)$$
$$= \Phi(0.3) - \Phi(-0.5)$$
$$= 0.6179 - [1 - \Phi(0.5)]$$
$$= 0.6179 - 1 + 0.6915 = 0.3094$$

例 2.3.7 设随机变量 X 服从正态分布 $N(3,4)$，试求常数 C，使
(1) $P\{X < C\} = P\{X \geqslant C\}$；
(2) $P\{X < C\} = 2P\{X \geqslant C\}$。

解 (1) 由 $X \sim N(3,4)$ 可见，其分布曲线关于直线 $x=3$ 对称，即
$$P\{X < 3\} = P\{X \geqslant 3\} = \frac{1}{2}$$
因此 $C = 3$。

(2) 由 $P\{X < C\} = 2P\{X \geqslant C\}$ 可见
$$P\{X < C\} = 2P\{X \geqslant C\} = 2[1 - P\{X < C\}]$$
$$P\{X < C\} = \frac{2}{3}$$
由于 $U = (X-3)/2 \sim N(0,1)$，可见
$$P\{X < C\} = P\left\{\frac{X-3}{2} < \frac{C-3}{2}\right\} = P\left\{U < \frac{C-3}{2}\right\}$$
$$= \Phi\left(\frac{C-3}{2}\right) = \frac{2}{3} \approx 0.67$$
其中 $\Phi(x)$ 是标准正态分布函数，由其数值表（附表 2）可见
$$\frac{C-3}{2} \approx 0.44$$
$$C \approx 3.88$$

例 2.3.8 假设某年级学生"概率论与数理统计"课程考试的成绩（百分制）服从正态分布 $N(\mu, \sigma^2)$。考试成绩 75 分以下者占 34%，而 90 分以上者占 14%，试求分布参数 μ, σ^2。

解 由条件知考试成绩 $X \sim N(\mu, \sigma^2)$，
$$0.34 = P\{X < 75\} = P\left\{\frac{X-\mu}{\sigma} < \frac{75-\mu}{\sigma}\right\} = \Phi\left(\frac{75-\mu}{\sigma}\right)$$
$$0.14 = P\{X > 90\} = P\left\{\frac{X-\mu}{\sigma} > \frac{90-\mu}{\sigma}\right\} = 1 - \Phi\left(\frac{90-\mu}{\sigma}\right)$$
$$\Phi\left(\frac{75-\mu}{\sigma}\right) = 0.34, \quad \Phi\left(\frac{90-\mu}{\sigma}\right) = 0.86$$
由标准正态分布函数表（附表 1）可查得：
$$\frac{75-\mu}{\sigma} \approx -0.41, \quad \frac{90-\mu}{\sigma} \approx 1.08$$
由此得关于 μ 和 σ 的联立方程组
$$\begin{cases} 75 - \mu \approx -0.41\sigma \\ 90 - \mu \approx 1.08\sigma \end{cases}$$
解得 $\mu \approx 79.13, \sigma^2 \approx 10.07^2$。

2.4 随机变量函数的分布

设 $y=g(x)$ 是连续函数或分段连续函数,$Y=g(X)$ 作为随机变量 X 的函数也是随机变量。如何根据随机变量 X 的概率分布求其函数 $Y=g(X)$ 的概率分布？一般方法是：设法将 $Y=g(X)$ 的分布函数通过 X 的概率分布表示：
$$F(y)=P\{Y\leqslant y\}=P\{g(X)\leqslant y\}$$
基于这种表示,在许多情形下可以求出 $Y=g(X)$ 的概率分布。

(1) 离散型情形

设 X 是离散型随机变量,其一切(有限或可数个)可能值为 $\{x_1,x_2,\cdots\}$。为求随机变量 $Y=g(X)$ 的概率分布,首先由函数关系 $y=g(x)$ 列出 Y 的一切可能值 $\{y_1,y_2,\cdots\}$,然后分别求概率 $P\{Y=y_j\}$ $(j=1,2,\cdots)$。这时,

① 已知 $P\{X=x_i\}=p_i(i=1,2,\cdots)$,若函数 $y=g(x)$ 的一切可能值两两不等,则
$$P\{Y=g(x_i)\}=p_i,\quad i=1,2,\cdots$$
就是 Y 的概率分布;

② 若对于某些 X 的可能值 $\{x_{k_1},\cdots,x_{k_r}\}$,$y=g(x_{k_j})$ 等于同一值 y_k,则
$$P\{Y=y_k\}=\sum_{g(x_{k_r})=y_k} p_{k_r}$$

(2) 连续型情形

设 X 是连续型随机变量,则随机变量 $Y=g(X)$ 可能是连续型的,也可能是离散型的。

① 若函数 $y=g(x)$ 只有有限或可数个可能值,按上述离散型情形处理;

如 X 的概率密度为 $f(x)$,$g(x)=\begin{cases}0,&x>1\\1,&x\leqslant 1\end{cases}$,则 $Y=g(X)$ 服从 0-1 分布。

$$P\{Y=0\}=P\{X>1\}=\int_1^{+\infty}f(x)\mathrm{d}x,\quad P\{Y=1\}=P\{X\leqslant 1\}=\int_{-\infty}^1 f(x)\mathrm{d}x$$

② 若函数 $y=g(x)$ 所有可能值的集合是(有限或无限)区间,则一般先求 Y 的分布函数 $F(x)$ 再求导数 $F'(x)$,即可得到 $Y=g(X)$ 的概率密度 $f(x)$。

例 2.4.1 设随机变量 $X\sim B(3,0.7)$,求：

(1) 随机变量 $Y_1=X^2$ 的概率分布;

(2) 随机变量 $Y_2=X^2-2X$ 的概率分布;

(3) 随机变量 $Y_3=3X-X^2$ 的概率分布。

解 由 $X\sim B(3,0.7)$ 知 X 的概率分布为
$$P\{X=k\}=C_3^k\,0.7^k\,0.3^{3-k},\quad k=0,1,2,3$$
根据 X 的概率分布列出表 2.4.1。

表 2.4.1

X	0	1	2	3
X^2	0	1	4	9
X^2-2X	0	-1	0	3
$3X-X^2$	0	2	2	0
概率	$0.3^3=0.027$	$3\times 0.7\times 0.3^2=0.189$	$3\times 0.7^2\times 0.3=0.441$	$0.7^3=0.343$

由表 2.4.1 得 $Y_1 = X^2$ 的概率分布为

X^2	0	1	4	9
p	0.027	0.189	0.441	0.343

随机变量 $Y_2 = X^2 - 2X$ 的概率分布为

$X^2 - 2X$	-1	0	3
p	0.189	0.468	0.343

随机变量 $Y_3 = 3X - X^2$ 的概率分布为

$3X - X^2$	0	2
p	0.37	0.63

例 2.4.2 已知随机变量 X 服从标准正态分布，求 $Y = X^2$ 的概率密度。

解 以 $F(y)$ 和 $f(y)$ 分别表示 Y 的分布函数和概率密度。当 $y \leqslant 0$ 时显然 $F(y) = 0$；对于 $y > 0$，有

$$F(y) = P\{Y \leqslant y\} = P\{X^2 \leqslant y\} = P\{|X| \leqslant \sqrt{y}\}$$
$$= P\{-\sqrt{y} \leqslant X \leqslant \sqrt{y}\} = \frac{1}{\sqrt{2\pi}} \int_{-\sqrt{y}}^{\sqrt{y}} e^{-\frac{x^2}{2}} dx$$

对 y 求导，得

$$f(y) = \frac{1}{\sqrt{2\pi}} \left[e^{-\frac{y}{2}} \frac{1}{2\sqrt{y}} + e^{-\frac{y}{2}} \frac{1}{2\sqrt{y}} \right] = \frac{1}{\sqrt{2\pi y}} e^{-\frac{y}{2}}$$

于是，$Y = X^2$ 的概率密度为

$$f(y) = F'(x) = \begin{cases} \dfrac{1}{\sqrt{2\pi y}} e^{-\frac{y}{2}}, & \text{若 } y > 0 \\ 0, & \text{若 } y \leqslant 0 \end{cases}$$

特别地，假设 $y = g(x)$ 处处可导且是严格单调的连续函数，(c, d) 是函数 $y = g(x)$ 的值域，$x = h(y)$ 是 $y = g(x)$ 的反函数；X 是连续型随机变量，其概率密度为 $f(x)$，则 Y 也是连续型随机变量，其概率密度 $p(y)$ 通过 $f(x)$ 表示为

$$p(y) = \begin{cases} f(h(y))|h'(y)|, & \text{若 } c < y < d \\ 0, & \text{其他} \end{cases}$$

证明 以 $G(y)$ 表示随机变量 $Y = g(X)$ 的分布函数。若 $y = g(x)$ 为增函数，则 $h(y)$ 也是增函数，故 $h'(y) > 0$；若 $y = g(x)$ 为减函数，则 $h(y)$ 也是减函数，故 $h'(y) < 0$。显然，当 $y \leqslant c$ 时，$G(y) = 0$；当 $y \geqslant d$ 时，$G(y) = 1$。先设 $y = g(x)$ 为增函数，对于 $c < y < d$，有

$$G(y) = P\{Y \leqslant y\} = P\{g(X) \leqslant y\} = P\{X \leqslant h(y)\} = \int_{-\infty}^{h(y)} f(x) dx$$
$$p(y) = G'(y) = f(h(y)) h'(y) = f(h(y))|h'(y)|$$

当 $y = g(x)$ 为减函数时，对于 $c < y < d$，有

$$G(y) = P\{Y \leqslant y\} = P\{g(X) \leqslant y\} = P\{X \geqslant h(y)\} = \int_{h(y)}^{\infty} f(x) dx$$
$$p(y) = G'(y) = f(h(y))[-h'(y)] = f(h(y))|h'(y)|$$

综上所述，结论得证。

例 2.4.3 设 X 的密度函数为 $f_X(x) = \begin{cases} e^{-x}, & x > 0 \\ 0, & \text{其他} \end{cases}$。试求 $Y = e^X$ 的概率密度 $f_Y(y)$。

解 方法 1——公式法：$y = e^x$ 单调增加，且反函数为 $x = \ln y, y > 0$，于是

$$f_Y(y) = \begin{cases} f_X(\ln y) |(\ln y)'|, & y > 0 \\ 0, & \text{其他} \end{cases}$$

$$= \begin{cases} e^{-\ln y} \dfrac{1}{y}, & y > 1 \\ 0, & \text{其他} \end{cases}$$

$$= \begin{cases} \dfrac{1}{y^2}, & y > 1 \\ 0, & \text{其他} \end{cases}$$

方法 2——分布函数法：

$$F_Y(y) = P(Y \leqslant y) = P(e^X \leqslant y)$$

① 当 $y \leqslant 0$ 时，$F_Y(y) = 0$。

② 当 $0 < y \leqslant 1$ 时，$F_Y(y) = P(X \leqslant \ln y) = \int_{-\infty}^{\ln y} f_X(x) \mathrm{d}x = 0$。

③ 当 $y > 1$ 时，$F_Y(y) = P(X \leqslant \ln y) = \int_{-\infty}^{\ln y} f_X(x) \mathrm{d}x = \int_0^{\ln y} e^{-x} \mathrm{d}x = 1 - \dfrac{1}{y}$。

故

$$F_Y(y) = \begin{cases} 1 - \dfrac{1}{y}, & y > 1 \\ 0, & \text{其他} \end{cases}$$

从而

$$f_Y(y) = F_y'(y) = \begin{cases} \dfrac{1}{y^2}, & y > 1 \\ 0, & \text{其他} \end{cases}$$

习题 2

(A)

1. 电话总机在每分钟内收到的呼唤次数 X 是一个随机变量，用 X 表示下列事件：
(1) 一分钟内收到呼唤 9 次；
(2) 一分钟内收到呼唤不多于 8 次；
(3) 一分钟内收到呼唤不少于 5 次。

2. 某种产品共 10 件，其中有 3 件不合格品，从中任取 4 件，取出 4 件的产品中不合格品数 X 是一个随机变量，写出 X 所可能取的值。

3. 接连进行 3 次独立射击，假设每次射击命中目标的概率 p 为 0.6，求命中目标的次数 X 的概率分布。

4. 在 6 只同类产品中有 2 只不合格品，从中每次取一只，共取 5 次。
(1) 每次取出的产品立即放回，再取下一只。求取出 5 只产品中的不合格品数 X 的概率

分布；

(2) 每次取出的产品都不放回,求取出的 5 只产品中不合格品数 Y 的概率分布。

5. 某人有 5 发子弹,射一发命中的概率为 0.9,如果命中了就停止射击,如果不命中就一直射到子弹用尽。求耗用子弹数 X 的概率分布。

6. 已知离散型随机变量 X 的分布函数为 $F(x)$,求 X 的概率分布,其中:

$$F(x)=\begin{cases}0, & 若 x<0 \\ 0.5, & 若 0\leqslant x<1 \\ 0.6, & 若 1\leqslant x<2 \\ 0.8, & 若 2\leqslant x<3 \\ 0.9, & 若 3\leqslant x<3.5 \\ 1, & 若 x\geqslant 3.5\end{cases}$$

7. 假设 10 件产品中有 2 件废品,现在一件一件地将产品取出直到查到一件正品为止。
(1) 试求抽出产品件数 X 的概率分布；
(2) 写出随机变量 X 的分布函数 $F(x)$。

8. 甲和乙二人轮流对同一目标射击,并且甲先射,直到有一人命中目标为止。已知甲和乙二人的命中率相应为 0.4 和 0.5,试求甲射击次数 X 的概率分布。

9. 有 20 部不同型号的机床,每部机床开动的概率为 0.8,每部机床开动时所消耗的电能为 15 个单位。若各机床开动与否彼此无关,求这个车间消耗的电能不少于 270 个单位的概率。

10. 已知每天到达某炼油厂的油船数 $X\sim P(2)$,港口一天只能服务 3 艘油船,如果一天中到达的油船超过 3 艘,则超过 3 艘的油船必须转向另一港口。
(1) 求一天中必须有油船转走的概率；
(2) 设备增加到多少(即每天能服务多少艘船)时,才能使每天所有来船都不用转走的概率超过 90%？

11. 口袋中有 4 个球,在其表面分别标有 $-2,0,1,2$ 这 4 个数字,从口袋中任取一个球,取得的球上的数字 X 是一个随机变量,求 X 的分布函数。

12. 如果每次投篮球投中的概率为 0.6,连投两球,投中次数 X 是一个随机变量,求 X 的分布函数。

13. 设随机变量 X 的分布函数为

$$F(x)=\begin{cases}0, & 若 x<0 \\ \dfrac{x}{2}, & 若 0\leqslant x<1 \\ \dfrac{2}{3}, & 若 1\leqslant x<3 \\ 1, & 若 x\geqslant 3\end{cases}$$

(1) 问随机变量 X 是离散型的还是连续型的？
(2) 求事件 $\{X<2\},\{X=1\},\{X>\dfrac{1}{2}\},\{2<X<3\}$ 的概率。

14. 设随机变量 X 的分布函数为 $F(x)=A+B\arctan x,-\infty<x<+\infty$。确定常数 A 与 B。

15. 设连续型随机变量 X 的分布函数

$$F(x)=\begin{cases}0, & x<0\\ Ax^2, & 0\leq x<1\\ 1, & x\geq 1\end{cases}$$

(1) 确定系数 A；

(2) 求 X 的密度函数；

(3) 求 $P\{0.7<X<0.9\}$。

16. 设连续型随机变量 X 的分布函数 $F(x)=\dfrac{1}{2}+\dfrac{1}{\pi}\arctan x, -\infty<x<+\infty$。

(1) 求 X 落在区间 $[-1,1]$ 内的概率；

(2) 求 X 的密度函数。

17. 已知随机变量 X 的概率密度为

$$f(x)=\begin{cases}ax^2 e^{-\lambda x}, & \text{若 } x>0\\ 0, & \text{若 } x\leq 0\end{cases}$$

试求:(1) 未知系数 a;(2) 随机变量 X 的分布函数 $F(x)$;(3) 随机变量 X 在区间 $(0,1/\lambda)$ 取值的概率。

18. 向半径为 r 的圆内投掷一随机点,假设点一定落入圆内,而落入圆内的任何区域的概率只与该区域的面积有关且与之成正比。试求:

(1) 落点到圆心距离 R 的分布函数 $F(x)$；

(2) 落点到圆心距离 R 的密度函数 $f(x)$。

19. 设随机变量 k 在 $[0,5]$ 内服从均匀分布,求方程 $4x^2+4kx+k+2=0$ 有实根的概率。

20. 公共汽车站每隔 5 分钟有一辆汽车通过,乘客到达汽车站的任一时刻是等可能的,求乘客候车时间不超过 3 分钟的概率。

21. 在某产品中,产品的尺寸与规定尺寸的偏差 X(毫米)服从正态分布 $N(0,4)$,如果产品尺寸与规定尺寸按绝对值不超过 3 毫米,则属于合格品。生产 5 件产品,至少有 4 件合格品的概率是多少?

22. 某工厂生产的电子管的寿命 X(小时)服从正态分布 $N(1\,600,\sigma^2)$,如果要求电子管的寿命在 1 200 小时以上的概率不小于 0.96,求 σ 的值。

23. 假设一日内到过某商店的顾客数服从参数为 λ 的泊松分布,而每个顾客实际购货的概率为 p。以 X 表示一日内到过该商店的顾客中购货的人数,试求 X 的概率分布。

24. 设从一批电子管中任取一只时,取得的电子管的寿命 X 是一个随机变量(单位:小时),其密度函数

$$f(x)=\begin{cases}\dfrac{100}{x^2}, & x\geq 100\\ 0, & x<100\end{cases}$$

(1) 求在 150 小时内,取得的 3 只管子中没有一只坏掉的概率；

(2) 求在 150 小时内,取得的 3 只管子全坏掉的概率。

25. 设离散型随机变量 X 的概率分布为

X	0	1	2
p	$\dfrac{1}{4}$	$\dfrac{1}{2}$	$\dfrac{1}{4}$

(1) 求随机变量 $Y=\dfrac{2X}{3}+2$ 的概率分布；

(2) 求随机变量 $Z=\cos X$ 的概率分布。

26. 设随机变量 X 的概率分布为 $P(X=k)=\dfrac{2}{3^k}, k=1,2,\cdots$。试求 $Y=\sin\left(\dfrac{\pi X}{2}\right)$ 的分布律。

27. 设随机变量 X 的概率密度为

$$f(x)=\begin{cases}1+x, & -1\leqslant x<0\\ 1-x, & 0\leqslant x\leqslant 1\\ 0, & 其他\end{cases}$$

试求 $Y=X^2+1$ 的密度函数。

28. 设随机变量 X 的分布函数为

$$F_X(x)=\begin{cases}0, & x<-1\\ \dfrac{5x+7}{16}, & -1\leqslant x<1\\ 1, & x\geqslant 1\end{cases}$$

试求 $Y=X^2$ 的分布函数。

29. 设 X 是连续型随机变量,其概率密度为 $f(x)=\dfrac{1}{\sqrt{2\pi x^2}}e^{-\frac{1}{2x^2}}, -\infty<x<+\infty$。求 $Y=\dfrac{1}{X}$ 的概率密度 $g(y)$。

30. 设随机变量 X 的密度函数为

$$f(x)=\begin{cases}\dfrac{1}{2}, & -1<x\leqslant 0\\ \dfrac{1}{8}, & 0<x<4\\ 0, & 其他\end{cases}$$

$Y=X^2-2X-5$,试求 Y 的密度函数。

(B)

1. 设随机变量 X 的概率密度为

$$f(x)=\begin{cases}\dfrac{1}{3\sqrt[3]{x^2}}, & 若 x\in[1,8]\\ 0, & 其他\end{cases}$$

$F(x)$ 是 X 的分布函数。求随机变量 $Y=F(X)$ 的分布函数。

2. 从数 1,2,3,4 中任取一个数,记为 X,再从 $1,2,\cdots,X$ 中任取一个数,记为 Y,则 $P\{Y=2\}=$ _____。

3. 设随机变量 X 服从正态分布 $N(\mu_1,\sigma_1^2)$,Y 服从正态分布 $N(\mu_2,\sigma_2^2)$,且
$$P\{|X-\mu_1|<1\}>P\{|Y-\mu_2|<1\}$$
则必有( )。

(A) $\sigma_1<\sigma_2$ (B) $\sigma_1>\sigma_2$
(C) $\mu_1<\mu_2$ (D) $\mu_1>\mu_2$

4. 设随机变量 X 的概率密度为

$$f_X(x) = \begin{cases} \dfrac{1}{2}, & -1<x<0 \\ \dfrac{1}{4}, & 0 \leqslant x<2 \\ 0, & 其他 \end{cases}$$

令 $Y=X^2$，求 Y 的概率密度 $f_Y(y)$。

5. 某人向同一目标独立重复射击，每次射击命中目标的概率为 $p(0<p<1)$，则此人第 4 次射击恰好第 2 次击中目标的概率为（　　）。

(A) $3p(1-p)^2$ 　　　　　　　　(B) $6p(1-p)^2$

(C) $3p^2(1-p)^2$ 　　　　　　　(D) $6p^2(1-p)^2$

6. 设随机变量 X 的分布函数 $F(x) = \begin{cases} 0, & x<0 \\ \dfrac{1}{2}, & 0 \leqslant x<1 \\ 1-e^{-x}, & x \geqslant 1 \end{cases}$，则 $P\{X=1\}$ 为（　　）。

(A) 0 　　　(B) $\dfrac{1}{2}$ 　　　(C) $\dfrac{1}{2}-e^{-1}$ 　　　(D) $1-e^{-1}$

7. 设 $f_1(x)$ 为标准正态分布的概率密度，$f_2(x)$ 为 $[-1,3]$ 上的均匀分布的概率密度，若 $f(x) = \begin{cases} af_1(x), & x \leqslant 0 \\ bf_2(x), & x>0 \end{cases}$，$(a>0, b>0)$ 为概率密度，则 a,b 应满足（　　）。

(A) $2a+3b=4$ 　　　　　　　　(B) $3a+2b=4$

(C) $a+b=1$ 　　　　　　　　　(D) $a+b=2$

8. 设 $F_1(x), F_2(x)$ 为两个分布函数，其相应的概率密度 $f_1(x), f_2(x)$ 是连续函数，则必为概率密度的是（　　）。

(A) $f_1(x)f_2(x)$ 　　　　　　　　(B) $2f_2(x)F_1(x)$

(C) $f_1(x)F_2(x)$ 　　　　　　　　(D) $f_1(x)F_2(x)+f_2(x)F_1(x)$

9. 设随机变量 X 与 Y 相互独立，且分别服从参数为 1 与参数为 4 的指数分布，则 $P\{X<Y\}=$（　　）。

(A) $\dfrac{1}{5}$ 　　　(B) $\dfrac{1}{3}$ 　　　(C) $\dfrac{2}{5}$ 　　　(D) $\dfrac{4}{5}$

10. 设随机变量 $X \sim N(\mu, \sigma^2)(\sigma>0)$，记 $p=P\{X \leqslant \mu+\sigma^2\}$，则（　　）。

(A) p 随着 μ 的增加而增加 　　　(B) p 随着 σ 的增加而增加

(C) p 随着 μ 的增加而减少 　　　(D) p 随着 σ 的增加而减少

11. 设随机变量 X 的概率密度 $f(x)$ 满足 $f(1+x)=f(1-x)$，且 $\int_0^2 f(x)dx=0.6$，则 $P\{X<0\}=$（　　）。

(A) 0.2 　　　(B) 0.3 　　　(C) 0.4 　　　(D) 0.5

12. 设随机变量 X 与 Y 相互独立，且都服从正态分布 $N(\mu, \sigma^2)$，则 $P\{|X-Y|<1\}$（　　）。

(A) 与 μ 无关，而与 σ^2 有关 　　　(B) 与 μ 有关，而与 σ^2 无关

(C) 与 μ, σ^2 都有关 　　　　　　　(D) 与 μ, σ^2 都无关

第3章 多维随机变量及其分布

我们经常需要将同一个随机试验中的（即同一个样本空间上的）几个随机变量放在一起考虑，比如打靶时弹着点的横坐标与纵坐标；一天内的最高气温与最低气温；抽检到的某种产品的各个等级品的数量；儿童发育调查中儿童的身高与体重，等等。

定义 3.0.1 称同一个样本空间 Ω 上的 n 个随机变量 $X_1, X_2, \cdots, X_n$ 构成的 n 维向量 $(X_1, X_2, \cdots, X_n)$ 为 Ω 上的 **n 维随机变量**或 **n 维随机向量**。

与一维情况类似，可借助"分布函数"来刻画多维随机变量的概率分布情况。

定义 3.0.2 称 n 元函数
$$F(x_1, x_2, \cdots, x_n) = P\{X_1 \leqslant x_1, X_2 \leqslant x_2, \cdots, X_n \leqslant x_n\}, \quad -\infty < x_1, x_2, \cdots, x_n < +\infty$$
为随机变量 $(X_1, X_2, \cdots, X_n)$ 的分布函数，或随机变量 $X_1, X_2, \cdots, X_n$ 的**联合分布函数**。

很自然，我们需要了解每一个分量的分布。

定义 3.0.3 随机变量 $X_1, X_2, \cdots, X_n$ 中，各变量的分布函数，以及其中任意 m 个变量的联合分布函数，统称为 $(X_1, X_2, \cdots, X_n)$ 或联合分布函数 $F(x_1, x_2, \cdots, x_n)$ 的**边缘分布函数**。

显然，关于 X_i 的边缘分布函数为
$$F_{X_i}(x_i) = P\{X_i \leqslant x_i\} = P\{X_1 < +\infty, \cdots, X_{i-1} < +\infty, X_i \leqslant x_i, X_{i+1} < +\infty, \cdots, X_n < +\infty\}$$
$$= \lim_{x_j \to +\infty, i \neq j} F(x_1, x_2, \cdots, x_n)$$
$$= F(+\infty, +\infty, \cdots, x_i, \cdots +\infty)$$

关于 $(X_1, X_2, \cdots, X_r)$ 的边缘分布函数为
$$F_{X_1, \cdots, X_r}(x_1, \cdots, x_r) = P\{X_1 \leqslant x_1, \cdots, X_r \leqslant x_r\} = P\{X_1 \leqslant x_1, \cdots, X_r \leqslant x_r, X_{r+1} < +\infty, \cdots, X_n < +\infty\}$$
$$= \lim_{x_{r+1}, \cdots, x_n \to +\infty} F(x_1, x_2, \cdots, x_n)$$
$$= F(x_1, x_2, \cdots, x_r, +\infty, \cdots, +\infty)$$

由此可见，联合分布函数完全可以确定各个边缘分布函数，即联合概率分布不但能描绘随机变量间"联合"的行为、性质和特征，而且可以决定其中每个随机变量的概率分布。

3.1 二维随机变量

本节主要介绍二维随机变量的有关概念、特征、性质、结论等，这些都不难由二维随机变量推广到二维以上的随机变量的情况。

定义 3.1.1 设 (X, Y) 是二维随机变量，二元实函数
$$F(x, y) = P\{(X \leqslant x) \cap (Y \leqslant y)\} \triangleq P\{X \leqslant x, Y \leqslant y\}$$

称为二维随机变量(X,Y)的**分布函数**,或称为随机变量X与Y的**联合分布函数**。

实际上,这是定义 3.0.2 的特例,类似的有边缘分布的概念。

定义 3.1.2 随机变量X,Y的分布函数分别称为二维随机变量(X,Y)关于X,Y的**边缘分布函数**。

显然,关于X的边缘分布函数为
$$F_X(x)=P\{X\leqslant x\}=P\{X\leqslant x,Y<+\infty\}=\lim_{y\to+\infty}F(x,y)$$
关于Y的边缘分布函数为
$$F_Y(y)=P\{Y\leqslant y\}=P\{X<+\infty,Y\leqslant y\}=\lim_{x\to+\infty}F(x,y)$$

从几何意义上看,二维随机变量的取值可看作平面上的"随机点"。二维随机变量(X,Y)的分布函数在点(x,y)处的函数值$F(x,y)$就是随机点(X,Y)落在以点(x,y)为顶点的左下方的无穷矩形区域(图 3.1.1)内的概率。

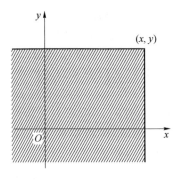

图 3.1.1

我们不加证明地给出分布函数$F(x,y)$如下的基本性质,但有些性质可通过几何意义直观理解。

① $F(x,y)$分别是x与y的单调不减函数,即当$x_1<x_2$时,$F(x_1,y)\leqslant F(x_2,y)$;当$y_1<y_2$时,$F(x,y_1)\leqslant F(x,y_2)$。

② $0\leqslant F(x,y)\leqslant 1$,且$F(-\infty,y)=F(x,-\infty)=F(-\infty,-\infty)=0, F(+\infty,+\infty)=1$。

③ $F(x,y)$分别关于x和y右连续,即$F(x,y)=F(x+0,y)=F(x,y+0)$。

④ 当$x_1<x_2,y_1<y_2$时,有
$$0\leqslant P\{x_1<X\leqslant x_2;y_1<Y\leqslant y_2\}=F(x_2,y_2)-F(x_2,y_1)-F(x_1,y_2)+F(x_1,y_1)$$

性质①的几何意义是明显的。当y固定而x增大或x固定y增大时,以(x,y)为顶点的"无穷矩形"域(图 3.1.1)增大,从而随机点(X,Y)落在该域中的概率不会减少。

对性质②也可做类似的解释。若$x\to-\infty$,即x无限左移,则随机点(X,Y)落在此域内这一事件趋于不可能事件,从而概率趋于 0,即$F(-\infty,y)=0$;同理$F(x,-\infty)=0,F(-\infty,-\infty)=0$。当$x\to+\infty,y\to+\infty$时,此域趋于全平面,故随机点落于此域中的概率趋于 1,即$F(+\infty,+\infty)=1$。

性质④中式子的几何意义如图 3.1.2 所示。

实际上,我们还有结果:若二元实函数$F(x,y)$满足如上 4 条性质,则$F(x,y)$一定是某一个二维随机变量的分布函数。

很显然,我们还关心当其中一个随机变量取某固定值时,另一个随机变量的分布,这就是条件分布问题。如当 $X=x$ 时,求 Y 的分布函数,自然应考虑条件概率 $P\{Y\leqslant y|X=x\}$,但如果 X 为连续型随机变量时 $P\{Y\leqslant y|X=x\}$ 没意义,因而用极限的思想给出如下定义。

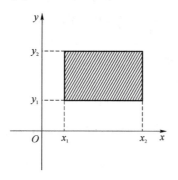

图 3.1.2

定义 3.1.3 设随机变量 (X,Y) 的分布函数为 $F(x,y)$。对给定的 x 及任意固定的正数 ε,有 $P\{x-\varepsilon<X\leqslant x+\varepsilon\}>0$,且对于任意实数 y,极限

$$\lim_{\varepsilon\to 0^+}P\{Y\leqslant y|x-\varepsilon<X\leqslant x+\varepsilon\}=\lim_{\varepsilon\to 0^+}\frac{P\{Y\leqslant y,x-\varepsilon<X\leqslant x+\varepsilon\}}{P\{x-\varepsilon<X\leqslant x+\varepsilon\}}$$

存在,则称此极限为在 $X=x$ 下 Y 的**条件分布函数**,记作 $P\{Y\leqslant y|X=x\}$ 或记作 $F_{Y|X}(y|x)$。类似地,可定义在 $Y=y$ 下 X 的条件分布函数 $F_{X|Y}(x|y)$。

由上可看出,联合分布函数完全可以确定边缘分布函数及条件分布函数,但需注意的是,只知道边缘分布函数或条件分布函数其中之一,无法确定联合分布函数。

例 3.1.1 供读者参考。

例 3.1.1 设随机变量 X 和 Y 的联合分布函数为

$$F(x,y)=\begin{cases}0, & \text{若}\min\{x,y\}<0\\ \min\{x,y\}, & \text{若}0\leqslant\min\{x,y\}<1,\\ 1, & \text{若}\min\{x,y\}\geqslant 1\end{cases}$$

求随机变量 X 和 Y 的分布函数 $F_X(x)$ 和 $F_Y(y)$。

分析 随机变量 X 和 Y 的分布函数 $F_X(x)$ 和 $F_Y(y)$ 是 $F(x,y)$ 的边缘分布函数:

$$F_X(x)=F(x,+\infty)=F(x,1)=\begin{cases}0, & \text{若 } x<0\\ x, & \text{若 } 0\leqslant x<1\\ 1, & \text{若 } x\geqslant 1\end{cases}$$

$$F_Y(y)=F(+\infty,y)=F(1,y)=\begin{cases}0, & \text{若 } y<0\\ y, & \text{若 } 0\leqslant y<1\\ 1, & \text{若 } y\geqslant 1\end{cases}$$

3.2 二维离散型随机变量

同一维随机变量一样,我们主要研究离散型和连续型两大类二维随机变量。对这两类随机变量,同样可以用类似一维随机变量的分布律及概率密度来研究。

定义 3.2.1 如果二维随机变量 (X,Y) 的所有可能值是有限个或无限可列个,则称 (X,Y) 为二维**离散型随机变量**。

定义 3.2.2 设二维离散型随机变量 (X,Y) 的全部可能值为 (x_i,y_j)，$i=1,2,\cdots,j=1,2,\cdots$。$(X,Y)$ 取各个可能值的概率为

$$P\{X=x_i,Y=y_j\} \stackrel{\Delta}{=} p_{ij}, \quad i=1,2,\cdots;j=1,2,\cdots$$

称上式为二维离散型随机变量 (X,Y) 的**分布律**或**概率分布**，也称为 X 与 Y 的**联合分布律**或**联合概率分布**。

容易看出，二维随机变量的分布律中 p_{ij} 满足下面两个基本条件：

① $p_{ij} \geqslant 0, i=1,2,\cdots,j=1,2,\cdots$；

② $\sum\limits_{i,j} p_{ij} = 1$。

其实，若有一个数列 $\{p_{ij}\}$ 满足如上两条，它一定可作为某一二维离散型随机变量的分布律。

为方便直观，也可用表 3.2.1 来表示二维离散型随机变量 (X,Y) 的分布。

表 3.2.1

X \ Y	y_1	y_2	$\cdots$	y_j	$\cdots$
x_1	p_{11}	p_{12}	$\cdots$	p_{1j}	$\cdots$
x_2	p_{21}	p_{22}	$\cdots$	p_{2j}	$\cdots$
$\vdots$	$\vdots$	$\vdots$		$\vdots$	
x_i	p_{i1}	p_{i2}	$\vdots$	p_{ij}	$\vdots$
$\vdots$	$\vdots$	$\vdots$		$\vdots$	

有时，也可表示为

$$(X,Y) \sim \begin{pmatrix} (x_1,y_1) & (x_1,y_2) & \cdots & (x_2,y_1) & (x_2,y_2) & \cdots & (x_i,y_j) & \cdots \\ p_{11} & p_{12} & \cdots & p_{21} & p_{22} & \cdots & p_{ij} & \cdots \end{pmatrix}$$

特别是当 (X,Y) 的取值较少时，用表 3.2.1 表示更方便。

与一维情形一样，也可得到二维离散型随机变量的分布函数和分布律有如下关系。

$$F(x,y) = \sum_{x_i \leqslant x, y_j \leqslant y} p_{ij}, \quad i=1,2,\cdots;j=1,2,\cdots$$

$$p_{ij} = P\{X=x_i, Y=y_j\} = \lim_{\substack{x \to x_i-0 \\ y \to y_j-0}} P\{x<X \leqslant x_i, y<Y \leqslant y_j\}$$

$$= \lim_{\substack{x \to x_i-0 \\ y \to y_j-0}} \{F(x_i,y_j) - F(x,y_j) - F(x_i,y) + F(x,y)\}$$

$$= F(x_i,y_j) - F(x_i-0,y_j) - F(x_i,y_j-0) + F(x_i-0,y_j-0)$$

其中 (x_i,y_j) 为 (X,Y) 的可能取值点。

例 3.2.1 设随机变量 X 和 Y 的联合概率分布如表 3.2.2 所示。

表 3.2.2

X \ Y	-1	1
-1	0.2	0.15
1	0.3	0.35

试求 X 和 Y 的联合分布函数 $F(x,y)$。

解 可求得

$$F(x,y)=\begin{cases} 0, & \text{若 } x<-1 \text{ 或 } y<-1 \\ 0.2, & \text{若 } -1\leqslant x<1, -1\leqslant y<1 \\ 0.35, & \text{若 } -1\leqslant x<1, 1\leqslant y \\ 0.50, & \text{若 } 1\leqslant x, -1\leqslant y<1 \\ 1, & \text{若 } x\geqslant 1, y\geqslant 1 \end{cases}$$

例 3.2.2 设随机变量 X 和 Y 的联合概率分布如表 3.2.3 所示。

表 3.2.3

X\Y	0	1	2
0	1/4	0	a
1	1/8	$2a$	1/4

试求 a 的值。

解 由 $\sum_{i,j} p_{ij}=1$ 得，$\frac{1}{4}+\frac{1}{8}+\frac{1}{4}+a+2a=1$，所以 $a=\frac{1}{8}$。

下面讨论二维离散型随机变量的边缘分布及条件分布。

定义 3.2.3 设 (X,Y) 为二维离散型随机变量，称分量 X（或 Y）的分布律为 (X,Y) 关于 X（或 Y）的**边缘分布律**。

设 (X,Y) 的联合分布律为

$$P\{X=x_i, Y=y_j\}=p_{ij}, \quad i=1,2,\cdots; j=1,2,\cdots$$

那么，关于 X 的边缘分布律为

$$P\{X=x_i\}=\sum_j P\{X=x_i, Y=y_j\}=\sum_j p_{ij} \stackrel{\Delta}{=} p_{i\cdot}, \quad i=1,2,\cdots$$

同理，关于 Y 的边缘分布律为

$$P\{Y=y_j\}=\sum_i p_{ij} \stackrel{\Delta}{=} p_{\cdot j}, \quad j=1,2,\cdots$$

联合分布律与边缘分布律放在一起如表 3.2.4 所示。

表 3.2.4

X\Y	y_1	y_2	$\cdots$	y_t	$\cdots$	$p_{i\cdot}=\sum_j p_{ij}$
x_1	p_{11}	p_{12}	$\cdots$	p_{1t}	$\cdots$	$p_{1\cdot}$
x_2	p_{21}	p_{22}	$\cdots$	p_{2t}	$\cdots$	$p_{2\cdot}$
$\vdots$	$\vdots$	$\vdots$		$\vdots$		$\vdots$
x_s	p_{s1}	p_{s2}	$\cdots$	p_{st}	$\cdots$	$p_{s\cdot}$
$\vdots$	$\vdots$	$\vdots$		$\vdots$		
$p_{\cdot j}=\sum_i p_{ij}$	$p_{\cdot 1}$	$p_{\cdot 2}$	$\cdots$	$p_{\cdot t}$	$\cdots$	1

因为随机变量 X,Y 的取值及其取值的概率正好居于表 3.2.4 的四周，这也是边缘分布名称的由来。

定义 3.2.4 设 (X,Y) 是二维离散型随机变量,对于固定的 j,$P\{Y=y_j\}>0$,则称

$$P\{X=x_i|Y=y_j\}=\frac{P\{X=x_i,Y=y_j\}}{P\{Y=y_j\}}=\frac{p_{ij}}{p_{\cdot j}}, \quad i=1,2,\cdots$$

为在 $Y=y_j$ 条件下 X 的**条件分布律**,上述概率也记为 $p_{X|Y}(x_i|y_j)$ 或 $p_{X|Y}(i|j)$。

同样定义 $X=x_i$ 条件下 Y 的条件分布律。

由此定义可知,和分布律一样,条件分布律也满足如下两个基本条件:

① $P\{X=x_i|Y=y_j\}\geqslant 0, \quad i=1,2,\cdots$;

② $\sum_i P\{X=x_i|Y=y_j\}=1$。

有兴趣的读者可按定义证明,当 $P\{Y=y_j\}>0, P\{X=x_i\}>0$ 时,二维离散型随机变量 (X,Y) 的条件分布函数与条件分布律的关系为

$$F_{X|Y}(x|y_j) = P\{X\leqslant x|Y=y_j\}$$
$$= \sum_{x_i\leqslant x} P\{X=x_i|Y=y_j\} = \sum_{x_i\leqslant x}\frac{p_{ij}}{p_{\cdot j}}, \quad -\infty<x<+\infty$$

$$F_{Y|X}(y|x_i) = P\{Y\leqslant y|X=x_i\}$$
$$= \sum_{y_j\leqslant y} P\{Y=y_j|X=x_i\} = \sum_{y_j\leqslant y}\frac{p_{ij}}{p_{i\cdot}}, \quad -\infty<y<+\infty$$

例 3.2.3 袋中装有 2 只白球及 3 只黑球,从袋中先后任取两球。定义随机变量

$$X=\begin{cases}1, & \text{第一次取出的是白球}\\ 0, & \text{第一次取出的是黑球}\end{cases}, \quad Y=\begin{cases}1, & \text{第二次取出的是白球}\\ 0, & \text{第二次取出的是黑球}\end{cases}$$

求 (X,Y) 的联合分布律及各边缘分布律。

解 对有放回方式取球和不放回方式取球这两种情形分别考虑。

(1) 以有放回方式取球时,(X,Y) 的全部可能值为 (i,j),其中 $i=0$ 或 1,$j=0$ 或 1。由乘法公式,有

$$P\{X=0,Y=0\} = P\{Y=0|X=0\} \cdot P\{X=0\} = \frac{3}{5}\times\frac{3}{5}=\frac{9}{25}$$

$$P\{X=0,Y=1\} = P\{Y=1|X=0\} \cdot P\{X=0\} = \frac{2}{5}\times\frac{3}{5}=\frac{6}{25}$$

同理可得

$$P\{X=1,Y=0\}=\frac{6}{25}, \quad P\{X=1,Y=1\}=\frac{4}{25}$$

关于 X 的边缘分布律为

$$P\{X=0\}=\frac{3}{5}, \quad P\{X=1\}=\frac{2}{5}$$

关于 Y 的边缘分布律为

$$P\{Y=0\} = P\{X=0,Y=0\}+P\{X=1,Y=0\}=\frac{3}{5}$$

$$P\{Y=1\} = P\{X=0,Y=1\}+P\{X=1,Y=1\}=\frac{2}{5}$$

上面得到的 (X,Y) 的分布律及各边缘分布律如表 3.2.5 所示。

表 3.2.5

X \ Y	0	1	$P\{X=x_i\}=p_i.$
0	9/25	6/25	3/5
1	6/25	4/25	2/5
$P\{Y=y_j\}=p_{\cdot j}$	3/5	2/5	1

（2）以不放回方式取球时，同上方法可得(X,Y)的分布律及各边缘分布律如表 3.2.6 所示。

表 3.2.6

X \ Y	0	1	$P\{X=x_i\}=p_i.$
0	3/10	3/10	3/5
1	3/10	1/10	2/5
$P\{Y=y_j\}=p_{\cdot j}$	3/5	2/5	1

此例中在两种不同取球方式下得到的两个二维随机变量的分布律不同，但是，它们的边缘分布律却是一样的。因此，一般来说，边缘分布不能决定联合分布。

例 3.2.4 已知随机变量 X 和 Y 的概率分布为

$$X \sim \begin{pmatrix} 0 & 1 \\ \frac{1}{2} & \frac{1}{2} \end{pmatrix}, \quad Y \sim \begin{pmatrix} -1 & 0 & 1 \\ \frac{1}{4} & \frac{1}{2} & \frac{1}{4} \end{pmatrix}$$

而且 $P\{XY=0\}=1$。求 X 和 Y 的联合分布律。

解 由条件 $P\{XY=0\}=1$，可见 $P\{XY\neq 0\}=0$，故 $P\{X=1,Y=-1\}=P\{X=1,Y=1\}=0$。在表 3.2.7 中，首先将 X 的分布和 Y 的分布——两个边缘分布填入表的边缘；再将 $(-1,1)$ 和 $(1,1)$ 的概率 0 填入表中，则容易求出 X 和 Y 的联合分布律。

表 3.2.7

X \ Y	−1	0	1	$\sum$
0	1/4	0	1/4	1/2
1	0	1/2	0	1/2
$\sum$	1/4	1/2	1/4	1

例 3.2.5 假设随机变量 X 和 Y 的联合概率分布为

$$(X,Y) \sim \begin{pmatrix} (0,1) & (0,2) & (1,1) & (1,2) & (2,1) \\ 0.15 & 0.25 & 0.10 & 0.20 & 0.30 \end{pmatrix}$$

（1）分别求 X 和 Y 的概率分布；
（2）求 Y 关于 X 的条件概率分布。

解 易见 X 有 0,1,2 共 3 个可能值，而 Y 有 1,2 共 2 个可能值。
（1）X 的概率分布为

$$P\{X=0\}=P\{X=0,Y=1\}+P\{X=0,Y=2\}=0.4$$

$$P\{X=1\}=P\{X=1,Y=1\}+P\{X=1,Y=2\}=0.3$$
$$P\{X=2\}=P\{X=2,Y=1\}=0.3$$
$$X\sim\begin{pmatrix} 0 & 1 & 2 \\ 0.4 & 0.3 & 0.3 \end{pmatrix}$$

Y 的概率分布为
$$P\{Y=1\}=P\{X=0,Y=1\}+P\{X=Y=1\}+P\{X=2,Y=1\}=0.55$$
$$P\{Y=2\}=1-P\{Y=1\}=1-0.55=0.45$$
$$Y\sim\begin{pmatrix} 1 & 2 \\ 0.55 & 0.45 \end{pmatrix}$$

(2) Y 关于 $X=0$ 的条件概率分布为
$$P\{Y=1|X=0\}=\frac{P\{X=0,Y=1\}}{P\{X=0\}}=\frac{0.15}{0.40}=\frac{3}{8}$$
$$P\{Y=2|X=0\}=\frac{P\{X=0,Y=2\}}{P\{X=0\}}=\frac{0.25}{0.40}=\frac{5}{8}$$

Y 关于 $X=1$ 的条件概率分布为
$$P\{Y=1|X=1\}=\frac{P\{X=1,Y=1\}}{P\{X=1\}}=\frac{0.10}{0.30}=\frac{1}{3}$$
$$P\{Y=2|X=1\}=\frac{P\{X=1,Y=2\}}{P\{X=1\}}=\frac{0.20}{0.30}=\frac{2}{3}$$

Y 关于 $X=2$ 的条件概率分布为
$$P\{Y=1|X=2\}=\frac{P\{X=2,Y=1\}}{P\{X=2\}}=\frac{0.30}{0.30}=1$$
$$P\{Y=2|X=2\}=0$$

3.3 二维连续型随机变量

与一维情形类似,二维连续型随机变量的概率分布,通过一个非负二元函数——联合密度的积分表示。

定义 3.3.1 若存在非负可积函数 $f(x,y)$,使对任意的 x,y,二维随机变量 (X,Y) 的分布函数都可表示为 $F(x,y)=\int_{-\infty}^{y}\int_{-\infty}^{x}f(u,v)\mathrm{d}u\mathrm{d}v$,则称 (X,Y) 是二维**连续型随机变量**,而 $f(x,y)$ 称为 (X,Y) 的**概率密度**(**或密度函数、分布密度**),也称为 X 与 Y 的**联合概率密度**。

二维随机变量的概率密度有如下性质。

① $f(x,y)\geqslant 0$。

② $\int_{-\infty}^{+\infty}\int_{-\infty}^{+\infty}f(x,y)\,\mathrm{d}x\mathrm{d}y=1$。

③ 在 $f(x,y)$ 的连续点处,有 $\dfrac{\partial^{2}F(x,y)}{\partial x\partial y}=f(x,y)$。

④ 对 xOy 面上的区域 G,有 $P\{(X,Y)\in G\}=\iint\limits_{G}f(x,y)\mathrm{d}x\mathrm{d}y$。

性质①是定义的要求。性质②由 $1=F(+\infty,+\infty)=\int_{-\infty}^{+\infty}\int_{-\infty}^{+\infty}f(x,y)\mathrm{d}x\mathrm{d}y$ 即得,此性质

说明,在几何上介于 xOy 面与概率密度曲面 $z=f(x,y)$ 之间的曲顶柱体的体积为 1;在物理上,若把 $f(x,y)$ 看作面密度,则 $F(x,y)$ 即为质量,这也是 $f(x,y)$ 叫作概率密度的原因。性质③利用变限积分的求导法则直接可得。性质④借助于物理意义很容易理解。

另外,若有一个二元实函数 $f(x,y)$ 满足上述性质①及性质②,则 $f(x,y)$ 一定是某一个二维连续型随机变量的概率密度。

定义 3.3.2 设 (X,Y) 为二维连续型随机变量,称 X(或 Y)的概率密度为 (X,Y) 关于 X(或 Y)的**边缘概率密度**。

对于连续型随机变量 (X,Y),设其联合概率密度为 $f(x,y)$,则由

$$F_X(x) = F(x,+\infty) = \int_{-\infty}^{x}\left[\int_{-\infty}^{+\infty}f(x,y)\mathrm{d}y\right]\mathrm{d}x$$

可知,X 的概率密度为

$$f_X(x) = \int_{-\infty}^{+\infty}f(x,y)\mathrm{d}y$$

同样,Y 也是连续型随机变量,且概率密度为

$$f_Y(y) = \int_{-\infty}^{+\infty}f(x,y)\mathrm{d}x$$

定义 3.3.3 设 (X,Y) 为二维连续型随机变量,其联合概率密度为 $f(x,y)$。对固定的 y,若 $f_Y(y)>0$,则称 $\dfrac{f(x,y)}{f_Y(y)}$ 为在 $Y=y$ 条件下随机变量 X 的**条件概率密度**,记作 $f_{X|Y}(x|y)$。

当 $f_X(x)>0$ 时,同样有在 $X=x$ 条件下随机变量 Y 的**条件概率密度** $f_{Y|X}(y|x) = \dfrac{f(x,y)}{f_X(x)}$。

由定义 3.3.3 可看出,与概率密度一样,条件概率密度也满足如下两个基本条件:
① $f_{X|Y}(x|y) \geqslant 0, -\infty<x<+\infty$;
② $\int_{-\infty}^{+\infty} f_{X|Y}(x|y)\mathrm{d}x = 1$。

定义 3.3.3 是很合理的,若 (X,Y) 为二维连续型随机变量,概率密度为 $f(x,y)$。对某个固定的 y,当 $f(x,y)$ 在 (x,y) 处关于 y 连续、$f_Y(y)$ 在 y 处连续且 $f_Y(y)>0$ 时,有

$$F_{X|Y}(x|y) = \lim_{\varepsilon \to 0^+}\frac{F(x,y+\varepsilon)-F(x,y-\varepsilon)}{F_Y(y+\varepsilon)-F_Y(y-\varepsilon)} = \frac{\lim_{\varepsilon\to 0^+}\{[F(x,y+\varepsilon)-F(x,y-\varepsilon)]/2\varepsilon\}}{\lim_{\varepsilon\to 0^+}\{[F_Y(y+\varepsilon)-F_Y(y-\varepsilon)]2\varepsilon\}}$$

$$= \frac{\partial F(x,y)}{\partial y}\Big/\frac{\mathrm{d}F(y)}{\mathrm{d}y} = \int_{-\infty}^{x}\frac{f(u,y)}{f_Y(y)}\mathrm{d}u = \int_{-\infty}^{x}f_{X|Y}(u|y)\mathrm{d}u$$

从定义 3.3.3 还可得到 $f(x,y)=f_X(x)f_{Y|X}(y|x)=f_Y(y)f_{X|Y}(x|y)$。因此,由边缘分布或条件分布单独都不能确定联合分布,但在二者都已知的条件下完全可以确定联合分布。此公式也称作**密度乘法公式**。

例 3.3.1 设二维随机变量的概率密度为

$$f(x,y) = \begin{cases} A\mathrm{e}^{-(2x+y)}, & x>0, y>0 \\ 0, & \text{其他} \end{cases}$$

试求:
(1) 常数 A 的值;
(2) 分布函数 $F(x,y)$;

(3) $P\{Y\leqslant X\}$。

解 (1) 由 $\int_{-\infty}^{+\infty}\int_{-\infty}^{+\infty}f(x,y)\mathrm{d}x\mathrm{d}y=1$ 得

$$\int_0^{+\infty}\int_0^{+\infty}A\mathrm{e}^{-(2x+y)}\mathrm{d}x\mathrm{d}y=A\int_0^{+\infty}\mathrm{e}^{-2x}\mathrm{d}x\int_0^{+\infty}\mathrm{e}^{-y}\mathrm{d}y=\frac{A}{2}=1$$

所以 $A=2$。

(2) $F(x,y)=\int_{-\infty}^{x}\int_{-\infty}^{y}f(u,v)\mathrm{d}u\mathrm{d}v=\begin{cases}\int_0^x\int_0^y 2\mathrm{e}^{-(2u+v)}\mathrm{d}u\mathrm{d}v,&x>0,y>0\\0,&\text{其他}\end{cases}$

因此

$$F(x,y)=\begin{cases}(1-\mathrm{e}^{-2x})(1-\mathrm{e}^{-y}),&x>0,y>0\\0,&\text{其他}\end{cases}$$

(3) 设 $G:y\leqslant x$,即直线 $y=x$ 的下方部分(图 3.3.1),则

$$P\{Y\leqslant X\}=P\{(X,Y)\in G\}=\iint_{0<u\leqslant v}2\mathrm{e}^{-(2u+v)}\mathrm{d}u\mathrm{d}v$$

$$=\int_0^{+\infty}\mathrm{e}^{-v}\mathrm{d}v\int_v^{+\infty}2\mathrm{e}^{-2u}\mathrm{d}u=\frac{1}{3}$$

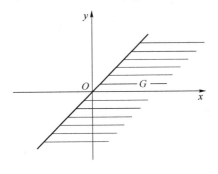

图 3.3.1

例 3.3.2 假设 $G=\{(x,y):x^2+y^2\leqslant r^2\}$ 是以原点为圆心、半径为 r 的圆(图 3.3.2);已知 X 和 Y 的联合概率密度为 $f(x,y)$,在圆 G 上为常数,在圆 G 外 $f(x,y)=0$。试求:

(1) 联合概率密度 $f(x,y)$;
(2) (X,Y) 的边缘概率密度,即 X 和 Y 的概率密度 $f_X(x)$ 和 $f_Y(y)$;
(3) Y 关于 $X=x$ 的条件概率密度 $f_{Y|X}(y|x)$。

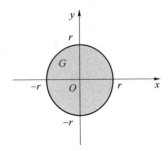

图 3.3.2

解 (1) 由于圆 G 的面积等于 πr^2,可见
$$1 = \int_{-\infty}^{+\infty}\int_{-\infty}^{+\infty} f(x,y)\mathrm{d}x\mathrm{d}y = \iint_G c\,\mathrm{d}x\mathrm{d}y = c\pi r^2$$

从而 $c = \dfrac{1}{\pi r^2}$。于是,得 X 和 Y 的联合概率密度为

$$f(x,y) = \begin{cases} \dfrac{1}{\pi r^2}, & \text{若}(x,y) \in G \\ 0, & \text{若}(x,y) \notin G \end{cases}$$

(2) 当 $|x| > r$ 时,显然 $f_X(x) = 0$。设 $|x| \leqslant r$,则 X 的密度为

$$f_X(x) = \int_{-\infty}^{+\infty} f(x,y)\mathrm{d}y = \frac{1}{\pi r^2}\int_{-\sqrt{r^2-x^2}}^{\sqrt{r^2-x^2}} \mathrm{d}y = \frac{2}{\pi r^2}\sqrt{r^2-x^2}$$

于是,得 X 的概率密度为

$$f_X(x) = \begin{cases} \dfrac{2}{\pi r^2}\sqrt{r^2-x^2}, & \text{若}|x| \leqslant r \\ 0, & \text{若}|x| > r \end{cases}$$

同理可得 Y 的概率密度为

$$f_Y(y) = \begin{cases} \dfrac{2}{\pi r^2}\sqrt{r^2-y^2}, & \text{若}|y| \leqslant r \\ 0, & \text{若}|y| > r \end{cases}$$

(3) 对任意 $|x| < r, f_X(x) > 0$,则 Y 关于 $X = x$ 的条件概率密度为

$$f_{Y|X}(y|x) = \frac{f(x,y)}{f_X(x)} = \begin{cases} \dfrac{1}{2\sqrt{r^2-x^2}}, & \text{若}|y| \leqslant \sqrt{r^2-x^2} \\ 0, & \text{若}|y| > \sqrt{r^2-x^2} \end{cases}$$

这时,称 (X,Y) 在区域 G 上服从二维均匀分布。

一般地,设 G 是平面上的有界区域,其面积为 $A \neq 0$。若二维随机变量 (X,Y) 具有概率密度

$$f(x,y) = \begin{cases} \dfrac{1}{A}, & (x,y) \in G \\ 0, & \text{其他} \end{cases}$$

则称 (X,Y) 在 G 上服从均匀分布,记作 $(X,Y) \sim U(G)$。

注意:若 $(X,Y) \sim U(G)$,X 和 Y 的分布一般不是均匀分布,但当 G 为矩形区域时,即 G 为区域 $\{(x,y) | a \leqslant x \leqslant b, c \leqslant y \leqslant d\}$ 时,则 $X \sim U[a,b], Y \sim U[c,d]$。可无论 G 为平面上的任何有界区域,它们之中一个关于另一个的条件分布都是均匀分布。

例 3.3.3 设数 X 在区间 $(0,1)$ 上随机地取值。当观察到 $X = x(0 < x < 1)$ 时,数 Y 在区间 $(x,1)$ 上随机地取值。求 Y 的概率密度 $f_Y(y)$。

解 由题意知 X 服从 $(0,1)$ 上的均匀分布,即

$$f_X(x) = \begin{cases} 1, & 0 < x < 1 \\ 0, & \text{其他} \end{cases}$$

对任意给定的值 $x(0 < x < 1)$,在 $X = x$ 条件下 Y 服从 $(x,1)$ 上的均匀分布,即

$$f_{Y|X}(y|x) = \begin{cases} \dfrac{1}{1-x}, & x < y < 1 \\ 0, & \text{其他} \end{cases}$$

从而,X 和 Y 的联合概率密度为

$$f(x,y) = f_{Y|X}(y|x)f_X(x) = \begin{cases} \dfrac{1}{1-x}, & 0<x<y<1 \\ 0, & \text{其他} \end{cases}$$

于是

$$f_Y(y) = \int_{-\infty}^{+\infty} f(x,y)\mathrm{d}x = \begin{cases} \displaystyle\int_0^y \dfrac{1}{1-x}\mathrm{d}x = -\ln(1-y), & 0<y<1 \\ 0, & \text{其他} \end{cases}$$

例 3.3.4 假设随机变量 X 和 Y 的联合概率密度为

$$f(x,y) = \begin{cases} 4xy, & \text{若 } 0\leqslant x\leqslant 1, 0\leqslant y\leqslant 1 \\ 0, & \text{若不然} \end{cases}$$

(1) 求 X 和 Y 的联合分布函数 $F(x,y)$;

(2) 求 X 和 Y 的分布函数 $F_X(x)$ 和 $F_Y(y)$。

解 (1) 当 $x<0$ 或 $y<0$ 时显然 $F(x,y)=0$;当 $x\geqslant 1$ 或 $y\geqslant 1$ 时显然 $F(x,y)=1$。对于 $0\leqslant x\leqslant 1, 0\leqslant y\leqslant 1$,

$$F(x,y) = 4\int_0^x\int_0^y st\,\mathrm{d}s\mathrm{d}t = x^2 y^2, \quad 0\leqslant x\leqslant 1, 0\leqslant y\leqslant 1$$

$$F(x,y) = 4\int_0^x\int_0^1 st\,\mathrm{d}s\mathrm{d}t = x^2, \quad 0\leqslant x\leqslant 1, y\geqslant 1$$

$$F(x,y) = 4\int_0^1\int_0^y st\,\mathrm{d}s\mathrm{d}t = y^2, \quad x\geqslant 1, 0\leqslant y\leqslant 1$$

于是

$$F(x,y) = \begin{cases} 1, & \text{若 } x\geqslant 1, y\geqslant 1 \\ x^2 y^2, & \text{若 } 0\leqslant x<1, 0\leqslant y<1 \\ x^2, & \text{若 } 0\leqslant x<1, y\geqslant 1 \\ y^2, & \text{若 } x\geqslant 1, 0\leqslant y<1 \\ 0, & \text{其他} \end{cases}$$

(2) X 和 Y 的分布函数 $F_X(x)$ 和 $F_Y(y)$ 是 $F(x,y)$ 的边缘分布函数。易见,当 $x<0$ 时, $F_X(x)=0$;当 $x>1$ 时,$F_X(x)=1$;现在设 $0\leqslant x\leqslant 1$,有

$$F_X(x) = F(x,+\infty) = P\{X\leqslant x, Y<+\infty\} = x^2$$

于是,X 的分布函数

$$F_X(x) = \begin{cases} 0, & \text{若 } x<0 \\ x^2, & \text{若 } 0\leqslant x<1 \\ 1, & \text{若 } x\geqslant 1 \end{cases}$$

类似可得 Y 的分布函数

$$F_Y(y) = \begin{cases} 0, & \text{若 } y<0 \\ y^2, & \text{若 } 0\leqslant y<1 \\ 1, & \text{若 } y\geqslant 1 \end{cases}$$

例 3.3.5 设二维随机变量 (X,Y) 的概率密度为

$$f(x,y) = \frac{1}{2\pi\sigma_1\sigma_2\sqrt{1-\rho^2}}\exp\left\{-\frac{1}{2(1-\rho^2)}\left[\frac{(x-\mu_1)^2}{\sigma_1^2} - 2\rho\frac{(x-\mu_1)(y-\mu_2)}{\sigma_1\sigma_2} + \frac{(y-\mu_2)^2}{\sigma_2^2}\right]\right\},$$

$-\infty<x<+\infty, -\infty<y<+\infty$

其中 $\mu_1, \mu_2, \sigma_1, \sigma_2, \rho$ 都是常数，且 $\sigma_1>0, \sigma_2>0, -1<\rho<1$，则称 (X,Y) 服从参数为 $\mu_1, \mu_2, \sigma_1, \sigma_2, \rho$ 的**二维正态分布**，记作 $(X,Y) \sim N(\mu_1, \mu_2, \sigma_1^2, \sigma_2^2, \rho)$。试求二维正态随机变量的(1) 边缘概率密度；(2)条件概率密度。

解 （1）由于 $\dfrac{(y-\mu_2)^2}{\sigma_2^2} - 2\rho\dfrac{(x-\mu_1)(y-\mu_2)}{\sigma_1\sigma_2} = \left(\dfrac{y-\mu_2}{\sigma_2} - \rho\dfrac{x-\mu_1}{\sigma_1}\right)^2 - \rho^2\dfrac{(x-\mu_1)^2}{\sigma_1^2}$，用公式 $f_X(x) = \int_{-\infty}^{+\infty} f(x,y)\mathrm{d}y$，则有

$$f_X(x) = \dfrac{1}{2\pi\sigma_1\sigma_2\sqrt{1-\rho^2}} e^{-\dfrac{(x-\mu_1)^2}{2\sigma_1^2}} \int_{-\infty}^{+\infty} e^{-\dfrac{1}{2(1-\rho^2)}\left(\dfrac{y-\mu_2}{\sigma_2} - \rho\dfrac{x-\mu_1}{\sigma_1}\right)^2} \mathrm{d}y$$

令 $t = \dfrac{1}{\sqrt{1-\rho^2}}\left(\dfrac{y-\mu_2}{\sigma_2} - \rho\dfrac{x-\mu_1}{\sigma_1}\right)$，于是

$$f_X(x) = \dfrac{1}{2\pi\sigma_1} e^{-\dfrac{(x-\mu_1)^2}{2\sigma_1^2}} \int_{-\infty}^{+\infty} e^{-\dfrac{t^2}{2}} \mathrm{d}t = \dfrac{1}{2\pi\sigma_1} e^{-\dfrac{(x-\mu_1)^2}{2\sigma_1^2}} \cdot \sqrt{2\pi} = \dfrac{1}{\sqrt{2\pi}\sigma_1} e^{-\dfrac{(x-\mu_1)^2}{2\sigma_1^2}}, \quad -\infty<x<+\infty$$

同理，

$$f_Y(y) = \dfrac{1}{\sqrt{2\pi}\sigma_2} e^{-\dfrac{(y-\mu_2)^2}{2\sigma_2^2}}, \quad -\infty<y<+\infty$$

（2）对固定的 x，$X=x$ 时，Y 的条件概率密度为

$$f_{Y|X}(y|x) = \dfrac{f(x,y)}{f_X(x)} = \dfrac{1}{\sqrt{2\pi}\sigma_2\sqrt{1-\rho^2}} \exp\left[-\dfrac{1}{2\sigma_2^2(1-\rho^2)}\left(y - \left(\mu_2 + \rho\dfrac{\sigma_2}{\sigma_1}(x-\mu_1)\right)\right)^2\right]$$

因此，二维正态分布的条件分布为一维正态分布 $N\left(\mu_2 + \rho\dfrac{\sigma_2}{\sigma_1}(x-\mu_1), \sigma_2^2(1-\rho^2)\right)$。

同理，对固定的 y，$Y=y$ 时，X 的条件概率密度为

$$f_{X|Y}(x|y) = \dfrac{f(x,y)}{f_Y(y)} = \dfrac{1}{\sqrt{2\pi}\sigma_1\sqrt{1-\rho^2}} \exp\left[-\dfrac{1}{2\sigma_1^2(1-\rho^2)}\left(x - \left(\mu_1 + \rho\dfrac{\sigma_1}{\sigma_2}(y-\mu_2)\right)\right)^2\right]$$

即条件分布为一维正态分布 $N\left(\mu_1 + \rho\dfrac{\sigma_1}{\sigma_2}(y-\mu_2), \sigma_1^2(1-\rho^2)\right)$。

注意

① 二维正态分布的两个边缘分布及条件分布都是一维正态分布，并且两个边缘分布都不依赖于参数 ρ，这也说明，一般来说边缘分布不能确定联合分布。看下面的例子：

设随机变量 (X,Y) 的概率密度

$$f(x,y) = \dfrac{1+\sin x \sin y}{2\pi} e^{-\dfrac{1}{2}(x^2+y^2)}, \quad -\infty<x, y<+\infty$$

由边缘密度的公式，有

$$f_X(x) = \int_{-\infty}^{+\infty} f(x,y) \mathrm{d}y$$

$$= \dfrac{1}{2\pi} e^{-\dfrac{x^2}{2}} \int_{-\infty}^{+\infty} e^{-\dfrac{y^2}{2}} \mathrm{d}y + \dfrac{\sin x}{2\pi} e^{-\dfrac{x^2}{2}} \int_{-\infty}^{+\infty} \sin y\, e^{-\dfrac{y^2}{2}} \mathrm{d}y = \dfrac{1}{\sqrt{2\pi}} e^{-\dfrac{x^2}{2}}$$

同理，$f_Y(x) = \dfrac{1}{\sqrt{2\pi}} e^{-\dfrac{y^2}{2}}$。可见 X 和 Y 都服从标准正态分布，但是 X 和 Y 的联合分布却不是二维正态分布。

② 可以证明，若二维随机变量 (X,Y) 服从二维正态分布，则 X 和 Y 的线性组合仍然服从

正态分布,即对于任何实数 a 和 b(至少一个不为0),有
$$aX+bY \sim N(a\mu_1+b\mu_2, a^2\sigma_1^2+b^2\sigma_2^2)$$
特别地,$X+Y \sim N(\mu_1+\mu_2, \sigma_1^2+\sigma_2^2)$,$X-Y \sim N(\mu_1-\mu_2, \sigma_1^2+\sigma_2^2)$。但若 X 和 Y 均服从正态分布,它们的线性组合未必服从正态分布。

3.4 随机变量的独立性

直观上,两个随机变量相互独立,是指一个变量的行为不影响另一个变量的统计规律性。例如,一天之内到过商场的顾客人次,与该商场的销售额显然不独立;掷两枚骰子各自出现的点数显然相互独立;两条高速公路上日发生交通事故的次数一般是相互独立的。

在第1章,我们引进了事件的独立性概念,关于随机变量的独立性也是通过与其相联系的事件的独立性来引进的。

下面给出随机变量独立性的数学定义。实际问题中,随机变量是否独立,往往根据实践知识、经验或直观来判断。

定义 3.4.1 设 $F(x_1, x_2, \cdots, x_n)$,$F_{X_i}(x_i)(i=1,2,\cdots,n)$ 分别为 n 维随机变量 $(X_1, X_2, \cdots, X_n)$ 的联合分布函数及边缘分布函数。若对于所有的 $x_i \in (-\infty, +\infty)(i=1,2,\cdots,n)$,都有
$$F(x_1, x_2, \cdots, x_n) = F_{X_1}(x_1) F_{X_2}(x_2) \cdots F_{X_n}(x_n)$$
则称随机变量 $X_1, X_2, \cdots X_n$ 是**相互独立的**。

特别地,设 $F(x, y)$,$F_X(x)$,$F_Y(y)$ 分别为二维随机变量 (X, Y) 的联合分布函数及边缘分布函数。若对于所有的 x 和 y,都有 $F(x, y) = F_X(x) F_Y(y)$,则称随机变量 X 和 Y 是**相互独立的**。

由此定义易知,如果 (X, Y) 为离散型,则 X 和 Y 相互独立的条件等价于:对 (X, Y) 的所有可能值 (x_i, y_j),有 $P\{X=x_i, Y=y_j\} = P\{X=x_i\} P\{Y=y_j\}$,即 $p_{ij} = p_{i\cdot} p_{\cdot j}$。

如果 (X, Y) 为连续型,则 X 和 Y 相互独立的条件等价于:$f(x, y) = f_X(x) f_Y(y)$ "几乎处处"成立。

由条件分布律及条件概率密度的定义即知,当 (X, Y) 为离散型(或连续型)时,X 与 Y 相互独立等价于:X 对 Y 的条件分布律以及 Y 对 X 的条件分布律分别等于它们的边缘分布律(或条件概率密度分别等于它们的边缘概率密度)。这说明,X 与 Y 相互独立时,其中一个随机变量的取值对另一个随机变量的分布不产生任何影响。因此,如果两个随机变量相互独立,则它们的联合分布可以由边缘分布完全确定。

随机变量的独立性可推广到随机变量序列的独立。

定义 3.4.2 设 $X_1, X_2, \cdots, X_n, \cdots$,是一个随机变量序列,若对其中任意有限个随机变量都是相互独立的,则称随机变量序列 $X_1, X_2, \cdots, X_n, \cdots$ 是**相互独立的**。

独立随机变量具有一些基本性质,这些性质直观上容易理解,我们不加证明地直接列出以下性质。

① 若 $X_1, X_2, \cdots, X_n$ 相互独立,则其中任意个随机变量也相互独立,但反之未必。

② 若 $X_1, X_2, \cdots, X_n$ 相互独立,则它们的函数 $g_1(X_1), g_2(X_2), \cdots, g_n(X_n)$ 也相互独立。例如,若 X 和 Y 独立,$\cos X$ 和 $\sin Y$,e^{-X^2} 和 $\arctan Y$,X^2 和 Y^5 等分别独立。

③ 若常数 C 看作退化的随机变量,则 C 与任何随机变量 X 是相互独立的。

④ 若 X 和 Y 相互独立,则分别与 X 和与 Y 相联系的事件也相互独立。例如,假设连续型随机变量 X 和 Y 相互独立,$a,b,c,d(a<b,c<d)$ 是任意实数,可证明事件 $A=\{a<X<b\}$ 和 $B=\{c<Y<d\}$ 相互独立。

例 3.4.1 在例 3.2.3 中随机变量 X 和 Y,在以有放回方式取球时,有
$$P\{X=i,Y=j\}=P\{X=i\}P\{Y=j\}, \quad i=0,1;j=0,1$$
因此,X 与 Y 相互独立。

但是在以不放回方式取球时,有
$$P\{X=0,Y=0\}\neq P\{X=0\}P\{Y=0\}$$
因此,X 与 Y 不相互独立。

例 3.4.2 由例 3.3.5 知,二维正态分布 $N(\mu_1,\mu_2,\sigma_1^2,\sigma_2^2,\rho)$ 的概率密度为
$$f(x,y)=\frac{1}{2\pi\sigma_1\sigma_2\sqrt{1-\rho^2}}\exp\left\{-\frac{1}{2(1-\rho^2)}\left[\frac{(x-\mu_1)^2}{\sigma_1^2}-2\rho\frac{(x-\mu_1)(y-\mu_2)}{\sigma_1\sigma_2}+\frac{(y-\mu_2)^2}{\sigma_2^2}\right]\right\}$$

其边缘概率密度的乘积为
$$f_X(x)f_Y(y)=\frac{1}{2\pi\sigma_1\sigma_2}\exp\left\{-\frac{1}{2}\left[\frac{(x-\mu_1)^2}{\sigma_1^2}+\frac{(y-\mu_2)^2}{\sigma_2^2}\right]\right\}$$

因此,如果 $\rho=0$,则对所有的 x 和 y,都有 $f(x,y)=f_X(x)\cdot f_Y(y)$,从而 X 与 Y 相互独立。反之,如果 X 与 Y 相互独立,则由于 $f(x,y),f_X(x),f_Y(y)$ 都是连续函数,对所有的 x 和 y,都有 $f(x,y)=f_X(x)f_Y(y)$,由此令 $x=\mu_1,y=\mu_2$,得 $\frac{1}{2\pi\sigma_1\sigma_2\sqrt{1-\rho^2}}=\frac{1}{2\pi\sigma_1\sigma_2}$,从而 $\rho=0$。所以,对二维正态变量 (X,Y),X 与 Y 相互独立的充分必要条件是参数 $\rho=0$。

例 3.4.3 假设随机变量 X 和 Y 相互独立,都服从参数为 $p(0<p<1)$ 的 0-1 分布,随机变量
$$Z=\begin{cases}1, & \text{若 } X+Y \text{ 为偶数} \\ 0, & \text{若 } X+Y \text{ 为奇数}\end{cases}$$
问 p 取何值时,X 和 Z 相互独立?这时 X,Y,Z 是否相互独立?

解 首先,容易求出 Z 的概率分布:
$$\begin{aligned}P\{Z=0\}&=P\{X+Y=1\}=P\{X=0,Y=1\}+P\{X=1,Y=0\}\\&=P\{X=0\}P\{Y=1\}+P\{X=1\}P\{Y=0\}=2p(1-p)\end{aligned}$$
$$P\{Z=1\}=1-2p(1-p)$$

随机变量 X 和 Z 相互独立等价于事件 $\{X=i\}$ 与 $\{Z=j\}(i,j=0,1)$ 独立。熟知,若二事件独立,则将两个或其中任意一个事件换成其对立事件后所得二事件仍然独立;因此,只需验证 $\{X=0\}$ 与 $\{Z=0\}$ 独立的条件。事实上,记 $q=1-p$,有
$$P\{X+Y=1\}=P\{X=0,Y=1\}+P\{X=1,Y=0\}=2pq$$
$$P\{X=0\}P\{Z=0\}=P\{X=0\}P\{X+Y=1\}=2pq^2$$
$$\begin{aligned}P\{X=0,Z=0\}&=P\{X=0,X+Y=1\}\\&=P\{X=0,Y=1\}\\&=P\{X=0\}P\{Y=1\}=pq\end{aligned}$$

于是,X 和 Z 相互独立,当且仅当 $pq=2pq^2$,即 $p=0.5$。

最后讨论 X,Y,Z 是否相互独立。为此计算概率

$$P\{X=0,Y=0,Z=0\}=P\{X=0,Y=0,X+Y=1\}=0$$
$$\neq 2pq^3 = P\{X=0\}P\{Y=0\}P\{Z=0\}$$

从而随机变量 X,Y,Z 不独立。

例 3.4.4 假设随机变量 X 和 Y 的联合概率密度为

$$f(x,y)=\begin{cases}4xy, & \text{若 } 0\leqslant x\leqslant 1, 0\leqslant y\leqslant 1 \\ 0, & \text{若不然}\end{cases}$$

验证 X 和 Y 的独立性。

解 由例 3.3.4 知，对于 X 和 Y 的联合分布函数 $F(x,y)$ 和边缘分布函数 $F_1(x)$ 和 $F_2(x)$，有

$$F(x,y)=F_1(x)F_2(y)$$

因此 X 和 Y 相互独立。

此外，由例 3.3.4，易见 X 和 Y 的概率密度相应为

$$f_X(x)=\begin{cases}2x, & \text{若 } 0\leqslant x\leqslant 1 \\ 0, & \text{若不然}\end{cases}, \quad f_Y(y)=\begin{cases}2y, & \text{若 } 0\leqslant y\leqslant 1 \\ 0, & \text{若不然}\end{cases}$$

因此，X 和 Y 的联合密度 $f(x,y)=f_X(x)f_Y(y)$，从而 X 和 Y 相互独立。

下面列举独立随机变量的基本性质，这些性质在直观上容易理解。

① 若 $X,Y,\cdots,Z$ 相互独立，则其中任意个随机变量也相互独立，但反之未必。

② 若 $X,Y,\cdots,Z$ 相互独立，则它们的函数 $U=g(X),V=h(Y),\cdots,W=\varphi(Z)$ 也相互独立。例如，若 X 和 Y 独立，$\cos X$ 和 $\sin Y$，e^{-X^2} 和 $\tan Y$，X^2 和 Y^3 等分别独立。

③ 两个随机变量相互独立，当且仅当其中一个关于另一个的条件概率分布就是其（无条件）概率分布。如例 3.3.2 中，由于 $f(x,y)\neq f_X(x)f_Y(y)$，$f_{Y|X}(y|x)\neq f_Y(y)$，可见 X 和 Y 不独立。

④ 若 X 和 Y 相互独立，则分别与 X 和与 Y 相联系的事件也相互独立。

例 3.4.5 假设随机变量 X 和 Y 的联合概率密度为

$$f(x,y)=\begin{cases}\dfrac{1}{4}(1+xy), & \text{若 } |x|<1, |y|<1 \\ 0, & \text{若不然}\end{cases}$$

证明：(1) 随机变量 X 和 Y 不独立；(2) X^2 和 Y^2 独立。

证明 (1) 证 X 和 Y 不独立。事实上，X 和 Y 的密度为

$$f_X(x)=\int_{-\infty}^{\infty}f(x,y)\mathrm{d}y=\begin{cases}\dfrac{1}{2}, & \text{若 } |x|<1 \\ 0, & \text{若 } |x|\geqslant 1\end{cases}$$

$$f_Y(y)=\int_{-\infty}^{\infty}f(x,y)\mathrm{d}x=\begin{cases}\dfrac{1}{2}, & \text{若 } |y|<1 \\ 0, & \text{若 } |y|\geqslant 1\end{cases}$$

由于 $f(x,y)\neq f_X(x)f_Y(y)$，可见随机变量 X 和 Y 不独立。

(2) 证 X^2 和 Y^2 独立。对于 $x\geqslant 1$，$P\{X^2\leqslant x\}=1$；对于 $x\leqslant 0$，$P\{X^2\leqslant x\}=0$；设 $0<x<1$，

$$P\{X^2\leqslant x\}=P\{|X|\leqslant \sqrt{x}\}=\frac{1}{2}\int_{-\sqrt{x}}^{\sqrt{x}}\mathrm{d}t=\sqrt{x}$$

因此

$$F_{X^2}(x) = P\{X^2 \leqslant x\} = \begin{cases} 0, & \text{若 } x \leqslant 0 \\ \sqrt{x}, & \text{若 } 0 < x < 1 \\ 1, & \text{若 } x \geqslant 1 \end{cases}$$

同理

$$F_{Y^2}(y) = P\{Y^2 \leqslant y\} = \begin{cases} 0, & \text{若 } y \leqslant 0 \\ \sqrt{y}, & \text{若 } 0 < y < 1 \\ 1, & \text{若 } y \geqslant 1 \end{cases}$$

设 $F(x,y) = P\{X^2 \leqslant x, Y^2 \leqslant y\}$。易见，对于 $x \leqslant 0$ 或 $y \leqslant 0$，$F(x,y)=0$，对于 $x \geqslant 1, y \geqslant 1$，$F(x,y)=1$；对于 $0 \leqslant x < 1, y \geqslant 1$，有

$$P\{X^2 \leqslant x, Y^2 \leqslant y\} = P\{X^2 \leqslant x, Y^2 \leqslant 1\} = P\{X^2 \leqslant x\} = \sqrt{x}$$

对于 $x \geqslant 1, 0 \leqslant y < 1$，有

$$P\{X^2 \leqslant x, Y^2 \leqslant y\} = P\{X^2 \leqslant 1, Y^2 \leqslant y\} = P\{Y^2 \leqslant y\} = \sqrt{y}$$

对于 $0 \leqslant x < 1, 0 \leqslant y < 1$，有

$$P\{X^2 \leqslant x, Y^2 \leqslant y\} = \frac{1}{4} \int_{-\sqrt{y}}^{\sqrt{y}} \mathrm{d}t \int_{-\sqrt{x}}^{\sqrt{x}} (1+st) \mathrm{d}s = \sqrt{xy}$$

$$F(x,y) = P\{X^2 \leqslant x, Y^2 \leqslant y\} = \begin{cases} 0, & \text{若 } x < 0 \text{ 或 } y < 0 \\ \sqrt{x}, & \text{若 } 0 \leqslant x < 1, y \geqslant 1 \\ \sqrt{y}, & \text{若 } x \geqslant 1, 0 \leqslant y < 1 \\ \sqrt{xy}, & \text{若 } 0 \leqslant x < 1, 0 \leqslant y < 1 \\ 1, & \text{若 } x \geqslant 1, y \geqslant 1 \end{cases}$$

由此可见，对于一切实数 x,y，有 $F(x,y) = F_{X^2}(x) F_{Y^2}(y)$，因此随机变量 X^2 和 Y^2 独立。

3.5 随机变量的函数的分布

同第 2 章一样，现在介绍求两个或两个以上随机变量函数的概率分布的方法。以二维随机变量来说明：即，设 $z=g(x,y)$ 为二元实函数，求新的随机变量 $Z=g(X,Y)$ 的分布，本节将重点介绍一些较简单且常用的情形。

1. 一般情形

已知二维随机变量 (X,Y) 的概率分布（如联合分布函数，或联合密度，或联合分布律），而随机变量 Z 为 X 与 Y 的函数，即 $Z=g(X,Y)$，则 Z 的分布函数为

$$F_Z(z) = P\{Z \leqslant z\} = P\{g(X,Y) \leqslant z\}, \quad -\infty < z < +\infty$$

2. 离散型情形

已知 $P\{X=x_i, Y=y_j\} = p_{ij}$，$Z=g(X,Y)$，则 Z 的分布律为

$$P\{Z=z_k\} = P\{g(X,Y) = z_k\} = \sum_{g(x_i,y_j)=z_k} P\{X=x_i, Y=y_j\}$$

3. 连续型情形

已知 $(X,Y) \sim f(x,y)$，$Z=g(X,Y)$，则 Z 的分布函数为

$$F_Z(z) = P\{Z \leqslant z\} = P\{g(X,Y) \leqslant z\} = \iint\limits_{g(x,y) \leqslant z} f(x,y) \mathrm{d}x \mathrm{d}y$$

若 Z 仍为连续型随机变量,则 Z 的密度函数为
$$f_Z(z)=F'_Z(z)$$

实际上,$Z=g(X,Y)$ 可能是离散型的或奇异型的,如 $Z=g(X,Y)=\begin{cases}0, & X^2+Y^2\leqslant 1\\ 1, & X^2+Y^2>1\end{cases}$ 就是离散型的。

4. 特殊型

(1) 和的分布

设 $(X,Y)\sim f(x,y)$,则 $Z=X+Y$ 的密度函数为
$$f_Z(z)=\int_{-\infty}^{+\infty}f(x,z-x)\mathrm{d}x=\int_{-\infty}^{+\infty}f(z-y,y)\mathrm{d}y$$

当 X 与 Y 独立时,有卷积公式:
$$f_Z(z)=\int_{-\infty}^{+\infty}f_X(x)f_Y(z-x)\mathrm{d}x=\int_{-\infty}^{+\infty}f_X(z-y)f_Y(y)\mathrm{d}y$$

证明 对任意实数 z,记 $G=\{(x,y):x+y\leqslant z\}$ 为平面区域(图 3.5.1)。先求 $Z=X+Y$ 的分布函数:
$$F_Z(z)=P\{Z\leqslant z\}=P\{X+Y\leqslant z\}=\iint_G f(x,y)\mathrm{d}x\mathrm{d}y=\int_{-\infty}^{+\infty}\left[\int_{-\infty}^{z-y}f(x,y)\mathrm{d}x\right]\mathrm{d}y$$

令 $x=u-y$,得
$$F_Z(z)=\int_{-\infty}^{+\infty}\left[\int_{-\infty}^{z}f(u-y,y)\mathrm{d}u\right]\mathrm{d}y=\int_{-\infty}^{z}\left[\int_{-\infty}^{+\infty}f(u-y,y)\mathrm{d}y\right]\mathrm{d}u$$

求导,得
$$f_Z(z)=\int_{-\infty}^{+\infty}f(z-y,y)\mathrm{d}y,\text{由对称性,又有}\ f_Z(z)=\int_{-\infty}^{+\infty}f(x,z-x)\mathrm{d}x。$$

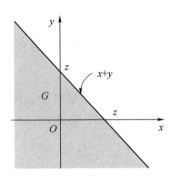

图 3.5.1

类似可得两个连续型随机变量之差、积、商的概率密度公式。如商的分布:

设 $(X,Y)\sim f(x,y)$,则 $Z=\dfrac{X}{Y}$ 的密度函数为
$$f_Z(z)=\int_{-\infty}^{+\infty}|y|f(yz,y)\mathrm{d}y$$

当 X 与 Y 独立时,有
$$f_Z(z)=\int_{-\infty}^{+\infty}|y|f_X(yz)f_Y(y)\mathrm{d}y$$

(2) 极值分布

设 X 与 Y 相互独立,其分布函数分别为 $F_X(x),F_Y(y)$,则 $Z_1=\max(X,Y),Z_2=\min(X,$

Y)的分布函数为

$$F_{Z_1}(z) = P\{Z_1 \leqslant z\}$$
$$= P\{\max(X,Y) \leqslant z\}$$
$$= P\{X \leqslant z, Y \leqslant z\}$$
$$= F_X(z)F_Y(z)$$
$$F_{Z_2}(z) = P\{Z_2 \leqslant z\}$$
$$= P\{\min(X,Y) \leqslant z\}$$
$$= 1 - P\{\min(X,Y) > z\}$$
$$= 1 - P\{X > z, Y > z\}$$
$$= 1 - (1-F_X(z))(1-F_Y(z))$$

显然,上述结果可推广到 n 个相互独立的随机变量 $X_1, X_2, \cdots, X_n$,此时有

$$F_{Z_1}(z) = F_{X_1}(z)F_{X_2}(z) \cdot \cdots \cdot F_{X_n}(z)$$
$$F_{Z_2}(z) = 1 - (1-F_{X_1}(z)) \cdot \cdots \cdot (1-F_{X_n}(z))$$

其中 $Z_1 = \max\limits_{1 \leqslant i \leqslant n}\{X_i\}, Z_2 = \min\limits_{1 \leqslant i \leqslant n}\{X_i\}$。

例 3.5.1 设 X 和 Y 分别服从参数为 λ_1 和 λ_2 的泊松分布,并且相互独立,证明 $X+Y$ 服从参数为 $\lambda_1 + \lambda_2$ 的泊松分布。

证明 由条件知

$$P\{X=i\} = \frac{\lambda_1^i}{i!}e^{-\lambda_1}, \quad P\{Y=j\} = \frac{\lambda_2^j}{j!}e^{-\lambda_2}$$

对于任意自然数 n,有

$$P\{X+Y=n\} = \sum_{i=0}^{n}P\{X=i\}P\{Y=n-i\} = \sum_{i=0}^{n}\frac{\lambda_1^i}{i!}\frac{\lambda_2^{n-i}}{(n-i)!}e^{-(\lambda_1+\lambda_2)}$$
$$= \frac{1}{n!}e^{-(\lambda_1+\lambda_2)}\sum_{i=0}^{n}C_n^i\lambda_1^i\lambda_2^{n-i} = \frac{(\lambda_1+\lambda_2)^n}{n!}e^{-(\lambda_1+\lambda_2)}$$

从而,$X+Y$ 服从参数为 $\lambda_1 + \lambda_2$ 的泊松分布。

注意

本题反映了泊松分布具有可加性,类似的还有:

① 若 $X \sim B(m,p), Y \sim B(n,p)$,且 X 与 Y 相互独立,则 $X+Y \sim B(m+n,p)$;

② 若 $X \sim N(\mu_1,\sigma_1^2), Y \sim N(\mu_2,\sigma_2^2)$,且 X 与 Y 相互独立,则 $X+Y \sim N(\mu_1+\mu_2,\sigma_1^2+\sigma_2^2)$。

例 3.5.2 假设随机变量 $X \sim N(0,1)$,求 $Y = \max\{X, X^3\}$ 的概率密度 $f(y)$。

解 随机变量 $Y = \max\{X, X^3\}$ 的分布函数为

$$F(y) = P\{Y \leqslant y\} = P\{\max(X, X^3) \leqslant y\}$$
$$= \begin{cases} P\{X \leqslant y\}, & \text{若 } y \leqslant -1 \text{ 或 } 0 \leqslant y \leqslant 1 \\ P\{X^3 \leqslant y\}, & \text{若 } -1 < y < 0 \text{ 或 } y > 1 \end{cases}$$
$$= \begin{cases} P\{X \leqslant y\}, & \text{若 } y \leqslant -1 \text{ 或 } 0 \leqslant y \leqslant 1 \\ P\{X \leqslant \sqrt[3]{y}\}, & \text{若 } -1 < y < 0 \text{ 或 } y > 1 \end{cases}$$

于是,随机变量 $Y = \max\{X, X^3\}$ 的概率密度为

$$f(y) = F'(x) = \begin{cases} \dfrac{1}{\sqrt{2\pi}}e^{-\frac{y^2}{2}}, & \text{若 } y \leqslant -1 \text{ 或 } 0 \leqslant y \leqslant 1 \\ \dfrac{1}{3\sqrt{2\pi}\sqrt[3]{y^2}}e^{-\frac{\sqrt[3]{y^2}}{2}}, & \text{若 } -1 < y < 0 \text{ 或 } y > 1 \end{cases}$$

例 3.5.3 假设随机变量 (X,Y) 在以点 $(0,1),(1,0),(1,1)$ 为顶点的三角形区域上服从均匀分布。试求随机变量 $Z=X+Y$ 的概率密度 $f(z)$。

解 $G=\{(x,y):0\leqslant x\leqslant 1,0\leqslant y\leqslant 1;x+y\geqslant 1\}$ 是以点 $(0,1),(1,0),(1,1)$ 为顶点的三角形区域,其面积等于 $\frac{1}{2}$。随机变量 (X,Y) 的概率密度为

$$f(x,y)=\begin{cases}2, & 若(x,y)\in G \\ 0, & 若(x,y)\notin G\end{cases}$$

显然,当 $z<1$ 或 $z>2$ 时,$f(z)=0$,设 $1\leqslant z\leqslant 2$。只有当 $0\leqslant x\leqslant 1$ 且 $0\leqslant z-x\leqslant 1$ 时,即当 $0\leqslant z-1\leqslant x\leqslant 1$ 时 $f(x,z-x)=2$,否则 $f(x,z-x)=0$,故有

$$f(z)=\int_{-\infty}^{+\infty}f(x,z-x)\mathrm{d}x=\int_{z-1}^{1}2\mathrm{d}x=2(2-z)$$

于是,随机变量 $Z=X+Y$ 的概率密度为

$$f(z)=\begin{cases}2(2-z), & 若 1\leqslant z\leqslant 2 \\ 0, & 其他\end{cases}$$

注:读者还可利用先求分布函数的方法求得。

例 3.5.4 假设连续型随机变量 (X,Y) 在矩形 $G=\{(x,y):0\leqslant x\leqslant 2,0\leqslant y\leqslant 1\}$ 上的密度为常数,而矩形 G 之外为 0。求边长为 X 和 Y 的矩形面积 $S=XY$ 的概率分布。

解 随机变量 (X,Y) 的概率密度为

$$f(x,y)=\begin{cases}\dfrac{1}{2}, & 若(x,y)\in G \\ 0, & 若(x,y)\notin G\end{cases}$$

设 $F(s)$ 为 $S=XY$ 的分布函数,则当 $s\leqslant 0$ 时,$F(s)=0$;当 $s\geqslant 2$ 时,$F(s)=1$。对于 $0<s<2$,曲线 $xy=s(0<x<2)$ 将矩形

$$G=\{(x,y):0\leqslant x\leqslant 2,0\leqslant y\leqslant 1\}$$

分为两部分(图 3.5.2):曲线的上方 $xy>s$ 和曲线的下方 $xy<s$;曲线 $xy=s(0<x<2)$ 与矩形上方的边的交点为 $(s,1)$。于是,对于 $0<s<2$,有

$$F(s)=P\{S\leqslant s\}=P\{XY\leqslant s\}=1-P\{XY>s\}$$
$$=1-\iint_{\{xy>s\}\cap G}\frac{1}{2}\mathrm{d}x\mathrm{d}y=\frac{s}{2}(1+\ln 2-\ln s)$$

最后,得 S 的概率密度为

$$f(s)=\begin{cases}\dfrac{1}{2}(\ln 2-\ln s), & 若 0<s<2 \\ 0, & 若 s\leqslant 0 \text{ 或 } s\geqslant 2\end{cases}$$

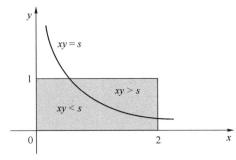

图 3.5.2

例 3.5.5 设随机变量 X,Y 相互独立,X 的概率分布为 $P\{X=i\}=\dfrac{1}{3}(i=-1,0,1)$,$Y$ 的概率密度为 $f_Y(y)=\begin{cases}1, & 0\leqslant y<1\\ 0, & 其他\end{cases}$,记 $Z=X+Y$,求:

(1) $P\{Z\leqslant\dfrac{1}{2}|X=0\}$;

(2) Z 的概率密度 $f_Z(z)$。

解 (1) 由于 X,Y 相互独立,于是

$$P\{Z\leqslant\tfrac{1}{2}|X=0\}=P\{X+Y\leqslant\tfrac{1}{2}|X=0\}=P\{Y\leqslant\tfrac{1}{2}|X=0\}$$
$$=P\{Y\leqslant\tfrac{1}{2}\}=\tfrac{1}{2}$$

(2) 先求 Z 的分布函数。由于 $\{X=-1\},\{X=0\},\{X=1\}$ 构成一个完备事件组,因此根据全概率公式得 Z 的分布函数

$$\begin{aligned}F_Z(z)&=P\{X+Y\leqslant z\}\\ &=P\{X+Y\leqslant z|X=-1\}P\{X=-1\}+P\{X+Y\leqslant z|X=0\}P\{X=0\}+\\ &\quad P\{X+Y\leqslant z|X=1\}P\{X=1\}\\ &=\tfrac{1}{3}[P\{X+Y\leqslant z|X=-1\}+P\{X+Y\leqslant z|X=0\}+P\{X+Y\leqslant z|X=1\}]\\ &=\tfrac{1}{3}[P\{Y\leqslant z+1|X=-1\}+P\{Y\leqslant z|X=0\}+P\{Y\leqslant z-1|X=1\}]\\ &=\tfrac{1}{3}[P\{Y\leqslant z+1\}+P\{Y\leqslant z\}+P\{Y\leqslant z-1\}]\\ &=\tfrac{1}{3}[F_Y(z+1)+F_Y(z)+F_Y(z-1)]\end{aligned}$$

$F_Y(z)$ 表示 Y 的分布函数。

于是 Z 的密度函数为

$$f_Z(z)=F'_Z(z)=\tfrac{1}{3}[f_Y(z+1)+f_Y(z)+f_Y(z-1)]$$
$$=\begin{cases}\dfrac{1}{3}, & -1\leqslant z<2\\ 0, & 其他\end{cases}$$

习题 3

(A)

1. 已知 10 只灯泡中有 2 只次品。在其中取两次,每次任取一只,定义随机变量 X 和 Y 如下:

$$X=\begin{cases}0, & 若第一次取出的是正品\\ 1, & 若第一次取出的是次品\end{cases}$$

$$Y=\begin{cases}0, & 若第二次取出的是正品\\ 1, & 若第二次取出的是次品\end{cases}$$

考虑两种试验：(1) 放回抽样；(2) 不放回抽样。试分别就这两种情况，写出 X 和 Y 的联合分布律。

2. 将两封信随机地往编号为 Ⅰ、Ⅱ、Ⅲ、Ⅳ 的 4 个邮筒内投。X_i 表示第 i 个邮筒内投入的信的数目（$i=1,2$），写出 (X_1,X_2) 的分布律。

3. 假设射手甲、乙的命中率分别为 0.6 和 0.7。二人各独立地进行一次射击，分别以 X 和 Y 表示他们命中的次数（0 或 1），求 X 和 Y 的联合分布函数及其边缘分布函数。

4. 设随机变量 X 和 Y 各只有 $-1,0,1$ 这 3 个可能值，且同分布并满足条件：

$$P\{X=-1\}=P\{X=1\}=\frac{1}{4}$$

试求 X 和 Y 的联合分布，假设满足条件，(1) $P\{XY=0\}=1$；(2) $P\{X+Y=0\}=1$。

5. 已知随机变量 X 和 Y 的联合概率密度为

$$f(x,y)=\begin{cases}ke^{-(x+y)}, & 0<x<+\infty,0<y<+\infty\\0, & \text{其他}\end{cases}$$

(1) 试确定常数 k；
(2) 求 (X,Y) 的分布函数；
(3) 求 $P\{0<X\leqslant 1,0\leqslant Y\leqslant 2\}$；
(4) 求 $P\{X<Y\}$。

6. 已知随机变量 (X,Y) 的概率密度为

$$f(x,y)=\begin{cases}e^{-y}, & \text{若 } 0<x<y\\0, & \text{其他}\end{cases}$$

(1) 求随机变量 X 和 Y 的概率密度 $f_X(x)$ 和 $f_Y(y)$；
(2) 求 $X+Y$ 不大于 1 的概率。

7. 假设随机变量 X 和 Y 的联合概率密度为

$$f(x,y)=\begin{cases}C\sin(x+y), & \text{若 } 0\leqslant x\leqslant\frac{\pi}{2},0\leqslant y\leqslant\frac{\pi}{2}\\0, & \text{若不然}\end{cases}$$

(1) 求未知常数 C 以及 X 的概率密度 $f_X(x)$；
(2) 求 Y 关于 $X=x$ 的条件概率密度 $f_{Y|X}(y|x)$。

8. 设随机变量 (X,Y) 的分布函数为 $F(x,y)=A(B+\arctan\frac{x}{2})(C+\arctan\frac{y}{3})$，求常数 A,B,C。

9. 设随机变量 X 服从区间 $(0,2)$ 上的均匀分布，而 Y 在区间 $(0,X)$ 上服从均匀分布。试求：(1) X 和 Y 的联合密度 $f(x,y)$；(2) Y 的概率密度 $f_Y(y)$。

10. 假设随机变量 X 和 Y 的联合概率密度为

$$f(x,y)=\begin{cases}\dfrac{21}{4}x^2y, & \text{若 } x^2\leqslant y\leqslant 1\\0, & \text{若不然}\end{cases}$$

试求：
(1) 随机变量 X 和 Y 的概率密度 $f_X(x)$ 和 $f_Y(y)$；
(2) 随机变量 Y 关于 X 以及 X 关于 Y 的条件概率密度 $f_{Y|X}(y|x)$ 和 $f_{X|Y}(x|y)$。

11. 设二维随机变量 (X,Y) 服从半径为 R 的圆上的均匀分布。求：

(1) (X,Y)的联合概率密度和边缘概率密度；

(2) $f_{X|Y}(x|y)$和$f_{Y|X}(y|x)$；

(3) $P\{Y>0|Y>X\}$。

12. 设随机变量 X 和 Y 的联合概率分布是在直线 $y=x$ 和曲线 $y=x^2$ 所围封闭区域上的均匀分布，试求：

(1) 概率 $P\{X\leqslant 0.5, Y\leqslant 0.6\}$；

(2) 随机变量 X 和 Y 的概率密度 $f_X(x)$ 和 $f_Y(y)$。

13. 设随机变量 (X,Y) 的概率密度为

$$f(x,y)=\begin{cases} 1, & |y|<x, 0<x<1 \\ 0, & \text{其他} \end{cases}$$

求：

(1) $f_{Y|X}(y|x), f_{X|Y}(x|y)$；

(2) $P\left\{X>\dfrac{1}{2}\Big|Y>0\right\}, P\left\{Y>\dfrac{1}{2}\Big|X>\dfrac{1}{2}\right\}$。

14. 向区域 $G=\{(x,y): |x|+|y|\leqslant 2\}$ 上均匀地掷一随机点 (X,Y)，求 $(X,Y), X$ 和 Y 的概率密度 $f(x,y), f_X(x), f_Y(y)$。

15. 假设随机变量 Y 在区间 $(0,X)$ 上均匀分布，而随机变量 X 的概率密度为

$$f_X(x)=\begin{cases} \lambda^2 x\mathrm{e}^{-\lambda x}, & \text{若 } x>0 \\ 0, & \text{若 } x\leqslant 0 \end{cases}$$

求随机变量 Y 的概率密度 $f_Y(y)$。

16. 假设 $G=\{(x,y): 0\leqslant x\leqslant 2, 0\leqslant y\leqslant 1\}$ 是一矩形，随机变量 X 和 Y 的联合分布是区域 G 上的均匀分布。考虑随机变量

$$U=\begin{cases} 0, & \text{若 } X\leqslant Y \\ 1, & \text{若 } X>Y \end{cases}, \quad V=\begin{cases} 0, & \text{若 } X\leqslant 2Y \\ 1, & \text{若 } X>2Y \end{cases}$$

求 U 和 V 的联合概率分布。

17. 已知 X 服从参数为 0.6 的 0-1 分布，在 $X=0$ 及 $X=1$ 时，关于 Y 的条件分布律分别如下表所示。

题 17 表

Y	1	2	3
$P\{Y=k|X=0\}$	$\dfrac{1}{4}$	$\dfrac{1}{2}$	$\dfrac{1}{4}$

Y	1	2	3
$P\{Y=k|X=1\}$	$\dfrac{1}{2}$	$\dfrac{1}{6}$	$\dfrac{1}{3}$

求 X 和 Y 的联合分布律以及 $Y\neq 1$ 时 X 的条件分布律。

18. 设随机变量 (X,Y) 的概率密度为

$$f(x,y)=\begin{cases} 3x, & 0<x<1, 0<y<x \\ 0, & \text{其他} \end{cases}$$

求边缘概率密度，并问 X 和 Y 是否相互独立？

19. 假设随机变量 (X,Y) 的联合分布是二维正态分布,其密度
$$f(x,y)=c\exp\{-2x^2-y^2-8x+4y-13\}$$
求常数 c 和分布参数 $(\mu_1,\mu_2;\sigma_1^2,\sigma_2^2;\rho)$。

20. 已知 $P\{X=k\}=\dfrac{a}{k}$, $P\{Y=k\}=\dfrac{b}{k^2}(k=1,2,3)$, X 与 Y 独立。

(1) 确定 a,b 的值;

(2) 求 (X,Y) 的联合分布律以及 $X+Y$ 的分布律。

21. 假设随机变量 X 和 Y 相互独立,都服从同一分布:
$$X\sim\begin{pmatrix}0 & 1 & 2\\ \dfrac{1}{2} & \dfrac{1}{4} & \dfrac{1}{4}\end{pmatrix},\quad Y\sim\begin{pmatrix}0 & 1 & 2\\ \dfrac{1}{2} & \dfrac{1}{4} & \dfrac{1}{4}\end{pmatrix}$$
求概率 $P\{X=Y\}$。

22. 设某种电子仪器由两个部件构成,以 X 和 Y 分别表示两个部件的寿命(单位:千小时),已知 (X,Y) 的分布函数为
$$F(x,y)=\begin{cases}1-e^{-0.5x}-e^{-0.5y}+e^{-0.5(x+y)}, & x\geqslant 0,y\geqslant 0\\ 0, & \text{其他}\end{cases}$$

(1) X 和 Y 是否相互独立? (2) 求两个部件寿命都超过 100 小时的概率。

23. 对于任意两个事件 A_1,A_2,考虑两个随机变量
$$X_i=\begin{cases}1, & \text{若事件 }A_i\text{ 出现}\\ 0, & \text{若事件 }A_i\text{ 不出现}\end{cases},\quad i=1,2$$
证明:随机变量 X_1 和 X_2 独立的充分必要条件是事件 A_1 和 A_2 相互独立。

24. 设 (X,Y) 的分布律如下表所示。

题 24 表

X \ Y	0	1	2	3
0	0.10	0.04	0.13	0.08
1	0.05	0.06	0.08	0.11
2	0.01	0.02	0.01	0.05
3	0.02	0.03	0.05	0.06
4	0.01	0.04	0.03	0.02

求:

(1) $P\{X=2|Y=3\}$ 及 $P\{Y=1|X=1\}$;

(2) $Z=X+Y$ 的分布律;

(3) $W=2X-Y$ 的分布律;

(4) $M=\max(X,Y)$ 的分布律;

(5) $N=\min(X,Y)$ 的分布律;

(6) $U=M+N$ 的分布律。

25. 设随机变量 X 和 Y 独立,X 的概率分布和 Y 的概率密度相应为
$$X\sim\begin{pmatrix}0 & 1\\ \dfrac{1}{2} & \dfrac{1}{2}\end{pmatrix},\quad Y\sim f(y)=\begin{cases}1, & \text{若 }y\in[0,1]\\ 0, & \text{若 }y\notin[0,1]\end{cases}$$

求随机变量 $Z=X+Y$ 的概率分布。

26. 已知随机变量 (X,Y) 的概率密度为
$$f(x,y)=\begin{cases} x+y, & \text{若 } 0\leqslant x,y\leqslant 1 \\ 0, & \text{其他} \end{cases}$$
求随机变量 $U=X+Y$ 的概率密度 $f_U(u)$。

27. 设随机变量 X 和 Y 的联合密度为
$$f(x,y)=\begin{cases} 2\mathrm{e}^{-(x+2y)}, & \text{若 } x>0, y>0 \\ 0, & \text{若不然} \end{cases}$$
求随机变量 $Z=X+2Y$ 的概率密度 $g_Z(z)$。

28. 设随机变量 X 和 Y 的联合密度为
$$f(x,y)=\begin{cases} \lambda^2 \mathrm{e}^{-\lambda x}, & \text{若 } 0<y<x \\ 0, & \text{若不然} \end{cases}$$
求随机变量 $Z=X+Y$ 的概率密度 $g_Z(z)$。

29. 设二维随机变量 (X,Y) 的联合密度为
$$f(x,y)=\begin{cases} cxy, & 0<x\leqslant y, 0<y\leqslant 1 \\ 0, & \text{其他} \end{cases}$$
求：

(1) 参数 c；

(2) $P\{X+Y>1\}$；

(3) 条件密度 $f_{X|Y}(x|y)$ 与条件分布函数 $F_{X|Y}(x|y)$；

(4) $Z=XY$ 的密度函数。

30. 设随机变量 (X,Y) 的分布密度为
$$\varphi(x,y)=\begin{cases} 3x, & 0<x<1, 0<y<x \\ 0, & \text{其他} \end{cases}$$
求随机变量 $Z=X-Y$ 的概率密度。

(B)

1. 设二维随机变量 (X,Y) 的概率密度为
$$f(x,y)=\begin{cases} 6x, & 0\leqslant x\leqslant y\leqslant 1 \\ 0, & \text{其他} \end{cases}$$
则 $P\{X+Y\leqslant 1\}=$ _____。

2. 设随机变量 X 与 Y 独立,其中 X 的概率分布为
$$X \sim \begin{pmatrix} 1 & 2 \\ 0.3 & 0.7 \end{pmatrix}$$
而 Y 的概率密度为 $f(y)$,求随机变量 $U=X+Y$ 的概率密度 $g(u)$。

3. 设随机变量 X 和 Y 都服从正态分布,且它们不相关,则( )。

(A) X 与 Y 一定独立　　　　　(B) (X,Y) 服从二维正态分布

(C) X 与 Y 未必独立　　　　　(D) $X+Y$ 服从一维正态分布

4. 设 A,B 为随机事件,且 $P(A)=\dfrac{1}{4}, P(B|A)=\dfrac{1}{3}, P(A|B)=\dfrac{1}{2}$,令
$$X=\begin{cases} 1, & A \text{ 发生} \\ 0, & A \text{ 不发生} \end{cases}, \quad Y=\begin{cases} 1, & B \text{ 发生} \\ 0, & B \text{ 不发生} \end{cases}$$

求:(1) 二维随机变量(X,Y)的概率分布;(2) $Z=X^2+Y^2$的概率分布。

5. 设随机变量X在区间$(0,1)$上服从均匀分布,在$X=x(0<x<1)$的条件下,随机变量Y在区间$(0,x)$上服从均匀分布,求:

(1) 随机变量X和Y的联合概率密度;

(2) Y的概率密度;

(3) 概率$P\{X+Y>1\}$。

6. 设二维随机变量(X,Y)的概率分布如下表所示。

题 6 表

X \ Y	0	1
0	0.4	a
1	b	0.1

已知随机事件$\{X=0\}$与$\{X+Y=1\}$相互独立,则( )。

(A) $a=0.2, b=0.3$ (B) $a=0.4, b=0.1$

(C) $a=0.3, b=0.2$ (D) $a=0.1, b=0.4$

7. 设二维随机变量(X,Y)的概率密度为

$$f(x,y)=\begin{cases}1, & 0<x<1, 0<y<2x\\ 0, & 其他\end{cases}$$

求:(1) (X,Y)的边缘概率密度$f_X(x), f_Y(y)$;(2) $Z=2X-Y$的概率密度$f_Z(z)$。

8. 设随机变量X与Y相互独立,且均服从区间$[0,3]$上的均匀分布,则$P\{\max\{X,Y\}\leq 1\}=$_____。

9. 设二维随机变量(X,Y)的概率分布为

X \ Y	-1	0	1
-1	a	0	0.2
0	0.1	b	0.2
1	0	0.1	c

其中a,b,c为常数,且X的数学期望$E(X)=-0.2, P\{Y\leq 0|X\leq 0\}=0.5$,记$Z=X+Y$,求:
(1) a,b,c的值;(2) Z的概率分布;(3) $P\{X=Z\}$。

10. 设随机变量(X,Y)服从二维正态分布,且X与Y不相关,$f_X(x), f_Y(y)$分别表示X,Y的概率密度,则在$Y=y$的条件下,X的条件概率密度$f_{X|Y}(x|y)$为( )。

(A) $f_X(x)$ (B) $f_Y(y)$

(C) $f_X(x)f_Y(y)$ (D) $\dfrac{f_X(x)}{f_Y(y)}$

11. 设二维随机变量(X,Y)的概率密度为

$$f(x,y)=\begin{cases}2-x-y, & 0<x<1, 0<y<1\\ 0, & 其他\end{cases}$$

求:

(1) $P\{X>2Y\}$;

(2) $Z=X+Y$ 的概率密度。

12. 设随机变量 X 与 Y 独立同分布，且 X 的概率分布为

X	1	2
P	$\frac{2}{3}$	$\frac{1}{3}$

记 $U=\max(X,Y)$，$V=\min(X,Y)$，求 (U,V) 的概率分布。

13. 设随机变量 X,Y 独立同分布，且 X 的分布函数为 $F(x)$，则 $Z=\max\{X,Y\}$ 的分布函数为（　　）。

(A) $F^2(x)$　　　　　　　　　　(B) $F(x)F(y)$
(C) $1-[1-F(x)]^2$　　　　　　(D) $[1-F(x)][1-F(y)]$

14. 设随机变量 X 与 Y 相互独立，且 X 服从标准正态分布 $N(0,1)$，Y 的概率分布为 $P\{Y=0\}=P\{Y=1\}=\frac{1}{2}$，记 $F_Z(z)$ 为随机变量 $Z=XY$ 的分布函数，则函数 $F_Z(z)$ 的间断点个数为（　　）。

(A) 0　　　　(B) 1　　　　(C) 2　　　　(D) 3

15. 袋中有 1 个红球，2 个黑球与 3 个白球，现有放回地从袋中取两次，每次取一球。以 X,Y,Z 分别表示两次取球所取得的红球、黑球与白球的个数。求：

(1) $P\{X=1|Z=0\}$；
(2) 二维随机变量 (X,Y) 的概率分布。

16. 设二维随机变量 (X,Y) 的概率密度为
$$f(x,y)=\begin{cases}\mathrm{e}^{-x}, & 0<y<x\\ 0, & 其他\end{cases}$$
求：(1) 条件概率密度 $f_{Y|X}(y|x)$；(2) 条件概率 $P\{X\leqslant 1|Y\leqslant 1\}$。

17. 设二维随机变量 (X,Y) 的概率密度为
$$f(x,y)=A\mathrm{e}^{-2x^2+2xy-y^2}, \quad -\infty<x<+\infty,-\infty<y<+\infty$$
求常数 A 以及条件概率密度 $f_{Y|X}(y|x)$。

18. 箱中装有 6 个球，其中红、白、黑球个数分别为 1,2,3 个，现从箱中随机地取出 2 个球，记 X 为取出红球的个数，Y 为取出白球的个数。求随机变量 (X,Y) 的概率分布。

19. 设随机变量 X 与 Y 的概率分布分别为

X	0	1
P	$\frac{1}{3}$	$\frac{2}{3}$

Y	-1	0	1
P	$\frac{1}{3}$	$\frac{1}{3}$	$\frac{1}{3}$

且 $P\{X^2=Y^2\}=1$。求：

(1) 二维随机变量 (X,Y) 的概率分布；
(2) $Z=XY$ 的概率分布。

20. 设二维随机变量 (X,Y) 服从区域 G 上的均匀分布，其中 G 是由 $x-y=0$，$x+y=2$ 与 $y=0$ 所围成的三角形区域。求：

(1) X 的概率密度 $f_X(x)$；
(2) 条件概率密度 $f_{X|Y}(x|y)$。

21. 设随机变量 X 与 Y 相互独立，且分别服从参数为 1 与参数为 4 的指数分布，$P\{X<$

$Y\} = ($ $)$。

(A) $\dfrac{1}{5}$ (B) $\dfrac{1}{3}$ (C) $\dfrac{2}{5}$ (D) $\dfrac{4}{5}$

22. 设二维离散型随机变量 (X,Y) 的概率分布如下表所示。

题 22 表

X \ Y	0	1	2
0	$\dfrac{1}{4}$	0	$\dfrac{1}{4}$
1	0	$\dfrac{1}{3}$	0
2	$\dfrac{1}{12}$	0	$\dfrac{1}{12}$

求 $P\{X=2Y\}$。

23. 设随机变量 X 与 Y 相互独立,且都服从区间 $(0,1)$ 上的均匀分布,$P\{X^2+Y^2 \leqslant 1\} = ($ $)$。

(A) $\dfrac{1}{4}$ (B) $\dfrac{1}{2}$ (C) $\dfrac{\pi}{8}$ (D) $\dfrac{\pi}{4}$

24. 设随机变量 X 与 Y 相互独立,且服从参数为 1 的指数分布。记 $U=\max\{X,Y\}$,$V=\min\{X,Y\}$。求 V 的概率密度 $f_V(v)$。

第4章 随机变量的数字特征

我们知道随机变量的分布函数能完整地描述随机变量的变动规律。但是在实际研究中,要寻找一个随机变量的分布函数有时并不是一件容易的事,而且在许多具体的研究中,我们更关心的是随机变量的某些特征。比如,在评定某地区粮食产量的水平时,我们最关心的是平均产量;在检查一批棉花的质量时,既需要注意纤维的平均长度,又需要注意纤维长度与平均长度的偏离程度;在考察某市区居民的家庭收入情况时,我们既想知道家庭的年平均收入,又要研究贫富之间的差异程度。

因此,了解和掌握随机变量的一些数字特征也是随机变量研究的主要内容。本章主要围绕随机变量的数学期望、方差、协方差和相关系数等内容进行探讨。

4.1 数学期望

4.1.1 数学期望的概念

对于随机变量,时常要考虑它的平均取值。先来看一个例子:经过长期观察积累,某射手在每次射击中命中的环数 X 服从分布:

X	0	5	6	7	8	9	10
$P(X=x_i)$	0	0.05	0.05	0.1	0.1	0.2	0.5

(其中 0 表示脱靶)

一种很自然的考虑是:假定该射击手进行了 100 次射击,那么,约有 5 次命中 5 环,5 次命中 6 环,10 次命中 7 环,10 次命中 8 环,20 次命中 9 环,50 次命中 10 环,没有脱靶的。从而在一次射击中,该射手平均命中的环数为

$$\frac{1}{100}(10\times 50+9\times 20+8\times 10+7\times 10+6\times 5+5\times 5+0\times 0)=8.85$$

它是 X 的可能取值与对应概率的乘积之和。由此引出如下定义。

定义 4.1.1 设离散型随机变量 X 的分布律为

X	x_1	x_2	$\cdots$	x_n	$\cdots$
P_k	p_1	p_2	$\cdots$	p_n	$\cdots$

若级数 $\sum_{k=1}^{\infty} x_k p_k$ 绝对收敛,则称级数 $\sum_{k=1}^{\infty} x_k p_k$ 为随机变量 X 的数学期望,简称期望或均值,记作 $E(X)$,即

$$E(X) = \sum_{k=1}^{\infty} x_k p_k \tag{4.1.1}$$

例 4.1.1 设随机变量 X 表示掷一颗骰子出现的点数,则 X 的分布律为

X	1	2	3	4	5	6
P_k	$\frac{1}{6}$	$\frac{1}{6}$	$\frac{1}{6}$	$\frac{1}{6}$	$\frac{1}{6}$	$\frac{1}{6}$

求随机变量 X 的数学期望。

解 $E(X) = \sum_{k=1}^{\infty} x_k p_k = 1 \times \frac{1}{6} + 2 \times \frac{1}{6} + 3 \times \frac{1}{6} + 4 \times \frac{1}{6} + 5 \times \frac{1}{6} + 6 \times \frac{1}{6} = 3.5$。

例 4.1.2 设有两种投资方案,它们获取的利润如表 4.1.1 所示。

表 4.1.1

利润/万元	概率	
	甲方案	乙方案
100	0.20	0.28
150	0.70	0.60
200	0.10	0.12

试比较两种投资方案哪种较好。

解 设 X 表示甲方案所获取的利润,Y 表示乙方案所获取的利润。则它们的分布律分别为

X	100	150	200
P	0.20	0.70	0.10

Y	100	150	200
P	0.28	0.60	0.12

要比较甲、乙两种投资方案的优劣,也就是要比较两种方案谁获得的平均利润高,于是有

$$E(X) = \sum_{k=1}^{\infty} x_k p_k = 100 \times 0.20 + 150 \times 0.70 + 200 \times 0.10 = 145 \text{ 万元}$$

$$E(Y) = \sum_{k=1}^{\infty} y_k p_k = 100 \times 0.28 + 150 \times 0.60 + 200 \times 0.12 = 142 \text{ 万元}$$

计算结果表明:甲方案略好于乙方案。

例 4.1.3 设一台机器一天内发生故障的概率为 0.2,机器发生故障时全天停工。若一周 5 个工作日里无故障,可获利 10 万元;发生一次故障获利 5 万元;发生 2 次故障获利 0 元,发生 3 次或 3 次以上故障亏损 2 万元,求一周内期望利润是多少?

解 设 X 表示一周 5 个工作日内机器发生故障的天数,则 $X \sim B(5, 0.2)$;设 Y 表示一周内所获利润,则 $P(Y=10) = P(X=0) = (1-0.2)^5 = 0.328$。

同理可得 Y 的分布律为

Y	−2	0	5	10
P	0.057	0.205	0.410	0.328

于是 $E(Y)=5.216$ 万元。

例 4.1.4 设随机变量 X 具有如下的分布，
$$P\{X=(-1)^k \cdot \frac{2^k}{k}\}=\frac{1}{2^k}, \quad k=1,2,\cdots$$
求 $E(X)$。

解 因为
$$\sum_{k=1}^{\infty}|x_k|p_k = \sum_{k=1}^{\infty}\frac{1}{k} = +\infty$$
所以，$E(X)$ 不存在。

一些常用离散型随机变量分布的数学期望如下。

1. 0-1 分布

设随机变量 X 服从 0-1 分布，其分布律为

X	0	1
$P\{X=k\}$	q	p

$0<p<1, q=1-p$

由式(4.1.1)得
$$E(X)=0\times q+1\times p=p$$

2. 二项分布

设随机变量 $X\sim B(n,p)$，其分布律为
$$P\{X=k\}=C_n^k p^k q^{n-k}, \quad k=0,1,2,\cdots,n, 0<p<1, q=1-p$$
由式(4.1.1)得
$$\begin{aligned}E(X) &= \sum_{k=0}^{n}k C_n^k p^k q^{n-k} = \sum_{k=1}^{n}\frac{k\cdot n!}{k!(n-k)!}p^k q^{n-k} \\ &= \sum_{k=1}^{n}\frac{n\cdot p\cdot(n-1)!}{(k-1)![(n-1)-(k-1)]!}p^{n-1}q^{(n-1)-(k-1)} \\ &\xrightarrow{\diamondsuit\ i=k-1}\sum_{i=1}^{n}\frac{n\cdot p\cdot(n-1)!}{i![(n-1)-i]!}p^i q^{(n-1)-i} \\ &= np(p+q)^{n-1} \\ &= np\end{aligned}$$

3. 泊松分布

设随机变量 $X\sim\pi(\lambda)$，其分布律为
$$P\{X=k\}=\frac{\lambda^k e^{-\lambda}}{k!}, \quad k=0,1,2,\cdots,\lambda>0$$
由式(4.1.1)得
$$E(X) = \sum_{k=0}^{\infty}k\frac{\lambda^k e^{-\lambda}}{k!} = \lambda e^{-\lambda}\sum_{k=1}^{\infty}\frac{\lambda^{k-1}}{(k-1)!}$$
$$\xrightarrow{\diamondsuit\ i=k-1}\lambda e^{-\lambda}\sum_{i=0}^{\infty}\frac{\lambda^i}{i!} = \lambda e^{-\lambda}e^{\lambda} = \lambda$$

已知离散型随机变量 X 的数学期望为 $E(X)=\sum_{k}x_k p_k$。

设 X 是连续型随机变量,密度函数为 $f(x)$,用离散化的方式加以解释,如图 4.1.1 所示,在数轴上取很密的分点 $x_0 < x_1 < x_2 < \cdots$,阴影面积近似为 $f(x_i)\Delta x_i$,则 X 落在小区间 (x_i, x_{i+1}) 的概率为

$$\int_{x_i}^{x_{i+1}} f(x) \mathrm{d}x \approx f(x_i)(x_{i+1} - x_i) = f(x_i)\Delta x_i$$

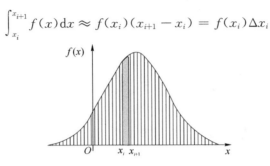

图 4.1.1

类推得 Y 的数学期望为 $\sum_{i=0}^{n} x_i p(x_i) \Delta x_i$,由微积分知识自然想到 X 的数学期望为 $\int_{-\infty}^{\infty} x p(x) \mathrm{d}x$。

定义 4.1.2 设连续型随机变量 X 的分布密度为 $f(x)$,如果积分 $\int_{-\infty}^{+\infty} x f(x) \mathrm{d}x$ 收敛,则称 $\int_{-\infty}^{+\infty} x f(x) \mathrm{d}x$ 为随机变量 X 的数学期望,简称期望或均值,记作 $E(X)$,即

$$E(X) = \int_{-\infty}^{+\infty} x f(x) \mathrm{d}x \tag{4.1.2}$$

一些常用连续型随机变量分布的数学期望如下。

1. 均匀分布

设随机变量 X 在 $[a,b]$ 上服从均匀分布,其分布密度为

$$f(x) = \begin{cases} \dfrac{1}{b-a}, & a \leqslant x \leqslant b \\ 0, & \text{其他} \end{cases}$$

由式(4.1.2)得

$$E(X) = \int_{-\infty}^{+\infty} x f(x) \mathrm{d}x = \int_{a}^{b} \frac{x}{b-a} \mathrm{d}x = \frac{1}{2}(a+b)$$

2. 指数分布

设随机变量 X 服从指数分布,其分布密度为

$$f(x) = \begin{cases} \lambda \mathrm{e}^{-\lambda x}, & x \geqslant 0 \\ 0, & x < 0 \end{cases}, \quad \lambda > 0$$

由式(4.1.2)得

$$\begin{aligned} E(X) &= \int_{0}^{+\infty} x \lambda \mathrm{e}^{-\lambda x} \mathrm{d}x = -x \mathrm{e}^{-\lambda x} \Big|_{0}^{+\infty} + \int_{0}^{+\infty} \mathrm{e}^{-\lambda x} \mathrm{d}x \\ &= -\frac{1}{\lambda} \mathrm{e}^{-\lambda x} \Big|_{0}^{+\infty} = \frac{1}{\lambda} \end{aligned}$$

3. 正态分布

设随机变量 $X \sim N(\mu, \sigma^2)$,其分布密度为

$$f(x)=\frac{1}{\sqrt{2\pi}\sigma}\mathrm{e}^{-\frac{(x-\mu)^2}{2\sigma^2}},\quad -\infty<x<+\infty$$

由式(4.1.2)得

$$E(X)=\int_{-\infty}^{+\infty}xf(x)\mathrm{d}x=\int_{-\infty}^{+\infty}\frac{x}{\sqrt{2\pi}\sigma}\mathrm{e}^{-\frac{(x-\mu)^2}{2\sigma^2}}\mathrm{d}x$$

$$=\int_{-\infty}^{+\infty}(x-\mu+\mu)\frac{1}{\sqrt{2\pi}\sigma}\mathrm{e}^{-\frac{(x-\mu)^2}{2\sigma^2}}\mathrm{d}x$$

$$=\int_{-\infty}^{+\infty}(x-\mu)\frac{1}{\sqrt{2\pi}\sigma}\mathrm{e}^{-\frac{(x-\mu)^2}{2\sigma^2}}\mathrm{d}x+\int_{-\infty}^{+\infty}\frac{\mu}{\sqrt{2\pi}\sigma}\mathrm{e}^{-\frac{(x-\mu)^2}{2\sigma^2}}\mathrm{d}x=\mu$$

特别地,若随机变量 $X\sim N(0,1)$,则

$$E(X)=\int_{-\infty}^{+\infty}x\varphi(x)\mathrm{d}x=\frac{1}{\sqrt{2\pi}}\int_{-\infty}^{+\infty}x\mathrm{e}^{-\frac{x^2}{2}}\mathrm{d}x=0$$

这是因为被积函数在 $(-\infty,+\infty)$ 内是奇函数。

4.1.2 随机变量函数的期望

1. 一维随机变量函数的期望

定理 4.1.1 设 Y 是随机变量 X 的函数,$Y=g(X)$($g(x)$ 是连续函数)。

① 若 X 是离散型随机变量,其分布律为

$$P\{X=x_k\}=p_k,\quad k=1,2,\cdots$$

且级数 $\sum_{k=1}^{\infty}g(x_k)p_k$ 收敛,则

$$E(Y)=E[g(X)]=\sum_{k=1}^{\infty}g(x_k)p_k \tag{4.1.3}$$

② 若 X 是连续型随机变量,其分布密度为 $f(x)$,且积分 $\int_{-\infty}^{+\infty}g(x)f(x)\mathrm{d}x$ 收敛,则

$$E(Y)=E[g(X)]=\int_{-\infty}^{+\infty}g(x)f(x)\mathrm{d}x \tag{4.1.4}$$

从公式可以看出:当求 $E[g(X)]$ 时,不必知道 $g(X)$ 的分布,只需知道 X 的分布就可以了。这给求随机变量函数的期望带来很大方便。

例 4.1.5 已知随机变量 X 的分布律为

X	-1	0	1
$P\{X=x_k\}$	0.3	0.5	0.2

求:(1) $E(X)$;(2) $E(X^2)$;(3) $E(2X+3)$。

解 (1) 由式(4.1.1)得

$$E(X)=-1\times 0.3+0\times 0.5+1\times 0.2=-0.1$$

(2) 由式(4.1.3)得

$$E(X^2)=(-1)^2\times 0.3+0^2\times 0.5+1^2\times 0.2=0.5$$

(3) 同理,得

$$E(2X+3)=(-2+3)\times 0.3+(0+3)\times 0.5+(2+3)\times 0.2=2.8$$

例 4.1.6 一辆汽车沿街道行使,需要通过 3 个相互独立的红绿信号灯路口,已知红绿信号显示时间相等,以 X 表示该汽车首次遇到红灯时已通过的路口个数,求 $E\left(\dfrac{1}{X+1}\right)$。

解 X 的可能取值为 $0,1,2,3$。记 $A_i=\{$汽车在第 i 个路口首次遇到红灯$\}$,则 $P(A_i)=P(\overline{A_i})=\dfrac{1}{2}$。

$$P\{X=0\}=P(A_1)=\frac{1}{2}$$

$$P\{X=1\}=P(\overline{A}_1 A_2)=P(\overline{A}_1)P(A_2)=\frac{1}{4}$$

$$P\{X=2\}=P(\overline{A}_1 \overline{A}_2 A_3)=P(\overline{A}_1)P(\overline{A}_2)P(A_3)=\frac{1}{8}$$

$$P\{X=3\}=P(\overline{A}_1 \overline{A}_2 \overline{A}_3)=P(\overline{A}_1)P(\overline{A}_2)P(\overline{A}_3)=\frac{1}{8}$$

$$E\left(\frac{1}{X+1}\right)=1\times\frac{1}{2}+\frac{1}{2}\times\frac{1}{4}+\frac{1}{3}\times\frac{1}{8}+\frac{1}{4}\times\frac{1}{8}=\frac{67}{96}$$

例 4.1.7 已知随机变量 X 在 $[0,2\pi]$ 上服从均匀分布,求 $E(\sin X)$。

解 由题意知 X 的分布密度为

$$f(x)=\begin{cases}\dfrac{1}{2\pi}, & 0\leqslant x\leqslant 2\pi \\ 0, & \text{其他}\end{cases}$$

由式(4.1.2)得

$$E(\sin X)=\int_{-\infty}^{+\infty}\sin x f(x)\mathrm{d}x=\frac{1}{2\pi}\int_0^{2\pi}\sin x\mathrm{d}x=0$$

例 4.1.8 按节气出售的某种节令商品,每售出 1 千克可获利 a 元,过了节气处理剩余的这种商品,每售出 1 千克净亏损 b 元。设某店在季度内这种商品的销售量 X 是一随机变量,X 在区间 (t_1,t_2) 内服从均匀分布。问该店应进多少货才能使销售利润的数学期望最大?

解 设 t(单位:千克)为进货数,$t_1\leqslant t\leqslant t_2$,进货数 t 所获利润记为 Y,则 Y 是随机变量,

$$Y=\begin{cases}ax-(t-x)b, & t_1<x\leqslant t \\ at, & t<x<t_2\end{cases}$$

由于 X 的概率密度为

$$f(x)=\begin{cases}\dfrac{1}{t_2-t_1}, & t_1<x<t_2 \\ 0, & \text{其他}\end{cases}$$

因此

$$E(Y)=\int_{t_1}^{t}[ax-(t-x)b]\cdot\frac{1}{t_2-t_1}\mathrm{d}x+\int_{t}^{t_2}at\frac{1}{t_2-t_1}\mathrm{d}x$$

$$=\frac{\left[-\dfrac{a+b}{2}t^2+(bt_1+at_2)t-\dfrac{a+b}{2}t_1^2\right]}{t_2-t_1}$$

令

$$\frac{\mathrm{d}E(Y)}{\mathrm{d}t}=\frac{[-(a+b)t+at_2+bt_1]}{t_2-t_1}=0$$

得驻点 $t=\dfrac{at_2+bt_1}{a+b}$。

由此可知,该店应进 $\dfrac{at_2+bt_1}{a+b}$ 千克商品才可以使利润的数学期望最大。

2. 二维随机变量函数的期望

定理 4.1.2 设 Z 是随机变量 X,Y 的函数:$Z=g(X,Y)$(g 是连续函数)。若 (X,Y) 是二维离散型随机变量,分布律为

$$P\{X=x_i, Y=y_i\}=p_{ij}, \quad i,j=1,2,\cdots$$

则有

$$E(Z) = E[g(X,Y)] = \sum_{i=1}^{\infty}\sum_{j=1}^{\infty} g(x_i, y_j) p_{ij} \tag{4.1.5}$$

若 (X,Y) 是连续型随机变量,其概率密度为 $f(x,y)$,则

$$E(Z) = E[g(X,Y)] = \int_{-\infty}^{+\infty}\int_{-\infty}^{+\infty} g(x,y) f(x,y) \mathrm{d}x\mathrm{d}y \tag{4.1.6}$$

证明略。

作为特例,在此定理中取 $g(X,Y)=X$,则得 $E(X)$;取 $g(X,Y)=Y$,则得 $E(Y)$。

例 4.1.9 设二维随机变量 (X,Y) 的概率密度为

$$f(x,y)=\begin{cases}1, & 0\leqslant x\leqslant 1, 0\leqslant y\leqslant 1\\ 0, & 其他\end{cases}$$

求 $E(X), E(Y), E(XY)$。

解

$$E(X) = \int_{-\infty}^{+\infty}\int_{-\infty}^{+\infty} x f(xy) \mathrm{d}x\mathrm{d}y = \int_0^1\int_0^1 x \mathrm{d}x\mathrm{d}y = \int_0^1 x\mathrm{d}x = \left.\dfrac{x^2}{2}\right|_0^1 = \dfrac{1}{2}$$

由 X,Y 的取值和 $f(x,y)$ 的对称性,得 $E(Y)=\dfrac{1}{2}$。

$$E(XY) = \int_{-\infty}^{+\infty}\int_{-\infty}^{+\infty} xy f(x,y) \mathrm{d}x\mathrm{d}y = \int_0^1\int_0^1 xy \mathrm{d}x\mathrm{d}y = \left[\int_0^1 x\mathrm{d}x\right]^2 = \dfrac{1}{4}$$

4.1.3 数学期望的性质及其应用

数学期望有以下 4 条性质:

① 设 c 是常数,则有 $E(c)=c$;
② 设 X 是一个随机变量,c 是常数,则有 $E(cX)=cE(X)$;
③ 设 X,Y 是两个随机变量,则有 $E(X+Y)=E(X)+E(Y)$;
④ 设 X,Y 是相互独立的随机变量,则有 $E(XY)=E(X)E(Y)$。

证明 (仅就连续型给出证明,离散型的证明类似)设随机变量 X 的概率密度为 $f(x)$,数学期望为 $E(X)$,则对于任意的常数 a,b,有

$$E(aX+b) = \int_{-\infty}^{+\infty}(ax+b)f(x)\mathrm{d}x = a\int_{-\infty}^{+\infty} xf(x)\mathrm{d}x + b\int_{-\infty}^{+\infty} f(x)\mathrm{d}x = aE(x)+b$$

取 $a=0, b=c$ 即得①;取 $b=0, a=c$ 即得②。

设二维随机变量 (X,Y) 的联合概率密度为 $f(x,y)$,则

$$E(X+Y) = \int_{-\infty}^{+\infty}\int_{-\infty}^{+\infty}(x+y)f(x,y)\mathrm{d}x\mathrm{d}y$$

$$= \int_{-\infty}^{+\infty}\int_{-\infty}^{+\infty}xf(x,y)\mathrm{d}x\mathrm{d}y + \int_{-\infty}^{+\infty}\int_{-\infty}^{+\infty}yf(x,y)\mathrm{d}x\mathrm{d}y$$

$$= E(X) + E(Y)$$

又若(X,Y)的边缘概率密度分别为$f_X(x), f_Y(y)$,X,Y相互独立,则有

$$E(XY) = \int_{-\infty}^{+\infty}\int_{-\infty}^{+\infty}xyf_X(x)f_Y(y)\mathrm{d}x\mathrm{d}y$$

$$= \left[\int_{-\infty}^{+\infty}xf_X(x)\mathrm{d}x\right]\left[\int_{-\infty}^{+\infty}yf_Y(y)\mathrm{d}y\right] = E(X)E(Y)$$

例 4.1.10 r个人在楼的底层进入电梯,楼上有n层,每个乘客在任一层下电梯的概率相同。如果某一层无乘客下电梯,电梯就不停,求直到乘客都下完时电梯停的次数X的数学期望。

解 设X_i表示在第i层电梯停的次数。则

$$X_i = \begin{cases} 0, & \text{第}i\text{层没有人下电梯} \\ 1, & \text{第}i\text{层有人下电梯} \end{cases}$$

易见,$X = \sum_{i=1}^{n}X_i$且$E(X) = \sum_{i=1}^{n}E(X_i)$。

由于每个人在任一层下电梯的概率均为$\frac{1}{n}$,故r个人同时不在第i层下电梯的概率为$(1-\frac{1}{n})^r$。即

$$P\{X_i = 0\} = (1-\frac{1}{n})^r$$

$$P\{X_i = 1\} = 1 - (1-\frac{1}{n})^r$$

于是,

$$E(X_i) = 1 - (1-\frac{1}{n})^r, \quad i = 1, 2, \cdots, n$$

故

$$E(X) = \sum_{i=1}^{n}E(X_i) = n[1-(1-\frac{1}{n})^r]$$

例 4.1.11 设随机变量$Y \sim B(n,p)$,求$E(Y)$。

解 设$Y = X_1 + X_2 + \cdots + X_n$,其中,$X_1, X_2, \cdots, X_n$相互独立,且每个都服从参数为$p$的0-1分布,由性质③的推广得

$$E(Y) = E(X_1 + X_2 + \cdots + X_n)$$
$$= E(X_1) + E(X_2) + \cdots + E(X_n)$$
$$= p + p + \cdots + p$$
$$= np$$

例 4.1.12 假设随机变量Y服从参数为$\lambda = 1$的指数分布,随机变量

$$X_k = \begin{cases} 0, & \text{若}Y \leq k \\ 1, & \text{若}Y > k \end{cases}, \quad k = 1, 2$$

求:(1) X_1和X_2的联合概率分布;(2) $E(X_1 + X_2)$。

解 显然,Y的分布函数为

$$F(y) = \begin{cases} 1-e^{-y}, & y > 0 \\ 0, & y \leqslant 0 \end{cases}$$

$$X_1 = \begin{cases} 0, & 若 Y \leqslant 1 \\ 1, & 若 Y > 1 \end{cases}, \quad X_2 = \begin{cases} 0, & 若 Y \leqslant 2 \\ 1, & 若 Y > 2 \end{cases}$$

(1) $(X_1 + X_2)$ 有 4 个可能取值:$(0,0),(0,1),(1,0),(1,1)$,且

$$P\{X_1 = 0, X_2 = 0\} = P\{Y \leqslant 1, Y \leqslant 2\} = P\{Y \leqslant 1\}$$
$$= F(1) = 1 - e^1$$
$$P\{X_1 = 0, X_2 = 1\} = P\{Y \leqslant 1, Y > 2\} = 0$$
$$P\{X_1 = 1, X_2 = 0\} = P\{Y > 1, Y \leqslant 2\} = P\{1 < Y \leqslant 2\}$$
$$= F(2) - F(1) = e^{-1} - e^{-2}$$
$$P\{X_1 = 1, X_2 = 1\} = P\{Y > 1, Y > 2\} = P\{Y > 2\}$$
$$= 1 - F(2) = e^{-2}$$

于是 X_1 和 X_2 的联合分布律如表 4.1.2 所示。

表 4.1.2

X_1 \ X_2	0	1
0	$1-e^{-1}$	0
1	$e^{-1} - e^{-2}$	e^{-2}

(2) 显然,X_1,X_2 的分布律分别为

X_1	0	1
p	$1-e^{-1}$	e^{-1}

X_2	0	1
p	$1-e^{-2}$	e^{-2}

因此
$$E(X_1) = e^{-1}, \quad E(X_2) = e^{-2}$$

故
$$E(X_1 + X_2) = E(X_1) + E(X_2) = e^{-1} + e^{-2}$$

4.2 方 差

4.2.1 方差的概念

前面提到过在考察家庭的年平均收入时,人们更关心贫富之间的差异程度大小,也就是还应该考察该地区任一家庭收入相对于平均收入 $E(X)$ 的偏离程度。若偏离程度较小,则可以认为该地区贫富差异不大。

如何用一个数字来刻画随机变量 X 取值对于数学期望 $E(X)$ 的偏离程度呢?容易想到取 $[X - E(X)]$ 的数学期望 $E[X - E(X)]$ 来刻画。但 $E[X - E(X)] = 0$,正负偏差会相互抵消。如果用 $E|X - E(X)|$,又由于取绝对值不方便运算。因此常用 $E\{[X - E(X)]^2\}$ 来刻画随机变量 X 取值对其期望 $E(X)$ 的偏离程度,称为 X 的方差。

定义 4.2.1 设 X 是一个随机变量,若 $E\{[X - E(X)]^2\}$ 存在,则称 $E\{[X - E(X)]^2\}$ 为 X 的方差,记为 $D(X)$,即

$$D(X) = E\{[X - E(X)]^2\}$$

而 $\sigma(X) = \sqrt{D(X)}$（与 X 有相同的量纲）称为**标准差**或**均方差**。

由 4.1 节知道 $E(X)$ 是一个常数，因此 $D(X)$ 是 X 的一个函数的数学期望，因而若 X 为离散型随机变量：

$$P\{X = k\} = p_k, \quad k = 1, 2, \cdots$$

则

$$D(X) = \sum_{k=1}^{\infty} [x_k - E(X)]^2 p_k \tag{4.2.1}$$

若 X 为连续型随机变量，概率密度为 $f(x)$，则

$$D(X) = \int_{-\infty}^{+\infty} [x - E(X)]^2 f(x) \mathrm{d}x \tag{4.2.2}$$

数学期望刻画了随机变量所有取值的平均值，而方差则刻画了该随机变量围绕"平均数"的离散程度。

由方差的定义可以得到以下常用的计算公式：

$$D(X) = E(X^2) - [E(X)]^2 \tag{4.2.3}$$

事实上，

$$\begin{aligned} D(X) &= E\{[X - E(X)]^2\} \\ &= E\{X^2 - 2E(X)X + [E(X)]^2\} \\ &= E(X^2) - 2E(X)E(X) + [E(X)]^2 \\ &= E(X^2) - 2E(X)E(X) + [E(X)]^2 \\ &= E(X^2) - [E(X)]^2 \end{aligned}$$

4.2.2 方差的计算

例 4.2.1 设随机变量 X 的分布律为

X	1	2	3	4	5	6
P_k	$\frac{1}{6}$	$\frac{1}{6}$	$\frac{1}{6}$	$\frac{1}{6}$	$\frac{1}{6}$	$\frac{1}{6}$

求 $D(X)$。

解

$$E(X) = \sum_{k=1}^{\infty} x_k p_k = 1 \times \frac{1}{6} + 2 \times \frac{1}{6} + 3 \times \frac{1}{6} + 4 \times \frac{1}{6} + 5 \times \frac{1}{6} + 6 \times \frac{1}{6} = 3.5$$

$$\begin{aligned} E(X^2) &= \sum_{k=1}^{6} x_k^2 p_k \\ &= 1^2 \times \frac{1}{6} + 2^2 \times \frac{1}{6} + 3^2 \times \frac{1}{6} + 4^2 \times \frac{1}{6} + 5^2 \times \frac{1}{6} + 6^2 \times \frac{1}{6} \approx 15.17 \end{aligned}$$

由式(4.2.3)得

$$D(X) = E(X^2) - [E(X)]^2 = 15.17 - 12.25 = 2.92$$

例 4.2.2 设随机变量 X 的概率密度为

$$f(x) = \begin{cases} 1 + x, & -1 \leqslant x < 0 \\ 1 - x, & 0 \leqslant x < 1 \\ 0, & \text{其他} \end{cases}$$

求 $D(X)$。

解

$$E(X) = \int_{-\infty}^{+\infty} xf(x)\mathrm{d}x = \int_{-1}^{0} x(1+x)\mathrm{d}x + \int_{0}^{1} x(1-x)\mathrm{d}x = 0$$

$$E(X^2) = \int_{-\infty}^{+\infty} x^2 f(x)\mathrm{d}x = \int_{-1}^{0} x^2(1+x)\mathrm{d}x + \int_{0}^{1} x^2(1-x)\mathrm{d}x = \frac{1}{6}$$

由式(4.2.3)得

$$D(X) = E(X^2) - [E(X)]^2 = \frac{1}{6} - 0^2 = \frac{1}{6}$$

4.2.3 一些常用分布的方差

由于已经求出了这些常用分布的数学期望,因此,在以下求其方差的计算中将直接使用其结果。

1. 0-1 分布

设随机变量 X 服从 0-1 分布,其分布律为

X	0	1
$P\{X=k\}$	$1-p$	p

$0 < p < 1$

求 $D(X)$。

解

$$E(X) = p, \quad E(X^2) = 0^2 \times (1-p) + 1^2 \times p = p$$

所以

$$D(X) = E(X^2) - [E(X)]^2 = p - p^2 = p(1-p)$$

2. 二项分布

设随机变量 $X \sim B(n,p)$,其分布律为

$$P\{X=k\} = C_n^k p^k q^{n-k}, \quad k = 0, 1, 2, \cdots, n, 0 < p < 1$$

求 $D(X)$。

解

$$E(X) = np$$

$$E(X^2) = \sum_{k=0}^{n} k^2 C_n^k p^k q^{n-k} = \sum_{k=0}^{n} [k(k-1) + k] C_n^k p^k (1-p)^{n-k}$$

$$= \sum_{k=0}^{n} k(k-1) C_n^k p^k (1-p)^{n-k} + \sum_{k=0}^{n} k C_n^k p^k (1-p)^{n-k}$$

$$= \sum_{k=0}^{n} k(k-1) \frac{n!}{k!(n-k)!} p^k (1-p)^{n-k} + E(X)$$

$$= \sum_{k=2}^{n} \frac{n(n-1)p^2 (n-2)!}{(k-2)![(n-2)-(k-2)]!} p^{k-2} (1-p)^{(n-2)-(k-2)} + np$$

$$\underline{\diamondsuit\ i = k-2} \sum_{i=0}^{n-2} \frac{n(n-1)p^2 (n-2)!}{i![(n-2)-i]!} p^i (1-p)^{(n-2)-i} + np$$

$$= n(n-1)p^2 + np$$

所以
$$D(X) = E(X^2) - [E(X)]^2 = n(n-1)p^2 + np - n^2p^2 = np(1-p)$$

3. 泊松分布

设随机变量 $X \sim P(\lambda)$，其分布律为
$$P\{X = k\} = \frac{\lambda^k e^{-\lambda}}{k!}, \quad k = 0, 1, 2, \cdots, \lambda > 0$$

求 $D(X)$。

解
$$E(X) = \lambda$$
$$E(X^2) = \sum_{k=0}^{\infty} k^2 \frac{\lambda^k e^{-\lambda}}{k!} = \sum_{k=0}^{\infty} [k(k-1) + k] \frac{\lambda^k e^{-\lambda}}{k!}$$
$$= \sum_{k=0}^{\infty} k(k-1) \frac{\lambda^k e^{-\lambda}}{k!} + \sum_{k=0}^{\infty} k \frac{\lambda^k e^{-\lambda}}{k!}$$
$$= \lambda^2 e^{-\lambda} \sum_{k=2}^{\infty} \frac{\lambda^{k-2}}{(k-2)!} + \lambda$$
$$\underline{\underline{\diamondsuit i = k-2}} \lambda^2 e^{-\lambda} \sum_{i=0}^{\infty} \frac{\lambda^i}{i!} + \lambda = \lambda^2 e^{-\lambda} e^{\lambda} + \lambda = \lambda^2 + \lambda$$

得到
$$D(X) = E(X^2) - [E(X)]^2 = \lambda^2 + \lambda - \lambda^2 = \lambda$$

4. 均匀分布

设随机变量 X 在 $[a, b]$ 上服从均匀分布，其分布密度为
$$f(x) = \begin{cases} \dfrac{1}{b-a}, & a \leqslant x \leqslant b \\ 0, & 其他 \end{cases}$$

求 $D(X)$。

解
$$E(X) = \frac{1}{2}(a+b)$$
$$E(X^2) = \int_{-\infty}^{+\infty} x^2 f(x) dx = \int_a^b \frac{x^2}{b-a} dx$$
$$= \frac{1}{b-a} \cdot \frac{x^3}{3} \Big|_a^b = \frac{1}{3}(b^2 + ab + a^2)$$

则
$$D(X) = E(X^2) - [E(X)]^2 = \frac{1}{3}(b^2 + ab + a^2) - \left(\frac{a+b}{2}\right)^2$$
$$= \frac{(b-a)^2}{12}$$

5. 指数分布

设随机变量 X 服从指数分布，其分布密度为
$$f(x) = \begin{cases} \lambda e^{-\lambda x}, & x \geqslant 0 \\ 0, & x < 0 \end{cases}, \quad \lambda > 0$$

求 $D(X)$。

解
$$E(X) = \frac{1}{\lambda}$$
$$E(X^2) = \lambda \int_0^{+\infty} x^2 e^{-\lambda x} dx = -x^2 e^{-\lambda x} \Big|_0^{+\infty} + \int_0^{+\infty} x e^{-\lambda x} dx = \frac{2}{\lambda^2}$$

得
$$D(X) = E(X^2) - [E(X)]^2 = \frac{2}{\lambda^2} - \left(\frac{1}{\lambda}\right)^2 = \frac{1}{\lambda^2}$$

6. 正态分布

设随机变量 $X \sim N(\mu, \sigma^2)$，其分布密度为
$$f(x) = \frac{1}{\sqrt{2\pi}\sigma} e^{-\frac{(x-\mu)^2}{2\sigma^2}}, \quad -\infty < x < +\infty$$

求 $D(X)$。

解 由 $E(X) = \mu$，得
$$\begin{aligned}
D(X) &= \int_{-\infty}^{+\infty} (x-\mu)^2 f(x) dx \\
&= \int_{-\infty}^{+\infty} (x-\mu)^2 \frac{x}{\sqrt{2\pi}\sigma} e^{-\frac{(x-\mu)^2}{2\sigma^2}} dx \\
&\xlongequal{\diamondsuit t = \frac{x-\mu}{\sigma}} \frac{\sigma^2}{\sqrt{2\pi}} \int_{-\infty}^{+\infty} t^2 e^{-\frac{t^2}{2}} dt \\
&= \frac{\sigma^2}{\sqrt{2\pi}} \left(-t e^{-\frac{t^2}{2}} \Big|_{-\infty}^{+\infty} + \int_{-\infty}^{+\infty} e^{-\frac{t^2}{2}} dt \right) \\
&= \frac{\sigma^2}{\sqrt{2\pi}} (0 + \sqrt{2\pi}) = \sigma^2
\end{aligned}$$

4.2.4 方差的性质

方差有以下 3 条性质：
① 设 c 是常数，则 $D(c) = 0$；
② 设 X 是随机变量，a 是常数，则有
$$D(aX) = a^2 D(X)$$
③ 设 X, Y 是两个相互独立的随机变量，则有
$$D(X \pm Y) = D(X) + D(Y)$$

证明
① $D(c) = E(c^2) - [E(c)]^2 = c^2 - c^2 = 0$
② $D(aX) = E[aX - E(aX)]^2$
$\qquad = a^2 E[X - E(X)]^2 = a^2 D(X)$
③ $D(X \pm Y) = E[(X \pm Y) - E(X \pm Y)]^2$
$\qquad = E\{[(X - E(X)] \pm [Y - E(Y)]\}^2$
$\qquad = E\{[X - E(X)]^2 + [Y - E(Y)]^2 \pm 2[X - E(X)][Y - E(Y)]\}$
$\qquad = D(X) + D(Y) \pm 2[E(XY) - E(X)E(Y)]$

由于 X, Y 相互独立，由数学期望的性质 ④ 知

$$E(XY) - E(X)E(Y) = 0$$

故得

$$D(X \pm Y) = D(X) + D(Y)$$

例 4.2.3 设 $Y \sim B(n,p)$，求 $D(Y)$。

解 设 $Y = X_1 + X_2 + \cdots + X_n$，其中 $X_1, X_2, \cdots, X_n$ 相互独立，且都服从参数 p 的 0-1 分布，由方差的性质 ③ 推广得

$$\begin{aligned} D(Y) &= D(X_1 + X_2 + \cdots + X_n) \\ &= D(X_1) + D(X_2) + \cdots + D(X_n) \\ &= p(1-p) + p(1-p) + \cdots + p(1-p) = np(1-p) \end{aligned}$$

例 4.2.4 对目标进行射击，直到击中目标为止。如果每次射击的命中率为 p，求射击次数 X 的数学期望和方差。

解 由题意可求得 X 的分布律为

$$P(X = k) = pq^{k-1}, \quad k = 1, 2, \cdots, q = 1 - p$$

于是

$$E(X) = \sum_{k=1}^{\infty} kpq^{k-1} = p\sum_{k=1}^{\infty} kq^{k-1}$$

由于

$$\sum_{k=1}^{\infty} q^k = \frac{1}{1-q}, \quad 0 < q < 1$$

对此级数逐项求导，得

$$\frac{\mathrm{d}}{\mathrm{d}q}\Big(\sum_{k=0}^{\infty} q^k\Big) = \sum_{k=0}^{\infty} \frac{\mathrm{d}q^k}{\mathrm{d}q} = \sum_{k=1}^{\infty} kq^{k-1}$$

因此

$$\sum_{k=1}^{\infty} kq^{k-1} = \frac{\mathrm{d}}{\mathrm{d}q}\Big(\frac{1}{1-q}\Big) = \frac{1}{(1-q)^2}$$

从而

$$E(X) = p \cdot \frac{1}{(1-q)^2} = p \cdot \frac{1}{p^2} = \frac{1}{p}$$

为了求 $D(X)$，先求 $E(X^2)$。由于

$$E(X^2) = \sum_{k=1}^{\infty} k(k-1)pq^{k-1} + \frac{1}{p} = pq\sum_{k=2}^{\infty} k(k-1)q^{k-2} + \frac{1}{p}$$

注意到

$$\frac{\mathrm{d}}{\mathrm{d}q}\Big(\sum_{k=1}^{\infty} kq^{k-1}\Big) = \frac{\mathrm{d}}{\mathrm{d}q}\Big(\frac{1}{(1-q)^2}\Big) = \frac{2}{(1-q)^3}$$

从而

$$E(X^2) = p \cdot q \cdot \frac{2}{(1-q)^3} + \frac{1}{p} = \frac{2q}{p^2} + \frac{1}{p}$$

因此

$$D(X) = E(X^2) - [E(X)]^2 = \frac{1-p}{p^2} = \frac{q}{p^2}$$

例 4.2.5 袋中有 n 张卡片，编号为 $1, 2, \cdots, n$，从中有放回地抽出 k 张卡片，求所得号码之

和的方差。

解 设 ξ_i 是第 i 次抽得的卡片号码,因为抽样是有放回的,所以 $\xi_1,\xi_2,\cdots,\xi_k$ 相互独立,按方差的性质,有

$$D(\xi_1+\xi_2+\cdots+\xi_k)=D(\xi_1)+D(\xi_2)+\cdots+D(\xi_k)$$

易知 ξ_i 的分布列是

$$P(\xi_i=j)=\frac{1}{n},\quad j=1,2,\cdots,n$$

从而

$$D(\xi_i)=\frac{n^2-1}{12}$$

所以

$$D(\xi_1+\xi_2+\cdots+\xi_k)=\frac{k(n^2-1)}{12}$$

例 4.2.6 设 $X\sim N(\mu,\sigma^2)$,求 $D(X)$。

解 令 $Y=\dfrac{X-\mu}{\sigma}$,则 $Y\sim N(0,1)$,

$$\begin{aligned}D(Y)&=\int_{-\infty}^{+\infty}[Y-E(Y)]^2\varphi(y)\mathrm{d}y=\int_{-\infty}^{+\infty}y^2\varphi(y)\mathrm{d}y\\&=\frac{1}{\sqrt{2\pi}}\int_{-\infty}^{+\infty}y^2\mathrm{e}^{-\frac{y^2}{2}}\mathrm{d}y=\frac{1}{\sqrt{2\pi}}\{[-y\mathrm{e}^{-\frac{y^2}{2}}]_{-\infty}^{+\infty}+\int_{-\infty}^{+\infty}\mathrm{e}^{-\frac{y^2}{2}}\mathrm{d}y\}\\&=\frac{1}{\sqrt{2\pi}}(0+\sqrt{2\pi})=1\\D(X)&=D(\sigma Y+\mu)=E\{[(\sigma Y+\mu)-E(\sigma Y+\mu)]^2\}\\&=\sigma^2 E\{[Y-E(Y)]^2\}=\sigma^2 D(Y)=\sigma^2\end{aligned}$$

可见,σ^2 是 $X\sim N(\mu,\sigma^2)$ 的方差,从 $N(\mu,\sigma^2)$ 的概率密度 $f(x)$ 的图形(图 4.2.1)可以看出,当 σ^2 较小时,$f(x)$ 的图形"高而瘦",这说明,方差较小时,X 与 $E(X)$ 的偏差较小,即 X 取值的集中度较高;当 σ^2 较大时,$f(x)$ 的图形"低而胖",说明方差较大时,X 相对于 $E(X)$ 的偏差较大,即 X 的取值的分散度较高。

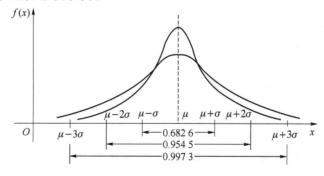

图 4.2.1

因此,方差实质上完整地反映了变量 X 取值的散布状况。关于 $X\sim N(\mu,\sigma^2)$,下面指出 3 个重要数据(图 4.2.1)。

$$P\{\mu-\sigma\leqslant X\leqslant \mu+\sigma\}=\Phi(1)-\Phi(-1)=2\Phi(1)-1=0.6826$$
$$P\{\mu-2\sigma\leqslant X\leqslant \mu+2\sigma\}=\Phi(2)-\Phi(-2)=2\Phi(2)-1=0.9545$$

$$P\{\mu - 3\sigma \leqslant X \leqslant \mu + 3\sigma\} = \Phi(3) - \Phi(-3) = 2\Phi(3) - 1 = 0.9973$$

最后这个式子说明,X 的值落在 $[\mu - 3\sigma, \mu + 3\sigma]$ 上的概率几乎为 1,这一事实称为"3σ 法则"。

4.3 协方差与相关系数

对于二维随机变量 (X,Y),数学期望 $E(X),E(Y)$ 只反映了 X 与 Y 各自的平均值,方差 $D(X),D(Y)$ 只反映了 X 与 Y 各自离开均值的偏离程度,它们对 X 与 Y 之间的相互联系不提供任何信息。我们希望有一个数字特征能够在一定程度上反映 X 与 Y 之间的相互关系。

在 4.2 节讨论方差的性质时,我们已经知道,若二维随机变量 X,Y 相互独立,则有 $E\{[X-E(X)][Y-E(Y)]\} = 0$,这就意味着,当 $E\{[(X-E(X))][Y-E(Y)]\} \neq 0$ 时,X 与 Y 就不相互独立,也就是说 X 与 Y 之间存在着一定的关系。由此可见,通过 $E\{[X-E(X)][Y-E(Y)]\}$ 是否等于零,就能够直观地判断 X 与 Y 之间是否存在影响关系。

4.3.1 协方差的定义

定义 4.3.1 设 (X,Y) 是二维随机变量,若 $E\{[X-E(X)][Y-E(Y)]\}$ 存在,则称它为 X 与 Y 的协方差,记作 $\mathrm{Cov}(X,Y)$,即有

$$\mathrm{Cov}(X,Y) = E\{[(X-E(X))][Y-E(Y)]\} \tag{4.3.1}$$

可以用 $\mathrm{Cov}(X,Y)$ 来研究 X 与 Y 之间的相关关系,首先由方差的性质 ③ 的证明知协方差与方差之间有如下关系。

$$D(X+Y) = D(X) + D(Y) + 2\mathrm{Cov}(X,Y)$$

而由式(4.3.1)展开整理可得协方差的常用计算公式为

$$\mathrm{Cov}(X,Y) = E(XY) - E(X)E(Y) \tag{4.3.2}$$

4.3.2 协方差的性质

协方差有以下 3 条性质:

① $\mathrm{Cov}(X,Y) = \mathrm{Cov}(Y,X)$;

② $\mathrm{Cov}(aX,bY) = ab\mathrm{Cov}(X,Y)$;

③ $\mathrm{Cov}(X_1 + X_2, Y) = \mathrm{Cov}(X_1,Y) + \mathrm{Cov}(X_2,Y)$。

4.3.3 协方差的计算

例 4.3.1 设二维随机变量 (X,Y) 的联合概率密度为

$$f(x,y) = \begin{cases} 1, & 0 \leqslant x \leqslant 1, 0 \leqslant y \leqslant 1 \\ 0, & 其他 \end{cases}$$

求 $\mathrm{Cov}(X,Y)$。

解

$$E(X) = \int_{-\infty}^{+\infty}\int_{-\infty}^{+\infty} xf(x,y)\mathrm{d}x\mathrm{d}y = \int_0^1\int_0^1 x\mathrm{d}x\mathrm{d}y = \int_0^1 x\mathrm{d}x = \frac{1}{2}$$

同理 $E(Y) = \dfrac{1}{2}$。

$$E(XY) = \int_{-\infty}^{+\infty}\int_{-\infty}^{+\infty} xy f(x,y) \mathrm{d}x\mathrm{d}y = \int_0^{+1}\int_0^{+1} xy \mathrm{d}x\mathrm{d}y = \int_0^{+1} x\mathrm{d}x \int_0^{+1} y\mathrm{d}y = \dfrac{1}{4}$$

故

$$\mathrm{Cov}(X,Y) = E(XY) - E(X)E(Y) = \dfrac{1}{4} - \dfrac{1}{2} \times \dfrac{1}{2} = 0$$

计算结果表明,当 $\mathrm{Cov}(X,Y) = 0$ 时,说明 X 与 Y 之间不相关,但它并不能说明 X 与 Y 是相互独立的(可以证明本例中的 X 与 Y 是相互独立的)。

协方差作为描述 X 与 Y 之间相关关系的特征量,其数值大小要受到不同量纲的影响,对于给定的二维随机变量 X,Y,若对它们分别使用不同的量纲计算协方差,其结果是不同的。这时,其实 X 与 Y 之间的相关关系并未发生任何变化,这种不同的结果完全是由 X,Y 分别使用了不同量纲所导致的。因此,协方差作为衡量 X 与 Y 之间相关程度的特征量,在实际应用中存在缺陷。为此引入相关系数的概念。

4.3.4 相关系数

1. 相关系数的概念

定义 4.3.2 设 (X,Y) 为二维随机变量,若 $\mathrm{Cov}(X,Y), D(X), D(Y)$ 都存在,且 $D(X)D(Y) \neq 0$,则称

$$\rho_{XY} = \dfrac{\mathrm{Cov}(X,Y)}{\sqrt{D(X)}\sqrt{D(Y)}} \tag{4.3.3}$$

为 X 与 Y 的相关系数。

相关系数 ρ_{XY} 是表示随机变量 X 与 Y 之间线性相关程度大小的一个特征量,其意义可从相关系数的下列性质看出。

2. 相关系数的性质

① 若随机变量 X 与 Y 相互独立,则 X,Y 不相关,即 $\rho_{XY} = 0$。

注意:一般情况下所说的不相关,是指 X 与 Y 之间没有线性关系,但它们之间并非无关系。也就是说,若 X 和 Y 相互独立,则 $\rho = 0$;但是,当 $\rho = 0$ 时 X 和 Y 却未必独立。

② 设 ρ_{XY} 是随机变量 X,Y 的相关系数,则 $|\rho_{XY}| \leqslant 1$。

证明 因

$$E\left[\dfrac{X-E(X)}{\sqrt{D(X)}} \pm \dfrac{Y-E(Y)}{\sqrt{D(Y)}}\right]^2$$

$$= \dfrac{E[X-E(X)]^2}{D(X)} \pm 2\dfrac{E\{[X-E(X)][Y-E(Y)]\}}{\sqrt{D(X)}\sqrt{D(Y)}} + \dfrac{E[Y-E(Y)]^2}{D(Y)}$$

$$= \dfrac{D(X)}{D(X)} \pm 2\rho_{XY} + \dfrac{D(Y)}{D(Y)} = 2(1 \pm \rho_{XY})$$

而

$$E\left[\dfrac{X-E(X)}{\sqrt{D(X)}} \pm \dfrac{Y-E(Y)}{\sqrt{D(Y)}}\right]^2 \geqslant 0$$

于是 $2(1 \pm \rho_{XY}) \geqslant 0$,故 $|\rho_{XY}| \leqslant 1$。

③ 若随机变量 X 与 Y 存在线性关系,即 $Y = kX + b$,则 $|\rho_{XY}| = 1$。

证明 设 $Y = kX + b$ (k,b 为常数且 $k \neq 0$)，则
$$E(Y) = kE(X) + b, \quad D(Y) = k^2 D(X)$$

于是
$$\rho_{XY} = \frac{E\{[(X-E(X)][Y-E(Y)]\}}{\sqrt{D(X)}\sqrt{D(Y)}}$$
$$= \frac{E\{[X-E(X)][kX+b-kE(X)-b]\}}{\sqrt{D(X)}\sqrt{D(kX+b)}}$$
$$\frac{kE[X-E(X)]^2}{|k|D(X)} = \frac{k}{|k|}$$

故 $|\rho_{XY}| = 1$。

例 4.3.2 设随机变量 (X,Y) 的分布密度为
$$f(x,y) = \begin{cases} \dfrac{1}{\pi}, & x^2 + y^2 \leqslant 1 \\ 0, & \text{其他} \end{cases}$$

证明：X 与 Y 不相关，也不相互独立。

证明 因为当 $|x| > 1$ 时，$f(x,y) = 0$，所以
$$f_X(x) = \int_{-\infty}^{+\infty} f(x,y) \mathrm{d}y = 0$$

当 $|x| \leqslant 1$ 时，
$$f_X(x) = \int_{-\infty}^{+\infty} f(x,y) \mathrm{d}y = \int_{-\sqrt{1-x^2}}^{\sqrt{1-x^2}} \frac{1}{\pi} \mathrm{d}y = \frac{2}{\pi}\sqrt{1-x^2}$$

即
$$f_X(x) = \begin{cases} \dfrac{2}{\pi}\sqrt{1-x^2}, & |x| \leqslant 1 \\ 0, & \text{其他} \end{cases}$$

同理可得
$$f_Y(y) = \begin{cases} \dfrac{2}{\pi}\sqrt{1-y^2}, & |y| \leqslant 1 \\ 0, & \text{其他} \end{cases}$$

显然 $f(x,y) \neq f_X(x) \cdot f_Y(y)$，即 X,Y 不相互独立。

下面证明 $\mathrm{Cov}(X,Y) = 0$。

因
$$E(X) = \int_{-\infty}^{+\infty} x f_X(x) \mathrm{d}x = \int_{-1}^{1} \frac{2x}{\pi} \sqrt{1-x^2} \mathrm{d}x = 0$$
$$E(Y) = \int_{-\infty}^{+\infty} y f_Y(y) \mathrm{d}y = \int_{-1}^{1} \frac{2y}{\pi} \sqrt{1-y^2} = \mathrm{d}y = 0$$
$$E(XY) = \int_{-\infty}^{+\infty}\int_{-\infty}^{+\infty} xy f(x,y) \mathrm{d}x\mathrm{d}y$$
$$= \iint_{x^2+y^2 \leqslant 1} \frac{1}{\pi} xy \mathrm{d}x\mathrm{d}y$$
$$= \frac{1}{\pi} \int_0^{\frac{\pi}{2}} \mathrm{d}\theta \int_0^1 r^3 \sin\theta \cos\theta \mathrm{d}r = 0$$

所以 $\mathrm{Cov}(X,Y)=E(XY)-E(X)E(Y)=0$,故 X,Y 不相关。

例 4.3.3 设 $X\sim N(0,1),Y=X^2$,求 X 与 Y 的相关系数。

解 因 $X\sim N(0,1)$,故 $E(X)=0$。
$$\mathrm{Cov}(X,Y)=E(XY)-E(X)E(Y)=E(X^3)$$

而
$$E(X^3)=\int_{-\infty}^{+\infty}x^3\,\frac{1}{\sqrt{2\pi}}\mathrm{e}^{-\frac{x^2}{2}}\mathrm{d}x=0$$

故 $\mathrm{Cov}(X,Y)=0$,即 $\rho=0$。

此例中,虽然 $\mathrm{Cov}(X,Y)=0$,X 与 Y 不相关,但是也不独立,因为 Y 是由 X 通过函数关系决定的,且这种关系不是线性的。

4.4 随机变量的矩

随机变量的数学期望、方差和标准差、协方差和相关系数是最重要和最常用的数字特征。下面再介绍另一类数字特征——随机变量的矩。

在力学和物理学中,用矩来描绘质量的分布。例如,一阶矩是重心——质量分布的中心位置。统计学中,用矩来描绘概率分布,如数学期望是一阶原点矩,它表示随机变量取值分布的中心位置,方差是二阶中心矩。矩有多种形式,本书只涉及常用原点矩和中心矩。

对任意 $k\geqslant 0$,称 $\alpha_k=E(X^k)$ 为 X 的 **k 阶原点矩**,简称 **k 阶矩**,其计算公式为

$$\alpha_k=E(X^k)=\begin{cases}\sum_i x_i^k P\{X=x_i\} & \text{(离散型)}\\ \int_{-\infty}^{\infty}x^k f(x)\mathrm{d}x & \text{(连续型)}\end{cases} \quad (4.4.1)$$

称 $\mu_k=E[X-E(X)]^k$ 为随机变量 X 的 **k 阶中心矩**。

显然,数学期望是一阶原点矩 α_1,方差是二阶中心矩 μ_2,即 $\alpha_1=E(X),\mu_2=D(X)$。原点矩和中心矩之间可以相互换算。

例 4.4.1 设随机变量 X 在区间 $[a,b]$ 上服从均匀分布,求其 k 阶原点矩 α_k 和 k 阶中心矩 μ_k。

解 对于 $k=1,2,\cdots$,
$$\alpha_k=E(X^k)=\frac{1}{b-a}\int_a^b x^k \mathrm{d}x=\frac{b^{k+1}-a^{k+1}}{(k+1)(b-a)}$$
$$\mu_k=E(X-\alpha_1)^k=\frac{1}{b-a}\int_a^b (x-\alpha_1)^k \mathrm{d}x$$
$$=\frac{1}{k+1}\frac{1}{2^{k+1}(b-a)}[(b-a)^{k+1}-(-1)^{k+1}(b-a)^{k+1}]$$

因此,
$$\mu_k=E[X-E(X)]^k=\begin{cases}\dfrac{(b-a)^k}{2^k(k+1)}, & \text{若 } k \text{ 为偶数}\\ 0, & \text{若 } k \text{ 为奇数}\end{cases}$$

习题 4

(A)

1. 设随机变量 X 的分布律为

X	-2	-1	0	1
p	$\frac{1}{8}$	$\frac{1}{4}$	$\frac{3}{8}$	$\frac{1}{4}$

求 $E(X)$ 和 $D(X)$。

2. 设随机变量 X 的密度函数为
$$f(x)=\begin{cases} e^{-x}, & x>0 \\ 0, & x\leqslant 0 \end{cases}$$
求 $E(X)$ 和 $D(X)$。

3. 从 $1,2,3,4,5$ 中任取一个数,记为 X,再从 $1,2,\cdots,X$ 中任取一个数,记为 Y,求 Y 的数学期望 $E(Y)$。

4. 设随机变量 X 的密度函数为
$$f(x)=\frac{1}{2}e^{-|x|}, \quad -\infty<x<+\infty$$
求 $E(X)$ 和 $D(X)$。

5. 如果随机变量 X 的密度函数为
$$f(x)=\begin{cases} Kx^{\alpha}, & 0<x<1, \quad K,\alpha>0 \\ 0, & \text{其他} \end{cases}$$
若 $E(X)=\frac{3}{4}$,求 K 和 α 的值。

6. 若随机变量 X 的密度函数为
$$f(x)=\begin{cases} a+bx^2, & 0\leqslant x\leqslant 1 \\ 0, & \text{其他} \end{cases}$$
且 $E(X)=\frac{3}{5}$,求 a 和 b。

7. 某产品的次品率为 0.1,检验员每天检验 4 次,每次随机地取 10 件产品进行检验,如发现其中的次品数多于 1,就去调整设备,以 X 表示一天中调整设备的次数,则 X 的数学期望是多少?方差是多少?

8. 设 X_1,X_2,X_3 相互独立,其中 $X_1\sim U(0,6)$,$X_2\sim N(0,2^2)$,$X_3\sim P(3)$,$Y=X_1-2X_2+3X_3$,求 $D(Y)$。

9. 设随机变量 X 服从参数为 2 的指数分布,试求:
(1) $E(3X)$ 与 $D(3X)$;(2) $E(e^{-3X})$ 与 $D(e^{-3X})$。

10. 设随机变量 X 的概率密度为

$$f(x)=\begin{cases} x, & 0<x\leqslant 1 \\ 2-x, & 1<x\leqslant 2 \\ 0, & 其他 \end{cases}$$

求 $E(X)$ 和 $D(X)$。

11. 设排球队 A 和 B 比赛,若有一队胜三场,则比赛结束,假定 A 获胜的概率为 $p=\dfrac{1}{2}$,求比赛场数 X 的数学期望。

12. 某射手每次射击打中目标的概率为 0.8,连续射击一个目标直至第一次打中为止,求射击次数 X 的数学期望。

13. 某种设备的使用寿命 X(单位:月)服从指数分布,密度函数为

$$f(x)=\begin{cases} \dfrac{1}{4}\mathrm{e}^{-\frac{x}{4}}, & x>0 \\ 0, & x\leqslant 0 \end{cases}$$

出售一台设备可盈利 100 元。若设备售出一月内损坏,可予以调换一台,厂方需花费 300 元。求售出一台设备净盈利的数学期望。

14. 一民航送客车载有 20 位旅客自机场开出,旅客有 10 个车站可以下车。如到达一个车站没有旅客下车就不停车。以 X 表示停车次数,设每位旅客在各个车站下车是等可能的,且各旅客是否下车相互独立,求 $E(X)$。

15. 设随机变量 X 在 $\left(-\dfrac{1}{2},\dfrac{1}{2}\right)$ 上服从均匀分布,求 $Y=\sin\pi X$ 的数学期望和方差。

16. 设二维随机变量 (X,Y) 的分布律如下表所示。

题 16 表

X \ Y	1	2	3
−1	0.2	0.1	0
0	0.1	0	0.3
1	0.1	0.1	0.1

求:$E(X),E(Y),D(X),D(Y),E(XY),E[(X+1)(Y-1)],\mathrm{Cov}(X,Y),\rho_{XY}$。

17. 设二维随机变量 (X,Y) 的概率密度为

$$f(x,y)=\begin{cases} \dfrac{1}{8}(x+y), & 0\leqslant x\leqslant 2,0\leqslant y\leqslant 2 \\ 0, & 其他 \end{cases}$$

求:$E(X),E(Y),D(X),D(Y),E(XY),\mathrm{Cov}(X,Y),\rho_{XY}$。

18. 设二维随机变量 (X,Y) 的概率密度为

$$f(x,y)=\begin{cases} K, & 0<x<1,0<y<x \\ 0, & 其他 \end{cases}$$

求:(1)常数 K;(2)$E(X),E(Y)$;(3)$D(X),D(Y)$;(4)$\mathrm{Cov}(X,Y)$;(5)ρ_{XY}。

19. 设二维随机变量 (X,Y) 的概率密度为

$$f(x,y)=\begin{cases} 6xy^2, & 0<x<1,0<y<1 \\ 0, & 其他 \end{cases}$$

求:(1)$E(XY)$;(2)$\mathrm{Cov}(X,Y)$;(3)ρ_{XY}.

20. 设随机变量 X,Y 相互独立,其概率密度分别为

$$f_X(x)=\begin{cases}2\mathrm{e}^{-2x}, & x>0\\ 0, & x\leqslant 0\end{cases}, \quad f_Y(y)=\begin{cases}4\mathrm{e}^{-4y}, & y>0\\ 0, & y\leqslant 0\end{cases}$$

求:(1)$E(X+Y)$;(2)$E(XY)$;(3)$E(2X-Y^2)$.

21. 设 $D(X)=25, D(Y)=36, \rho_{XY}=0.4$,求 $D(X+Y)$ 和 $D(X-Y)$.

22. 已知 $D(X)=4, D(Y)=9, \mathrm{Cov}(X,Y)=-3$,求 ρ_{XY} 和 $D(3X-2Y)$.

23. 设随机变量 (X,Y) 的分布律如下表所示。

题 23 表

Y \ X	−1	0	1
−1	$\frac{1}{8}$	$\frac{1}{8}$	$\frac{1}{8}$
0	$\frac{1}{8}$	0	$\frac{1}{8}$
1	$\frac{1}{8}$	$\frac{1}{8}$	$\frac{1}{8}$

验证 X,Y 不相关,但 X,Y 不相互独立。

24. 设随机变量 $X\sim N(0,1), Y=X^{2n}$(n 为正整数),则相关系数 ρ_{XY} 是多少?

25. 已知

$$f_X(x)=\begin{cases}\frac{1}{2}, & -1\leqslant x<0\\ \frac{1}{4}, & 0\leqslant x<2\\ 0, & \text{其他}\end{cases}$$

$Y=X^2$。求 $\mathrm{Cov}(X,Y)$.

26. 设随机变量 X 和 Y 的相关系数 $\rho_{XY}=0.7$,若 $Z=X+0.8$,则 Y 与 Z 的相关系数是多少?

(B)

1. 已知甲、乙两箱中装有同种产品,其中甲中正品和次品各 3 件,乙中只有 3 件正品,现从甲箱任取 3 件产品放入乙箱后,求:

(1) 乙箱中的次品数 X 的 $E(X)$;

(2) 从乙箱中任取一件是次品的概率 P。

2. 设随机变量 X 和 Y 的相关系数为 $0.5, E(X)=E(Y)=0, E(X^2)=E(Y^2)=2$,求 $E(X+Y)^2$。

3. 设 $X_1,X_2,\cdots,X_n, n>2$ 为来自总体 $N(0,\sigma^2)$ 的简单随机样本,$\overline{X}$ 为样本均值,记 $Y_i=X_i-\overline{X}, i=1,2,\cdots,n$. 求:

(1) Y_i 的方差 $D(Y_i), i=1,2,\cdots,n$;

(2) Y_1 与 Y_n 的协方差 $\mathrm{Cov}(Y_1,Y_n)$。

4. 设二维离散型随机变量 (X,Y) 的概率分布如下表所示。

题 4 表

X \ Y	0	1	2
0	$\frac{1}{4}$	0	$\frac{1}{4}$
1	0	$\frac{1}{3}$	0
2	$\frac{1}{12}$	0	$\frac{1}{12}$

求 $\text{Cov}(X-Y,Y)$。

5. 设随机变量 X 与 Y 的概率分布分别为

X	0	1
P	$\frac{1}{3}$	$\frac{2}{3}$

Y	-1	0	1
P	$\frac{1}{3}$	$\frac{1}{3}$	$\frac{1}{3}$

且 $P\{X^2=Y^2\}=1$，求 X 与 Y 的相关系数 ρ_{XY}。

6. 设 X,Y 相互独立且都服从正态分布 $N\left(0,\frac{1}{2}\right)$，求 $E|X-Y|,D|X-Y|$。

7. X,Y 独立同分布，$X\sim\begin{pmatrix}1 & 2\\ \frac{2}{3} & \frac{1}{3}\end{pmatrix}$，$U=\max\{X,Y\},V=\min\{X,Y\}$。求 $\text{Cov}(U,V)$。

8. 已知 (X,Y) 在以点 $(0,0),(1,0),(1,1)$ 为顶点的三角形区域服从均匀分布，对 (X,Y) 做 4 次独立重复观察，观察值 $X+Y$ 不超过 1 出现的次数为 Z，求 $E(Z^2)$。

9. 已知 $X_1,X_2,\cdots,X_n$ 相互独立，且方差相同，$\sigma^2\neq 0$，求 $D(X_1-\overline{X}),\text{Cov}(X_1,\overline{X})$ 和 $\rho_{X_1,\overline{X}}$。

10. $X\sim U[-1,1],Y=|x-a|,a\in[-1,1],\rho_{XY}=0$，求 a 的值。

11. 设随机变量 X 与 Y 相互独立，且 X 服从参数为 1 的指数分布，Y 的概率分布为 $P\{Y=-1\}=p,P\{Y=1\}=1-p(0<p<1)$。令 $Z=XY$。

(1) 求 Z 的概率密度；

(2) p 为何值时，X 与 Z 不相关；

(3) X 与 Z 是否相互独立？

第5章 大数定律及中心极限定理

5.1 引　言

大数定律和中心极限定理在概率论与数理统计的理论研究和应用中处于非常重要的地位，在第1章我们通过"频率的稳定性"引出了概率的基本概念，但一直还没有给出严格数学意义上"频率"是否具有稳定性的证明，这种频率及随机变量平均值的稳定性的论证就是大数定律的内容。

以伯努利试验模型为例做如下分析。

记 n_A 为 n 次独立重复试验中事件 A 发生的次数，则 $n_A \sim B(n,p)$。因为

$$E\left(\frac{n_A}{n}\right) = \frac{1}{n}E(n_A) = \frac{1}{n} \times np = p$$

$$D\left(\frac{n_A}{n}\right) = \frac{1}{n^2}D(n_A) = \frac{1}{n^2}np(1-p) = \frac{p(1-p)}{n}$$

所以

$$\lim_{n\to\infty} E\left(\frac{n_A}{n}\right) = p, \quad \lim_{n\to\infty} D\left(\frac{n_A}{n}\right) = 0$$

由第4章随机变量方差的性质知，对于常数 c 有 $D(c)=0$，于是人们有理由猜想：当 $n\to\infty$ 时，事件 A 发生的频率几乎就是一个常数。即数学上应能证明：对任意正数 ε，有

$$\lim_{n\to\infty} P\left\{\left|\frac{n_A}{n} - p\right| < \varepsilon\right\} = 1$$

这正是本章将要讲到的一个概率论极限定理——**伯努利大数定律**。

从这个意义上说没有"大数定律"，人们就会对概率论中"概率"这一基本概念的客观意义产生疑问。

另外，人们还进一步对伯努利试验中的随机变量 n_A 标准化（记为 ξ_n），发现随着试验次数的增加，标准化随机变量 ξ_n 的分布函数的极限结果是标准正态分布，这个结果最早由法国数学家棣莫弗（De Moivre）建立。

将随机变量 n_A 标准化，得到标准化随机变量 $\xi_n = \dfrac{n_A - np}{\sqrt{np(1-p)}}$，可以证明随机变量 ξ_n 极限分布是标准正态分布，即 $\lim\limits_{n\to\infty} P\{\xi_n \leqslant x\} = \dfrac{1}{\sqrt{2\pi}} \int_{-\infty}^{x} \mathrm{e}^{-\frac{t^2}{2}} \mathrm{d}t$，这正是本章要学习的另一个概率论

极限定理——**棣莫弗-拉普拉斯**(De Moivre-Laplace)**中心极限定理**。

从下一章开始讲述的数理统计的理论和应用中,可以看到当我们遇到样本的概率性质(如分布函数)较难获得时,就需要借助极限定理来获得有关近似计算。

人们还发现不仅频率具有稳定性而且随机变量序列前 n 项的平均结果,当 $n \to \infty$ 时,在一定条件下也具有稳定性,同时随机变量标准化和也渐近标准正态分布,以上两种形式的极限结果都是概率论中极限定理的研究内容,下面首先学习大数定律的基本内容。

5.2 大数定律

定义 5.2.1 设 $\xi_1, \xi_2, \cdots, \xi_n, \cdots$ 是随机变量序列,记

$$\eta_n = \frac{1}{n}(\xi_1 + \xi_2 + \cdots + \xi_n)$$

若存在一个常数序列 $c_1, c_2, \cdots, c_n, \cdots$,使得对任意正数 ε,有

$$\lim_{n \to \infty} P\{|\eta_n - c_n| < \varepsilon\} = 1$$

则称随机变量序列 $\{\xi_n\}$ 服从**大数定律**(Law of Great Numbers)或说**大数法则成立**。

在大数定律的概念叙述中涉及一种新的收敛概念。在概率论中存在着多种不同意义下的收敛概念(如依概率 1 收敛、依概率收敛、平均收敛、均方收敛、依分布收敛,等等),"收敛性"的不同定义将直接导致不同类型大数定律的研究,用数学语言表述大数定律时,要用到这些收敛性的概念,由于篇幅有限,本书只研究在概率意义下的极限概念——依概率收敛的概念。

微积分中数列极限的概念可以推广到随机变量序列。随机变量序列与普通数列不同,数列的每一项是一个完全确定的数,随机变量列的每一项是一个随机变量;数列的极限是一个确定的数,而随机变量列的极限一般应该是一个随机变量或常数。因此,随机变量序列的极限应该是概率意义下的极限,这就是依概率收敛的内容。

定义 5.2.2 设 $\xi_1, \xi_2, \cdots, \xi_n, \cdots$ 是随机变量序列,ξ 是一随机变量或一个常数,若对任意正数 ε,有

$$\lim_{n \to \infty} P\{|\xi_n - \xi| < \varepsilon\} = 1$$

则称随机变量序列 $\{\xi_n\}$ **依概率收敛**(Convergence in Probability)于 ξ,记为 $\xi_n \xrightarrow{P} \xi$。

对于依概率收敛,可以证明:若 $\xi_n \xrightarrow{P} \xi, \eta_n \xrightarrow{P} \eta, g(x,y)$ 连续,则有

$$g(\xi_n, \eta_n) \xrightarrow{P} g(\xi, \eta)$$

特别地,若 $\xi_n \xrightarrow{P} \xi, \eta_n \xrightarrow{P} \eta$,则

① $\xi_n \pm \eta_n \xrightarrow{P} \xi \pm \eta$;

② $\xi_n \cdot \eta_n \xrightarrow{P} \xi \cdot \eta$。

事实上,大数定律就是论证大量随机现象的平均结果具有稳定性(或收敛)的一系列定理,根据不同的收敛条件,给出某一随机变量序列前 n 项平均值 $\left\{\frac{1}{n}\sum_{i=1}^{n}\xi_i\right\}$ 的收敛性。

首先给出一个非常重要的引理。

引理 5.2.1 对于任何具有有限方差的随机变量 ξ 及任意正数 ε 恒成立

$$P\{|\xi-E(\xi)|\geqslant\varepsilon\}\leqslant\frac{D(\xi)}{\varepsilon^2} \tag{5.2.1}$$

式(5.2.1)称为切比雪夫(Chebyshev)不等式。

证明 记 $E(\xi)=\mu$，$D(\xi)=\sigma^2$，分连续型和离散型两种情形加以证明。

(1) 设 ξ 是连续型随机变量，它的概率密度函数为 $f(x)$，则有

$$\begin{aligned}P\{|\xi-\mu|\geqslant\varepsilon\}&=\int_{|x-\mu|\geqslant\varepsilon}f(x)\mathrm{d}x\\&\leqslant\int_{|x-\mu|\geqslant\varepsilon}\frac{|x-\mu|^2}{\varepsilon^2}f(x)\mathrm{d}x\leqslant\frac{1}{\varepsilon^2}\int_{-\infty}^{+\infty}(x-\mu)^2f(x)\mathrm{d}x=\frac{\sigma^2}{\varepsilon^2}\end{aligned}$$

(2) 设 ξ 是离散型随机变量，它的分布律为 $P(\xi=x_k)=p_k$，$k=1,2,\cdots$，则有

$$\begin{aligned}P\{|\xi-E(\xi)|\geqslant\varepsilon\}&=\sum_{|x_k-\mu|\geqslant\varepsilon}P(\xi=x_k)\\&\leqslant\sum_{|x_k-\mu|\geqslant\varepsilon}\frac{(x_k-\mu)^2}{\varepsilon^2}p_k\leqslant\sum_{k}\frac{(x_k-\mu)^2}{\varepsilon^2}p_k=\frac{D(\xi)}{\varepsilon^2}\end{aligned}$$

Chebyshev 不等式也常写成如下形式：

$$P\{|\xi-\mu|<\varepsilon\}\geqslant 1-\frac{\sigma^2}{\varepsilon^2} \tag{5.2.1}'$$

$$P\left\{\left|\frac{\xi-\mu}{\sigma}\right|\geqslant\varepsilon\right\}\leqslant\frac{1}{\varepsilon^2} \tag{5.2.1}''$$

Chebyshev 不等式只依据数学期望和方差就描述了随机变量取值的某些变化情况，并可对随机变量的分布进行一定程度的估计，因此它是理论研究中的一个重要工具，实际应用非常广泛。

从 Chebyshev 不等式可以看出，方差越小，事件 $\{|\xi-E(\xi)|\geqslant\varepsilon\}$ 的概率也越小，说明方差的确是描述随机变量与其均值偏离程度的一个量，这与我们从前的理解是完全一致的。

例 5.2.1 设 ξ 表示掷一枚骰子所出现的点数，若给定 $\varepsilon=1,2$，试计算 $P\{|\xi-E(\xi)|\geqslant\varepsilon\}$，并验证 Chebyshev 不等式成立。

解 由题意 $P(\xi=k)=\frac{1}{6}$，$k=1,2,\cdots,6$，所以

$$E(\xi)=\frac{7}{2},\quad D(\xi)=\frac{35}{12}$$

当 $\varepsilon=1$ 时，

$$P\left(\left|\xi-\frac{7}{2}\right|\geqslant 1\right)=P(\xi=1)+P(\xi=2)+P(\xi=5)+P(\xi=6)=\frac{2}{3}$$

并且，

$$P\left(\left|\xi-\frac{7}{2}\right|\geqslant 1\right)=\frac{2}{3}=\frac{8}{12}<\frac{D(\xi)}{\varepsilon^2}=\frac{35}{12}$$

当 $\varepsilon=2$ 时，

$$P\left(\left|\xi-\frac{7}{2}\right|\geqslant 2\right)=P(\xi=1)+P(\xi=6)=\frac{1}{3}$$

并且，

$$P\left(\left|\xi-\frac{7}{2}\right|\geqslant 2\right)=\frac{1}{3}=\frac{16}{48}<\frac{D(\xi)}{\varepsilon^2}=\frac{35}{48}$$

Chebyshev 不等式成立得到验证。

例 5.2.2 设电站供电网有 10 000 盏电灯,夜晚每一盏电灯开灯的概率都是 0.7,而假定开、关时间彼此独立,试用 Chebyshev 不等式估计夜晚同时开着灯的数目在 6 800 与 7 200 之间的概率。

解 设 ξ 表示夜晚同时开着灯的数目,则 $\xi \sim B(10\,000, 0.7)$

所以,用二项分布计算的精确表达式为

$$P(6\,800 < \xi < 7\,200) = \sum_{k=6\,801}^{7\,199} C_{10\,000}^k \, 0.7^k \, 0.3^{10\,000-k}$$

用 Chebyshev 不等式估计

$$E(\xi) = np = 10\,000 \times 0.7 = 7\,000, \quad D(\xi) = npq = 10\,000 \times 0.7 \times 0.3 = 2\,100$$

$$P(6\,800 < \xi < 7\,200) = P(|\xi - 7\,000| < 200) \geqslant 1 - \frac{2\,100}{200^2} \approx 0.95$$

这说明只要供应 7 200 盏灯的电力就可以以接近 95% 的概率保证用电量,后面在学习中心极限定理后,依中心极限定理计算的这个概率将达到 99.999%,这说明尽管 Chebyshev 不等式在理论上有重大意义但估计精确度不够高。

下面简要介绍几个常见的大数定律。

定理 5.2.1 设随机变量 $\xi_1, \xi_2, \cdots, \xi_n, \cdots$ 相互独立,具有有限方差,且存在常数 l 使 $D(\xi_k) < l(k=1,2,\cdots)$,则对任意正数 ε,恒成立

$$\lim_{n \to \infty} P\left\{ \left| \frac{1}{n} \sum_{k=1}^{n} \xi_k - \frac{1}{n} \sum_{k=1}^{n} E(\xi_k) \right| < \varepsilon \right\} = 1 \tag{5.2.2}$$

定理 5.2.1 称为切比雪夫(Chebyshev)大数定律。

证明 因为随机变量 $\xi_1, \xi_2, \cdots, \xi_n, \cdots$ 相互独立,$D(\xi_k) < l(k=1,2,\cdots)$,

$$D\left(\frac{1}{n}\sum_{k=1}^{n}\xi_k\right) = \frac{1}{n^2} D\left(\sum_{k=1}^{n}\xi_k\right) = \frac{1}{n^2}\sum_{k=1}^{n}D(\xi_k) < \frac{1}{n^2}nl = \frac{l}{n}, \quad E\left(\frac{1}{n}\sum_{k=1}^{n}\xi_k\right) = \frac{1}{n}\sum_{k=1}^{n}E(\xi_k)$$

根据式(5.2.1)'对随机变量 $\frac{1}{n}\sum_{k=1}^{n}\xi_k$ 应用 Chebyshev 不等式,则有

$$P\left\{ \left| \frac{1}{n}\sum_{k=1}^{n}\xi_k - E\left(\frac{1}{n}\sum_{k=1}^{n}\xi_k\right) \right| < \varepsilon \right\} \geqslant 1 - \frac{\frac{1}{n^2}\sum_{k=1}^{n}D(\xi_k)}{\varepsilon^2} = 1 - \frac{l}{n\varepsilon^2}$$

但任何概率不能大于 1,所以

$$1 - \frac{l}{n\varepsilon^2} \leqslant P\left\{ \left| \frac{1}{n}\sum_{k=1}^{n}\xi_k - E\left(\frac{1}{n}\sum_{k=1}^{n}\xi_k\right) \right| < \varepsilon \right\} \leqslant 1$$

取极限得

$$\lim_{n \to \infty} P\left\{ \left| \frac{1}{n}\sum_{k=1}^{n}\xi_k - E\left(\frac{1}{n}\sum_{k=1}^{n}\xi_k\right) \right| < \varepsilon \right\} = 1$$

即

$$\lim_{n \to \infty} P\left\{ \left| \frac{1}{n}\sum_{k=1}^{n}\xi_k - \frac{1}{n}\sum_{k=1}^{n}E(\xi_k) \right| < \varepsilon \right\} = 1$$

这个结果在 1866 年被俄国数学家切比雪夫所证明,它是关于大数定律的一个相当普遍的结论,许多大数定律的古典结果是它的特例。此外,证明这个定律所用的方法也很有创造性,以此为基础发展起来的一系列不等式成为研究极限定理的有力工具。

Chebyshev 大数定律说明,当满足定理条件时,n(充分大)个独立随机变量的平均值随机

变量的离散程度已经变得很小,或说 $\frac{1}{n}\sum_{k=1}^{n}\xi_k$ 聚集在 $\frac{1}{n}\sum_{k=1}^{n}E(\xi_k)$ 附近,即它们的差随机变量 $\eta_k = \frac{1}{n}\sum_{k=1}^{n}\xi_k - E\left(\frac{1}{n}\sum_{k=1}^{n}\xi_k\right)$,当 $n\to\infty$ 时,依概率收敛到 0。

马尔可夫(Markov)进一步放宽了 Chebyshev 大数定律的条件,甚至不要求随机变量序列的相互独立性,只要保证下述的 Markov 条件成立,即

$$\frac{1}{n^2}D\left(\sum_{k=1}^{n}\xi_k\right) \to 0$$

定律结论就成立,由此可以得到更为一般的**马尔可夫(Markov)大数定律**:即若随机变量序列 $\{\xi_n\}$ 满足 Markov 条件,则式(5.2.2)成立。

例 5.2.3（泊松大数定律） 以 ν_n 表示 n 次独立试验成功的次数,假设第 $i(i=1,2,\cdots,n)$ 次成功的概率为 p_i;而 $f_n = \nu_n/n$,证明

$$\lim_{n\to\infty}P\{|f_n - \overline{p}_n| < \varepsilon\} = 1 \tag{5.2.3}$$

其中 $\overline{p}_n = (p_1 + p_2 + \cdots + p_n)/n$ 是各次试验成功概率的算术平均值。

证明 考虑服从 0-1 分布的随机变量 $\xi_i(i=1,2,\cdots,n,\cdots)$,

$$\xi_i \sim \begin{pmatrix} 0 & 1 \\ q_i & p_i \end{pmatrix}, \quad q_i = 1 - p_i, \quad E(\xi_i) = p_i, \quad D(\xi_i) = p_i q_i$$

易见,$\nu_n = \xi_1 + \xi_2 + \cdots + \xi_n$,$E(f_n) = \overline{p}_n$。由于 $D(\xi_i) = p_i q_i \leqslant \frac{1}{4}$,可见随机变量列 $\xi_1, \xi_2, \cdots, \xi_n, \cdots$ 满足 Chebyshev 大数定律的条件,因此根据 Chebyshev 大数定律式(5.2.3)成立。

在例 5.2.3 中若 p_i 相等就可得到伯努利(Bernoulli)大数定律。

定理 5.2.2 记 n_A 为 n 次重复独立的试验中事件 A 发生的次数,p 为事件 A 在每次试验中发生的概率,则对任意正数 ε,恒成立

$$\lim_{n\to\infty}P\left\{\left|\frac{n_A}{n} - p\right| < \varepsilon\right\} = 1 \tag{5.2.4}$$

定理 5.2.2 称为**伯努利(Bernoulli)大数定律**。

证明 因为 $n_A \sim B(n,p)$,所以有

$$E\left(\frac{n_A}{n}\right) = \frac{1}{n}E(n_A) = p, \quad D\left(\frac{n_A}{n}\right) = \frac{1}{n^2}D(n_A) = \frac{p(1-p)}{n}$$

对随机变量 $\frac{n_A}{n}$ 应用 Chebyshev 不等式,则有

$$P\left\{\left|\frac{n_A}{n} - p\right| < \varepsilon\right\} \geqslant 1 - \frac{\frac{p(1-p)}{n}}{\varepsilon^2} = 1 - \frac{p(1-p)}{n\varepsilon^2} \geqslant 1 - \frac{1}{4n\varepsilon^2}$$

因此,

$$\lim_{n\to\infty}P\left\{\left|\frac{n_A}{n} - p\right| < \varepsilon\right\} = 1$$

这个定理是概率论历史上的第一个大数定律,由伯努利首先发表在 1713 年的论文上。

Bernoulli 大数定律从严格的数学意义上表述了在大量重复独立试验中事件发生**频率的稳定性**。正因为存在这种稳定性,概率的概念才有了客观意义,第 1 章所介绍的概率统计定义就有了理论基础。不仅如此,由于定理论证了当试验次数很多时,事件发生的频率与其概率之

间出现较大偏差的可能性很小,而某一事件发生的频率是可以通过具体试验记录得到的,所以,在许多场合下可以将事件发生的频率作为其概率的估计,这种方法称为参数估计(在第 7 章将研究这些内容及其应用),它是数理统计的主要研究课题之一。

定理 5.2.3 设随机变量 $\xi_1,\xi_2,\cdots,\xi_n,\cdots$ 相互独立,服从同一分布,且 $E(\xi_k)=\mu(k=1,2,\cdots)$,则对任意正数 ε,恒有

$$\lim_{n\to\infty} P\left\{\left|\frac{1}{n}\sum_{k=1}^{n}\xi_k-\mu\right|<\varepsilon\right\}=1 \tag{5.2.5}$$

定理 5.2.3 称为**辛钦大数定律**。

证明略。

辛钦大数定律为平均数法则提供了理论依据。假定要测量某一物理量 μ,在不变条件下测量 n 次,得到的结果 $x_1,x_2,\cdots,x_n$ 是不完全相同的,它们可以看作 n 个独立随机变量 $\xi_1,\xi_2,\cdots,\xi_n$(它们服从同一分布,且数学期望均为 μ)的试验观察值。按照辛钦大数定律,当 n 很大时,取 n 次测量结果的算术平均值作为真值 μ 的近似值,即

$$\mu\approx\frac{1}{n}(x_1+x_2+\cdots+x_n)$$

这时出现较大偏差的可能性是很小的。一般说来,测量的次数越多,近似程度越好。

用定积分 $J=\int_a^b f(x)\mathrm{d}x$ 进行数值计算编程也是该定理的应用之一。基本思路是:设 $\{\xi_i\}$ 是在 $[a,b]$ 上服从均匀分布的一个相互独立的随机变量序列,则 $\{f(\xi_i)\}$ 也是相互独立且服从同一分布的随机变量序列。由随机变量函数的数学期望的计算得:

$$E[f(\xi_i)]=\frac{1}{b-a}\int_a^b f(x)\mathrm{d}x \Rightarrow J=(b-a)E[f(\xi_i)]$$

对 $\{f(\xi_i)\}$ 应用辛钦大数定律,则有 $\frac{f(\xi_1)+f(\xi_2)+\cdots+f(\xi_n)}{n}\xrightarrow[n\to\infty]{P}E[f(\xi_i)]$。所以,利用目前计算机上普遍具有的产生均匀分布**随机数**(Random Number)的程序即可获得 $\{\xi_i\}$ 的一组具体数值,从而计算上述定积分。

特别地,如果取 $a=0,b=1$,会发现在区间 $[0,1]$ 上服从均匀分布的独立随机变量函数的平均值(当试验次数很多时)几乎就是随机变量函数的数学期望。

这种通过概率论的想法构造模型从而实现数值计算的方法,称为概率计算方法,也称**蒙特卡洛(Monte Carlo)方法**。

例 5.2.4 假设随机变量 $\xi_1,\xi_2,\cdots,\xi_n$ 独立,同在区间 $[0,1]$ 上服从均匀分布,证明

$$\lim_{n\to\infty} P\left(\left|\frac{1}{n}\sum_{i=1}^{n}\mathrm{e}^{-\xi_i^2}-\int_0^1 \mathrm{e}^{-x^2}\mathrm{d}x\right|<\varepsilon\right)=1$$

证明 由 $\xi_1,\xi_2,\cdots,\xi_n$ 独立同分布,可见 $\mathrm{e}^{-\xi_1^2},\mathrm{e}^{-\xi_2^2},\cdots,\mathrm{e}^{-\xi_n^2}$ 独立同分布;因为 ξ_i 的概率密度同为 $f(x)=1(0\leqslant x\leqslant 1)$,所以

$$E(\mathrm{e}^{-\xi_i^2})=\int_{-\infty}^{\infty}\mathrm{e}^{-x^2}f(x)\mathrm{d}x=\int_0^1\mathrm{e}^{-x^2}\mathrm{d}x, \quad i=1,2,\cdots,n$$

因此,根据辛钦大数定律,对于任意给定的 $\varepsilon>0$,有

$$\lim_{n\to\infty}P\left\{\left|\frac{1}{n}\sum_{i=1}^{n}\mathrm{e}^{-\xi_i^2}-\int_0^1\mathrm{e}^{-x^2}\mathrm{d}x\right|<\varepsilon\right\}=\lim_{n\to\infty}P\left\{\left|\frac{1}{n}\sum_{k=1}^{n}\mathrm{e}^{-\xi_k^2}-E(\mathrm{e}^{-\xi_i^2})\right|<\varepsilon\right\}=1$$

于是有

$$\lim_{n\to\infty} P\left(\left|\frac{1}{n}\sum_{i=1}^{n}\mathrm{e}^{-\xi_i^2} - \int_0^1 \mathrm{e}^{-x^2}\mathrm{d}x\right| < \varepsilon\right) = 1$$

注：根据微积分的知识可以方便地求出 $\int_0^1 \mathrm{e}^{-x^2}\mathrm{d}x = \sqrt{\pi}(\Phi(\sqrt{2}) - 0.5)$，$\Phi(\sqrt{2})$ 可以通过查标准正态分布表得到。

例 5.2.5 若 $\xi_1, \xi_2, \cdots, \xi_n$ 相互独立且与 ξ 具有相同的分布，并有 $E(\xi^k) = \mu_k$，试证

$$A_k = \frac{1}{n}\sum_{i=1}^{n}\xi_i^k \xrightarrow{P} \mu_k, \quad g(A_1, A_2, \cdots, A_k) \xrightarrow{P} g(\mu_1, \mu_2, \cdots, \mu_k)$$

证明 由已有条件知：$\xi_1^k, \xi_2^k, \cdots, \xi_n^k$ 相互独立且与 ξ^k 同分布，所以

$$E(\xi_1^k) = E(\xi_2^k) = \cdots = E(\xi_n^k) = E(\xi^k) = \mu_k$$

对随机变量序列 $\{\xi_i^k\}$ 应用辛钦大数定律，并根据依概率收敛的性质得：

$$A_k = \frac{1}{n}\sum_{i=1}^{n}\xi_i^k \xrightarrow{P} \mu_k, \quad g(A_1, A_2, \cdots, A_k) \xrightarrow{P} g(\mu_1, \mu_2, \cdots, \mu_k)$$

这就是第 7 章所要介绍参数估计中矩估计法的理论依据。

例 5.2.6 将一枚均匀对称的骰子重复掷 n 次，则当 $n\to\infty$ 时，求 n 次掷出点数的算术平均值 $\bar{\xi}_n$ 依概率收敛的极限。

解 设 $\xi_1, \xi_2, \cdots, \xi_n$ 是各次掷出的点数，随机变量 $\xi_1, \xi_2, \cdots, \xi_n$ 显然独立同分布：

$$P\{\xi_i = k\} = \frac{1}{6}, \quad k = 1, 2, \cdots, 6; i = 1, 2, \cdots, n, \cdots$$

有共同的数学期望为

$$E(\xi_i) = \frac{1}{6}(1 + 2 + \cdots + 6) = \frac{7}{2}, \quad i = 1, 2, \cdots, n, \cdots$$

因此，根据辛钦大数定律，$\bar{\xi}_n$ 依概率收敛于 $\frac{7}{2}$。

5.3 中心极限定理

通过实践人们发现，如果一个量是由大量相互独立的随机因素综合作用的结果，而每一个随机因素在总的结果中所起的作用又非常微小，则这个量通常都服从或近似服从正态分布。正态分布在随机变量的各种分布中，占有极其重要的地位，自从德国数学家高斯指出测量误差服从正态分布后，人们发现，正态分布在自然界中极为常见。例如，炮弹的弹着点服从正态分布，人的许多生理特征诸如身高、体重等也服从正态分布。在某些条件下，即使原来并不服从正态分布的一些独立的随机变量，它们的和的分布，当随机变量的个数无限增加时，也是趋于正态分布的。在概率论中，中心极限定理研究独立随机变量的前 n 项和在什么条件下近似服从正态分布。这些内容奠定了数理统计中有关大样本的理论基础。

定义 5.3.1 若对于独立随机变量序列 $\xi_1, \xi_2, \cdots, \xi_n, \cdots$ 的前 n 项标准化和 $\eta_n = \dfrac{\sum\limits_{i=1}^{n}\xi_i - E(\sum\limits_{i=1}^{n}\xi_i)}{\sqrt{D(\sum\limits_{i=1}^{n}\xi_i)}}$ 恒有 $\lim\limits_{n\to\infty} P\{\eta_n \leqslant x\} = \dfrac{1}{\sqrt{2\pi}}\int_{-\infty}^{x}\mathrm{e}^{-\frac{t^2}{2}}\mathrm{d}t$ 成立，则称随机变量序列 $\{\xi_n\}$ 服从**中心极限定理**(The Central Limit Theorem)。

该定义表明,对于满足条件的随机变量序列 $\xi_1,\xi_2,\cdots,\xi_n,\cdots$ 的前 n 项标准化和有结论 η_n 服从或近似服从 $N(0,1)$ 时,可以推出 $\sum_{i=1}^{n}X_i$ 服从或近似服从 $N(E(\sum_{i=1}^{n}X_i),D(\sum_{i=1}^{n}X_i))$,每个前 n 项标准化和随机变量 η_n 对应一个分布函数 $F_n(x)$,这就得到了分布函数序列,中心极限定理的结论描述的正是分布函数序列 $\{F_n(x)=P\{\eta_n\leqslant x\}\}$ 收敛于标准正态分布的各种情况。

下面简单介绍 3 个常见的中心极限定理。

定理 5.3.1 设随机变量 $\xi_1,\xi_2,\cdots,\xi_n,\cdots$ 相互独立,服从同一分布,且具有相同的数学期望和方差:$E(\xi_k)=\mu, D(\xi_k)=\sigma^2\neq 0(k=1,2,\cdots)$,那么,对于随机变量序列前 n 项标准化和 η_n 的极限恒成立下式

$$\lim_{n\to\infty}P\{\eta_n\leqslant x\}=\frac{1}{\sqrt{2\pi}}\int_{-\infty}^{x}\mathrm{e}^{-\frac{t^2}{2}}\mathrm{d}t \tag{5.3.1}$$

其中 $\eta_n=\dfrac{\sum_{k=1}^{n}\xi_k-E(\sum_{k=1}^{n}\xi_k)}{\sqrt{D(\sum_{k=1}^{n}\xi_k)}}=\dfrac{\sum_{k=1}^{n}\xi_k-n\mu}{\sqrt{n}\sigma}$,定理 5.3.1 称为**林德伯格-勒维(Lindeberg-Levy)中心极限定理**,也称为**独立同分布的中心极限定理**。

证明略。

独立同分布的中心极限定理在实践中非常重要并且有着非常广泛的应用。例如,多次重复观测结果 $\xi_1,\xi_2,\cdots,\xi_n$ 的算术平均值 $\bar\xi_n$ 近似服从正态分布。

再例如,只要 n 足够大,就可以把独立同分布的随机变量之和当作正态随机变量来处理。这种做法在数理统计中使用得非常普遍,当处理大样本问题时,它将作为一个非常重要的理论工具。

在概率论历史上,有关中心极限定理的研究最初来源于伯努利试验,而后才被推广到比较一般的场合。Lindeberg-Levy 中心极限定理正是这许多推广之一,它所描述的独立同分布场合是数理统计中最常见的情形。

例 5.3.1 由均匀分布可以得到正态分布的近似。

假设随机变量 $\xi_1,\xi_2,\cdots,\xi_n$ 独立,且都在区间 $[0,1]$ 上服从均匀分布,$E(\xi_i)=\dfrac{1}{2}$,$D(\xi_i)=\dfrac{1}{12}(i=1,2,\cdots,n)$,则由 Lindeberg-Levy 中心极限定理知,当 n 充分大时 $S_n=\xi_1+\xi_2+\cdots+\xi_n$ 近似地服从正态分布 $N\left(\dfrac{n}{2},\dfrac{n}{12}\right)$,从而近似地

$$U_n=\frac{S_n-\dfrac{n}{2}}{\sqrt{\dfrac{n}{12}}}=\sqrt{\frac{12}{n}}S_n-\sqrt{3n}\sim N(0,1)$$

而对于任意 μ 和 $\sigma>0$,近似地

$$V_n=\sigma U_n+\mu\sim N(\mu,\sigma^2)$$

特别地,当 $n=12$ 时,得

$$U_{12}=\sum_{i=1}^{12}\xi_i-6$$

如果将上式中的 $\xi_1,\xi_2,\cdots,\xi_{12}$ 分别换成区间 $[0,1]$ 上的均匀随机数,则得一个(近似的)标

准正态随机数(可视为对标准正态分布随机变量的一次观测所取得的数值),当 $n=1\,200$ 时,公式变为 $U_{1\,200} = \sum\limits_{i=1}^{1\,200} \xi_i - 60$,该公式的近似效果会更好。

有兴趣的读者可以使用计算机产生区间[0,1]上的均匀随机数从而得到一系列的标准正态随机数(严格地说这些是伪随机数,它们具备正态随机变量的性质但不是通过物理发生器获得的)。

例 5.3.2 一生产线上加工成箱零件,每箱平均重 50 kg,标准差为 5 kg。假设承运这批产品的汽车的最大载重量为 5 吨,试利用中心极限定理说明该车最多可以装多少箱,才能以概率 97.7% 保障不超载?

解 以 $\xi_i(i=1,2,\cdots,n)$ 表示装运的第 i 箱产品的实际重量,n 为所求箱数。由条件可以认为随机变量 $\xi_1,\xi_2,\cdots,\xi_n$ 独立同分布,因而总重量 $T_n = \xi_1 + \xi_2 + \cdots + \xi_n$ 是独立同分布随机变量之和。由条件,有 $E(\xi_i) = 50, \sigma = \sqrt{D(\xi_i)} = 5$。因而 $E(T_n) = 50n, \sigma_T = \sqrt{D(T_n)} = 5\sqrt{n}$(单位:千克)。

随机变量 $\xi_1, \xi_2, \cdots, \xi_n$ 独立同分布且具有相同的数学期望和方差,根据独立同分布中心极限定理,只要 n 充分大,随机变量 $U_n = \dfrac{T_n - 50n}{5\sqrt{n}}$ 就近似服从标准正态分布 $N(0,1)$。由题意知,所求 n 应满足条件

$$P\{T_n \leqslant 5\,000\} = P\left\{U_n \leqslant \frac{5\,000 - 50n}{5\sqrt{n}}\right\} \approx \Phi\left(\frac{5\,000 - 50n}{5\sqrt{n}}\right) \geqslant 0.977$$

查阅标准正态分布表,得到 $P\{U_n \leqslant 2\} \geqslant 0.977$。从而有

$$a_n = \frac{5\,000 - 50n}{5\sqrt{n}} = \frac{1\,000 - 10n}{\sqrt{n}} \geqslant 2$$

经试算,对于 $n=97, a_n=3.05$;对于 $n=98, a_n=2.02$;对于 $n=99, a_n=1.01$;由此可见应取 $n=98$,即最多只能装 98 箱。

定理 5.3.2 设随机变量 $\xi_1, \xi_2, \cdots, \xi_n, \cdots$ 相互独立,且

$$E(\xi_k) = \mu_k, \quad D(\xi_k) = \sigma_k^2, \quad k=1,2,\cdots$$

记

$$\eta_n = \frac{\sum\limits_{i=1}^{n} \xi_i - E(\sum\limits_{i=1}^{n} \xi_i)}{\sqrt{D(\sum\limits_{i=1}^{n} \xi_i)}}, \quad B_n^2 = \sum\limits_{k=1}^{n} \sigma_k^2$$

若存在 $\delta > 0$,使当 $n \to \infty$ 时,$\dfrac{1}{B_n^{2+\delta}} \sum\limits_{k=1}^{n} E\{|\xi_k - \mu_k|^{2+\delta}\} \to 0$,则恒成立

$$\lim_{n \to \infty} P\{\eta_n \leqslant x\} = \frac{1}{\sqrt{2\pi}} \int_{-\infty}^{x} e^{-\frac{t^2}{2}} dt \tag{5.3.2}$$

定理 5.3.2 称为**李雅普诺夫(Liapunov)中心极限定理**。

证明略。

上述定理表明,在相当广泛的情形下,无论随机变量 ξ_k 服从怎样的分布,只要 n 充分大,

那么它们的和就近似地服从正态分布。这就是正态分布是实际问题中最常见的一种分布,以及正态分布在概率论中占有非常重要地位的基本原因。同时也从理论上揭示了正态分布的形成机制:如果某一个量的变化是大量微小的、相互独立的随机因素综合作用的结果,而且这些随机因素中没有任何一个是起主导作用的,那么,这个量就是一个服从正态分布的随机变量,至少它近似地服从正态分布。这种机制在经济问题中是常见的,当我们对一些经济问题进行定量分析时,往往假定在主要因素的影响外,其他各种因素的影响可以用一个服从正态分布的随机变量来表示,其根据即在于此。

定理 5.3.3 若 $\{n_A\}$ 是随机变量序列,且 $n_A \sim B(n,p)(n=1,2,\cdots)$,记 $\eta_n = \dfrac{n_A - np}{\sqrt{np(1-p)}}$,则恒成立

$$\lim_{n \to \infty} P\{\eta_n \leqslant x\} = \frac{1}{\sqrt{2\pi}} \int_{-\infty}^{x} e^{-\frac{t^2}{2}} dt \tag{5.3.3}$$

定理 5.3.3 称为**棣莫弗-拉普拉斯(De Moivre-Laplace)中心极限定理**。

证明 因为 $n_A \sim B(n,p)$,所以 n_A 表示 n 重伯努利试验中事件 A 出现的次数。定义

$$\xi_k = \begin{cases} 1, & \text{第 } k \text{ 次试验出现 } A \\ 0, & \text{否则} \end{cases}$$

则有 $n_A = \xi_1 + \xi_2 + \cdots + \xi_n$。由于 $\xi_1, \xi_2, \cdots, \xi_n, \cdots$ 相互独立,都服从 0-1 分布,且有 $E(\xi_k) = p$,$D(\xi_k) = p(1-p)$,因为 $\xi_1, \xi_2, \cdots, \xi_n, \cdots$ 前 n 项随机变量的标准化和为

$$\frac{\sum_{k=1}^{n} \xi_k - E\left(\sum_{k=1}^{n} \xi_k\right)}{\sqrt{D\left(\sum_{k=1}^{n} \xi_k\right)}} = \frac{\sum_{k=1}^{n} \xi_k - n\mu}{\sqrt{n}\sigma} = \frac{n_A - np}{\sqrt{np(1-p)}} = \eta_n$$

即 η_n 就是前 n 项随机变量的标准化和,所以应用 Lindeberg-levy 中心极限定理有:

$$\lim_{n \to \infty} P\{\eta_n \leqslant x\} = \frac{1}{\sqrt{2\pi}} \int_{-\infty}^{x} e^{-\frac{t^2}{2}} dt$$

这个定理便是伯努利试验场合下的中心极限定理。关于这一古典结果在各种场合下的推广,构成了我们所研究的一系列中心极限定理。

上述定理的结果表明,二项分布的极限分布是正态分布。因此,当 n 充分大时,若随机变量 $n_A \sim B(n,p)$,则近似地有 $n_A \sim N(np, np(1-p))$,于是可以利用正态分布近似地计算形如 $P\{a < n_A \leqslant b\}$ 的概率。事实上,若记 $np = \mu$,$np(1-p) = \sigma^2$,则有

$$P\{a < n_A \leqslant b\}$$
$$= P\left\{k_1 = \frac{a - np}{\sqrt{np(1-p)}} < \frac{n_A - np}{\sqrt{np(1-p)}} \leqslant \frac{b - np}{\sqrt{np(1-p)}} = k_2\right\}$$
$$= \Phi(k_2) - \Phi(k_1) = \int_{k_1}^{k_2} \frac{1}{\sqrt{2\pi}} e^{-\frac{x^2}{2}} dx = \int_{a}^{b} \frac{1}{\sqrt{2\pi}\sigma} e^{-\frac{(t-\mu)^2}{2\sigma^2}} dx$$

这就是**部分积分定理**的一种表达式,事实上当 n 充分大时,还可以近似计算

$$P(n_A = k) \approx \frac{1}{\sqrt{2\pi np(1-p)}} e^{-\frac{(k-np)^2}{2np(1-p)}}$$

这就是**局部极限定理**的一种表达式。

在这里,顺便澄清一个概念。在前面章节的讨论中,我们曾学习过二项分布的泊松逼近。当时,泊松分布虽然作为二项分布的极限分布引入的,但极限过程强调的是:$n \to \infty$ 时,p_n 逐

渐减小,而 $np_n \to \lambda$,而"二项分布的极限分布是正态分布"这一结论强调的极限过程是:$n \to \infty$ 时,p 是常数,二者是有区别的,在运用时要加以区别才能取得更好的近似效果。

例 5.3.3 在一家保险公司里有 10 000 人参加人寿保险,每人每年交保费 12 元,假定一年内一个人意外死亡的概率为 0.000 6,死亡时其家属可向保险公司索赔 10 000 元,问:

(1) 保险公司亏本的概率有多大?

(2) 保险公司一年的利润不低于 40 000 元的概率有多大?

解 以 ξ 记 10 000 个参加保险的人中一年内意外死亡的人数,则 $\xi \sim B(10\ 000, 0.000\ 6)$。因此,$P\{10\ 000\xi > 120\ 000\}$ 表示保险公司亏本的概率,$P\{120\ 000 - 10\ 000\xi \geq 40\ 000\}$ 表示保险公司一年的利润不低于 40 000 元的概率。由于 $n = 10\ 000$ 比较大,所以根据 De Moivre-Laplace 中心极限定理得:

$$P\{10\ 000\xi > 120\ 000\} = P\{\xi > 12\}$$
$$= P\left\{\frac{\xi - 10\ 000 \times 0.000\ 6}{\sqrt{10\ 000 \times 0.000\ 6 \times 0.999\ 4}} > \frac{12 - 10\ 000 \times 0.000\ 6}{\sqrt{10\ 000 \times 0.000\ 6 \times 0.999\ 4}}\right\}$$
$$= P\left\{\frac{\xi - 6}{2.448\ 8} > 2.450\ 2\right\} \approx 1 - \Phi(2.450\ 2) = 0.007\ 1$$

$$P\{120\ 000 - 10\ 000\xi \geq 40\ 000\} = P\{\xi \leq 8\}$$
$$= P\left\{\frac{\xi - 10\ 000 \times 0.000\ 6}{\sqrt{10\ 000 \times 0.000\ 6 \times 0.999\ 4}} \leq \frac{8 - 10\ 000 \times 0.000\ 6}{\sqrt{10\ 000 \times 0.000\ 6 \times 0.999\ 4}}\right\}$$
$$= P\left\{\frac{\xi - 6}{2.448\ 8} \leq 0.816\ 7\right\} \approx \Phi(0.816\ 7) = 0.793\ 9$$

例 5.3.4 假设在某保险公司的索赔户中因被盗索赔者占 20%。试求在 200 个索赔户中因被盗而索赔的户数 ξ 介于 25 户和 55 户的概率 α。

解 易见,随机变量 ξ 服从二项分布,参数为 $n = 200, p = 0.20$,其数学期望和方差为

$$E(\xi) = np = 40, \quad D(\xi) = np(1-p) = 32 \approx 5.66^2$$

由于 n 充分大,故根据 De Moivre-Laplace 中心极限定理,近似地

$$U = \frac{\xi - np}{\sqrt{np(1-p)}} = \frac{\xi - 40}{5.66} \sim N(0, 1)$$

于是,因被盗而索赔的户数介于 25 户和 55 户的概率为

$$\alpha = P\{25 \leq \xi \leq 55\} = P\left\{\frac{25 - 40}{5.66} \leq \frac{\xi - 40}{5.66} \leq \frac{55 - 40}{5.66}\right\}$$
$$= P\{-2.65 \leq U \leq 2.65\} \approx \Phi(2.65) - \Phi(-2.65) = 0.992\ 0$$

例 5.3.5 某车间有同型号机床 200 台,每台开动的概率为 0.7,假定各机床开动与否是相互独立的,开动时每台机床耗电 15 个单位,问:最少要供应这个车间多少电能,才能以不低于 95% 的概率保证不致因电力不足而影响生产。

解 以 η 记 200 台机床中同时开动的台数,则有 $\eta \sim B(200, 0.7)$。设最少要供应 m 台机床同时开动所需的电能,才能以不低于 95% 的概率保证不致因电力不足而影响生产。于是 $P\{\eta \leq m\} \geq 0.95$。应用 De Moivre-Laplace 中心极限定理(此时认为 $n = 200$ 比较大)有

$$P\{\eta \leq m\} = P\left\{\frac{\eta - 200 \times 0.7}{\sqrt{200 \times 0.7 \times 0.3}} \leq \frac{m - 200 \times 0.7}{\sqrt{200 \times 0.7 \times 0.3}}\right\} \approx \Phi\left(\frac{m - 140}{\sqrt{42}}\right) \geq 0.95$$

查正态分布表得

$$\frac{m - 140}{\sqrt{42}} \geq 1.645$$

所以 $m \geq 151$。

这样便求得,最少要供应这个车间 $15\times 151=2\,265$ 个单位的电能,才能以不低于 95% 的概率保证不致因电力不足而影响生产。

第 1 章人们基于长期的实践认识到频率具有稳定性,也就是说随着试验次数的不断增多,频率的波动越来越小并且稳定在常数附近。这说明事件发生可能性的大小可以用这个常数来表示,进而由频率的性质引出并抽象了概率的概念,这说明频率的稳定性是概率这个概念客观存在的基础,但前面几章并没有给出频率稳定性这一事实的严格数学证明,本章伯努利大数定律以严格的数学形式给出了频率稳定性的证明,并且还指出在一定条件下,随机变量前 n 项的算术平均值也具有稳定性,不同的条件构成了一系列的大数定律的内容,除伯努利大数定律外,还简单介绍了切比雪夫大数定律及辛钦大数定律。

随着随机变量个数的增加并且趋向于无穷大时,由这些随机变量和构成的新随机变量分布函数具有正态分布的良好性质(自从德国数学家高斯指出测量误差服从正态分布之后,正态分布在概率论中就具有了非常重要的地位),因为这类问题研究中突出了中心化、标准化、极限化,它又是数理统计中大样本的理论基础,因此波利亚(Polya)给这类定理取名为中心极限定理。

中心极限定理揭示了在相当一般的条件下,随着独立随机变量个数的增加,其和的分布趋于正态分布,这在实践中经常遇到,同时也说明正态分布时时处处存在的根源,并详细证明了独立同分布随机变量在方差存在的情况下(不管随机变量服从什么分布),其和随着随机变量个数的增加正态分布的逼近效果越来越好,这在实践上的意义充分得到体现。

随机变量标准化和的分布函数序列的极限分布的证明过程就是从数学上严格论证了中心极限定理,本章介绍了常用的 3 个中心极限定理:林德伯格-勒维中心极限定理、李雅普诺夫中心极限定理、棣莫弗-拉普拉斯中心极限定理,这解决了独立同分布方差存在的随机变量序列和、0-1 分布序列和(二项分布)等一系列和的极限分布是正态分布的问题,为实践应用奠定了坚实的理论基础。

习题 5

(A)

1. 一枚均匀铜币,最少需抛掷多少次才能保证其正面出现的频率介于 0.4 和 0.6 之间的概率不小于 90%。试用 Chebyshev 不等式以及 De Moivre-Laplace 中心极限定理分别计算同一问题。

2. 设 $\xi_1,\xi_2,\cdots,\xi_n$ 是独立同分布的随机变量,且 $E(\xi_i)=\mu,D(\xi_i)=\sigma^2(i=1,2,\cdots,n)$。问当 n 充分大时,是否可用式 $S^2=\dfrac{1}{n}\sum_{i=1}^{n}(\xi_i-\mu)^2$ 近似代替 σ^2。

3. 从一大批产品中抽查若干件以判断这批产品的次品率。问应当抽查多少件产品,才能使次品出现的频率与该批产品的次品率相差小于 0.1 的概率不小于 0.95?

4. 某商店负责所在地区 1 000 人的商品供应,某种商品在一段时间内每人需用一件的概率为 0.6,假定在这一段时间内个人购买与否彼此无关,问商店应预备多少件该商品,才能以 99.7% 的概率保证不会脱销。

5. 两个电影院为了 1 000 个顾客而竞争,假设每个顾客去某一个电影院完全是无所谓的,并且不依赖于其他顾客的选择,为了使任何一个顾客由于缺少座位而离去的概率小于 1%,每个电影院应该有多少个座位?

6. 某电视机厂每月生产 10 000 台电视机,但它的显像管车间的正品率为 0.8,为了能以 0.997 的概率保证出厂的电视机都装上正品显像管,该车间每月应生产多少只显像管?

7. 某单位有 260 架电话分机,每个分机有 4% 的时间需用外线通话,假定每个分机用不用外线是独立的,试问总机应有多少条外线,才能有 95% 的把握保证每个分机用外线时不必等候?

8. 设有 50 个元器件 $D_1, D_2, \cdots, D_{50}$,它们的使用情况如下:D_1 损坏,D_2 立即使用;D_2 损坏,D_3 立即使用,等等。又设元器件 D_i 的寿命 ξ_i(单位:小时)服从 $\lambda=0.1$ 的指数分布,求 50 个元器件使用的总时数超过 600 小时的概率。

9. 设随机变量 ξ 服从参数为 λ 的泊松分布,$\xi_1, \xi_2, \cdots, \xi_n$ 是独立的,与 ξ 同分布的随机变量,对任意正数 $\varepsilon>0$,试证明:

$$\lim_{n \to \infty} P\left(\left| \frac{1}{n} \sum_{k=1}^{n} \xi_k^2 - (\lambda + \lambda^2) \right| < \varepsilon \right) = 1$$

10. 设随机变量 ξ 服从参数为 (n, p) 的二项分布,$\xi_1, \xi_2, \cdots, \xi_m$ 是独立的,与 ξ 同分布的随机变量,对任意正数 $\varepsilon>0$,试证明

$$\lim_{m \to \infty} P\left(\left| \frac{1}{m} \sum_{k=1}^{m} \xi_k^2 - (n^2 p^2 + np(1-p)) \right| < \varepsilon \right) = 1$$

11. 一包装工平均 3 分钟完成一件包装。假设实际完成一件包装所用时间服从指数分布,试利用中心极限定理,求完成 100 件包装的总时间需要 5~6 小时的概率的近似值。

12. 用自动包装机包装的味精,每袋净重 ξ 是一个随机变量。假设要求每袋的平均重量为 100 g,标准差为 2 g,如果每箱装 100 袋,试求随意查验的一箱净重超过 10 050 g 的概率 α。

13. 将一枚均匀对称的硬币掷 10 000 次,求正面恰好出现 5 000 次的概率 α 的近似值。

14. 一台计算机有 150 个终端,每个终端在一个小时之内平均有 6 分钟使用打印机,假设各终端使用打印机与否相互独立,求至少有 20 台打印机同时使用的概率 α。

15. 以往春季商品交易会上,某企业在所接待的客户中下订单的客户占 30%。假定今年下订单的比率不变,试求在所接待的 90 个客户中,(1)恰好有 27 个客户下订单的概率 α;(2)有 15~30 个客户下订单的概率 β。

16. 假设批量生产的某产品的优质品率为 60%,求在随机抽取的 200 件产品中有 120~150 件优质品的概率 α。

(B)

1. 设总体 X 服从参数为 2 的指数分布,$X_1, X_2, \cdots, X_n$ 为来自总体 X 的简单随机样本,则当 $n \to \infty$ 时,$Y_n = \frac{1}{n} \sum_{i=1}^{n} X_i^2$ 依概率收敛于 _____。

2. 设 $X_1, X_2, \cdots, X_n, \cdots$ 为独立同分布的随机变量列,且均服从参数为 $\lambda(\lambda>1)$ 的指数分布,记 $\Phi(x)$ 为标准正态分布函数,则( )。

(A) $\lim\limits_{n \to \infty} P\left\{ \dfrac{\sum_{i=1}^{n} X_i - n\lambda}{\lambda \sqrt{n}} \leqslant x \right\} = \Phi(x)$

(B) $\lim\limits_{n \to \infty} P\left\{ \dfrac{\sum_{i=1}^{n} X_i - n\lambda}{\sqrt{n\lambda}} \leqslant x \right\} = \Phi(x)$

(C) $\lim\limits_{n \to \infty} P\left\{ \dfrac{\lambda \sum_{i=1}^{n} X_i - n}{\sqrt{n}} \leqslant x \right\} = \Phi(x)$

(D) $\lim\limits_{n \to \infty} P\left\{ \dfrac{\sum_{i=1}^{n} X_i - \lambda}{\sqrt{n\lambda}} \leqslant x \right\} = \Phi(x)$

第6章 样本及抽样分布

概率论和数理统计的研究对象是随机现象的统计规律性。概率论研究问题的方式,一般是"演绎"推理,即首先假定已知研究对象的数学模型,然后研究其性质、特征和规律性;数理统计研究问题的方式是完全不同的,在考察问题的过程和角度上甚至与概率论是截然相反的。其以统计数据为出发点,以概率论作为理论基础,为随机现象选择合适的数学模型,并在此基础上对随机现象的性质、特点和规律性做出推断,此方式为"归纳"推理。

在前5章我们引进了事件及其概率的概念,研究了随机变量及其概率分布和数字特征。然而,在解决实际问题时,人们一般预先并不知道事件的概率,也不知道随机变量的分布和数字特征,但是往往手头已经掌握很多有关的数据信息,或者可以对研究对象进行多次观测或试验,以取得需要的数据资料。数理统计的理论和方法,就是研究如何收集、处理和分析统计数据,试图尽可能合理、准确地"归纳"出随机现象中所包含的种种规律性。所有这些有关"归纳"方法的研究结果,在加以整理并形成一定的数学模型之后,便构成了数理统计的主要内容。数理统计研究的内容通常可以分为两大类。一类是试验设计与分析,即研究如何更合理、更有效地获得观察资料的方法;另一类则是统计推断,即研究如何利用一定的数据资料对所关心的问题做出尽可能精确、可靠的结论。但限于篇幅,本书将主要讨论统计推断问题。

本章介绍数理统计的基本概念:总体、样本和统计量,以及统计推断的重要基础和工具——抽样分布。统计量是由统计数据(样本)加工得来的量;抽样分布,指统计量的概率分布,包括样本数字特征的概率分布;有些样本的函数依赖于未知参数,但是其分布不依赖于未知参数,相应的概率分布亦称为抽样分布。抽样分布的内容非常丰富,但是本章主要介绍正态总体的抽样分布,即正态分布,χ^2 分布,t 分布和 F 分布。

6.1 简单随机样本

总体、样本和统计量是统计推断的基本概念,同时也是统计推断的研究对象。本节从总体和样本的直观概念引出其数学定义,并讨论简单随机样本的概率分布及有关问题。

6.1.1 总体和表征总体的随机变量

在数理统计中,直观地可将研究对象的全体称为总体(Population),而把组成总体的每个元素称为个体。例如,一批产品、一个城市的人口、一个地区历年的夏季、一个学校的全体学生,等等,都构成总体,其中每一件产品、每一个居民、每一年的夏季、该校的每一个学生,等等,就是相应总体的一个个体。通过对一部分个体信息的观察来估计、推断总体的某些信息,正是数理统计所要研究的课题。

1. 表征总体的指标

表征总体的指标指统计研究所要考察的总体特征。在用统计方法研究总体时,人们关心的并不是每个个体本身,而是要考察这些个体的某些指标值(数量的或者定性的)。表 6.1.1 所示为总体、个体和相应指标的示例。

表 6.1.1

编号	总体 $\Omega=\{\omega\}$	个体 ω	指标 $X=X(\omega)(\omega\in\Omega)$
1	1 000 袋食盐	每袋食盐	实际重量
2	一批同型号零件	每个零件	实际尺寸
3	中国全部人口	每个中国人	年龄、性别、文化程度
4	北京市工商银行所有储蓄所	每个储蓄所	日收存款额、日存款余额
5	上海市历年的夏季	每个夏季	夏季暴雨次数
6	一湖泊的水域	每份水样	某有害物质的百分含量
7	一批钢锭	每份试样	含碳量(%)、抗拉强度
8	重复射击首次命中实射次数	每轮射击	实际射击次数
9	随机测量	每次测量	测定值、测量误差
10	某种电器的使用寿命 τ	每件电器	使用寿命

由于这些指标值可能有重复,例如,食盐的重量,可能有许多袋食盐的重量是 500 克,有 5 袋是 501 克,有 3 袋是 499 克。这就是说,这些数量指标的每个值所占的比重不一样,即每个数值在这些数据中出现的概率不一样。这样,总体就对应了一个具有一定概率分布的随机变量。因此在数理统计问题的研究中,所谓总体就是相应其取值分布的随机变量。

2. 表征总体的随机变量

以 ω 表示个体,以 $\Omega=\{\omega\}$ 表示所有 ω 的集合——总体。若关心的是某个数量指标,以 $X=X(\omega)(\omega\in\Omega)$ 表示个体 ω 的该指标。

数学上,总体 $\Omega=\{\omega\}$ 是抽象元素 ω 的集合,其中 ω 可以是数字、人、物……为便于叙述称之为**原总体**。由于人们并不关心统计研究中原总体的个别元素,而是要考察与这些元素相联系的数量特征 $X=X(\omega)(\omega\in\Omega)$,因此可以把所要考察的指标 X 称作表征总体的指标。另外,从原总体 $\Omega=\{\omega\}$ 随意取一元素 ω 并测定其指标值 $X=X(\omega)$,就是一次随机试验,而 $X=X(\omega)$ 作为随机试验中被测量的量是一个随机变量,称之为**表征总体的随机变量**。于是,数学上可以把表征总体的随机变量视为总体。

3. 总体的数学定义

设 X 是表征总体的随机变量,则称随机变量 X 为**总体**,简称总体 X;称 X 的数字特征为总体 X 的数字特征;如果总体 X 服从正态分布,则称之为**正态总体**。

6.1.2 简单随机样本

总体的一部分个体的集合作为总体的"代表"称作样本,有时样本指总体的一部分个体的标志值的集合。例如,对于 1 000 袋食盐的总体,从中抽出 n 袋食盐,则抽到的各袋食盐的重量就构成一个样本;对于上海市历年夏季的总体,记录上海市 n 个夏季暴雨次数,所得 n 个数据就是一个样本。

1. 简单随机样本

定义 6.1.1 设 X 是所要研究的随机变量,则对 X 的 n 次独立重复观测可得 n 个相互独立并且与 X 同分布的随机变量 $(X_1, X_2, \cdots, X_n)$。那么,称 X 为**总体**;称 $(X_1, X_2, \cdots, X_n)$ 为来自总体 X 的一个**简单随机样本**,简称**样本**;称 $X_i (i=1,2,\cdots,n)$ 为对总体 X 的第 i 个**观测值**;称观测值的个数 n 为**样本容量**;$(X_1, X_2, \cdots, X_n)$ 的具体值 $(x_1, x_2, \cdots, x_n)$ 称为一个**样本值**,或称作样本 $(X_1, X_2, \cdots, X_n)$ 的一个**实现**。

抽取样本的目的是对总体的分布规律进行各种分析和推断,因而要求抽取的样本要能够很好地反映总体的特性和变化规律,这就必须对随机抽样方法提出一定的要求。通常提出以下两点。①代表性:即要求样本的每个分量 X_i 与所考察的总体具有相同的分布;②独立性:即要求 $(X_1, X_2, \cdots, X_n)$ 为相互独立的随机变量,也就是说,每个观察结果既不影响其他结果,也不受其他观察结果的影响。满足以上两点性质的样本 $(X_1, X_2, \cdots, X_n)$ 称为**简单随机样本**,获得简单随机样本的方法或过程称为**简单随机抽样**。本书所讨论的样本都是指简单随机样本。

2. 样本的分布

只考虑离散型和连续型总体。设 $(X_1, X_2, \cdots, X_n)$ 是来自总体 X 的容量为 n 的简单随机样本,即 $X_1, X_2, \cdots, X_n$ 是 n 个独立且与总体 X 同分布随机变量。

(1) 概率函数

为方便计算,把连续型总体和离散型总体的概率分布,都用概率函数的形式表示。对于连续型总体 X,概率函数 $p(x)$ 就是其概率密度;对于离散型总体 X,概率函数 $p(x)$ 表示事件"X 取 x 为值"的概率:

$$p(x) = \begin{cases} P\{X=x\}, & \text{若 } x \text{ 是 } X \text{ 的可能值} \\ 0, & \text{若 } x \text{ 非 } X \text{ 的可能值} \end{cases} \tag{6.1.1}$$

(2) 简单随机样本的概率函数

用概率函数表示简单随机样本的概率分布。简单随机样本 $(X_1, X_2, \cdots, X_n)$ 的概率函数是一个 n 元函数 $f(x_1, x_2, \cdots, x_n)$。由于 $X_1, X_2, \cdots, X_n$ 独立同分布,可见对于任意 $-\infty < x_1, x_2, \cdots, x_n < \infty$,有

$$f(x_1, x_2, \cdots, x_n) = p(x_1) p(x_2) \cdots p(x_n) \tag{6.1.2}$$

例 6.1.1 假设总体 $X \sim N(\mu, \sigma^2)$,而 $(X_1, X_2, \cdots, X_n)$ 是来自总体 X 的简单随机样本。由于 $X_1, X_2, \cdots, X_n$ 独立同分布,可见对于任意 $-\infty < x_1, x_2, \cdots, x_n < \infty$,$(X_1, X_2, \cdots, X_n)$ 的联合密度为

$$\begin{aligned} f(x_1, x_2, \cdots, x_n) &= \prod_{i=1}^{n} \frac{1}{\sqrt{2\pi}\sigma} e^{-\frac{(x_i-\mu)^2}{2\sigma^2}} \\ &= \left(\frac{1}{\sqrt{2\pi}\sigma}\right)^n \exp\left\{-\frac{1}{2\sigma^2} \sum_{i=1}^{n}(x_i-\mu)^2\right\} \end{aligned} \tag{6.1.3}$$

例 6.1.2 假设总体 X 服从参数为 λ 的指数分布,求来自总体 X 的简单随机样本 $(X_1, X_2, \cdots, X_n)$ 的概率分布。

解 总体 X 的概率密度为

$$p(x;\lambda) = \begin{cases} \lambda e^{-\lambda x}, & \text{若 } x > 0 \\ 0, & \text{若 } x \leqslant 0 \end{cases}$$

由于 $X_1, X_2, \cdots, X_n$ 独立同分布,可见 $(X_1, X_2, \cdots, X_n)$ 的联合概率密度为

$$f(x_1,x_2,\cdots,x_n;\lambda)=\begin{cases}\lambda^n e^{-\lambda(x_1+x_2+\cdots+x_n)}, & \text{若 } x_1,x_2,\cdots,x_n>0\\ 0, & \text{若不然}\end{cases} \quad (6.1.4)$$

例 6.1.3 假设总体 X 在区间 $[0,\theta]$ 上服从均匀分布,而 $(X_1,X_2,\cdots,X_n)$ 是来自总体 X 的简单随机样本。总体 X 的概率密度函数为

$$p(x;\theta)=\begin{cases}\dfrac{1}{\theta}, & x\in[0,\theta]\\ 0, & x\notin[0,\theta]\end{cases}$$

由于 $X_1,X_2,\cdots,X_n$ 独立同分布,可见 $(X_1,X_2,\cdots,X_n)$ 的联合密度为

$$\begin{aligned}f(x_1,x_2,\cdots,x_n)&=\begin{cases}\prod_{i=1}^{n}\dfrac{1}{\theta}, & \text{若 } 0\leqslant x_1,\cdots,x_n\leqslant\theta,\\ 0, & \text{若不然}\end{cases}\\ &=\begin{cases}\dfrac{1}{\theta^n}, & \text{若 } 0\leqslant x_1,\cdots,x_n\leqslant\theta\\ 0, & \text{若不然}\end{cases}\end{aligned} \quad (6.1.5)$$

例 6.1.4 假设总体 X 服从参数为 p 的 0-1 分布,而 $(X_1,X_2,\cdots,X_n)$ 是来自总体 X 的简单随机样本。总体 X 的分布律为

$$p(x)=\begin{cases}p^x(1-p)^{1-x}, & \text{若 } x=0,1\\ 0, & \text{若不然}\end{cases}$$

由于 $X_1,X_2,\cdots,X_n$ 独立同分布,可见 $(X_1,X_2,\cdots,X_n)$ 的联合分布律为

$$f(x_1,x_2,\cdots,x_n)=\begin{cases}p^{\nu_n}(1-p)^{n-\nu_n}, & \text{若 } x_1,x_2,\cdots,x_n=0,1\\ 0, & \text{若不然}\end{cases} \quad (6.1.6)$$

其中 ν_n 是 $(x_1,x_2,\cdots,x_n)$ 中 "1" 的个数。

6.2 统计量

样本是总体的代表和反映,是进行统计推断的基本依据。但是,对于不同的总体,甚至对于同一个总体,我们所关心的问题往往是不一样的。有时可能只需要估计出总体的均值,而有时则希望了解总体的分布情况。因此在实际应用中我们并不是直接利用样本进行推断,而是首先对样本进行必要的"加工"和"提炼",把样本中所包含的我们关心的信息集中起来。就是说,我们需要针对不同的问题对样本进行不同的处理,这种处理就是构造出样本的某种函数,然后利用这些样本的函数来进行统计推断。

统计量作为由统计数据计算得来的量,是样本的函数。例如,n 袋食盐的平均重量,上海市 n 个夏季暴雨的总次数等都是统计量。统计研究最根本的任务,就是由样本推断总体,由统计量推断总体参数或者总体的分布,即通过对样本的研究解决整个总体的问题。下面对这些概念做较严格的表述。

1. 统计量的定义

定义 6.2.1 设 $(X_1,X_2,\cdots,X_n)$ 为来自总体 X 的一个样本,$T=g(X_1,X_2,\cdots,X_n)$ 是样本的函数,且 $g(X_1,X_2,\cdots,X_n)$ 中不含有任何未知参数,则称 $T=g(X_1,X_2,\cdots,X_n)$ 是一个**统计量**。若 $(x_1,x_2,\cdots,x_n)$ 是相应于 $(X_1,X_2,\cdots,X_n)$ 的样本值,则称 $g(x_1,x_2,\cdots,x_n)$ 是统计量

$g(X_1,X_2,\cdots,X_n)$ 的观察值。

注意,统计量只依赖于样本,不依赖于其他任何未知参数,因此统计量应该是切实可以计算的。统计量作为观测结果的函数也是随机变量。这一章将讨论一些常用统计量的概率分布——抽样分布。样本的各种数字特征都是常用的统计量。随机样本和统计量是随机变量,它们的实现是具体的样本值和统计量的值。为便于叙述,有时简称"样本"和"统计量",读者应按具体内容的上下文来正确理解其含义。当进行一般性讨论时,"样本"和"统计量"一般应视为随机变量;在处理具体问题时,"样本"和"统计量"多指其实现。

2. 常用统计量

样本数字特征和顺序统计量是最常用的统计量。

(1) 样本均值、方差和极差

样本均值 $\overline{X}$、**样本方差** S^2 和**样本标准差** S 是最常用的样本数字特征,其中

$$\overline{X}=\frac{1}{n}\sum_{j=1}^{n}X_j, \quad S^2=\frac{1}{n-1}\sum_{i=1}^{n}(X_i-\overline{X})^2 \tag{6.2.1}$$

(2) 样本矩

对于 $k>0$,k **阶样本原点矩** A_k 和 k **阶样本中心矩** B_k 定义为

$$A_k=\frac{1}{n}\sum_{i=1}^{n}X_i^k, \quad B_k=\frac{1}{n}\sum_{i=1}^{n}(X_i-\overline{X})^k \tag{6.2.2}$$

(3) 顺序统计量

顺序统计量的概念在统计分析和统计推断中应用广泛,有些重要的统计量就是通过顺序统计量定义的。设 $(X_1,X_2,\cdots,X_n)$ 是来自总体 X 的简单随机样本,以 $X_{(1)},X_{(2)},\cdots,X_{(n)}$ 依次表示 n 次抽样结果的最小观测值,第二小观测值…$X_{(n)}$ 是最大观测值,而每一个 $X_{(i)}$ $(i=1,2,\cdots,n)$ 作为样本 $(X_1,X_2,\cdots,X_n)$ 的函数,称作第 i 个**顺序统计量**,其中最常用的是最小观测值 $X_{(1)}$ 和最大观测值 $X_{(n)}$:

$$X_{(1)}=\min\{X_1,X_2,\cdots,X_n\}, \quad X_{(n)}=\max\{X_1,X_2,\cdots,X_n\} \tag{6.2.3}$$

为便于叙述,把基于简单随机样本 $(X_1,X_2,\cdots,X_n)$ 的顺序统计量 $X_{(1)}\leqslant X_{(2)}\leqslant\cdots\leqslant X_{(n)}$,称为**简单顺序统计量**。而**样本极差** R 定义为

$$R_n=X_{(n)}-X_{(1)}=\max_{1\leqslant i,j\leqslant n}|X_i-X_j|$$

(4) 经验分布函数

数理统计的核心内容是统计推断。统计推断就是由样本推断总体,由样本的分布推断相应总体的分布,由样本的数字特征推断总体的数字特征。我们现在讨论样本特征与相应总体特征——频率与概率、经验分布与概率分布、样本数字特征与总体数字特征的关系。大数定律是连接样本特征与总体特征的桥梁。

分布函数可以描绘各种类型的随机变量。与总体分布函数对应的统计量是经验分布函数。设 $F(x)$ 是总体 X 的分布函数,$(X_1,X_2,\cdots,X_n)$ 是来自总体 X 的简单随机样本,$(x_1,x_2,\cdots,x_n)$ 是简单随机样本观察值。另外,$(X_{(1)},X_{(2)},\cdots,X_{(n)})$ 为简单顺序统计量,$(x_{(1)},x_{(2)},\cdots,x_{(n)})$ 是相应的观察值。

用 $v_n(x)$,$x\in(-\infty,\infty)$ 表示 $X_1,X_2,\cdots,X_n$ 中不大于 x 的随机变量的个数。定义经验分布函数 $F_n(x)$ 为

$$F_n(x)=\frac{1}{n}v_n(x), \quad -\infty<x<\infty$$

经验分布函数 $F_n(x)$ 的观察值为

$$F_n(x) = \begin{cases} 0, & x < x_{(1)} \\ \dfrac{k}{n}, & x_{(k)} \leqslant x < x_{(k+1)}, \quad k=1,\cdots,n-1 \\ 1, & x_{(n)} \leqslant x \end{cases} \quad (6.2.4)$$

总体 X 的经验分布函数又称作**样本分布函数**。

经验分布函数有如下简单性质。

① 对于给定的 x,$F_n(x)$ 是一统计量,其概率分布和数字特征为

$$P\left\{F_n(x)=\dfrac{k}{n}\right\} = C_n^k [F(x)]^k [1-F(x)]^{n-k}, \quad k=0,1,\cdots,n \quad (6.2.5)$$

$$E[F_n(x)] = F(x), \quad D[F_n(x)] = \dfrac{1}{n} F(x)[1-F(x)] \quad (6.2.6)$$

② 对于给定的样本值 $(x_1,x_2,\cdots,x_n)$,$F_n(x)$ 是一普通的分布函数,是阶梯函数,并且具有分布函数的一切性质。

③ 对于任意 $x \in (-\infty, \infty)$,经验分布函数 $F_n(x)$ 依概率收敛于总体的分布函数 $F(x)$[①]:

$$F_n(x) \xrightarrow{P} F(x), \quad n \to +\infty \quad (6.2.7)$$

证明 注意到,对于任意 x,$\nu_n(x)$ 服从参数为 $(n, F(x))$ 的二项分布,立即得式(6.2.5)和式(6.2.6)。性质②显然。性质③可以由伯努利大数定律得到。

注意,性质③有重要理论意义。因为总体的经验分布函数 $F_n(x)$ 收敛于总体的理论分布函数 $F(x)$,所以只要样本容量 n 充分大,就可以由经验分布函数 $F_n(x)$ 任意精确地估计总体的分布函数 $F(x)$,而分布函数完全决定和描绘总体的一切行为、性质和特征。然而,经验分布函数却不便于处理具体的统计推断问题。这是因为,一方面,用经验分布函数 $F_n(x)$ 逼近理论分布函数 $F(x)$,通常要求样本容量 n 非常大,以致实际上在多数情形下难以实现;另一方面,通常分布函数本身也不便于处理具体随机变量。然而,经验分布函数收敛于理论分布函数这一事实,沟通了经验分布和理论分布,为统计推断奠定了理论基础。

例 6.2.1 假设总体 X 在区间 $[0,2]$ 上服从均匀分布,$F_n(x)$ 是总体 X 的经验分布函数,基于来自 X 的容量为 n 的简单随机样本,求 $F_n(x)$ 的概率分布、数学期望和方差。

解 总体 X 的分布函数为

$$F(x) = \begin{cases} 0, & \text{若 } x < 0 \\ \dfrac{x}{2}, & \text{若 } x \in [0,2] \\ 1, & \text{若 } x > 2 \end{cases}$$

因此,由式(6.2.5)和式(6.2.6)知,对于任意 $x \in [0,2]$,有

$$P\left\{F_n(x)=\dfrac{k}{n}\right\} = C_n^k \left(\dfrac{x}{2}\right)^k \left(1-\dfrac{x}{2}\right)^{n-k}, \quad k=0,1,\cdots,n$$

$$E[F_n(x)] = \dfrac{x}{2}, \quad D[F_n(x)] = \dfrac{x}{2n}\left(1-\dfrac{x}{2}\right)$$

对于 $x<0$,$P\{F_n(x)=0\}=1$;对于 $x>2$,$P\{F_n(x)=1\}=1$。

例 6.2.2 设 $(2,1,5,1.5,2,1,3.5,1)$ 是一简单随机样本值,将各观测值按从小到大的顺

[①] 可以证明,经验分布函数 $F_n(x)$ 以概率 1 一致收敛于总体的分布函数 $F(x)$——格里汶科定理。

序排列,得 1,1,1,1.5,2,2,3.5,5,则经验分布函数为

$$F_8(x)=\begin{cases} 0, & \text{若 } x<1 \\ \dfrac{3}{8}, & \text{若 } 1\leqslant x<1.5 \\ \dfrac{4}{8}, & \text{若 } 1.5\leqslant x<2 \\ \dfrac{6}{8}, & \text{若 } 2\leqslant x<3.5 \\ \dfrac{7}{8}, & \text{若 } 3.5\leqslant x<5 \\ 1, & \text{若 } x\geqslant 5 \end{cases}$$

6.3 抽样分布

服从正态分布的总体称作正态总体。对于正态总体的统计推断问题,χ^2 分布、t 分布和 F 分布是最重要和最常用的 3 个分布。因此,在介绍正态总体的抽样分布之前,首先介绍 3 个概率分布及其性质、典型应用和分位数。本书基本用不到 3 个分布的概率密度,故读者不必记忆其密度,只需了解 3 个分布的分布曲线的基本特点和各变量的典型模式。

6.3.1 χ^2 分布

定义 6.3.1 若一个随机变量 X 的概率密度为①

$$f(x)=\begin{cases} \dfrac{1}{2^{\frac{v}{2}}\Gamma\left(\dfrac{v}{2}\right)}x^{\frac{v}{2}-1}\mathrm{e}^{-\frac{x}{2}}, & \text{若 } x>0 \\ 0, & \text{若 } x\leqslant 0 \end{cases} \tag{6.3.1}$$

称 X 服从自由度为 v 的 χ^2 分布,记作 $X\sim\chi^2(v)$。χ^2 分布密度曲线($k=\chi^2_{\alpha,v}$)如图 6.3.1 所示。

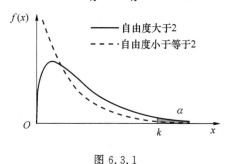

图 6.3.1

(1) χ^2 变量的典型模式

可以证明,独立的标准正态随机变量的平方和服从 χ^2 分布。即,若 $U_1,U_2,\cdots,U_n$ 是相互独立的随机变量,且 $U_i\sim N(0,1)$,$i=1,2\cdots,n$,则随机变量

---

① $\Gamma(\alpha)=\int_0^{\infty}x^{\alpha-1}\mathrm{e}^{-x}\mathrm{d}x(\alpha>0)$ 称作 Γ 函数,对于不同的 α,Γ 函数有数值表可查,并且 $\Gamma(n+1)=n!$,$\Gamma\left(\dfrac{1}{2}\right)=\sqrt{\pi}$。

$$X = U_1^2 + U_2^2 + \cdots + U_n^2 \qquad (6.3.2)$$

服从自由度为 n 的 χ^2 分布。自由度 n 恰好是构成变量 X 的标准正态随机变量的个数。

由上述结论易知：若 $X_1, X_2, \cdots, X_n$ 是来自总体 $N(0,1)$ 的样本，则统计量

$$\sum_{i=1}^{n} X_i^2 \sim \chi^2(n)$$

例 6.3.1 设 X_1, X_2, X_3, X_4, X_5 是来自正态总体 $N(0,4)$ 的简单随机样本，记

$$T = a(X_1 - 2X_2)^2 + b(3X_3 - 4X_4)^2 + cX_5^2$$

问当 a, b, c 各取何值时，统计量 T 服从 χ^2 分布，其自由度如何？

解 由条件知 $X_1, X_2, \cdots, X_5$ 相互独立且同正态分布 $N(0,4)$，因此

$$(X_1 - 2X_2) \sim N(0,20), \quad (3X_3 - 4X_4) \sim N(0,100), \quad X_5 \sim N(0,4)$$

且相互独立。由式(6.3.2)知

$$T = \frac{(X_1 - 2X_2)^2}{20} + \frac{(3X_1 - 4X_2)^2}{100} + \frac{X_5^2}{4}$$

服从自由度为 3 的 χ^2 分布，从而 $a = \frac{1}{20}, b = \frac{1}{100}, c = \frac{1}{4}$。

(2) χ^2 分布的数字特征

χ^2 分布的数字特征为 $E(X) = n, D(X) = 2n$。

证明见例 6.3.2。

例 6.3.2 假设随机变量 X 服从自由度为 n 的 χ^2 分布，求 $E(X)$ 和 $D(X)$。

解 设 $U_1, U_2, \cdots, U_n$ 是独立标准正态分布随机变量，则服从自由度为 n 的 χ^2 分布的随机变量 X 可以表示为

$$X = U_1^2 + U_2^2 + \cdots + U_n^2$$

由于 $U_i \sim N(0,1)$，可见 $E(U_i) = 0, D(U_i) = E(U_i^2) = 1 (i = 1, 2, \cdots, n)$，

$$E(U_i^4) = \frac{1}{\sqrt{2\pi}} \int_{-\infty}^{\infty} u^4 e^{-\frac{u^2}{2}} du = \frac{1}{\sqrt{2\pi}} [-u^3 e^{-\frac{u^2}{2}}]_{-\infty}^{\infty} + \frac{3}{\sqrt{2\pi}} \int_{-\infty}^{\infty} u^2 e^{-\frac{u^2}{2}} du = 3E(U_i^2) = 3$$

由上式可见 $E(X) = n$，

$$E(X^2) = \sum_{i=1}^{n} E(U_i^4) + \sum_{i \neq j} E(U_i^2) E(U_j^2) = 3n + n(n-1) = n(n+2)$$

$$D(X) = E(X^2) - [E(X)]^2 = n^2 + 2n - n^2 = 2n$$

于是 $E(X) = n, D(X) = 2n$。

(3) χ^2 变量的可加性

若 $\chi_1^2, \chi_2^2, \cdots, \chi_m^2$ 相互独立，且都服从 χ^2 分布，自由度相应为 $n_1, n_2, \cdots, n_m$，则

$$\chi^2 = \chi_1^2 + \chi_2^2 + \cdots + \chi_m^2$$

服从自由度为 $n = n_1 + n_2 + \cdots + n_m$ 的 χ^2 分布。

证明 由式(6.3.2)知，$\chi^2 = \chi_1^2 + \chi_2^2 + \cdots + \chi_m^2$ 可以表示为 $n = n_1 + n_2 + \cdots + n_m$ 个标准正态变量的平方和，故服从自由度为 $n = n_1 + n_2 + \cdots + n_m$ 的 χ^2 分布。

(4) χ^2 分布的分位数

统计推断常要用到 χ^2 分布的上侧分位数。以 $\chi_\alpha^2(v)$ 表示自由度为 v 的 χ^2 分布水平为 $\alpha (0 < \alpha < 1)$ 的上侧分位数(图 6.3.1)，它决定于如下等式：

$$P\{\chi^2(v) \geqslant \chi_\alpha^2(v)\} = \alpha \qquad (6.3.3)$$

附表 5 是上侧分位数 $\chi_\alpha^2(v)$ 的数值表。例如，$\chi_{0.05}^2(10)=18.307$，$\chi_{0.95}^2(10)=3.940$。

对应地，我们还经常用到 χ^2 分布的下侧分位数。借助上侧分位数 $\chi_\alpha^2(v)$ 的记号，则 $\chi_{1-\alpha}^2(v)$ 表示自由度为 v 的 χ^2 分布水平为 $\alpha(0,1)$ 的下侧分位数，它满足于如下等式：

$$P\{\chi^2(v)\leqslant \chi_{1-\alpha}^2(v)\}=\alpha$$

6.3.2 t 分布

定义 6.3.2 设 $X\sim N(0,1)$，$Y\sim \chi^2(n)$，且 X 与 Y 相互独立，则称随机变量

$$T=\frac{X}{\sqrt{\dfrac{Y}{n}}} \tag{6.3.4}$$

服从自由度为 n 的 t 分布，记为 $T\sim t(n)$。可以证明，$t(n)$ 分布的概率密度函数为

$$h(t)=\frac{\Gamma\left[\dfrac{(n+1)}{2}\right]}{\sqrt{n\pi}\,\Gamma\left(\dfrac{n}{2}\right)}\left(1+\frac{t^2}{n}\right)^{-\frac{n+1}{2}},\quad -\infty<t<+\infty \tag{6.3.5}$$

$h(t)$ 的图形如图 6.3.2 所示。

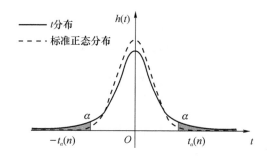

图 6.3.2

t 分布密度 $h(t)$ 曲线与标准正态分布密度 $\varphi(t)$ 曲线非常接近。t 分布有如下性质。

① t 分布数字特征*

$$E(T)=0,\quad n>1,\quad D(T)=\frac{n}{n-2},\quad n>2 \tag{6.3.6}$$

② t 分布的极限分布

当自由度 $n\to\infty$ 时，t 分布的极限分布是标准正态分布，即有

$$\lim_{n\to\infty}h(t)=\frac{1}{\sqrt{2\pi}}\mathrm{e}^{-\frac{t^2}{2}} \tag{6.3.7}$$

实际应用中，当 $n\geqslant 30$ 时即可用标准正态分布近似 t 分布。

③ t 分布的密度曲线

$h(t)$ 的图形关于纵轴对称。

④ t 分布的分位数

自由度为 v 的 t 分布水平 α 上侧分位数 $t_\alpha(v)$（附表 4），决定于

$$P\{t(v)\geqslant t_\alpha(v)\}=\alpha \tag{6.3.8}$$

自由度为 v 的 t 分布水平 α 下侧分位数 $t_{1-\alpha}(v)$，决定于

$$P\{t(v)\leqslant t_{1-\alpha}(v)\}=\alpha \tag{6.3.9}$$

由 t 分布的对称性,可知:
$$t_{1-\alpha}(v) = -t_\alpha(v)$$

例 6.3.3 假设总体 $X \sim N(0,9)$,$X_1, X_2, \cdots, X_8$ 是来自总体 X 的简单随机样本,求统计量
$$Y = \frac{X_1 + X_2 + X_3 + X_4}{\sqrt{X_5^2 + X_6^2 + X_7^2 + X_8^2}}$$
的概率分布。

解 由于独立正态分布的随机变量的和仍然服从正态分布,易见
$$U = \frac{X_1 + X_2 + X_3 + X_4}{\sqrt{D(X_1 + X_2 + X_3 + X_4)}} = \frac{X_1 + X_2 + X_3 + X_4}{6} \sim N(0,1)$$
作为独立标准正态随机变量的平方和,
$$\chi^2 = \frac{X_5^2}{9} + \frac{X_6^2}{9} + \frac{X_7^2}{9} + \frac{X_8^2}{9}$$
服从 $\chi^2(4)$ 分布,随机变量 U 和 χ^2 显然相互独立。随机变量 Y 可以表示为
$$Y = \frac{(X_1 + X_2 + X_3 + X_4)/6}{\sqrt{\dfrac{X_5^2 + X_6^2 + X_7^2 + X_8^2}{9}/4}} = \frac{U}{\sqrt{\chi^2/4}}$$
由 t 分布定义,可见随机变量 Y 服从自由度为 4 的 t 分布。

例 6.3.4 设随机变量 X, Y_1 和 Y_2 相互独立且都服从标准正态分布,求随机变量
$$Z = \frac{\sqrt{2}X}{\sqrt{Y_1^2 + Y_2^2}}$$
的概率分布。

解 由条件知 X, Y_1 和 Y_2 相互独立且都服从标准正态分布。随机变量
$$\chi^2 = Y_1^2 + Y_2^2$$
作为两个独立标准正态随机变量的平方和,服从自由度为 2 的 χ^2 分布。因为
$$Z = \frac{\sqrt{2}X}{\sqrt{Y_1^2 + Y_2^2}} = \frac{X}{\sqrt{\chi^2/2}}$$
其中:$X \sim N(0,1)$,χ^2 服从自由度为 2 的 χ^2 分布,X 和 $\chi^2 = Y_1^2 + Y_2^2$ 相互独立,所以由服从 t 分布的随机变量的典型模式知,随机变量 Z 服从自由度为 2 的 t 分布。

6.3.3 F 分布

定义 6.3.3 设 $U \sim \chi^2(n_1)$,$V \sim \chi^2(n_2)$,且 U 与 V 相互独立,则称随机变量
$$F = \frac{U/n_1}{V/n_2} \tag{6.3.10}$$
服从自由度为 (n_1, n_2) 的 F 分布,记为 $F \sim F(n_1, n_2)$。可以证明,$F(n_1, n_2)$ 分布的概率密度函数为

$$\psi(y) = \begin{cases} \dfrac{\Gamma\left[\dfrac{n_1 + n_2}{2}\right]\left(\dfrac{n_1}{n_2}\right)^{\frac{n_1}{2}} y^{\frac{n_1}{2} - 1}}{\Gamma\left(\dfrac{n_1}{2}\right)\Gamma\left(\dfrac{n_2}{2}\right)\left(1 + \dfrac{n_1 y}{n_2}\right)^{\frac{n_1 + n_2}{2}}}, & y > 0 \\ 0, & y \leqslant 0 \end{cases} \tag{6.3.11}$$

F 分布曲线与 χ^2 分布曲线有类似的形状。$\psi(y)$ 的图形如图 6.3.3 所示。

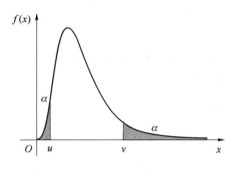

图 6.3.3

F 分布具备如下一些性质。

① 若 $F \sim F(n_1, n_2)$,则 $\dfrac{1}{F} \sim F(n_2, n_1)$。

② 若 $F \sim F(n_1, n_2)$,则

$$E(F) = \frac{n_2}{n_2 - 2}, \quad n_2 > 2$$

$$D(F) = \frac{n_2^2(2n_1 + 2n_2 - 4)}{n_1(n_2 - 2)^2(n_2 - 4)}, \quad n_2 > 4$$

关于 F 分布,我们也定义了分位数的概念并编制了相应的分位数值表(附表 6)。

F 分布的分位数:自由度为 (n_1, n_2) 的 F 分布水平 α 上侧分位数 $F_\alpha(n_1, n_2)$ 决定于

$$P\{F(n_1, n_2) > F_\alpha(n_1, n_2)\} = \alpha$$

此时,$F(n_1, n_2)$ 表示服从自由度为 (n_1, n_2) 的 F 分布的随机变量。自由度为 (n_1, n_2) 的 F 分布水平 α 下侧分位数 $F_{1-\alpha}(n_1, n_2)$ 决定于

$$P\{F(n_1, n_2) \leqslant F_{1-\alpha}(n_1, n_2)\} = \alpha$$

对于不同的自由度 (n_1, n_2) 和 $\alpha < 0.50$,附表 6 是 F 分布的上侧分位数的数值表。而对于 $\alpha > 0.50$,可以利用如下关系式求出分位数,

$$F_{1-\alpha}(n_1, n_2) = \frac{1}{F_\alpha(n_2, n_1)}$$

例如,由附表 6 可见,

$$F_{0.95}(4, 5) = \frac{1}{F_{0.05}(5, 4)} = \frac{1}{6.26} = 0.1579$$

例 6.3.5 设随机变量 X 和 Y 都服从标准正态分布并且独立,求 $Z = X^2/Y^2$ 的概率分布。

解 由于 X 和 Y 都服从标准正态分布,可见 X^2 和 Y^2 都服从自由度为 1 的 χ^2 分布。此外,由 X 和 Y 独立,可见 X^2 和 Y^2 也独立。从而,由服从 F 分布的随机变量的典型模式知随机变量 $Z = X^2/Y^2$ 服从自由度为 $(1,1)$ 的 F 分布。

6.3.4 正态总体的常用抽样分布

正态总体的统计推断在统计推断的理论和实际应用中占有特别重要的地位,凡是涉及正态总体的推断问题一般都有完满而简捷的结果。此外,正态总体的抽样分布一般都是精确分布。因此多数正态总体的统计推断方法并不要求样本容量充分大。

正态总体的抽样分布,主要是样本均值和样本方差的分布,所涉及的分布有:正态分布、χ^2

分布、t 分布和 F 分布。

1. 样本均值和样本方差的分布

定理 6.3.1 假设总体 $X \sim N(\mu,\sigma^2)$,$(X_1,X_2,\cdots,X_n)$ 是来自总体 X 的简单随机样本,$\overline{X}$ 和 S^2 相应为由式(6.2.1)定义的样本均值和样本方差。那么,

① 样本均值 $\overline{X} \sim N(\mu,\sigma^2/n)$,故

$$U = \frac{\overline{X}-\mu}{\sigma/\sqrt{n}} = \sqrt{n}\,\frac{\overline{X}-\mu}{\sigma} \sim N(0,1) \tag{6.3.12}$$

② 随机变量

$$\frac{(n-1)S^2}{\sigma^2} = \frac{1}{\sigma^2}\sum_{i=1}^{n}(X_i - \overline{X})^2 \sim \chi^2(n-1) \tag{6.3.13}$$

③ 样本均值 $\overline{X}$ 和样本方差 S^2 相互独立。

证明 证结论①。由于 $X_i \sim N(\mu,\sigma^2)(i=1,2,\cdots,n)$,且相互独立,故 $\overline{X}$ 作为独立正态随机变量的线性组合也服从正态分布,且 $E(\overline{X}) = \mu,D(\overline{X}) = \sigma^2/n$。

结论 ② 和 ③ 的证明略。

定理 6.3.2 设 $(X_1,X_2,\cdots,X_n)$ 是来自总体 $N(\mu,\sigma^2)$ 的样本,$\overline{X},S^2$ 分别是样本均值和样本方差,则有

$$\frac{\overline{X}-\mu}{S/\sqrt{n}} = \sqrt{n}\,\frac{\overline{X}-\mu}{S} \sim t(n-1) \tag{6.3.14}$$

证明 因为 $\overline{X} \sim N\left(\mu,\dfrac{\sigma^2}{n}\right)$,所以 $\dfrac{\overline{X}-\mu}{\sigma/\sqrt{n}} \sim N(0,1)$,而 $\dfrac{(n-1)S^2}{\sigma^2} \sim \chi^2(n-1)$,且与 $\dfrac{\overline{X}-\mu}{\sigma/\sqrt{n}}$ 相互独立,于是根据 t 分布的定义有

$$\frac{\dfrac{\overline{X}-\mu}{\sigma/\sqrt{n}}}{\sqrt{\dfrac{(n-1)S^2}{(n-1)\sigma^2}}} \sim t(n-1)$$

即 $\dfrac{\overline{X}-\mu}{S/\sqrt{n}} \sim t(n-1)$。

2. 样本均值差和联合样本方差的分布

定理 6.3.3 假设有两个总体 $X \sim N(\mu_1,\sigma_1^2)$ 和 $Y \sim N(\mu_2,\sigma_2^2)$,且 X 和 Y 相互独立;$(X_1, X_2,\cdots,X_{n_1})$ 是来自总体 X 的简单随机样本,$\overline{X}$ 和 S_1^2 相应为其样本均值和样本方差;$(Y_1, Y_2,\cdots,Y_{n_2})$ 是来自总体 Y 的简单随机样本,$\overline{Y}$ 和 S_2^2 相应为其样本均值和样本方差。记

$$S_w^2 = \frac{(n_1-1)S_1^2 + (n_2-1)S_2^2}{n_1+n_2-2} \tag{6.3.15}$$

称作总体 X 和 Y 的**联合样本方差**。那么,以下命题成立。

① 随机变量

$$\overline{X}-\overline{Y} \sim N\left(\mu_1-\mu_2,\frac{\sigma_1^2}{n_1}+\frac{\sigma_2^2}{n_2}\right), \quad U = \frac{\overline{X}-\overline{Y}-(\mu_1-\mu_2)}{\sqrt{\dfrac{\sigma_1^2}{n_1}+\dfrac{\sigma_2^2}{n_2}}} \sim N(0,1) \tag{6.3.16}$$

② 统计量 $\overline{X},S_1^2,\overline{Y},S_2^2$ 相互独立。

③ 若 $\sigma_1^2 = \sigma_2^2$(记作 σ^2),则随机变量

$$\frac{(n_1+n_2-2)S_w^2}{\sigma^2} = \frac{1}{\sigma^2}\sum_{i=1}^{n_1}(X_i-\overline{X})^2 + \frac{1}{\sigma^2}\sum_{j=1}^{n_2}(Y_i-\overline{Y})^2 \sim \chi^2(n_1+n_2-2) \tag{6.3.17}$$

④ 若 $\sigma_1^2 = \sigma_2^2$，则随机变量

$$T = \frac{(\overline{X}-\overline{Y})-(\mu_1-\mu_2)}{S_w\sqrt{\frac{1}{n_1}+\frac{1}{n_2}}} \sim t(n_1+n_2-2) \tag{6.3.18}$$

证明 (1) 证命题①。因为独立正态随机变量的线性组合仍然服从正态分布，故 $\overline{X} \sim N(\mu_1, \sigma_1^2/n_1)$，$\overline{Y} \sim N(\mu_2, \sigma_2^2/n_2)$，所以 $\overline{X}-\overline{Y}$ 也服从正态分布，其数学期望和方差为

$$E(\overline{X}-\overline{Y}) = \mu_1 - \mu_2, \quad D(\overline{X}-\overline{Y}) = \frac{\sigma_1^2}{n_1} + \frac{\sigma_2^2}{n_2}$$

命题①得证。

(2) 证命题②。因为 $(\overline{X}, S_1^2)$ 与 $(\overline{Y}, S_2^2)$ 分别仅依赖于相互独立的两个样本，故它们相互独立；由于同一正态总体的样本均值和样本方差相互独立，可见 $\overline{X}$ 和 S_1^2 及 $\overline{Y}$ 和 S_2^2 各自相互独立。因此，对于任意实数 t_1, t_2, t_3, t_4，有

$$P\{\overline{X} \leqslant t_1, S_1^2 \leqslant t_2, \overline{Y} \leqslant t_3, S_2^2 \leqslant t_4\}$$
$$= P\{\overline{X} \leqslant t_1, S_1^2 \leqslant t_2\}P\{\overline{Y} \leqslant t_3, S_2^2 \leqslant t_4\}$$
$$= P\{\overline{X} \leqslant t_1\}P\{S_1^2 \leqslant t_2\}P\{\overline{Y} \leqslant t_3\}P\{S_2^2 \leqslant t_4\}$$

从而 $\overline{X}, S_1^2, \overline{Y}, S_2^2$ 相互独立。

(3) 证命题③。由式(6.3.13)知

$$\chi_1^2 = \frac{(n_1-1)S_1^2}{\sigma^2}, \quad \chi_2^2 = \frac{(n_2-1)S_2^2}{\sigma^2}$$

分别服从自由度为 (n_1-1) 和 (n_2-1) 的 χ^2 分布；而由命题②可见 χ_1^2 和 χ_2^2 相互独立。因此，由 χ^2 分布的可加性知

$$\chi^2 = \frac{(n_1+n_2-2)S_w^2}{\sigma^2} = \frac{(n_1-1)S_1^2+(n_2-1)S_2^2}{\sigma^2} = \chi_1^2 + \chi_2^2$$

服从 χ^2 分布，自由度为 $v = (n_1-1)+(n_2-1) = n_1+n_2-2$。

(4) 证命题④。由命题②可见 $\overline{X}, \overline{Y}, S_w^2$ 相互独立。易见，式(6.3.18)中的 T 可以写成：

$$T = \frac{U}{\sqrt{\chi^2/v}}, \quad v = n_1+n_2-2$$

$$U = \frac{\overline{X}-\overline{Y}-(\mu_1-\mu_2)}{\sigma}\sqrt{\frac{n_1 n_2}{n_1+n_2}}, \quad \chi^2 = \frac{v S_w^2}{\sigma^2}$$

因此，由 t 分布随机变量的定义可见，随机变量 T 服从自由度为 $v = n_1+n_2-2$ 的 t 分布。

3. 样本方差比的分布

定理 6.3.4 假设有两个总体 $X \sim N(\mu_1, \sigma_1^2)$ 和 $Y \sim N(\mu_2, \sigma_2^2)$，且 X 和 Y 相互独立。$(X_1, X_2, \cdots, X_{n_1})$ 和 $(Y_1, Y_2, \cdots, Y_{n_2})$ 分别是来自总体 X 和 Y 的简单随机样本，S_1^2 和 S_2^2 分别相应为样本方差。那么，以下命题成立。

① 随机变量

$$F = \frac{S_1^2/\sigma_1^2}{S_2^2/\sigma_2^2} \tag{6.3.19}$$

服从 $F(n_1-1, n_2-1)$ 分布。

② 如果 $\sigma_1^2 = \sigma_2^2$，则两个样本方差之比

$$F = \frac{S_1^2}{S_2^2} \tag{6.3.20}$$

服从 $F(n_1-1, n_2-1)$ 分布。

证明 命题 ② 是命题 ① 的特例，故只需证命题 ①。由式(6.3.19)，有

$$F = \frac{S_1^2/\sigma_1^2}{S_2^2/\sigma_2^2} = \frac{\chi_1^2/(n_1-1)}{\chi_2^2/(n_2-1)} \left(\chi_1^2 = \frac{(n_1-1)S_1^2}{\sigma_1^2}; \chi_2^2 = \frac{(n_2-1)S_2^2}{\sigma_2^2} \right)$$

由式(6.3.13)知 χ_1^2 和 χ_2^2 服从自由度分别为 n_1-1, n_2-1 的 χ^2 分布。由两个样本的独立性可见 S_1^2 和 S_2^2 独立，从而 χ_1^2 和 χ_2^2 相互独立。由 F 分布的定义，知式(6.3.19)中的 F 服从 $F(n_1-1, n_2-1)$ 分布。

例 6.3.6 设总体 $X_i(i=1,2)$ 服从正态分布 $N(\mu_i, \sigma_i^2)$，X_1 和 X_2 独立。由来自总体 $X_i(i=1,2)$ 的简单随机样本，得样本均值 $\overline{X}_i$ 和样本方差 S_i^2。证明：如果 $\mu_1 = \mu_2 = \mu$，则 $E(\alpha_1 \overline{X}_1 + \alpha_2 \overline{X}_2) = \mu$，其中 α_i 是统计量：

$$\alpha_i = \frac{S_i^2}{S_1^2 + S_2^2}, \quad i = 1, 2$$

证明 由于来自独立正态总体的 $\overline{X}_1, S_1^2, \overline{X}_2, S_2^2$ 相互独立，可见 α_1 和 $\overline{X}_1$ 以及 α_2 和 $\overline{X}_2$ 相互独立。从而有

$$\begin{aligned}
E(\alpha_1 \overline{X}_1 + \alpha_2 \overline{X}_2) &= E(\alpha_1 \overline{X}_1) + E(\alpha_2 \overline{X}_2) \\
&= E(\alpha_1)E(\overline{X}_1) + E(\alpha_2)E(\overline{X}_2) \\
&= \mu[E(\alpha_1) + E(\alpha_2)] \\
&= \mu E(\alpha_1 + \alpha_2) \\
&= \mu
\end{aligned}$$

例 6.3.7 设 $X_1, X_2, \cdots, X_{10}$ 是来自正态总体 X 的简单随机样本，

$$T = \frac{3(X_{10} - \overline{X})}{S\sqrt{10}} \left(\overline{X} = \frac{1}{9} \sum_{i=1}^{9} X_i, S^2 = \frac{1}{8} \sum_{i=1}^{9} (X_i - \overline{X})^2 \right)$$

证明：统计量 T 服从自由度为 8 的 t 分布。

证明 设 $X \sim N(\mu, \sigma^2)$，则 $\overline{X} \sim N(\mu, \sigma^2/9)$，$X_{10} - \overline{X} \sim N(0, 10\sigma^2/9)$。易见

$$T = \frac{U}{\sqrt{\chi^2/8}} \left(U = \frac{X_{10} - \overline{X}}{\sigma\sqrt{10}/3}; \chi^2 = \frac{8S^2}{\sigma^2} \right)$$

其中 $U \sim N(0,1)$，随机变量 χ^2 服从自由度为 8 的 χ^2 分布。

现在证明 U 和 χ^2 独立。事实上，对于正态总体，$\overline{X}$ 和 S^2 独立；而由条件知 X_{10} 与 $(\overline{X}, S^2)$ 独立。对于任意实数 a, b, c，有

$$\begin{aligned}
&P\{X_{10} \leqslant a, \overline{X} \leqslant b, S^2 \leqslant c\} \\
&= P\{X_{10} \leqslant a\} P\{\overline{X} \leqslant b, S^2 \leqslant c\} \\
&= P\{X_{10} \leqslant a\} P\{\overline{X} \leqslant b\} P\{S^2 \leqslant c\}
\end{aligned}$$

从而 $X_{10}, \overline{X}, S^2$ 相互独立。因为 U 仅依赖于 $(X_{10}, \overline{X})$，而 χ^2 仅依赖于 S^2，所以 U 和 χ^2 独立。于是，由式(6.2.1)知，统计量 T 服从自由度为 8 的 t 分布。

4. 样本均值极限抽样分布[*]

正态总体的抽样分布都是精确概率分布，适用于任何样本容量 n。原则上，对于其他一些总

体,用类似的方法也可以求出某些抽样分布,然而像正态总体那样有比较简捷和完满结果的却不多见。在类似的情况下,人们在样本容量充分大的情况下成功地使用极限分布。极限抽样分布的内容十分丰富,下面只准备介绍任意总体的样本均值的极限抽样分布是正态分布的情形。

设 X 是任意总体,$E(X)=\mu,D(X)=\sigma^2$ 存在。$(X_1,X_2,\cdots,X_n)$ 是来自总体 X 的简单随机样本,$\overline{X}$ 和 S^2 相应为样本均值和样本方差,则当 n 充分大时

$$V=\frac{\overline{X}-\mu}{\sigma/\sqrt{n}}, \quad T=\frac{\overline{X}-\mu}{S/\sqrt{n}} \tag{6.3.21}$$

都近似服从标准正态分布。

证明 (1) 由林德伯格-勒维定理,可见当 n 充分大时 V 近似服从标准正态分布。
(2) 证明略。

习 题 6

(A)

1. 假设总体 X 服从参数为 λ 的泊松分布,试求来自总体 X 的简单随机样本$(X_1,X_2,\cdots,X_n)$ 的概率分布。

2. 假设总体 X 服从区间 $[a,b]$ 上的均匀分布,试求来自总体 X 的简单随机样本$(X_1,X_2,\cdots,X_n)$ 的概率分布。

3. 假设总体 X 服从参数为 λ 的指数分布,试求来自总体 X 的简单随机样本$(X_1,X_2,\cdots,X_n)$ 的概率分布。

4. 假设总体 X 服从参数为 p 的几何分布,试求来自总体 X 的简单随机样本$(X_1,X_2,\cdots,X_n)$ 的概率分布。

5. 某商店 100 天电冰箱的日销售情况有如下统计数据:

日销售台数 X	2	3	4	5	6	合 计
天 数	20	30	10	25	15	100

求经验分布函数 $F_n(x)$,样本均值 $\overline{X}$,样本极差 R,样本方差 S^2。

6. 设总体 X 服从正态分布 $N(\mu,\sigma^2)$,其中 μ 已知,σ^2 未知,X_1,X_2,X_3 是从中抽取的一个样本。

(1) 写出 X_1,X_2,X_3 的联合概率密度;

(2) 指出下列表达式中哪些是统计量?

$$X_1+X_2+X_3, \quad X_2+2\mu, \quad \min(X_1,X_2,X_3), \quad \sum_{i=1}^{3}\frac{X_i^2}{\sigma^2}, \quad X_3, \quad \frac{\overline{X}-\mu}{S/\sqrt{n}}, \quad \frac{\overline{X}-\mu}{\sigma/\sqrt{n}}$$

7. 设 $X_1,X_2,\cdots,X_{100}$ 是来自总体 X 的样本,且 $E(X)=\mu,D(X)=0.01$,求:

(1) $P\{|\overline{X}-\mu|>0.1\}$;

(2) $E(S^2)=E\left(\frac{1}{n-1}\sum_{i=1}^{n}(X_i-\overline{X})^2\right),n=100$。

8. 设 $X_1,X_2,\cdots,X_{30}$ 是来自总体 $N(0,4)$ 的一个样本,已知 $\chi_{0.25}^2(30)=34.8$,求 $P\{59.816\leqslant\sum_{i=1}^{30}X_i^2<139.2\}$。

9. 设总体 $X \sim N(\mu,4)$,由来自总体 X 的简单随机样本得样本均值 $\overline{X}$。试分别求满足下列各关系式的最小样本容量 n:(1) $D(\overline{X}) \leqslant 0.10$;(2) $E(|\overline{X}-\mu|) \leqslant 0.10$;(3) $P\{|\overline{X}-\mu| \leqslant 0.10\} \geqslant 0.95$。

10. 设总体 X 和 Y 相互独立且都服从正态分布 $N(30,3^2)$,而 $\overline{X}$ 和 $\overline{Y}$ 分别是总体 X 和 Y 的样本均值,样本容量相应为 20 和 30。试求概率 $P\{|\overline{X}-\overline{Y}|>0.4\}$。

11. 设 S_1^2 与 S_2^2 分别是来自正态总体 $N(\mu,\sigma^2)$ 的两个容量为 10 和 15 的样本方差,求:

(1) $P\left\{\dfrac{S_1^2}{S_2^2} \leqslant 2.65\right\}$;(2) $P\left\{\dfrac{S_1^2}{\sigma^2} \leqslant 2.114\right\}$。

12. 已知 $T \sim t(n)$,求证:$T^2 \sim F(1,n)$。

13. 设 $(X_1,X_2,\cdots,X_{15})$ 是来自正态总体 $N(0,9)$ 的简单随机样本,求统计量 Y 的概率分布:
$$Y = \frac{1}{2} \cdot \frac{X_1^2+X_2^2+\cdots+X_{10}^2}{X_{11}^2+X_{12}^2+\cdots+X_{15}^2}$$

14. 若 $X_1,X_2,\cdots,X_{40}$ 与 $Y_1,Y_2,\cdots,Y_{40}$ 分别来自两个具有相同均值和方差的正态总体 X,Y(假定 X,Y 相互独立),且 $X \sim N(0,0.05^2)$,求 $P\left\{\dfrac{(Y_1+Y_2+\cdots+Y_{40})^2}{X_1^2+X_2^2+\cdots+X_{40}^2} \leqslant 7.31\right\}$。

(B)

1. 设随机变量 X_1,X_2,X_3,X_4 相互独立,服从相同的正态分布 $N(\mu,\sigma^2)$,则 $Y=\dfrac{1}{2\sigma^2}(X_1^2+X_2^2+X_3^2+X_4^2-2X_1X_2-2X_3X_4)$ 服从_____分布。

2. 设随机变量 $X_1,X_2,\cdots,X_n$ $(n>1)$ 独立同分布,且其方差为 $\sigma^2>0$。令 $Y=\dfrac{1}{n}\sum_{i=1}^{n}X_i$,则( )。

(A) $\mathrm{Cov}(X_1,Y)=\dfrac{\sigma^2}{n}$ \hspace{1cm} (B) $\mathrm{Cov}(X_1,Y)=\sigma^2$

(C) $D(X_1+Y)=\dfrac{n+2}{n}\sigma^2$ \hspace{1cm} (D) $D(X_1-Y)=\dfrac{n+1}{n}\sigma^2$

3. 设 X_1,X_2,X_3,X_4 为来自总体 $N(1,\sigma^2)$ $(\sigma>0)$ 的简单随机样本,则统计量 $\dfrac{X_1-X_2}{|X_3+X_4-2|}$ 的分布为( )。

(A) $N(0,1)$ \hspace{1cm} (B) $t(1)$ \hspace{1cm} (C) $\chi^2(1)$ \hspace{1cm} (D) $F(1,1)$

第 7 章 参 数 估 计

统计推断是数理统计的核心部分,所谓统计推断就是用样本来推断总体。由于样本带有随机性,因此这种推断一般不能给出完全精确和可靠的结论。统计推断的任务就是尽可能地充分利用样本观测数据中的信息,对总体做出较为精确的判断。统计推断主要分为两大部分,一是参数估计,二是假设检验。参数估计分为点估计与区间估计两种。本章主要介绍估计量的求法、评价估计量好坏的标准以及参数的区间估计等内容。

7.1 点 估 计

7.1.1 参数估计

参数估计的参数是指总体分布中的未知参数。例如,在正态分布 $N(\mu,\sigma^2)$ 中 μ,σ^2 未知, μ 与 σ^2 是参数;μ 已知而 σ^2 未知,σ^2 是参数。再如,泊松分布 $P(\lambda)$ 的总体中 λ 未知,λ 是参数。又如,二项分布 $B(n,p)$ 的总体中 n 已知,p 未知,参数为 p。所谓参数估计就是由样本值对总体的(未知)参数做出估计。

例 7.1.1 用一个仪器测量某物体的长度,假定测量得到的长度服从正态分布 $N(\mu,\sigma^2)$。现在进行 5 次测量,测量值(单位:mm)为

$$53.2 \quad 52.9 \quad 53.3 \quad 52.8 \quad 52.5$$

μ,σ^2 分别是正态分布总体的均值和方差,用样本均值和样本方差分别去估计 μ 和 σ^2。

解 $\bar{x} = \dfrac{\sum\limits_{i=1}^{n} x_i}{n} = \dfrac{1}{5}(53.2+52.9+53.3+52.8+52.5) = 52.94$

$s^2 = \dfrac{1}{n-1}\sum\limits_{i=1}^{n}(x_i - \bar{x})^2$

$= \dfrac{1}{5-1}[(53.2-52.94)^2 + (52.9-52.94)^2 + (53.3-52.94)^2 +$

$(52.8-52.94)^2 + (52.5-52.94)^2] = 0.103$

所以,μ 的估计值是 52.94,σ^2 的估计值是 0.103。用 $\hat{\mu},\hat{\sigma}^2$ 分别表示 μ,σ^2 的估计值,则 $\hat{\mu} = 52.94$, $\hat{\sigma}^2 = 0.103$,这就是对参数 μ 和 σ^2 分别作定值估计,也称为参数的**点估计**。

一般地说,设总体 X 的分布函数是 $F(x;\theta_1,\theta_2,\cdots,\theta_k)$,其中 $\theta_1,\theta_2,\cdots,\theta_k$ 是未知参数。如

果从总体中取得的样本值为$(x_1,x_2,\cdots,x_n)$,作 k 个函数 $\hat{\theta}_i=\hat{\theta}_i(x_1,x_2,\cdots,x_n),i=1,2,\cdots,k$,分别用 $\hat{\theta}_i$ 估计未知参数 θ_i,则称 $\hat{\theta}_i$ 是 θ_i 的**估计值**。作 $\hat{\theta}_i=\hat{\theta}_i(X_1,X_2,\cdots,X_n),i=1,2,\cdots,k$,则称 $\hat{\theta}_i$(随机变量)是 θ_i 的**估计量**。估计量显然是统计量,用于估计未知参数。为了方便起见,有时候我们把估计值和估计量统称为估计量,用 $\hat{\theta}_i$ 对参数 θ_i 作定值估计称为参数的点估计。需要指出,这种估计值随抽得样本的数值的不同而不同,具有随机性。

7.1.2 点估计方法

本节主要介绍两种常用的构造估计量的方法:矩估计法和极大似然估计法。在实际应用中还有 Bayes 法、最小二乘法、判决函数法、自适应法和稳健估计法等方法。

1. 矩估计法

所谓**矩估计法**,概括来说就是用样本矩估计总体的相应的矩,用样本矩的函数作为总体相应矩同一函数的估计量。

例 7.1.2 设某种罐头的重量 $X \sim N(\mu,\sigma^2)$,其中参数 μ 和 σ^2 都是未知的,现随机地抽测 8 盒罐头,测得重量(单位:g)为

$$453 \quad 457 \quad 454 \quad 452.5 \quad 453.5 \quad 455 \quad 456 \quad 451$$

试求 μ 和 σ^2 的矩估计值。

解 由于 μ 是全部罐头的平均重量,而 $\bar{x}$ 是样本的平均重量,因此自然会想到用样本均值 $\bar{x}$ 去估计 μ。同样地,可用样本方差 s^2 去估计总体方差 σ^2,即有 $\hat{\mu}=\bar{x},\hat{\sigma}^2=s^2$,由测得的重量值,可算得 $\bar{x}$ 和 s^2 的值分别是 $\bar{x}=454,s^2=3.78$,故有 $\hat{\mu}=454,\hat{\sigma}^2=3.78$。

例 7.1.3 设总体 X 在 $[a,b]$ 上服从均匀分布,其概率密度函数为

$$f(x)=\begin{cases}\dfrac{1}{b-a}, & a\leqslant x\leqslant b\\ 0, & 其他\end{cases}$$

试求未知参数 a 和 b 的估计量。

解 这时参数 a 和 b 并不是总体分布的矩,但是总体矩都与 a 和 b 有关,例如,总体分布的一阶、二阶原点矩分别为

$$A_1=E(X)=\int_a^b\frac{x}{b-a}\mathrm{d}x=\frac{a+b}{2}$$

$$A_2=E(X^2)=\int_a^b\frac{x^2}{b-a}\mathrm{d}x=\frac{1}{3}(a^2+ab+b^2)$$

由以上两式可解得

$$a=A_1-\sqrt{3}\cdot\sqrt{A_2-A_1^2},\quad b=A_1+\sqrt{3}\cdot\sqrt{A_2-A_1^2}$$

当我们用样本矩估计总体矩,即取 $\hat{A}_1=\dfrac{1}{n}\sum_{i=1}^n X_i=\overline{X},\hat{A}_2=\dfrac{1}{n}\sum_{i=1}^n X_i^2$ 时,就得到

$$\hat{a}=\hat{A}_1-\sqrt{3}\cdot\sqrt{\hat{A}_2-\hat{A}_1^2}=\overline{X}-\sqrt{3}\cdot\sqrt{\frac{1}{n}\sum_{i=1}^n X_i^2-\overline{X}^2}=\overline{X}-\sqrt{3}\cdot\sqrt{\frac{1}{n}\sum_{i=1}^n(X_i-\overline{X})^2}$$

$$\hat{b}=\overline{X}+\sqrt{3}\cdot\sqrt{\frac{1}{n}\sum_{i=1}^n(X_i-\overline{X})^2}$$

例 7.1.4 设总体 X 服从参数 λ 的指数分布,求 λ 的矩估计量。

解 由题意得 $f(x)=\lambda e^{-\lambda x}(x>0,\lambda>0)$,则

$$A_1 = E(X) = \int_0^{+\infty} x\lambda e^{-\lambda x} dx = \frac{1}{\lambda}$$

即 $\lambda = \frac{1}{A_1}$。设 $X_1, X_2, \cdots, X_n$ 是来自总体 X 的样本,A_1 的估计量为

$$\hat{A}_1 = \frac{1}{n}\sum_{i=1}^n X_i = \overline{X}$$

故 $\hat{\lambda} = \frac{1}{\overline{X}}$。

一般地讲,设总体 X 的分布函数 $F(x;\theta_1,\theta_2,\cdots,\theta_m)$ 的类型已知,但其中包含 m 个未知参数 $\theta_1,\theta_2,\cdots,\theta_m$,则总体 X 的 k 阶矩也是 $\theta_1,\theta_2,\cdots,\theta_m$ 的函数,记

$$q_k(\theta_1,\theta_2,\cdots,\theta_m) = E(X^k), \quad k=1,2,\cdots,m$$

假定从方程组

$$\begin{cases} q_1(\theta_1,\theta_2,\cdots,\theta_m) = A_1 \\ q_2(\theta_1,\theta_2,\cdots,\theta_m) = A_2 \\ \quad\quad\vdots \\ q_m(\theta_1,\theta_2,\cdots,\theta_m) = A_m \end{cases}$$

可以解出

$$\begin{cases} \theta_1 = h_1(A_1,A_2,\cdots,A_m) \\ \theta_2 = h_2(A_1,A_2,\cdots,A_m) \\ \quad\quad\vdots \\ \theta_m = h_m(A_1,A_2,\cdots,A_m) \end{cases}$$

设 $X_1,X_2,\cdots,X_n$ 是总体 X 的一个样本。用 $\hat{A}_k = \frac{1}{n}\sum_{i=1}^n X^k$ 来估计 $A_k(k=1,2,\cdots,m)$,然后代入上式的 h_k 中,得到 θ_k 的估计量 $\hat{\theta}_k = h_k(\hat{A}_1,\hat{A}_2,\cdots,\hat{A}_m)$,其中 $k=1,2,3,\cdots,m$。

我们看到,矩估计法直观且便于计算,特别是在对总体的数学期望及方差等数字特征作估计时,并不一定要知道总体的分布函数,但是,矩估计法要求总体 X 的原点矩存在,若总体 X 的原点矩不存在,则不能用矩估计法。

2. 极大似然估计法

极大似然估计法是求参数估计的另一种方法,它最早是由高斯(C. F. Gauss)提出的,后来由费希尔(R. A. Fisher)在 1912 年重新提出,并且费希尔证明了这个方法的一些性质,极大似然估计这一名称也是费希尔给出的。

当总体的分布类型已知时,常用极大似然估计法估计未知参数。下面结合例子介绍极大似然估计法的基本思想和方法。

例 7.1.5 设有一大批产品,其不合格率为 $p(0<p<1)$。现从中随机地抽取 100 个,其中有 10 个不合格品,试估计 p 的值。

解 若正品用"0"表示,不合格品用"1"表示,则此总体 X 的分布为

$$P\{X=1\}=p, \quad P\{X=0\}=1-p$$

即

$$P\{X=x\}=p^x(1-p)^{1-x}, \quad x=0,1$$

取得的样本记为$(x_1,x_2,\cdots,x_{100})$,其中 10 个是"1",90 个是"0"。出现此样本的概率为

$$P\{X_1=x_1,X_2=x_2,\cdots,X_n=x_n\}=P\{X_1=x_1\}\cdot P\{X_2=x_2\}\cdot\cdots\cdot P\{X_n=x_n\}$$
$$=p^{x_1}(1-p)^{1-x_1}\cdot p^{x_2}(1-p)^{1-x_2}\cdot\cdots\cdot p^{x_n}(1-p)^{1-x_n}$$
$$=p^{\sum_{i=1}^{n}x_i}(1-p)^{n-\sum_{i=1}^{n}x_i}$$

这个概率随 p 的不同而不同,应该选择使此概率达到最大的 p 值作为真正不合格率的估计值。记 $L(p)=p^{10}(1-p)^{90}$,用高等数学中求极值的方法,知

$$L'(p)=10p^9(1-p)^{90}-90p^{10}(1-p)^{89}=p^9(1-p)^{89}[10(1-p)-90p]=0$$

解出 $\hat{p}=\dfrac{10}{100}$。

求解例 7.1.5 的思想方法是:选择参数 p 的值使抽得的该样本值出现的可能性最大,用这个值作为未知参数 p 的估计值。这种求估计量的方法称为最大似然估计法,也称为极大似然估计法。显然,在例 7.1.5 中取一个容量为 n 的样本,其中有 m 个不合格品,用极大似然估计法可得 $\hat{p}=\dfrac{m}{n}$。

下面分离散和连续两种总体分布情形介绍极大似然估计法。

(1) 离散分布情形

设总体 X 的分布律为 $P\{X=x_i\}=p(x_i;\theta), i=1,2,\cdots$,其中 θ 为未知参数,$(X_1,X_2,\cdots,X_n)$ 为 X 的一个样本,$(x_1,x_2,\cdots,x_n)$ 是样本的观测值,则

$$P\{X_1=x_1,X_2=x_2,\cdots,X_n=x_n\}=\prod_{i=1}^{n}P\{X=x_i\}=\prod_{i=1}^{n}p\{x_i;\theta\}$$

当样本观测值$(x_1,x_2,\cdots,x_n)$给定后,上式是 θ 的函数,记作

$$L=L(x_1,x_2,\cdots,x_n;\theta)=\prod_{i=1}^{n}p(x_i;\theta) \tag{7.1.1}$$

并称式(7.1.1)为似然函数。使似然函数 L 取得最大值的 $\hat{\theta}$,即满足 $\max_{\theta}L(x_1,x_2,\cdots,x_n;\theta)=L(x_1,x_2,\cdots,x_n;\hat{\theta})$ 的 $\hat{\theta}$,称为 θ 的**极大似然估计值**。

怎样求 θ 的极大似然估计值呢?当 L 是 θ 的可微函数时,要使 L 取得最大值,则 θ 必须满足方程

$$\frac{\mathrm{d}L}{\mathrm{d}\theta}=0 \tag{7.1.2}$$

由此方程解得 θ,再把 θ 换成 $\hat{\theta}$ 即可。

由于 L 与 $\ln L$ 在同一处取得最大值,因此 $\hat{\theta}$ 可由方程

$$\frac{\mathrm{d}(\ln L)}{\mathrm{d}\theta}=0 \tag{7.1.3}$$

求得,这往往比直接用式(7.1.2)求 $\hat{\theta}$ 来得方便。方程(7.1.2)称为似然方程,方程(7.1.3)称为对数似然方程。显然,用极大似然估计法得到的参数 θ 的估计值 $\hat{\theta}$ 与样本观测值$(x_1, x_2,\cdots,x_n)$的取值有关,故可记作 $\hat{\theta}=\hat{\theta}(x_1,x_2,\cdots,x_n)$。$\hat{\theta}(X_1,X_2,\cdots,X_n)$ 称为 θ 的**极大似然估计量**。

综上所述，求参数 θ 的极大似然估计的步骤归纳如下：

第一步，根据总体概率分布(若是连续型变量，则根据概率密度)构造似然函数，$L(x_i;\theta)=\prod_{i=1}^{n} p(x_i;\theta)$；

第二步，对似然函数取对数；

第三步，对数似然函数 $\ln L$ 对 θ 求导数〔若同时估计总体的 m 个未知参数 $\theta_i(i=1,2,\cdots,m)$，则对数似然函数 $\ln L$ 分别对 θ_i 求偏导数〕，并令 $\dfrac{\mathrm{d}(\ln L)}{\mathrm{d}\theta}=0$；

第四步，从上式中解出 θ，由于 θ 是样本的函数，因此得到的是 θ 的估计量，记为 $\hat{\theta}$；

第五步，将样本观测值代入 $\hat{\theta}$，得到总体参数 θ 的估计值。

例 7.1.6 设总体 X 服从泊松分布，其分布律为 $P\{X=x\}=\dfrac{\lambda^x \mathrm{e}^{-\lambda}}{x!}(x=0,1,2,\cdots)$。$(X_1,X_2,\cdots,X_n)$ 是 X 的一个样本，试求 λ 的极大似然估计量。

解 按式(7.1.1)，似然函数为

$$L = \prod_{i=1}^{n} \frac{\lambda^{x_i} \mathrm{e}^{-\lambda}}{x_i!} = \frac{\lambda^{x_1+x_2+\cdots+x_n}}{x_1!x_2!\cdots x_n!} \mathrm{e}^{-n\lambda}$$

取对数得

$$\ln L = \Big(\sum_{i=1}^{n} x_i\Big) \ln \lambda - n\lambda - \sum_{i=1}^{n} \ln(x_i!)$$

对 λ 求导得对数似然方程

$$\frac{\mathrm{d}(\ln L)}{\mathrm{d}\lambda} = \frac{1}{\lambda} \sum_{i=1}^{n} x_i - n = 0$$

由此得 λ 的极大似然估计值为

$$\hat{\lambda} = \frac{1}{n} \sum_{i=1}^{n} x_i = \overline{x}$$

λ 的极大似然估计量为

$$\hat{\lambda} = \frac{1}{n} \sum_{i=1}^{n} x_i = \overline{X}$$

(2) 连续分布情形

设总体 X 的分布密度为 $f(x;\theta)$，其中 θ 为未知参数，$(x_1,x_2,\cdots,x_n)$ 为 X 的一个样本观测值，以 $f(x_i;\theta)$ 代替式(7.1.1)中的 $p(x_i;\theta)$，得似然函数

$$L(x_1,x_2,\cdots,x_n;\theta) = \prod_{i=1}^{n} f(x_i;\theta) \tag{7.1.4}$$

再按上述方法和步骤便可求得 θ 的极大似然估计值和极大似然估计量。

需要指出，似然函数与联合概率密度函数的区别在于，在式(7.1.4)中，若 θ 已知，则为联合概率密度函数，若 θ 未知，则为似然函数。

例 7.1.7 设某种电子元件的寿命服从指数分布，其分布密度为

$$f(x;\lambda) = \begin{cases} \lambda \mathrm{e}^{-\lambda x}, & x \geq 0 \\ 0, & x < 0 \end{cases}$$

测得 n 个元件的寿命为 $x_1,x_2,\cdots,x_n$，试求 λ 的极大似然估计值。

解 按式(7.1.4),似然函数为
$$L = \prod_{i=1}^{n} \lambda e^{-\lambda x_i} = \lambda^n e^{-\lambda(x_1+x_2+\cdots+x_n)}$$

取对数得
$$\ln L = n\ln \lambda - \lambda \sum_{i=1}^{n} x_i$$

对 λ 求导得对数似然方程
$$\frac{d(\ln L)}{d\lambda} = \frac{n}{\lambda} - \sum_{i=1}^{n} x_i$$

由此解得 λ 的极大似然估计值
$$\hat{\lambda} = \frac{n}{\sum_{i=1}^{n} x_i} = \frac{1}{\bar{x}}$$

例 7.1.8 设总体 X 具有均匀分布,其密度为
$$f(x;\theta) = \begin{cases} \dfrac{1}{\theta}, & 0 \leqslant x \leqslant \theta \\ 0, & \text{其他} \end{cases}$$

其中未知参数 $\theta > 0$,试求 θ 的极大似然估计量。

解 样本值为 $(x_1, x_2, \cdots, x_n)$,而
$$f(x_i;\theta) = \begin{cases} \dfrac{1}{\theta}, & 0 \leqslant x_i \leqslant \theta \\ 0, & \text{其他} \end{cases}$$

似然函数
$$L = \begin{cases} \dfrac{1}{\theta^n}, & 0 \leqslant \min_{1 \leqslant i \leqslant n} x_i \leqslant \max_{1 \leqslant i \leqslant n} x_i \leqslant \theta \\ 0, & \text{其他} \end{cases}$$

选取 θ 的值使 L 达到最大,只要取 $\theta = \max\limits_{1 \leqslant i \leqslant n} x_i$,改写成 $\hat{\theta} = \max\limits_{1 \leqslant i \leqslant n} x_i$ 或 $\hat{\theta} = \max\limits_{1 \leqslant i \leqslant n} X_i$。

一般地说,设总体 X 的分布中含 m 个未知参数 $\theta_1, \theta_2, \cdots, \theta_m$,其似然函数为
$$L = L(x_1, x_2, \cdots, x_n; \theta_1, \theta_2, \cdots, \theta_m)$$

则似然方程组为
$$\begin{cases} \dfrac{\partial L}{\partial \theta_1} = 0 \\ \dfrac{\partial L}{\partial \theta_2} = 0 \\ \vdots \\ \dfrac{\partial L}{\partial \theta_m} = 0 \end{cases} \tag{7.1.5}$$

对数似然方程组为

$$\begin{cases} \dfrac{\partial \ln L}{\partial \theta_1}=0 \\ \dfrac{\partial \ln L}{\partial \theta_2}=0 \\ \vdots \\ \dfrac{\partial \ln L}{\partial \theta_m}=0 \end{cases} \tag{7.1.6}$$

由式(7.1.5)或式(7.1.6)解得的 $\hat{\theta}_1,\hat{\theta}_2,\cdots,\hat{\theta}_m$ 分别称为参数 $\theta_1,\theta_2,\cdots,\theta_m$ 的极大似然估计量。

例 7.1.9 设正态总体 X 具有分布 $N(\mu,\sigma^2)$，其中 μ,σ^2 是未知参数，试求 μ 和 σ^2 的极大似然估计量。

解 因为

$$f(x_i)=\frac{1}{\sqrt{2\pi}\sigma}\mathrm{e}^{-\frac{(x_i-\mu)^2}{2\sigma^2}}$$

似然函数为

$$L=\prod_{i=1}^{n}\frac{1}{\sqrt{2\pi}\sigma}\mathrm{e}^{-\frac{(x_i-\mu)^2}{2\sigma^2}}=\left(\frac{1}{\sqrt{2\pi}\sigma}\right)^n\mathrm{e}^{-\frac{1}{2\sigma^2}\sum_{i=1}^{n}(x_i-\mu)^2}$$

取对数得

$$\ln L=-\ln(\sqrt{2\pi})^n-\frac{n}{2}\ln\sigma^2-\frac{1}{2\sigma^2}\sum_{i=1}^{n}(x_i-\mu)^2$$

求导得对数似然方程组为

$$\begin{cases} \dfrac{\partial \ln L}{\partial \mu}=\dfrac{1}{\sigma^2}\sum_{i=1}^{n}(x_i-\mu)=0 \\ \dfrac{\partial \ln L}{\partial \sigma^2}=-\dfrac{n}{2}\cdot\dfrac{1}{\sigma^2}+\dfrac{1}{2(\sigma^2)^2}\sum_{i=1}^{n}(x_i-\mu)^2=0 \end{cases}$$

解方程组得

$$\mu=\frac{1}{n}\sum_{i=1}^{n}x_i=\overline{x},\quad \sigma^2=\frac{1}{n}\sum_{i=1}^{n}(x_i-\overline{x})^2$$

改写为

$$\hat{\mu}=\overline{X},\quad \hat{\sigma}^2=\frac{1}{n}\sum_{i=1}^{n}(X_i-\overline{X})^2$$

需要指出，极大似然估计法不仅利用了样本所提供的信息，还利用了总体分布的表达式所提供的关于参数 $\theta_1,\theta_2,\cdots,\theta_m$ 的信息。因此，极大似然估计法得到的估计量的精度一般比矩估计法所得到的高，而且它的适用范围比较广，到目前为止，在理论上它仍是参数点估计的一种最重要的方法。

3. 顺序统计量法

第 6 章中已引进了顺序统计量的概念，实际中常用的顺序统计量是样本中位数和样本极差。顺序统计量法直观地来讲就是用样本中位数 M_e 估计总体中位数，用样本极差 R 估计总体标准差。当总体为连续型且分布密度对称时，总体中位数也就是期望值。特别地，对正态总体 $N(\mu,\sigma^2)$，关于样本中位数的以下结果能使我们更好地认识这种估计法。

定理 7.1.1 设 $(X_1,X_2,\cdots,X_n)$ 是来自正态总体 $N(\mu,\sigma^2)$ 的样本，M_e 是样本中位数，

则有
$$\sqrt{\frac{2n}{\pi\sigma^2}}(M_e-\mu)\to N(0,1), \quad n\to\infty$$

证明略。

定理 7.1.1 表明：$\sqrt{\frac{2n}{\pi\sigma^2}}(M_e-\mu)$ 渐近标准正态分布 $N(0,1)$，从而当 n 充分大时，M_e 近似服从 $N(\mu,\frac{\pi\sigma^2}{2n})$，$n$ 越大，M_e 落在 μ 附近的概率就越大。所以，当 n 充分大时，可用样本中位数 M_e 作为均值 μ 的估计，即 $\hat{\mu}=M_e$。

例 7.1.10 设某种灯泡寿命 $X\sim N(\mu,\sigma^2)$，其中参数 μ,σ^2 未知，为了估计平均寿命 μ，随机抽取 7 只灯泡测得寿命（单位：小时）为

1 575　　1 503　　1 346　　1 630　　1 575　　1 453　　1 950

(1) 用顺序统计量法估计 μ；
(2) 用矩估计法及最大似然估计法估计 μ。

解 (1) 顺序统计量 $(X_{(1)},X_{(2)},\cdots,X_{(n)})$ 的观测值分别为 1 346，1 453，1 503，1 575，1 575，1 630，1 950。因为 $n=7$，所以 $\hat{\mu}=M_e=x_{(4)}=1\,575$。

(2) 当总体 $X\sim N(\mu,\sigma^2)$ 时，用矩估计法及最大似然法去估计 μ 都得 $\hat{\mu}=\bar{x}=\frac{1}{7}\sum_{i=1}^{7}x_i=1\,576$。

当总体均值 μ 能够用样本中位数 M_e 估计时，用 M_e 估计有以下优点：只要 $E(X)$ 存在而不需要利用总体 X 的分布；计算简便；样本中位数 M_e 的观测值不易受个别异常数据的影响。

例如，在寿命试验的样本值中，发现某一数据异常小（例如，在例 7.1.10 中，由于工作粗心，把数据 1 346 误记录为 134），在进行统计推断时一定会有疑问：这个异常小的数据是总体 X 的随机性造成的，还是外来干扰造成的呢？如果原因属于后者（如记录错误），那么用样本均值 $\bar{x}$ 估计 $E(X)$ 显然要受到影响，但用样本中位数 M_e 估计 $E(X)$ 时，由于一个（甚至几个）异常数据不易改变中位数 M_e 的取值，因此估计值不易受影响。特别是在寿命试验中，个别样本寿命很长，这是常有的现象，若等待 n 个寿命试验全部结束，然后计算 $\bar{x}$ 作为平均寿命的估计值，花的时间会较多；如果用 M_e 估计总体均值 $E(X)$，那么令 n 个试验同时进行，只要有超过半数的试验得到了寿命数据，无论其余试验结果如何，都可以得到样本中位数的观测值 M_e，因此得 $\hat{\mu}=M_e$，若没有别的需要，寿命试验即可结束。

类似地，可用极差 $R=x_{(n)}-x_{(1)}$ 作为总体标准差 $\sqrt{D(X)}$ 的估计量，即
$$\sqrt{D(X)}=R=X_{(n)}-X_{(1)}, \quad n\leqslant 10$$

这种估计称为**极差估计法**。

用样本极差 R 来估计 $\sqrt{D(X)}$，计算很简单，但不如用 S 估计可靠，一般情况下这种估计仅在 $n\leqslant 10$ 时使用。

7.2 估计量的评价标准

从 7.1 节的讨论可以看到，参数估计的方法有多种，用不同的方法得到的估计量不一

定相同。从理论上来说，任何一个统计量都可以作为未知参数的估计量，这就涉及估计量的评价标准。

由于估计量作为样本的函数是一个随机变量，对不同的样本观测值，其估计量的观测值也不同，因此，一个估计量的优劣不能仅凭一次观测结果，而要根据估计量的统计规律来评价。直观上讲，一个好的估计量其观测值应在待估参数的真值附近波动，且波动的幅度越小越好。这就是说，我们要使估计量与待估参数在某种统计意义下非常"接近"，为此，我们介绍几个常用的评价标准。

7.2.1 无偏性

定义 7.2.1 若参数 θ 的估计量 $\hat{\theta}$ 满足 $E(\hat{\theta})=\theta$，则称 $\hat{\theta}$ 是 θ 的**无偏估计**。

无偏性是对估计量的最基本的要求。从直观上讲，如果对同一总体抽取容量相同的多个样本，得到的估计量就有多个值，那么这些值的平均值应等于被估计参数。这种要求在工程技术上是完全合理的。

如果 $E(\hat{\theta}) \neq \theta$，那么称 $E(\hat{\theta}) - \theta$ 为估计量 $\hat{\theta}$ 的**偏差**。若 $\lim E(\hat{\theta}) = \theta$，则称 $\hat{\theta}$ 是 θ 的**渐近无偏估计(量)**。

例 7.2.1 设总体 X 的一阶和二阶矩存在，分布是任意的，记 $E(X)=\mu, D(X)=\sigma^2$，试问 $\overline{X}$ 和 S^2 是否是 μ 和 σ^2 的无偏估计量？

解 因为

$$E(\overline{X}) = E\left(\frac{1}{n}\sum_{i=1}^{n}X_i\right) = \frac{1}{n}\sum_{i=1}^{n}E(X_i) = \frac{1}{n}n\mu = \mu$$

所以 $\overline{X}$ 是 μ 的无偏估计量。

又因为

$$E(S^2) = E\left[\frac{1}{n-1}\sum_{i=1}^{n}(X_i - \overline{X})^2\right]$$

$$= \frac{1}{n-1}E\left\{\sum_{i=1}^{n}[(X_i - \mu) - (\overline{X} - \mu)]^2\right\}$$

$$= \frac{1}{n-1}E\left[\sum_{i=1}^{n}(X_i - \mu)^2 - 2\sum_{i=1}^{n}(X_i - \mu)(\overline{X} - \mu) + n(\overline{X} - \mu)^2\right]$$

$$= \frac{1}{n-1}E\left[\sum_{i=1}^{n}(X_i - \mu)^2 - n(\overline{X} - \mu)^2\right]$$

$$= \frac{1}{n-1}\left[\sum_{i=1}^{n}D(X_i) - nD(\overline{X})\right]$$

$$= \frac{1}{n-1}(n\sigma^2 - \sigma^2)$$

$$= \frac{1}{n-1}\sigma^2(n-1)$$

$$= \sigma^2$$

所以 S^2 也是 σ^2 的无偏估计量。

需要指出，在许多教材中样本方差为 $S^2 = \frac{1}{n}\sum_{i=1}^{n}(X_i - \overline{X})^2$，注意它不是 σ^2 的无偏估计

量,而只是 σ^2 的渐近无偏估计量。当 $n\to\infty$ 时, $\frac{1}{n}\sum_{i=1}^{n}(X_i-\overline{X})^2 \approx \frac{1}{n-1}\sum_{i=1}^{n}(X_i-\overline{X})^2$;而当 n 较小时,用 $\frac{1}{n}\sum_{i=1}^{n}(X_i-\overline{X})^2$ 估计 σ^2 偏差较大。因此,当样本容量较小时,一般用 $\frac{1}{n-1}\sum_{i=1}^{n}(X_i-\overline{X})^2$ 作为 σ^2 的估计量。

7.2.2 有效性

既然参数 θ 的无偏估计不是唯一的,在 θ 的多个无偏估计之中就存在优劣问题,为此我们引入无偏估计量的有效性概念。

定义 7.2.2 设 $\hat{\theta}_1$ 和 $\hat{\theta}_2$ 是同一参数 θ 的两个无偏估计量,若对于任意样本容量 n 有 $D(\hat{\theta}_1) > D(\hat{\theta}_2)$,则称 $\hat{\theta}_2$ 较 $\hat{\theta}_1$ **有效**。

例如,$\hat{\mu}_1 = X_1$ 和 $\hat{\mu}_2 = \overline{X} = \frac{1}{n}\sum_{i=1}^{n} X_i (n>1)$ 都是 $\mu = E(X)$ 的无偏估计量,由于

$$D(\hat{\mu}_2) = D\left(\frac{1}{n}\sum_{i=1}^{n} X_i\right) = \frac{D(X)}{n} < D(\hat{\mu}_1) = D(X)$$

因此 $\hat{\mu}_2$ 较 $\hat{\mu}_1$ 有效。从这个意义上讲,我们用 $\hat{\mu}_2 = \overline{X}$,而不用 $\hat{\mu}_1 = X_1$ 作为 μ 的估计量。

例 7.2.2 比较 $\overline{X}$ 与 $\hat{\mu}_1 = \sum_{i=1}^{n} a_i X_i$ 的有效性,其中 $a_i (i=1,2,\cdots,n)$ 为正常数,且 $\sum_{i=1}^{n} a_i = 1$。

解 显然,当 $a_1 = a_2 = \cdots = a_n = \frac{1}{n}$ 时,$\hat{\mu}_1 = \overline{X}$,现设所有 a_i 不全相等。前面已证明 $\overline{X}$ 是总体均值 μ 的无偏估计量,且计算得 $D(\overline{X}) = \frac{1}{n}\sigma^2$,而

$$D(\hat{\mu}_1) = D\left(\sum_{i=1}^{n} a_i X_i\right) = \sum_{i=1}^{n} a_i^2 D(X_i) = \sigma^2 \sum_{i=1}^{n} a_i^2$$

利用不等式 $a_i^2 + a_j^2 \geq 2 a_i a_j$(当且仅当 $a_i = a_j$ 时等式成立)可得

$$\left(\sum_{i=1}^{n} a_i\right)^2 = \sum_{i=1}^{n} a_i^2 + \sum_{i<j} 2 a_i a_j < \sum_{i=1}^{n} a_i^2 + \sum_{i<j}(a_i^2 + a_j^2) = n \sum_{i=1}^{n} a_i^2$$

当 $\sum_{i=1}^{n} a_i = 1$ 时,由上式可得 $\sum_{i=1}^{n} a_i^2 > \frac{1}{n}$,可见 $\sigma^2 \sum_{i=1}^{n} a_i^2 > \frac{1}{n}\sigma^2$,故 $D(\hat{\mu}_1) > D(\overline{X})$,这表明 $\overline{X}$ 比 $\hat{\mu}_1$ 更有效。

显然,当 $\mu \neq 0$ 时,μ 的任何线性无偏估计量必有例 7.2.2 中的 $\hat{\mu}_1$ 的形式,所以例 7.2.2 也表明 $\overline{X}$ 是总体均值 μ 的所有线性无偏估计量中最有效的一个,也就是说,样本均值是总体均值的最小方差无偏估计量。

讨论和比较估计量的有效性时,研究最小方差无偏估计量是否存在以及存在的情况下如何寻找是一个比较复杂的问题,在这里不进行讨论,下面不加证明地给出两个结果:

① 频率是概率的最小方差无偏估计量;
② 对于正态总体 $N(\mu, \sigma^2)$,$\overline{X}$ 和 S^2 分别是 μ 和 σ^2 的最小方差无偏估计量。

由此我们不难理解,在实际工作中人们为什么将样本不合格率作为全部产品(总体)不合格率的估计量,用样本均值、样本方差分别作为总体均值、总体方差的估计量。

7.2.3 一致性

以上从无偏性和有效性两个方面讨论了选择估计量的标准,这在理论和应用上是合理的。由于无偏性和有效性是在固定样本容量 n 的前提下提出的,而实际中我们希望随着样本容量的增大,估计量的值能稳定于待估参数的真值,因此,在讨论估计量的标准时,还有另一个标准,即统计量的一致性。

定义 7.2.3 设 $\hat{\theta}(X_1,X_2,\cdots,X_n)$ 为总体未知参数 θ 的估计量,若对任意 $\varepsilon>0$,有 $\lim\limits_{n\to\infty}P\{|\hat{\theta}-\theta|<\varepsilon\}=1$,则称 $\hat{\theta}$ 为 θ 的**一致估计量**。

例 7.2.3 设总体 X 的期望 μ 和方差 σ^2 均存在,$(X_1,X_2,\cdots,X_n)$ 为总体的一个样本,试证样本平均数 $\overline{X}=\dfrac{1}{n}\sum\limits_{i=1}^{n}X_i$ 是 μ 的一致估计量。

证明 根据大数定理,对任意 $\varepsilon>0$,有

$$\lim_{n\to\infty}P\left\{\left|\frac{1}{n}\sum_{i=1}^{n}X_i-E(X)\right|<\varepsilon\right\}=1$$

即

$$\lim_{n\to\infty}P\{|\overline{X}-\mu|<\varepsilon\}=1$$

故 $\overline{X}$ 是 μ 的一致估计量。

同理可证,样本方差 $S^2=\dfrac{1}{n-1}\sum\limits_{i=1}^{n}(X_i-\overline{X})^2$ 是总体方差 σ^2 的一致估计量。

7.3 区间估计

参数的点估计给出了未知参数 θ 的近似值,但未能给出近似值相对于 θ 真值的误差。实际中,人们还希望估计出未知参数 θ 的取值范围以及这个范围包含未知参数 θ 真值的可信程度,这样的范围通常以区间的形式给出,同时给出此区间包含参数 θ 真值的概率。这种形式的估计称为区间估计,这样的区间是可以由样本构造出来的,即所谓的置信区间,下面给出置信区间的定义。

定义 7.3.1 设总体 X 的分布函数是 $F(x;\theta)$,其中 θ 是未知参数。从总体中抽取样本 $(X_1,X_2,\cdots,X_n)$,作统计量 $\theta_1(X_1,X_2,\cdots,X_n)$ 和 $\theta_2(X_1,X_2,\cdots,X_n)$,使

$$P\{\theta_1<\theta<\theta_2\}=1-\alpha$$

其中 (θ_1,θ_2) 称为 θ 的**置信区间**,θ_1 和 θ_2 分别称为**置信下限**和**置信上限**,$1-\alpha$ 称为**置信度**。

下面分各种情况对总体均值和方差作区间估计。

7.3.1 单一正态总体均值与方差的区间估计

1. 单一正态总体均值的区间估计

单一正态总体均值的区间估计一般分为两种情况:一是总体方差 σ^2 已知,求 μ 的置信区间;二是总体方差 σ^2 未知,求 μ 的置信区间。下面对这两种情况分别进行介绍。

(1) 已知总体方差 σ^2，求均值 μ 的置信区间

设 $(X_1, X_2, \cdots, X_n)$ 为总体 $X \sim N(\mu, \sigma^2)$ 的一个样本，已知方差 $\sigma^2 = \sigma_0^2$，求 μ 的 $1-\alpha$ 置信区间。

根据定理 6.3.1，$\overline{X} \sim N\left(\mu, \dfrac{\sigma^2}{n}\right)$，于是

$$\frac{\overline{X}-\mu}{\sigma/\sqrt{n}} \sim N(0,1)$$

记 $\Phi(x)$ 为 $N(0,1)$ 的分布函数，Z_α 为其上 α 分位点，即 $\Phi(Z_\alpha) = 1-\alpha$，于是

$$P\left\{\left|\frac{\overline{X}-\mu}{\sigma/\sqrt{n}}\right| \leqslant Z_{\frac{\alpha}{2}}\right\} = 1-\alpha$$

等价于

$$P\left\{\overline{X}-\frac{\sigma}{\sqrt{n}}Z_{\frac{\alpha}{2}} \leqslant \mu \leqslant \overline{X}+\frac{\sigma}{\sqrt{n}}Z_{\frac{\alpha}{2}}\right\} = 1-\alpha$$

这样我们就得到了 μ 的置信系数为 $1-\alpha$ 的置信区间

$$\left(\overline{X}-Z_{\frac{\alpha}{2}}\frac{\sigma}{\sqrt{n}}, \overline{X}+Z_{\frac{\alpha}{2}}\frac{\sigma}{\sqrt{n}}\right) \tag{7.3.1}$$

例 7.3.1 已知某工厂生产的某种零件的长度 $X \sim N(\mu, 0.06)$，现从某日生产的一批零件中随机抽取 6 只，测得长度（单位：mm）的数据为

14.6 15.1 14.9 14.8 15.2 15.1

试求该批零件长度的置信度为 0.95 的置信区间。

解 $\sigma = \sqrt{0.06}, n = 6$，经计算可得

$$\overline{x} = 14.95$$

当 $\alpha = 0.05$ 时，查正态分布表可得 $Z_{\frac{\alpha}{2}} = Z_{0.025} = 1.96$，从而

$$\overline{X} - Z_{\frac{\alpha}{2}}\frac{\sigma}{\sqrt{n}} = 14.95 - \frac{\sqrt{0.06}}{\sqrt{6}} \times 1.96 = 14.75$$

$$\overline{X} + Z_{\frac{\alpha}{2}}\frac{\sigma}{\sqrt{n}} = 14.95 + \frac{\sqrt{0.06}}{\sqrt{6}} \times 1.96 = 15.15$$

故所求置信区间为 $(14.75, 15.15)$。

(2) 总体方差 σ^2 未知，求均值 μ 的置信区间

设 $(X_1, X_2, \cdots, X_n)$ 为总体 $X \sim N(\mu, \sigma^2)$ 的一个样本，方差 σ^2 未知，求 μ 的 $1-\alpha$ 置信区间。由于 σ^2 未知，在这种情况下，应考虑用样本方差 S^2 来估计 σ^2。由定理 6.3.2 知

$$t = \frac{\overline{X}-\mu}{S/\sqrt{n}} \sim t(n-1)$$

于是，利用 t 分布，可导出对正态总体均值 μ 的区间估计。对于给定的 $\alpha(0<\alpha<1)$，使

$$P\left\{-t_{\frac{\alpha}{2}}(n-1) < \frac{\overline{X}-\mu}{S/\sqrt{n}} < t_{\frac{\alpha}{2}}(n-1)\right\} = 1-\alpha$$

即

$$P\left\{\overline{X}-\frac{S}{\sqrt{n}}t_{\frac{\alpha}{2}}(n-1) \leqslant \mu \leqslant \overline{X}+\frac{S}{\sqrt{n}}t_{\frac{\alpha}{2}}(n-1)\right\} = 1-\alpha$$

于是得到 μ 的一个置信水平为 $1-\alpha$ 的置信区间

$$\left(\overline{X}-\frac{S}{\sqrt{n}}t_{\frac{\alpha}{2}}(n-1), \overline{X}+\frac{S}{\sqrt{n}}t_{\frac{\alpha}{2}}(n-1)\right) \tag{7.3.2}$$

例 7.3.2 有一大批糖果,现从中随机地取 16 袋,称得重量(单位:g)为

$$\begin{array}{cccccccc}
506 & 508 & 499 & 503 & 504 & 510 & 497 & 512 \\
514 & 505 & 493 & 496 & 506 & 502 & 509 & 496
\end{array}$$

设袋装糖果的重量近似服从正态分布,试求总体均值 μ 的置信水平为 0.95 的置信区间。

解 这里 $1-\alpha=0.95, \frac{\alpha}{2}=0.025, n-1=15, t_{0.025}(15)=2.1315$,由给出的数据计算得 $\bar{x}=503.75, s=6.2022$。由式(7.3.2)得均值 μ 的一个置信水平为 0.95 的置信区间为

$$\left(503.75-\frac{6.2022}{\sqrt{16}}\times 2.1315, 503.75+\frac{6.2022}{\sqrt{16}}\times 2.1315\right)=(500.4, 507.1)$$

2. 单一正态总体方差的区间估计

(1) μ 已知时 σ^2 的置信区间

设 $(X_1, X_2, \cdots, X_n)$ 为来自正态总体 $N(\mu, \sigma^2)$ 的一个样本,σ^2 是未知参数,在 μ 已知时,采用随机变量 $\frac{1}{\sigma^2}\sum_{i=1}^n (X_i-\mu)^2$ 来构造 σ^2 的置信区间(可以证明 $\frac{1}{\sigma^2}\sum_{i=1}^n (X_i-\mu)^2 \sim \chi^2(n)$)。

$$P\left\{\chi^2_{1-\frac{\alpha}{2}}(n) < \frac{1}{\sigma^2}\sum_{i=1}^n (X_i-\mu)^2 < \chi^2_{\frac{\alpha}{2}}(n)\right\}=1-\alpha$$

亦即

$$P\left\{\frac{\sum_{i=1}^n (X_i-\mu)^2}{\chi^2_{\frac{\alpha}{2}}(n)} < \sigma^2 < \frac{\sum_{i=1}^n (X_i-\mu)^2}{\chi^2_{1-\frac{\alpha}{2}}(n)}\right\}=1-\alpha$$

由此可得 σ^2 的置信度为 $1-\alpha$ 的置信区间为

$$\left(\frac{\sum_{i=1}^n (X_i-\mu)^2}{\chi^2_{\frac{\alpha}{2}}(n)}, \frac{\sum_{i=1}^n (X_i-\mu)^2}{\chi^2_{1-\frac{\alpha}{2}}(n)}\right) \tag{7.3.3}$$

(2) μ 未知时 σ^2 的置信区间

在 μ 未知时,我们采用 $\frac{1}{\sigma^2}\sum_{i=1}^n (X_i-\overline{X})^2$ 来构造 σ^2 的置信区间,此时

$$\frac{1}{\sigma^2}\sum_{i=1}^n (X_i-\overline{X})^2 \sim \chi^2(n-1)$$

我们可以得到 σ^2 的置信度为 $1-\alpha$ 的置信区间为

$$\left(\frac{\sum_{i=1}^n (X_i-\overline{X})^2}{\chi^2_{\frac{\alpha}{2}}(n-1)}, \frac{\sum_{i=1}^n (X_i-\overline{X})^2}{\chi^2_{1-\frac{\alpha}{2}}(n-1)}\right)$$

其中

$$\frac{\sum_{i=1}^n (X_i-\overline{X})^2}{\chi^2_{\frac{\alpha}{2}}(n-1)}=\frac{(n-1)S^2}{\chi^2_{\frac{\alpha}{2}}(n-1)}, \quad \frac{\sum_{i=1}^n (X_i-\overline{X})^2}{\chi^2_{1-\frac{\alpha}{2}}(n-1)}=\frac{(n-1)S^2}{\chi^2_{1-\frac{\alpha}{2}}(n-1)}$$

所以 σ^2 的置信度为 $1-\alpha$ 的置信区间为

$$\left(\frac{(n-1)S^2}{\chi^2_{\frac{\alpha}{2}}(n-1)}, \frac{(n-1)S^2}{\chi^2_{1-\frac{\alpha}{2}}(n-1)}\right) \tag{7.3.4}$$

例 7.3.3 设高速公路上汽车的速度服从正态分布,现对汽车的速度独立地做了 5 次测

试,求得这 5 次测试值的方差 $s^2=0.09$。求汽车速度的方差 σ^2 的置信度为 0.9 的置信区间。

解 由题意得 $n=5, 1-\alpha=0.9, \alpha=0.1$,查表得
$$\chi^2_{\frac{\alpha}{2}}(4)=\chi^2_{0.05}(4)=9.4877, \quad \chi^2_{1-\frac{\alpha}{2}}(4)=\chi^2_{0.95}(4)=0.7107$$

算得
$$\frac{\sum_{i=1}^{n}(X_i-\overline{X})^2}{\chi^2_{\frac{\alpha}{2}}(n-1)}=\frac{(n-1)S^2}{\chi^2_{\frac{\alpha}{2}}(n-1)}=0.038$$

$$\frac{\sum_{i=1}^{n}(X_i-\overline{X})^2}{\chi^2_{1-\frac{\alpha}{2}}(n-1)}=\frac{(n-1)S^2}{\chi^2_{1-\frac{\alpha}{2}}(n-1)}=0.506$$

从而汽车速度的方差 σ^2 的置信度为 0.9 的置信区间为 $(0.038, 0.506)$。

7.3.2 两个正态总体均值之差与方差之比的区间估计

在实际中,经常遇到以下问题:已知产品的某一质量指标服从正态分布,但由于原料、设备条件、操作人员不同,或工艺过程的改变等因素,使得总体均值、总体方差有所改变。我们需要知道这些变化有多大,这就需要考虑两个正态总体均值之差与方差之比的估计问题。

1. 两个正态总体均值之差的区间估计

设有两个正态总体 $N(\mu_1, \sigma_1^2)$ 和 $N(\mu_2, \sigma_2^2)$,分别从中抽取容量为 n_1 和 n_2 的样本,样本均值分别为 $\overline{X}$ 和 $\overline{Y}$,样本方差分别为 S_1^2 和 S_2^2,并设两个样本是互相独立的,下面就总体方差的不同情况来讨论 $\mu_1-\mu_2$ 的置信区间。

(1) 总体方差 σ_1^2 和总体方差 σ_2^2 都已知

由 $\overline{X},\overline{Y}$ 的独立性以及 $\overline{X}\sim N\left(\mu_1,\frac{\sigma_1^2}{n_1}\right),\overline{Y}\sim N\left(\mu_2,\frac{\sigma_2^2}{n_2}\right)$ 知

$$\overline{X}-\overline{Y}\sim N\left(\mu_1-\mu_2,\frac{\sigma_1^2}{n_1}+\frac{\sigma_2^2}{n_2}\right)$$

从而有
$$u=\frac{\overline{X}-\overline{Y}-(\mu_1-\mu_2)}{\sqrt{\frac{\sigma_1^2}{n_1}+\frac{\sigma_2^2}{n_2}}}\sim N(0,1)$$

把 u 的表达式代入,得
$$P\left\{-Z_{\frac{\alpha}{2}}<\frac{\overline{X}-\overline{Y}-(\mu_1-\mu_2)}{\sqrt{\frac{\sigma_1^2}{n_1}+\frac{\sigma_2^2}{n_2}}}<Z_{\frac{\alpha}{2}}\right\}=1-\alpha$$

故 $\mu_1-\mu_2$ 的置信区间是
$$\left(\overline{X}-\overline{Y}-Z_{\frac{\alpha}{2}}\sqrt{\frac{\sigma_1^2}{n_1}+\frac{\sigma_2^2}{n_2}}, \overline{X}-\overline{Y}+Z_{\frac{\alpha}{2}}\sqrt{\frac{\sigma_1^2}{n_1}+\frac{\sigma_2^2}{n_2}}\right) \quad (7.3.5)$$

(2) 总体方差 σ_1^2 和总体方差 σ_2^2 未知,但已知 $\sigma_1^2=\sigma_2^2=\sigma^2$

由式(6.3.18)可知
$$t=\frac{\overline{X}-\overline{Y}-(\mu_1-\mu_2)}{S_w\sqrt{\frac{1}{n_1}+\frac{1}{n_2}}}\sim t(n_1+n_2-2) \quad (7.3.6)$$

两总体均值之差 $\mu_1-\mu_2$ 的置信区间是

$$\left(\overline{X}-\overline{Y}-t_{\frac{\alpha}{2}}(n_1+n_2-2)S_w\sqrt{\frac{1}{n_1}+\frac{1}{n_2}},\overline{X}-\overline{Y}+t_{\frac{\alpha}{2}}(n_1+n_2-2)S_w\sqrt{\frac{1}{n_1}+\frac{1}{n_2}}\right) \quad (7.3.7)$$

此处 $S_w^2=\dfrac{(n_1-1)S_1^2+(n_2-1)S_2^2}{n_1+n_2-2}$。

例 7.3.4 为比较 I 和 II 两种型号步枪子弹的枪口速度，随机地取 I 型子弹 10 发，得到枪口速度的平均值为 $\overline{x_1}=500$ m/s，标准差为 $s_1=1.10$ m/s，随机地取 II 型子弹 20 发，得到枪口速度的平均值为 $\overline{x_2}=496$ m/s，标准差为 $s_2=1.20$ m/s。假设两总体都可认为近似地服从正态分布，且由生产过程可认为方差相等，求两总体均值差 $\mu_1-\mu_2$ 的一个置信水平为 0.95 的置信区间。

解 按实际情况，可认为分别来自两个总体的样本是相互独立的，又因为假设两总体的方差相等，但数值未知，故可用式(7.3.7)求均值差的置信区间。由于 $1-\alpha=0.95$，$\dfrac{\alpha}{2}=0.025$，$n_1=10$，$n_2=20$，$n_1+n_2-2=28$，$t_{0.025}(28)=2.0484$，$s_w^2=(9\times1.10^2+19\times1.20^2)/28$，$s_w=\sqrt{s_w^2}=1.1688$，因此所求的两总体均值差 $\mu_1-\mu_2$ 的一个置信水平为 0.95 的置信区间是

$$\left(\overline{x_1}-\overline{x_2}-s_w\cdot t_{0.025}(28)\sqrt{\frac{1}{10}+\frac{1}{20}},\overline{x_1}-\overline{x_2}+s_w\cdot t_{0.025}(28)\sqrt{\frac{1}{10}+\frac{1}{20}}\right)=(3.07,4.93)$$

例 7.3.4 中得到的置信区间的下限大于 0，在实际中我们认为 μ_1 比 μ_2 大。

例 7.3.5 为提高某一化学过程的得率，试图采用一种新的催化剂，为慎重起见，在实验工厂先进行实验。设采用原来的催化剂进行了 $n_1=8$ 次试验，得到得率的平均值 $\overline{x_1}=91.73$，样本方差 $s_1^2=3.89$；又采用新的催化剂进行了 $n_2=8$ 次试验，得到得率的平均值 $\overline{x_2}=93.75$，样本方差 $s_2^2=4.02$。假设两总体都可以认为服从正态分布，且方差相等，两样本独立，试求两总体均值差 $\mu_1-\mu_2$ 的置信水平为 0.95 的置信区间。

解 由题意可得

$$s_w^2=\frac{(n_1-1)s_1^2+(n_2-1)s_2^2}{n_1+n_2-2}=3.96,\quad s_w=\sqrt{3.96}$$

故可用式(7.3.7)求均值差的置信区间：

$$\left(\overline{x_1}-\overline{x_2}-s_w\cdot t_{0.025}(14)\sqrt{\frac{1}{8}+\frac{1}{8}},\overline{x_1}-\overline{x_2}+s_w\cdot t_{0.025}(14)\sqrt{\frac{1}{8}+\frac{1}{8}}\right)=(-4.15,0.11)$$

由于所得置信区间包含 0，在实际中我们认为采用这两种催化剂所得的得率的均值没有显著差别。

2. 两个正态总体方差之比的区间估计

设两个正态总体的分布分别是 $N(\mu_1,\sigma_1^2)$ 和 $N(\mu_2,\sigma_2^2)$，其中 $\mu_1,\mu_2,\sigma_1^2,\sigma_2^2$ 都是未知的。从两个总体中独立地各取一个样本，样本方差分别记为 S_1^2 和 S_2^2。下面对两个总体方差之比 $\dfrac{\sigma_1^2}{\sigma_2^2}$ 作区间估计。

由定理 6.3.1 知 $\dfrac{(n_1-1)S_1^2}{\sigma_1^2}$，$\dfrac{(n_2-1)S_2^2}{\sigma_2^2}$ 分别服从自由度为 n_1-1 和 n_2-1 的 χ^2 分布，且 S_1^2 与 S_2^2 相互独立，由 F 分布的定义知

$$\frac{S_1^2/S_2^2}{\sigma_1^2/\sigma_2^2}\sim F(n_1-1,n_2-1) \quad (7.3.8)$$

并且 $F(n_1-1, n_2-1)$ 分布不依赖任何未知参数。

$$P\left\{F_{1-\frac{\alpha}{2}}(n_1-1, n_2-1) < \frac{S_1^2/S_2^2}{\sigma_1^2/\sigma_2^2} < F_{\frac{\alpha}{2}}(n_1-1, n_2-1)\right\} = 1-\alpha$$

即

$$P\left\{\frac{S_1^2}{S_2^2}\frac{1}{F_{\frac{\alpha}{2}}(n_1-1, n_2-1)} < \frac{\sigma_1^2}{\sigma_2^2} < \frac{S_1^2}{S_2^2}\frac{1}{F_{1-\frac{\alpha}{2}}(n_1-1, n_2-1)}\right\} = 1-\alpha$$

故得 $\frac{\sigma_1^2}{\sigma_2^2}$ 的置信度为 $1-\alpha$ 的置信区间是：

$$\left(\frac{S_1^2}{S_2^2}\frac{1}{F_{\frac{\alpha}{2}}(n_1-1, n_2-1)}, \frac{S_1^2}{S_2^2}\frac{1}{F_{1-\frac{\alpha}{2}}(n_1-1, n_2-1)}\right) \tag{7.3.9}$$

方差之比的置信区间的含义是：若 $\frac{\sigma_1^2}{\sigma_2^2}$ 的置信上限小于1,则说明总体 $N(\mu_1, \sigma_1^2)$ 的波动性较小;若 $\frac{\sigma_1^2}{\sigma_2^2}$ 的置信下限大于1,则说明总体 $N(\mu_1, \sigma_1^2)$ 的波动性较大;若置信区间包含1,则难以从这次实验中判断两个总体波动性的大小,可以认为 $\sigma_1^2 = \sigma_2^2$。

例 7.3.6 研究由机器 A 和机器 B 生产的钢管的内径(单位:mm),随机抽取机器 A 生产的管子 18 只,测得 $s_1^2 = 0.34$,抽取机器 B 生产的管子 13 只,测得 $s_2^2 = 0.29$,设两样本相互独立,且设由机器 A、机器 B 生产的管子的内径分别服从正态分布 $N(\mu_1, \sigma_1^2), N(\mu_2, \sigma_2^2)$,其中 μ_i, σ_i^2 均未知。试求方差比 $\frac{\sigma_1^2}{\sigma_2^2}$ 的置信水平为 0.90 的置信区间。

解 现在 $n_1 = 18, s_1^2 = 0.34, n_2 = 13, s_2^2 = 0.29$,又 $\alpha = 0.10$,查表得 $F_{\frac{\alpha}{2}}(n_1-1, n_2-1) = F_{0.05}(17, 12) = 2.59, F_{1-\frac{\alpha}{2}}(17, 12) = F_{0.95}(17, 12) = \frac{1}{F_{0.05}(12, 17)} = \frac{1}{2.38}$,代入

$$\left(\frac{S_1^2}{S_2^2}\frac{1}{F_{\frac{\alpha}{2}}(n_1-1, n_2-1)}, \frac{S_1^2}{S_2^2}\frac{1}{F_{1-\frac{\alpha}{2}}(n_1-1, n_2-1)}\right)$$

得 $\frac{\sigma_1^2}{\sigma_2^2}$ 的置信水平为 0.90 的置信区间为 $(0.45, 2.79)$。

7.3.3 大样本情形下总体均值的区间估计

设总体 X 的分布是任意的,均值 $\mu = E(X)$ 和方差 $\sigma^2 = D(X)$ 都是未知的,用样本 $(X_1, X_2, \cdots, X_n)$ 对总体平均数 μ 作区间估计。

由概率论中的中心极限定理可知,不论所考察的总体分布如何,只要样本容量 n 足够大,样本均值 $\overline{X}$ 近似地服从正态分布。又 $E(\overline{X}) = \mu, D(\overline{X}) = \frac{\sigma^2}{n}$,所以 $\frac{\overline{X}-\mu}{\sigma/\sqrt{n}}$ 近似地服从标准正态分布 $N(0,1)$,在 n 很大时,σ 可用样本标准差 S 近似,且上式中 σ 换成 S 后对它的分布影响不大,故当 n 很大时,

$$z = \frac{\overline{X}-\mu}{S/\sqrt{n}} \tag{7.3.10}$$

仍近似地服从标准正态分布。给定 $1-\alpha$,可找到 $z_{\frac{\alpha}{2}}$,使

$$P\{|z| < z_{\frac{\alpha}{2}}\} = P\left\{\left|\frac{\overline{X}-\mu}{S/\sqrt{n}}\right| < z_{\frac{\alpha}{2}}\right\} \approx 1-\alpha \tag{7.3.11}$$

于是 μ 的置信区间是

$$\left(\overline{X}-z_{\frac{\alpha}{2}}\frac{S}{\sqrt{n}},\overline{X}+z_{\frac{\alpha}{2}}\frac{S}{\sqrt{n}}\right) \tag{7.3.12}$$

而置信度(近似)等于 $1-\alpha$，需要指出，求置信区间对 n 很大的样本适用，这是由于导出 u 的近似分布用到了中心极限定理。n 多大的样本可以认为是大样本呢？严格地讲，这取决于 u 的分布收敛到标准正态分布的速度，而收敛速度又与总体分布有关，中心极限定理没有对这个问题做出解释。实际经验一般认为 $n \geqslant 50$ 的样本是大样本。

例 7.3.7 某市为了解该市民工的生活状况，随机抽取了 100 个民工进行调查，得到民工月平均工资为 630 元，标准差为 80 元，试在 95% 的概率保证下，对该市民工的月平均工资作区间估计。

解 按题意 $n=100$，可以认为是大样本。$\overline{x}=630, s=80$，故用样本均值 $\overline{x}$ 作为总体均值 μ 的估计，其标准误差的估计值为 $\hat{\sigma}_{\overline{x}}=\dfrac{s}{\sqrt{n}}=8$ 元。

由于该样本是大样本，样本均值的概率分布可看作正态分布，在置信概率 $1-\alpha=95\%$ 的条件下，查标准正态分布概率表得上侧分位数 $z_{\frac{\alpha}{2}}=1.96$。由此得估计的误差限为 $z_{\frac{\alpha}{2}}\hat{\sigma}_{\overline{x}}=1.96 \times 8=15.68$ 元，故可得出该市民工的月平均工资 μ 的置信区间为

$$(630-15.68, 630+15.68)$$

即 $(614.32, 645.68)$，这表明在 95% 的概率保证下，可以认为该市民工的月平均工资为 614.32～645.68 元。

下面考察总体 X 服从二点分布 $B(1,p)$ 的情形，其分布律为 $P\{X=1\}=p, P\{X=0\}=1-p$，从总体中抽取一个容量为 n 的样本，其中恰有 m 个 "1"，现对 p 作区间估计。

此时，

$$\mu = E(X) = p, \quad \overline{X} = \frac{1}{n}\sum_{i=1}^{n}X_i = \frac{m}{n}$$

$$S^2 = \frac{1}{n}\sum_{i=1}^{n}X_i^2 - \overline{X}^2 = \frac{m}{n} - \left(\frac{m}{n}\right)^2 = \frac{m(n-m)}{n^2} = \frac{m}{n}\left(1-\frac{m}{n}\right)$$

在上式的推导中，需注意 X_i 仅能取 "1" 和 "0"，把这些量代入式(7.3.12)，得 p 的置信区间是

$$\left(\frac{m}{n}-u_{\frac{\alpha}{2}}\sqrt{\frac{1}{n}\frac{m}{n}\left(1-\frac{m}{n}\right)}, \frac{m}{n}+u_{\frac{\alpha}{2}}\sqrt{\frac{1}{n}\frac{m}{n}\left(1-\frac{m}{n}\right)}\right) \tag{7.3.13}$$

而置信度为 $1-\alpha$。

例 7.3.8 从一大批产品中随机地抽出 100 个进行检测，其中有 4 个次品，试以 95% 的概率估计这批产品的次品率。

解 记次品为 "1"，正品为 "0"，次品率为 p。总体分布是二点分布 $B(1,p)$，根据题意，$n=100, m=4$，由 $1-\alpha=0.95$ 得 $u_{\frac{\alpha}{2}}=1.96$，利用式(7.3.13)得置信下限

$$\frac{m}{n} - u_{\frac{\alpha}{2}}\sqrt{\frac{1}{n}\frac{m}{n}\left(1-\frac{m}{n}\right)} = 0.04 - 1.96 \times \frac{1}{10}\sqrt{0.04 \times 0.96} = 0.002$$

置信上限

$$\frac{m}{n} + u_{\frac{\alpha}{2}}\sqrt{\frac{1}{n}\frac{m}{n}\left(1-\frac{m}{n}\right)} = 0.04 + 1.96 \times \frac{1}{10}\sqrt{0.04 \times 0.96} = 0.078$$

故置信区间是 $(0.002, 0.078)$。

需要指出,上面介绍的两种情况均属于总体分布为非正态分布的情形,如果样本容量较大(一般 $n \geq 50$),可以按正态分布来近似地求其未知参数的估计区间,如果样本容量较小(一般 $n < 50$),不能用上述方法求参数的估计区间。

7.3.4 单侧置信区间

在许多实际问题中,常常会遇到只需要求单侧的置信上限或下限的情况。如某品牌的冰箱,人们当然希望它的平均寿命越长越好,因此人们只关心这个品牌冰箱的平均寿命最低可能是多少,即关心平均寿命的下限。又如一批产品的次品率当然是越低越好,于是人们只关心次品率最高可能是多少,即关心次品率的上限。

定义 7.3.2 设 $(X_1, X_2, \cdots, X_n)$ 为从总体 X 中抽取的样本,θ 为总体中的未知参数。若存在 $\hat{\theta}_1 = \hat{\theta}_1(X_1, X_2, \cdots, X_n)$,对给定的 $\alpha(0 < \alpha < 1)$,有

$$P\{\theta > \hat{\theta}_1(X_1, X_2, \cdots, X_n)\} \geq 1 - \alpha$$

则称 $\hat{\theta}_1$ 为参数 θ 的置信度为 $1-\alpha$ 的单侧置信下限。若存在 $\hat{\theta}_2 = \hat{\theta}_2(X_1, X_2, \cdots, X_n)$,对给定的 $\alpha(0 < \alpha < 1)$,有

$$P\{\theta < \hat{\theta}_2(X_1, X_2, \cdots, X_n)\} \geq 1 - \alpha$$

则称 $\hat{\theta}_2$ 为参数 θ 的置信度为 $1-\alpha$ 的单侧置信上限。

对于单侧置信区间估计问题的讨论,基本与双侧区间估计的方法相同,只是要注意对于精度的标准不能像双侧区间一样用置信区间的长度来刻画,此时对于给定的置信度 $1-\alpha$,选择置信下限 $\hat{\theta}_1$,应该是 $E(\hat{\theta}_1)$ 越大越好,选择置信上限 $\hat{\theta}_2$,应该是 $E(\hat{\theta}_2)$ 越小越好。

例 7.3.9 从一批灯泡中随机地取 5 只作寿命测试,测得寿命(单位:小时)为

$$1\,050 \quad 1\,100 \quad 1\,120 \quad 1\,250 \quad 1\,280$$

设灯泡寿命服从正态分布,求灯泡寿命平均值的置信度为 0.95 的单侧置信下限。

解 $1 - \alpha = 0.95, n = 5, \bar{x} = 1\,160, s^2 = 9\,950, t_{0.05}(4) = 2.131\,8$,故

$$\bar{X} - \frac{S}{\sqrt{n}} t_\alpha(n-1) = 1\,160 - \frac{\sqrt{9\,950}}{\sqrt{5}} \times 2.131\,8 = 1\,065$$

此即为灯泡寿命平均值的置信度为 0.95 的单侧置信下限。

习题 7

(A)

1. 设总体 X 具有指数分布,它的分布密度为

$$f(x) = \begin{cases} \lambda e^{-\lambda x}, & x \geq 0 \\ 0, & x < 0 \end{cases}$$

其中 $\lambda > 0$,试用矩估计法求 λ 的估计量。

2. 设总体 X 服从几何分布,它的分布律为

$$P\{X = k\} = (1-p)^{k-1} p, \quad k = 1, 2, \cdots$$

先用矩估计法求 p 的估计量,再求 p 的极大似然估计。

3. 设总体 X 服从在区间 $[a,b]$ 上的均匀分布,其分布密度为

$$f(x)=\begin{cases}\dfrac{1}{b-a}, & a\leqslant x\leqslant b \\ 0, & \text{其他}\end{cases}$$

其中 a,b 是未知参数,试用矩估计法求 a 与 b 的估计量。

4. 设总体 X 的分布密度为

$$f(x)=\begin{cases}\theta x^{\theta-1}, & 0<x<1 \\ 0, & \text{其他}\end{cases}$$

其中 $\theta>0$,求 θ 的极大似然估计量。

5. 设 (X_1,X_2) 是来自正态总体 $N(\mu,1)$ 的样本,试证明以下两个估计量

$$\hat{\mu}_1=\frac{1}{3}X_1+\frac{2}{3}X_2, \quad \hat{\mu}_2=\frac{3}{4}X_1+\frac{1}{4}X_2$$

都是 μ 的无偏估计量,并判断哪一个估计量有效。

6. 设总体 X 的均值 μ 已知,方差 σ^2 未知,$(X_1,X_2,\cdots,X_n)$ 为来自总体 X 的一个样本,试判断 $\hat{\sigma}^2=\dfrac{1}{n}\sum_{i=1}^{n}(X_i-\mu)^2$ 是否成为 σ^2 的无偏估计量。

7. 设 X_1,X_2,X_3,X_4 是来自均值为 θ 的指数分布总体的样本,其中 θ 未知,设有估计量

$$T_1=\frac{1}{6}(X_1+X_2)+\frac{1}{3}(X_3+X_4)$$
$$T_2=(X_1+2X_2+3X_3+4X_4)/5$$
$$T_3=(X_1+X_2+X_3+X_4)/4$$

(1) 指出 T_1,T_2,T_3 中哪些是 θ 的无偏估计量;
(2) 在上述 θ 的无偏估计量中指出哪一个较为有效。

8. 设某批零件的长度 X 服从正态分布 $N(\mu,\sigma^2)$,从这批零件中随机抽取 16 个,测得零件长度(单位:mm)为

28 28 29 30 30 30 30 31 31 31 31 31 32 32 33 33

试求总体均值 μ 的置信水平为 95% 的置信区间:

(1) 已知 $\sigma=2$ mm;
(2) σ 未知。

9. 在市场调查中,调查者欲了解居民家庭使用某一品牌空调的情况,随机从某小区抽取了 80 户居民,调查发现使用该品牌空调的家庭占 23%。试在置信水平分别为 90% 和 95% 的条件下,求总体比例 P 的置信区间。

10. 某居民小区共有居民 500 户,小区管理者准备采取一种新的供水措施,想了解居民是否赞成。小区管理者采用重复抽样的方法随机抽取了 50 户,其中 32 户赞成,18 户反对。试在置信概率为 95% 的条件下,求总体赞成该项改革的户数比例的置信区间。

11. 从一批电子元件中随机抽取 100 只,若被抽取的电子元件的平均寿命为 1 000 小时,标准差 S 为 40 小时,试求该批电子元件的平均寿命的置信区间(置信概率为 95.45%)。

12. 随机地取 9 发某种炮弹做试验,得炮口速度的样本标准差 $s=11$ m/s。设炮口速度服从正态分布,求这种炮弹的炮口速度的标准差 σ 的置信水平为 0.95 的置信区间。

13. 某饮料公司生产的某种冷饮规定平均重量为 16 盎司(1 盎司=28.350 g),已知该冷

饮的重量服从正态分布,并且标准差为 0.1 盎司,现随机抽取 12 个,其重量(单位:盎司)为

15.94　16.04　16.25　15.87　16.03　16.01
16.14　15.95　15.98　16.07　15.83　15.90

要求在 0.95 的置信概率下求该冷饮平均重量的置信区间。

14. 从某公司生产的袋装茶叶中随机抽取 5 袋,每袋的重量(单位:g)为

25.2　25.3　24.8　25.0　24.9

假设每袋的重量服从正态分布,试对该公司生产的茶叶每袋重量的平均值与标准差进行区间估计($\alpha=0.05$)。

15. 某地区粮食播种面积总共为 5 000 万亩(1 亩≈666.67 m²),按不重复抽样方法抽取了 100 亩进行实割实测,调查结果显示:平均亩产为 450 公斤(1 公斤=1 kg),标准差为 52 公斤。试以 95% 的置信度估计该地区粮食平均亩产量和总产量的置信区间。

16. 设甲、乙两种绿化用的草皮的成活率 X 和 Y 分别服从正态分布 $N(\mu_1,\sigma_1^2)$ 和 $N(\mu_2,\sigma_2^2)$,现有这两种草皮在若干个地块的成活率(%)数据:

品种甲:90.5　93.2　95.8　91.2　89.3　92.6
品种乙:99.5　96.3　95.2　98.3　97.5　96.7　99.0

(1) σ_1^2 和 σ_2^2 未知,但 $\sigma_1^2=\sigma_2^2$,计算 $\mu_1-\mu_2$ 的置信水平为 0.9 的置信区间;

(2) μ_1 和 μ_2 未知,计算 $\dfrac{\sigma_1^2}{\sigma_2^2}$ 的置信水平为 99% 的置信区间。

17. 从某超市一年内的发票存根中随机抽取 26 张,经计算得平均金额为 78.5 元,样本标准差为 20 元,假设发票金额 X 服从正态分布 $N(\mu,\sigma^2)$,其中 μ,σ^2 为未知参数,试分别求该超市一年内的发票的平均金额 μ 及标准差 σ 的置信水平为 0.95 的置信区间。

18. 为了比较两批灯泡的寿命,从标有商标 A 的灯泡中抽取 150 只灯泡组成一个样本,样本平均数为 $\overline{x_1}=1\,400$ 小时,样本标准差 $S_1=120$ 小时,从标有商标 B 的一批灯泡中抽取 100 只灯泡组成一个样本,样本平均数为 $\overline{x_2}=1\,200$ 小时,样本标准差 $S_2=80$ 小时。假设两批灯泡的寿命 X_1,X_2 分别服从正态分布 $N(\mu_1,\sigma_1^2),N(\mu_2,\sigma_2^2)$,试求总体 X_1 和 X_2 平均寿命之差 $\mu_1-\mu_2$ 的置信水平为 0.99 的置信区间。

19. 为了推断某城市市区和郊区居民赞成核能发电厂的比例,从市区居民中抽取 400 人,其中有 160 人赞成,从郊区居民中抽取 500 人,其中有 150 人赞成,试求市区和郊区居民赞成建成核能发电厂的比例之差的置信水平为 0.95 的置信区间。

20. 为研究某种汽车轮胎的使用寿命,随机抽取了 16 只轮胎进行试验,每只轮胎行驶到磨坏为止,记录所行驶的路程(单位:km)如下:

41 250　40 187　43 175　41 010　39 265　41 872　42 654　41 287
38 970　40 200　42 550　41 095　40 680　43 500　39 775　40 400

假设这些数据来自正态总体 $N(\mu,\sigma^2)$,其中 μ,σ^2 未知,试求 μ 的置信水平为 0.95 的单侧置信下限。

(B)

1. 设 $X_1,X_2,\cdots,X_n$ 为来自正态总体 $N(\mu_0,\sigma^2)$ 的简单随机样本,其中 μ_0 已知,$\sigma^2>0$ 未知,$\overline{X}$ 和 S^2 分别表示样本均值和样本方差。

(1) 求参数 σ^2 的最大似然估计 $\hat{\sigma}^2$;

(2) 计算 $E(\hat{\sigma}^2)$ 和 $D(\hat{\sigma}^2)$。

2. 设随机变量 X 与 Y 相互独立且服从独立分布 $N(\mu,\sigma^2)$ 与 $N(\mu,2\sigma^2)$，其中 σ 是未知参数且 $\sigma>0$，记 $Z=X-Y$。

(1) 求 Z 的概率密度 $f(z;\sigma^2)$；

(2) 设 $Z_1,Z_2,\cdots,Z_n$ 为来自总体 Z 的简单随机样本，求 σ^2 的最大似然估计量 $\hat{\sigma}^2$；

(3) 证明 $\hat{\sigma}^2$ 为 σ^2 的无偏估计量。

3. 设总体 X 的概率密度为 $f(x;\theta)=\begin{cases}\dfrac{\theta^\theta}{x^3}\mathrm{e}^{-\frac{\theta}{x}}, & x>0 \\ 0, & \text{其他}\end{cases}$，其中参数 θ 未知且大于零，$X_1,X_2,\cdots,X_n$ 是来自总体 X 的简单随机样本。

(1) 求参数 θ 的矩估计量；

(2) 求参数 θ 的最大似然估计量。

4. 设总体 X 的分布函数为 $F(x;\theta)=\begin{cases}1-\mathrm{e}^{-\frac{x^2}{\theta}}, & x\geqslant 0 \\ 0, & x<0\end{cases}$，其中参数 θ 未知且大于零，$X_1,X_2,\cdots,X_n$ 是来自总体 X 的简单随机样本。

(1) 求 $E(X)$ 与 $E(X^2)$；

(2) 求参数 θ 的最大似然估计量 $\hat{\theta}_n$；

(3) 是否存在实数 a，使得对任何 $\varepsilon>0$，都有 $\lim\limits_{n\to\infty}P\{|\hat{\theta}_n-a|\geqslant\varepsilon\}=0$？

5. 设总体 X 的概率密度为 $f(x;\theta)=\begin{cases}\dfrac{1}{1-\theta}, & \theta\leqslant x\leqslant 1 \\ 0, & \text{其他}\end{cases}$，其中参数 θ 未知，$X_1,X_2,\cdots,X_n$ 是来自总体 X 的简单随机样本。

(1) 求参数 θ 的矩估计量；

(2) 求参数 θ 的最大似然估计量。

6. 设总体 X 的概率密度为 $f(x;\theta)=\begin{cases}\dfrac{3x^2}{\theta^3}, & 0<x<\theta \\ 0, & \text{其他}\end{cases}$，其中 $\theta\in(0,+\infty)$ 为未知参数，$X_1,X_2,\cdots,X_n$ 是来自总体 X 的简单随机样本，令 $T=\max\{X_1,X_2,X_3\}$。

(1) 求 T 的概率密度；

(2) 确定 a，使得 aT 为 θ 的无偏估计。

7. 某工程师为了解一台天平的精度，用该天平对一物体的质量进行 n 次测量，该物体的质量 μ 是已知的，设 n 次测量结果 $X_1,X_2,\cdots,X_n$ 相互独立且服从正态分布 $N(\mu,\sigma^2)$，该工程师记录的是 n 次测量的绝对误差 $Z_i=|X_i-\mu|(i=1,2,\cdots,n)$，利用 $Z_1,Z_2,\cdots,Z_n$ 估计 σ。

(1) 求 Z_1 的概率密度；

(2) 利用一阶矩求 σ 的矩估计量；

(3) 求 σ 的最大似然估计量。

8. 设总体 X 的概率密度为

$$f(x;\sigma)=\frac{1}{2\sigma}\mathrm{e}^{-\frac{|x|}{\sigma}}, \quad -\infty<x<+\infty$$

其中 $\sigma \in (0, +\infty)$ 为未知参数，$X_1, X_2, \cdots, X_n$ 为来自总体 X 的简单随机样本，记 σ 的最大似然估计量为 $\hat{\sigma}$。

(1) 求 $\hat{\sigma}$；

(2) 求 $E(\hat{\sigma})$ 和 $D(\hat{\sigma})$。

9. 设总体 X 的概率密度为

$$f(x;\sigma^2) = \begin{cases} \dfrac{A}{\sigma} e^{-\frac{(x-\mu)^2}{2\sigma^2}}, & x \geq \mu \\ 0, & x < \mu \end{cases}$$

其中 μ 是已知参数，$\sigma > 0$ 是未知参数，A 是常数，$X_1, X_2, \cdots, X_n$ 为来自总体 X 的简单随机样本。

(1) 求 A；

(2) 求 σ^2 的最大似然估计量。

第8章 假设检验

统计推断的基本问题就是通过样本推断总体。本章讨论与参数估计不同的一类统计推断问题，即根据样本的信息检验有关总体的某个统计假设是否可信，这类问题称作假设检验。具体地说，关于总体我们首先提出某种"假设"，然后通过样本判断所提"假设"是否可信以推断总体。例如，常常在你家附近打篮球的一个自以为是的人号称，他的罚球命中率有 80%，你对他说："投给我看看。"他投了 20 个球，结果投中 8 个球。你下了结论："如果他的命中率真是 80% 的话，那他几乎不太可能投 20 次球，才仅仅中了 8 个球。所以我不相信他的话。"这就是假设检验理论基础的通俗化。在假设正确时很少发生的结果若是发生了，就是假设不正确的证据。

假设检验的基本思路是首先对一个总体的参数值、数字特征、总体分布或两个及两个以上总体之间的关系提出假设（或断言），再利用样本提供的信息验证提出的假设是否成立。如果样本数据不能够充分证明和支持假设的成立，则在一定的概率下，应拒绝原假设；相反地，如果样本数据不能够充分证明和支持假设是不成立的，则不能推翻假设成立的合理性和真实性。上述假设检验所依据的基本原理是小概率原理，即发生概率很小的随机事件，在某一次特定的实验中几乎是不可能发生的。

8.1 假设检验的基本概念

根据假设检验的基本思路，要对某一问题完成相关的假设检验工作，则需要掌握假设检验有关的基本概念。

8.1.1 统计假设的概念和类型

1. 统计假设的概念

统计假设简称为**假设**（hypothesis），是指关于一个总体的参数、数字特征或总体分布，以及关于两个或两个以上总体之间的关系的各种论断或命题、"猜测"或推测、设想或假说。为便于叙述，我们用"H"表示假设，如下所示。

H_1：一批产品的不合格品率 p 不超过规定的界限 p_0。

H_2：甲厂产品的质量不低于乙厂产品的质量。

H_3：有添加剂汽油每升的平均可行驶里程多于无添加剂汽油每升的平均可行驶里程。

H_4：某种药品对降低血脂无效。

H_5：两组统计数据有相同的统计结构。

H_6：失业率与文化程度无关。

H_7：两个地区人口的性别比相同。

H_8：总体服从正态分布。

统计假设的提法及统计假设形式的确定，需要以相应的实践和理论知识为基础，要求有关人员具有丰富的经验、判断力以及应用有关方法和原理的艺术，有时还要考虑样本所能提供的信息以及所提假设是否便于统计处理。

2. 统计假设的基本类型

统计假设可以分为原假设与备择假设，参数假设与非参数假设，简单假设与复合假设等。

(1) 原假设与备择假设

在假设检验问题中，关心的问题通常可简化为两个对立的假设，二者必居其一，我们分别称为**原假设**和**备择假设**。原假设又称零假设，用 H_0 表示；备择假设又称对立假设，用 H_1 表示。

两个假设中，哪个选为原假设，哪个视为备择假设，原则上是任意的，但一般把要重点考察且统计分析便于操作和处理的选为原假设，且在统计分析过程中始终假定原假设成立。

例如，设 p 表示一批产品的不合格品率，p_0 是已知常数，则 $H_0: p = p_0$，$H_1: p \neq p_0$；H_0：两个地区人口的性别比相同，H_1：两个地区人口的性别比不同；H_0：总体 X 服从正态分布，H_1：总体 X 不服从正态分布。在这些例子中，原假设 H_0 都是要重点考察的，且 H_0 显然比 H_1 更便于处理。另外，统计假设检验的过程始终是在"假设 H_0 成立"的前提下进行的。以"H_0：总体 X 服从正态分布"为例，在"假设 H_0 成立"的条件下，可以利用来自正态总体 X 的简单随机样本的一系列性质；相反地，在"H_1：总体 X 不服从正态分布"的条件下，我们甚至无法采取行动。

(2) 简单假设与复合假设

完全决定总体分布的假设称为**简单假设**，否则称为**复合假设**。例如，"$H: p = p_0$"和"H：总体服从标准正态分布"都是简单假设，"$H: p \neq p_0$"和"H：总体服从正态分布"都是复合假设。

(3) 参数假设与非参数假设

参数假设是指在总体分布的数学形式已知的情况下，关于其中若干未知参数的假设。非参数假设是指在总体分布的数学形式未知的情况下，关于总体的一般性假设。例如，已知总体服从正态分布时，关于其数学期望 μ 或方差 σ^2 的假设是参数假设；"H：总体 X 服从正态分布""H：两个总体同分布"等是非参数假设。有些假设虽然用一个或若干个参数表述（如 $H: E(X) = 0$），但是当总体分布的数学形式未知时，也属于非参数假设的范畴，不过习惯上类似的假设仍按参数假设对待。因此，可以把不能用有限个参数表示的假设称为非参数假设，而把能用有限个参数表示的假设称为**参数假设**。

区分假设的类型是必要的，因为对于不同类型的假设，处理的方法有所不同。此外，假设类型的划分还可以很好地显示假设的基本特点，有助于更深入地理解假设的概念，但是必须指出，这种划分在一定意义上是相对的，在假设的各种类型之间实际上并没有绝对的界限。

8.1.2 统计假设的检验

统计假设的检验，是指按照一定规则——检验准则，根据样本信息去判断所做假设的真伪,并决定接受还是否定假设。由于假设检验的决定是根据随机样本或统计量做出的,因此任何检验都不能避免错误,选择检验准则的基本原则是要使检验的错误较小。

1. 检验准则

判断假设是否成立以决定假设取舍的规则称为**检验准则**,简称为**检验**。检验准则常以**原假设 H_0 的否定域**形式表示。

否定域也称**拒绝域**或**临界域**。假设 H_0 的否定域 V 是给样本值划定的一个范围或在一切样本值的集合(样本空间)中指定的一个区域:当样本值 $x=(x_1,x_2,\cdots,x_n)$ 属于区域 V 时否定 H_0。应用中,否定域 V 常通过选择某个适当的统计量 T 来构造,这时,T 称作**检验的统计量**。以否定域的形式表示的检验只有"否定 H_0"和"不否定 H_0"两种可能的决定。

例 8.1.1 抽样验收一批产品,若不合格品率 p 超过规定的界限 p_0,则认为这批产品不合格并予以拒收。以 ν_n 表示 n 次抽样抽到不合格品的件数。

这是一个"原假设为 $H_0:p\leqslant p_0$,而对立假设为 $H_1:p>p_0$"的统计检验问题,可以用 $V=\{\nu_n\geqslant c\}$ 作为原假设 H_0 的否定域,其中 c 是随机抽验的 n 件产品中不合格品的临界件数,即当 $\nu_n\geqslant c$ 时否定 H_0,并认为这批产品不合格,予以拒收。对于固定的 n,确定临界值 c 的原则是出现错误的概率要小,这时可能出现两种类型的错误:① 错误地"拒收合格批",即这批产品中不合格品率 p 本来未超过规定的界限 p_0,却被错误地拒收了;② 错误地"接收不合格批",即这批产品中不合格品率 p 本来超过了规定的界限 p_0,却被错误地接收了。

2. 检验的两类错误

设 H_0 是关于总体 X 的假设,V 是 H_0 的否定域,$(X_1,X_2,\cdots,X_n)$ 是来自总体 X 的简单随机样本。当"随机点"$(X_1,X_2,\cdots,X_n)$ 落入否定域 V 时,即当事件 $R_V=\{(X_1,X_2,\cdots,X_N)\in V\}$ 出现时否定 H_0。由于统计检验的结论是根据随机样本 $(X_1,X_2,\cdots,X_n)$ 的取值做出的,而这个随机样本的取值总是既可能落入否定域,又可能落入接受域,因此所做决定有可能是错误的。根据原假设 H_0 的"真"与"伪"以及所做决定是"否定 H_0"还是"接受 H_0",存在表 8.1.1 所示的四种可能情形,其中两种是正确决定,另外两种则是错误决定。

① 第一类错误:否定了本来真实的假设(**弃真**),称作**第一类错误,常表示为 α**。
② 第二类错误:接受了本来错误的假设(**纳伪**),称作**第二类错误,常表示为 β**。

表 8.1.1

		真实假设	
		H_0	H_1
决定	否定 H_0	第一类错误	正确
	接受 H_0	正确	第二类错误

由于检验的规则依赖于样本,而样本具有随机性,因此检验的错误出现与否也是随机的,但是我们可以估计和控制检验错误出现的概率。在假设 H_0 成立的条件下事件 R_V 出现(原假设为真但否定原假设)的概率,即检验犯第一类错误的概率可以表示为 $P(R_V|H_0)$;在假设 H_0 本来错误(从而 H_1 成立)的条件下事件 $\overline{R}_V=\{(X_1,X_2,\cdots,X_N)\notin V\}$ 出现的概率,即检验犯第二类错误的概率表示为 $P(\overline{R}_V|H_1)$。

例如,抽样验收一批产品,如果其不合格品率 p 超过规定界限 p_0,则拒收,否则接收。由于这批产品的不合格品率 p 未知,因此产生了区分原假设 $H_0:p\leqslant p_0$ 与对立假设 $H_1:p>p_0$

的检验问题。以例 8.1.1 中的 $V=\{v_n \geqslant c\}$ 作为假设 H_0 的否定域,则检验的第一类错误概率 α 和第二类错误概率 β 分别如下:

$$\alpha(p)=P\{v_n\geqslant c\mid p\leqslant p_0\},\quad \beta(p)=P\{v_n<c\mid p>p_0\}$$

第一类错误概率 α 和第二类错误概率 β 又分别被称为厂方风险和用户风险。

例 8.1.2 假定 X 是连续型随机变量,X_1 是对 X 的(一次)观测值,关于其概率密度 $f(x)$ 有如下假设:

$$H_0:f(x)=\begin{cases}\dfrac{1}{2},&0\leqslant x\leqslant 2\\0,&\text{其他}\end{cases},\quad H_1:f(x)=\begin{cases}\dfrac{x}{2},&0\leqslant x\leqslant 2\\0,&\text{其他}\end{cases}$$

检验规则:当事件 $R=\left\{X_1>\dfrac{3}{2}\right\}$ 出现时,否定假设 H_0、接受假设 H_1。求检验的第一类错误概率 α 和检验的第二类错误概率 β。

解 由检验的两类错误概率 α 和 β 的意义,知

$$\alpha=P\left\{X_1>\dfrac{3}{2}\mid H_0\right\}=\int_{\frac{3}{2}}^{2}\dfrac{1}{2}\mathrm{d}x=\dfrac{1}{4}$$

$$\beta=P\left\{X_1\leqslant\dfrac{3}{2}\mid H_1\right\}=\int_{0}^{\frac{3}{2}}\dfrac{x}{2}\mathrm{d}x=\dfrac{9}{16}$$

例 8.1.3 假定总体 $X\sim N(\mu,1)$,关于总体 X 的数学期望 μ 有两个假设:

$$H_0:\mu=0,\quad H_1:\mu=1$$

设 $(X_1,X_2,\cdots,X_9)$ 是来自总体 X 的简单随机样本,$\overline{X}$ 是样本均值。考虑基本假设 H_0 的如下否定域:$V_1=\{3\overline{X}\geqslant u_{0.05}\}$。本章中,除有特别说明外,$u_\alpha$ 表示标准正态分布上侧 α 分位数。试分别求检验的两类错误概率。

解 由条件知 $H_0:X\sim N(0,1)$,$H_1:X\sim N(1,1)$,样本容量 $n=9$。当总体 $X\sim N(\mu,\sigma^2)$ 时,有 $\overline{X}\sim N(\mu,\sigma^2/n)$,因此 $H_0:3\overline{X}\sim N(0,1)$,$H_1:3(\overline{X}-1)\sim N(0,1)$。

以 $V_1=\{3\overline{X}\geqslant u_{0.05}\}$ 为否定域的检验的两类错误概率 α_1 和 β_1 分别为

$$\alpha_1=P\{V_1\mid H_0\}=P\{3\overline{X}\geqslant u_{0.05}\mid H_0\}=0.05$$

$$\beta_1=P\{\overline{V}_1\mid H_1\}=P\{3\overline{X}<u_{0.05}\mid H_1\}=P\{3\overline{X}<1.65\mid H_1\}$$

$$=P\{3(\overline{X}-1)<-1.35\mid H_1\}=\Phi(-1.35)=1-\Phi(1.35)=0.0885$$

8.1.3 显著性检验

对于假设 H_0 对 H_1 检验问题,表征检验准则优劣的有如下 3 个量:样本容量 n,第一类错误概率的上限 α,第二类错误概率的上限 β。显然,3 个量 (n,α,β) 都是越小越好。然而,由于检验做出的判断所依赖的样本具有随机性,同时完全控制 3 个量 (n,α,β) 是做不到的,因此必须在三者之间进行权衡来选择检验准则。解决问题有多种途径,显著性检验是实际应用中最常用的一种。所谓**显著性检验**,是基于"小概率原则"控制第一类错误概率的一种检验方法。

因为在事先固定样本容量 n 的情况下,在各种可供选择的检验中,一般会选择两类错误概率都满足要求的检验准则,然而构造两类错误概率同时小的检验是困难的,所以在假设检验的多数应用中,通常先控制第一类错误概率,再考虑控制第二类错误概率。第二类错误概率因涉及备择假设的具体形式一般难以计算,有时甚至无法计算。通常,在第一类错误概率不大于给定上限 α 的检验准则中,选择第二类错误概率最小或在一定条件下最小的检验。只控制第一

类错误概率的检验称作**显著性检验**,选定的第一类错误概率的上限 α 称作检验的**显著性水平**,相应的检验称作**水平 α 显著性检验**。

下面讨论显著性检验否定域的构造,以及显著性检验的一般程序。

1. 小概率原则

构造显著性检验的否定域一般依据所谓的"小概率原则":指定一个可以认为是"充分小"的正数 $\alpha(0<\alpha<1)$,并且认为凡是概率不大于 α 的事件 R 是"**实际不可能事件**",即认为这样的事件在一次试验或观测中实际上不会出现。对于只控制第一类错误概率的显著性检验,小概率原则中所规定的概率上界 α 称作检验的**显著性水平**。检验的显著性水平 α 的具体值选取应根据实际问题的具体要求而定。若事件 R 的出现将造成严重后果或重大损失(如飞机失事、沉船),则 α 应选得小一些,否则可以选得大一些。常选 $\alpha=0.001,0.01,0.05,0.10$ 等。这种几乎划一的选法,除了为制表方便外,并无其他特别意义。

2. 显著性检验的否定域

设 H_0 是关于总体 X 的假设,$(X_1,X_2,\cdots,X_n)$ 是来自 X 的简单随机样本。对于水平 α 显著性检验,H_0 的否定域 V 应满足条件:在 H_0 成立的条件下样本值属于否定域 V 的概率不大于 α,即

$$P(R|H_0)=P\{(X_1,X_2,\cdots,X_n)\in V|H_0\}\leqslant\alpha \tag{8.1.1}$$

这样,在水平 α 下可以认为 R 是实际不可能事件,因此当 R 出现时,即当样本值属于否定域 V 时,否定 H_0。这时检验的第一类错误概率不会大于 α。

否定域通常由检验的统计量 T 来构造:首先在假设 H_0 成立的条件下,求出 T 的抽样分布,然后根据给定的显著性水平 α,利用相应的数值表求出决定 H_0 取舍的临界值(或分位数)λ_α。

3. 显著性检验的一般程序

① 提出原假设:把欲考察的问题以原假设 H_0 的形式提出,并且在做出最后的判断之前,始终在假定 H_0 成立的前提下进行分析。

② 构造检验统计量:根据具体问题,在估计的基础上构造合适的检验统计量。

③ 建立否定域:建立假设 H_0 的水平为 $\alpha(0<\alpha<1)$ 的否定域。

④ 做出判断:进行简单随机抽样,获得样本值,若样本值属于否定域 V,则否定假设 H_0,否则接受 H_0。

注意,在 H_0 成立的条件下,由于"样本值属于否定域 V"是"实际不可能事件",即在 H_0 成立的条件下实际上不会出现,因此它的出现表明 H_0 实际上不成立,故应否定 H_0。然而,"样本值不属于否定域 V",只说明抽样结果与假设 H_0 不矛盾,故应做出"不否定 H_0"的决定,但是原则上没有理由做出"接受 H_0"的决定,因为我们并不知道"接受 H_0"接受错了的概率——第二类错误概率。不过,常用的一些显著性检验都是经过统计学家精心研究和选择的,一般在给定的显著性水平下(在一定条件下)第二类错误概率都是最小的。

8.2 单个正态总体的假设检验

对于理论研究和实际应用,正态分布在各种概率分布中都居首要地位。一方面,许多自然现象和社会经济现象都可以或近似地可以用正态分布来描述;另一方面,正态分布有比较简单的数学表达式,只要掌握了它的两个参数就掌握了正态分布。关于正态分布参数假设的检验,

不但实际应用中最重要、最广泛,而且方法最典型,结果也最完满。本节首先介绍一个正态分布的数学期望和方差的检验,8.3 节将介绍两个正态分布的数学期望和方差的比较,并在最后简要介绍在样本容量充分大时非正态总体数学期望的检验。

假设总体 $X \sim N(\mu, \sigma^2)$,关于总体参数 μ, σ^2 的假设检验,主要有以下 6 种类型。

8.2.1 单个正态总体的双侧假设检验

1. 已知方差 σ^2,检验 $H_0: \mu = \mu_0, H_1: \mu \neq \mu_0, \mu_0$ 已知

设 $(X_1, X_2, \cdots, X_n)$ 是一个样本,由第 6 章统计量分布理论知,在 H_0 成立的条件下,有

$$U = \frac{\overline{X} - \mu_0}{\sqrt{\frac{\sigma^2}{n}}} \sim N(0, 1) \tag{8.2.1}$$

由标准正态分布函数表,得临界值 $u_{\alpha/2}$,使 $P\{|U| > u_{\alpha/2}\} = \alpha$,即事件 $\{|U| > u_{\alpha/2}\}$ 是一个小概率事件。由样本值计算统计量 $|U|$ 的观测值,记为 $|U_0|$:若 $|U_0| > u_{\alpha/2}$,则否定 H_0;若 $|U_0| < u_{\alpha/2}$,则接受 H_0;若 $|U_0| = u_{\alpha/2}$,通常再进行一次抽样检验。

由于这一检验用到统计量 U,因此称为 U 检验法,其一般步骤如下所示。

① 提出待检验假设和备择假设,$H_0: \mu = \mu_0, H_1: \mu \neq \mu_0$。

② 选用检验统计量 $U = \frac{\overline{X} - \mu_0}{\sqrt{\frac{\sigma^2}{n}}}$,在 H_0 成立的条件下,有 $U \sim N(0, 1)$。

③ 对给定的检验水平 α,查标准正态分布表,得临界值 $u_{\alpha/2}$,使

$$P\{|U| > u_{\alpha/2}\} = \alpha$$

确定否定域为 $(-\infty, -u_{\alpha/2}) \cup (u_{\alpha/2}, +\infty)$。

④ 根据样本观察值计算 $|U|$ 的观测值 $|U_0|$,并将其与 $u_{\alpha/2}$ 比较。

⑤ 得出结论:若 $|U_0| > u_{\alpha/2}$,则否定 H_0;若 $|U_0| < u_{\alpha/2}$,则接受 H_0;若 $|U_0| = u_{\alpha/2}$,通常再进行一次抽样检验。

例 8.2.1 自动包糖机装糖入袋,每袋糖重 X 服从正态分布。当机器工作正常时,每袋糖重的均值为 $0.5\,\text{kg}$,标准差为 $0.015\,\text{kg}$。某日开工后,若已知标准差不变,随机抽取 9 袋,其重量(单位:kg)为

0.497 0.506 0.518 0.524 0.498 0.511 0.520 0.515 0.512

问包装机工作是否正常($\alpha = 0.05$)?

解 $H_0: \mu = \mu_0 = 0.5, H_1: \mu \neq 0.5$。在 H_0 成立的条件下,$U = \frac{\overline{X} - \mu_0}{\sqrt{\frac{\sigma^2}{n}}} \sim N(0, 1)$,由 $\alpha = 0.05$,查标准正态分布表得 $u_{\alpha/2} = 1.96$,即 $P\{|U| > u_{\alpha/2}\} = \alpha$。由样本值计算得

$$|U_0| = \left| \frac{\overline{x} - \mu_0}{\sqrt{\frac{\sigma^2}{n}}} \right| = \left| \frac{0.511 - 0.5}{\sqrt{\frac{0.015^2}{9}}} \right| = 2.2 > 1.96$$

于是否定 H_0,即认为这天包装机工作不正常。

2. 未知方差 σ^2,检验 $H_0: \mu = \mu_0, H_1: \mu \neq \mu_0, \mu_0$ 已知

设 $(X_1, X_2, \cdots, X_n)$ 是一个样本,由第 6 章统计量分布理论知,在 H_0 成立的条件下,

$$T=\frac{\overline{X}-\mu_0}{\sqrt{\dfrac{S^2}{n}}}\sim t(n-1) \tag{8.2.2}$$

由给定的检验水平 α，查 t 分布表，得临界值 $t_{\alpha/2}(n-1)$，使
$$P\{|T|>t_{\alpha/2}(n-1)\}=\alpha$$
即 $\{|T|>t_{\alpha/2}(n-1)\}$ 是一个小概率事件。由样本值计算统计量 $|T|$ 的观测值，记为 $|T_0|$：若 $|T_0|>t_{\alpha/2}(n-1)$，则否定 H_0；若 $|T_0|<t_{\alpha/2}(n-1)$，则接受 H_0；若 $|T_0|=t_{\alpha/2}(n-1)$，通常再进行一次抽样检验。

由于这一检验用到统计量 T，因此称为 T 检验法，其一般步骤如下所示。

① 提出待检验假设和备择假设，$H_0:\mu=\mu_0$，$H_1:\mu\neq\mu_0$。

② 选用统计量 $T=\dfrac{\overline{X}-\mu_0}{\sqrt{\dfrac{S^2}{n}}}$，在 H_0 成立的条件下 $T\sim t(n-1)$。

③ 由给定的检验水平 α，查 t 分布表，得临界值 $t_{\alpha/2}(n-1)$，使
$$P\{|T|>t_{\alpha/2}(n-1)\}=\alpha$$
确定否定域为 $(-\infty,-t_{\alpha/2}(n-1))\cup(t_{\alpha/2}(n-1),+\infty)$。

④ 根据样本观察值计算统计量 $|T|$ 的观测值 $|T_0|$，并将其与 $t_{\alpha/2}(n-1)$ 比较。

⑤ 得出结论：若 $|T_0|>t_{\alpha/2}(n-1)$，则否定 H_0；若 $|T_0|<t_{\alpha/2}(n-1)$，则接受 H_0；若 $|T_0|=t_{\alpha/2}(n-1)$，通常再进行一次抽样检验。

例 8.2.2 某厂生产钢筋，其标准强度为 $52\,\mathrm{kg/mm^2}$，现抽取 6 个样品，测得其强度（单位：$\mathrm{kg/mm^2}$）数据如下：

$$48.5\quad 49.0\quad 53.5\quad 49.5\quad 56.0\quad 52.5$$

已知钢筋强度 X 服从正态分布，判断这批产品的强度是否合格（$\alpha=0.05$）。

解 $H_0:\mu=\mu_0=52$，$H_1:\mu\neq 52$。在 H_0 成立的条件下，$T=\dfrac{\overline{X}-\mu}{\sqrt{\dfrac{S^2}{n}}}\sim t(n-1)$，由 $\alpha=0.05$，查 t 分布表，得临界值 $t_{\alpha/2}(5)=2.571$，即 $P\{|T|>t_{\alpha/2}(5)\}=\alpha$。由样本值计算得

$$|T_0|=\left|\frac{\overline{x}-u_0}{\sqrt{\dfrac{s^2}{n}}}\right|=\left|\frac{51.5-52}{\sqrt{\dfrac{8.9}{6}}}\right|=0.4<2.571$$

故接受 H_0，即认为产品的强度与标准强度无显著性差异，就此样本提供的信息来看，产品是合格的。

3. 未知均值 μ，检验 $H_0:\sigma^2=\sigma_0^2$，$H_1:\sigma^2\neq\sigma_0^2$

设 $(X_1,X_2,\cdots,X_n)$ 是一个样本，由第 6 章统计量分布理论知，在 H_0 成立的条件下，

$$\chi^2=\frac{(n-1)S^2}{\sigma^2}\sim\chi^2(n-1) \tag{8.2.3}$$

由给定的检验水平 α，查 χ^2 分布表，得临界值 $\chi^2_{\alpha/2}(n-1)$ 和 $\chi^2_{1-\alpha/2}(n-1)$，使

$$P\{\chi^2>\chi^2_{\alpha/2}(n-1)\}=\frac{\alpha}{2},\quad P\{\chi^2>\chi^2_{1-\alpha/2}(n-1)\}=1-\frac{\alpha}{2}$$

即事件 $\{\chi^2>\chi^2_{\alpha/2}(n-1)\}\cup\{\chi^2<\chi^2_{1-\alpha/2}(n-1)\}$ 是小概率事件。由样本观测值计算统计量 χ^2 的观测值 χ^2_0，并将其与 $\chi^2_{\alpha/2}(n-1)$ 和 $\chi^2_{1-\alpha/2}(n-1)$ 比较：若 $\chi^2_0>\chi^2_{\alpha/2}(n-1)$ 或 $\chi^2_0<\chi^2_{1-\alpha/2}(n-1)$，

则否定 H_0；若 $\chi^2_{1-\alpha/2}(n-1)<\chi^2_0<\chi^2_{\alpha/2}(n-1)$，则接受 H_0。

由于这一检验用到统计量 χ^2，因此称为 χ^2 检验，其一般步骤如下所示。

① 提出待检验假设和备择假设，$H_0:\sigma^2=\sigma_0^2$，$H_1:\sigma^2\neq\sigma_0^2$。

② 选用统计量 $\chi^2=\dfrac{(n-1)S^2}{\sigma^2}$，在 H_0 成立的条件下，$\chi^2\sim\chi^2(n-1)$。

③ 由给定的检验水平 α，查 χ^2 分布表，得临界值 $\chi^2_{\alpha/2}(n-1)$ 和 $\chi^2_{1-\alpha/2}(n-1)$，使

$$P\{\chi^2>\chi^2_{\alpha/2}(n-1)\}=\dfrac{\alpha}{2}, \quad P\{\chi^2>\chi^2_{1-\alpha/2}(n-1)\}=1-\dfrac{\alpha}{2}$$

确定否定域为 $(0,\chi^2_{1-\alpha/2}(n-1))\cup(\chi^2_{\alpha/2},+\infty)$。

④ 根据样本观察值计算 χ^2_0，并将其与 $\chi^2_{\alpha/2}(n-1)$ 和 $\chi^2_{1-\alpha/2}(n-1)$ 比较。

⑤ 得出结论：若 $\chi^2_0>\chi^2_{\alpha/2}(n-1)$ 或 $\chi^2_0<\chi^2_{1-\alpha/2}(n-1)$，则否定 H_0；若 $\chi^2_{1-\alpha/2}(n-1)<\chi^2_0<\chi^2_{\alpha/2}(n-1)$，则接受 H_0。

例 8.2.3 某炼铁厂的铁水含碳量 X 服从正态分布。现对操作工艺进行了某种改进，从中抽取 5 炉铁水，测得含碳量数据如下：

$$4.421 \quad 4.052 \quad 4.353 \quad 4.287 \quad 4.683$$

是否可以认为新工艺炼出的铁水含碳量的方差仍为 $0.108^2(\alpha=0.05)$？

解 $H_0:\sigma^2=\sigma_0^2=0.108^2$，$H_1:\sigma^2\neq 0.108^2$。在 H_0 成立的条件下，$\chi^2=\dfrac{(n-1)S^2}{\sigma^2}\sim\chi^2(n-1)$。由 $\alpha=0.05$，查 χ^2 分布表，得临界值 $\chi^2_{0.025}(4)=11.1$ 和 $\chi^2_{0.975}(4)=0.484$。根据样本观察值计算

$$\chi^2_0=\dfrac{(n-1)s^2}{\sigma^2}=\dfrac{4\times 0.228^2}{0.108^2}\approx 17.827>11.1$$

故否定 H_0，即不能认为方差是 0.108^2。

本节中的 3 种类型的否定域均为双侧区间，这种参数的假设检验称为双侧检验，此时常省略备择假设 H_1。8.2.2 节中的 3 种类型的否定域均为单侧区间，这种参数的假设检验称为单侧检验。

8.2.2 单个正态总体的单侧假设检验

① **已知方差 σ^2，检验 $H_0:\mu\leqslant\mu_0$，$H_1:\mu>\mu_0$。**

设 $(X_1,X_2,\cdots,X_n)$ 是一个样本，在 H_0 成立的条件下，易知

$$U=\dfrac{\overline{X}-\mu_0}{\sqrt{\dfrac{\sigma^2}{n}}}\leqslant\dfrac{\overline{X}-\mu}{\sqrt{\dfrac{\sigma^2}{n}}}=U_1\sim N(0,1) \tag{8.2.4}$$

于是，对于任何实数 λ，都有 $\left\{\dfrac{\overline{X}-\mu_0}{\sqrt{\dfrac{\sigma^2}{n}}}>\lambda\right\}\subset\left\{\dfrac{\overline{X}-\mu}{\sqrt{\dfrac{\sigma^2}{n}}}>\lambda\right\}$。由检验水平 α，查标准正态分布表，得正态分布的临界值 u_α，使 $P\{U_1>u_\alpha\}=\alpha$，即 $\left\{\dfrac{\overline{X}-\mu_0}{\sqrt{\dfrac{\sigma^2}{n}}}>u_\alpha\right\}\subset\left\{\dfrac{\overline{X}-\mu}{\sqrt{\dfrac{\sigma^2}{n}}}>u_\alpha\right\}$ 都是小概率事件。这时，H_0 的否定域可以定为 $(u_\alpha,+\infty)$，由样本观察值计算 U_0，若 U_0 落入否定域，即可做出否定 H_0 的结论。

由此我们得到单侧检验的步骤完全类似于双侧检验，只需要注意它的否定域仅为单侧区

间。显然，单侧检验比双侧检验灵敏，这是有代价的，即需要事先对待检验的参数有较多的了解。

例 8.2.4 已知某种水果罐头维生素 C 的含量服从正态分布，标准差为 3.98 mg。产品质量标准中，维生素 C 的平均含量必须大于 21 mg。现从一批这种水果罐头中抽取 17 罐，测得维生素 C 的含量的平均值 $\bar{x} = 23$ mg。问这批罐头的维生素 C 含量是否合格($\alpha = 0.05$)？

解 因为要求维生素 C 的平均含量必须大于 21 mg，少了则判为不合格品，所以用单侧检验。

首先，提出假设 $H_0: \mu \leqslant \mu_0 = 21, H_1: \mu > 21$。在 H_0 成立的条件下，

$$U = \frac{\overline{X} - \mu_0}{\sqrt{\frac{\sigma^2}{n}}} \leqslant \frac{\overline{X} - \mu}{\sqrt{\frac{\sigma^2}{n}}} = U_1 \sim N(0, 1)$$

由检验水平 α，查标准正态分布表，得临界值 $u_\alpha = 1.38$，确定否定域为 $(u_\alpha, +\infty)$。由样本观察值计算得

$$U_0 = \frac{\bar{x} - \mu_0}{\sqrt{\frac{\sigma^2}{n}}} = \frac{23 - 21}{\sqrt{\frac{3.98^2}{17}}} = 2.07 > 1.38$$

所以否定 H_0，即认为这批罐头的维生素 C 含量符合标准。

类似地，可以得到以下两类单侧检验的否定域。

② 未知方差 σ^2，检验 $H_0: \mu \leqslant \mu_0, H_1: \mu > \mu_0$，否定域为 $(t_\alpha(n-1), +\infty)$。

③ 未知均值 μ，检验 $H_0: \sigma^2 \leqslant \sigma_0^2, H_1: \sigma^2 > \sigma_0^2$，否定域为 $(\chi_\alpha^2(n-1), +\infty)$。

例 8.2.5 用机器包装食盐，假设每袋盐的重量服从正态分布，规定每袋盐的标准重量为 500 g，标准差不能超过 10 g。某日开工后，从装好的食盐中随机抽取 9 袋，测得重量(单位:g)为

$$497 \quad 507 \quad 510 \quad 475 \quad 484 \quad 488 \quad 524 \quad 491 \quad 515$$

这天包装机的工作是否正常($\alpha = 0.05$)？

解 包装机工作正常是指 $\mu = 500$ 和 $\sigma^2 \leqslant 10^2$，因此分两步进行检验。

a. 由题意，提出假设 $H_0: \mu = \mu_0 = 500, H_1: \mu \neq 500$。在 H_0 成立的条件下，

$$T = \frac{\overline{X} - \mu_0}{\sqrt{\frac{S^2}{n}}} \sim t(n-1)$$

由给定的检验水平 α，查 t 分布表，得临界值 $t_{\alpha/2}(8) = 2.306$，即 $P\{|T| > t_{\alpha/2}(8)\} = \alpha$。由样本值计算得

$$|T_0| = \left| \frac{\bar{x} - \mu_0}{\sqrt{\frac{s^2}{n}}} \right| = \left| \frac{499 - 500}{\sqrt{\frac{16.03^2}{9}}} \right| \approx 0.187 < 2.306$$

所以不能否定 H_0，即可以认为平均每袋盐重为 500 g。

b. 提出假设 $H_0': \sigma^2 \leqslant 10^2, H_1': \sigma^2 > 10^2$。在 H_0' 成立的条件下，

$$\chi^2 = \frac{(n-1)S^2}{10^2} \leqslant \frac{(n-1)S^2}{\sigma^2} = \chi_1^2 \sim \chi^2(n-1)$$

由给定的检验水平 α，查 χ^2 分布表，得临界值 $\chi_\alpha^2(8) = 15.5$，即 $P\{\chi^2 > \chi_\alpha^2(8)\} = \alpha$。由样本值计算得

$$\chi_0^2 = \frac{(n-1)s^2}{\sigma_0^2} = \frac{8 \times 16.03^2}{10^2} \approx 20.56 > 15.5$$

所以否定 H_0'，即可以认为方差超过 10^2，包装机工作不稳定。

综上所述，包装机工作不正常。

8.3 两个正态总体的检验

设总体 $X \sim N(\mu_1, \sigma_1^2)$，$Y \sim N(\mu_2, \sigma_2^2)$，且 X, Y 独立，$(X_1, X_2, \cdots, X_{n_1})$，$(Y_1, Y_2, \cdots, Y_{n_2})$ 分别是来自总体 X, Y 的样本。关于两个正态总体的假设检验，主要有以下几种类型。

8.3.1 两个正态总体均值(或均值差)的检验

1. 已知方差 σ_1^2, σ_2^2，检验 $H_0: \mu_1 = \mu_2$，$H_1: \mu_1 \neq \mu_2$

在 H_0 成立的条件下，

$$U = \frac{\overline{X} - \overline{Y}}{\sqrt{\frac{\sigma_1^2}{n_1} + \frac{\sigma_2^2}{n_2}}} \sim N(0, 1) \tag{8.3.1}$$

由给定的检验水平 α，查标准正态分布表，得临界值 $u_{\alpha/2}$，使 $P\{|U| > u_{\alpha/2}\} = \alpha$，即 $\{|U| > u_{\alpha/2}\}$ 是小概率事件。由样本值计算统计量 $|U|$ 的观测值，记为 $|U_0|$：若 $|U_0| > u_{\alpha/2}$，则否定 H_0；若 $|U_0| < u_{\alpha/2}$，则接受 H_0。

2. 未知 σ_1^2, σ_2^2，但已知 $\sigma_1^2 = \sigma_2^2$，检验 $H_0: \mu_1 = \mu_2$，$H_1: \mu_1 \neq \mu_2$

这种类型的检验步骤与类型 1 的相似，但须选用以下统计量

$$T = \frac{\overline{X} - \overline{Y}}{\sqrt{\frac{(n_1 + n_2)[(n_1 - 1)S_1^2 + (n_2 - 1)S_2^2]}{n_1 n_2 (n_1 + n_2 - 2)}}} \tag{8.3.2}$$

其中，$S_1^2 = \frac{1}{n_1 - 1} \sum_{i=1}^{n_1} (X_i - \overline{X})^2$，$S_2^2 = \frac{1}{n_2 - 1} \sum_{i=1}^{n_2} (Y_i - \overline{Y})^2$，且在 H_0 成立的条件下，$T \sim t(n_1 + n_2 - 2)$。

3. 未知 σ_1^2, σ_2^2，且 $\sigma_1^2 \neq \sigma_2^2$，但 $n_1 = n_2 = n$，检验 $H_0: \mu_1 = \mu_2$，$H_1: \mu_1 \neq \mu_2$

通常采用配对试验的 t 检验法，其做法是：令 $Z_i = X_i - Y_i (i = 1, 2, \cdots, n)$，则

$$Z_i \sim N(\mu_1 - \mu_2, \sigma_1^2 + \sigma_2^2)$$

因而，可以把 $(Z_1, Z_2, \cdots, Z_n)$ 作为总体 $Z \sim N(\mu_1 - \mu_2, \sigma_1^2 + \sigma_2^2)$ 的一个样本，于是，所要进行的检验等价于一个正态总体、方差未知情形下，检验 $H_0: \mu_1 = \mu_2$，$H_1: \mu_1 \neq \mu_2$，记

$$\overline{Z} = \frac{1}{n} \sum_{i=1}^{n} Z_i, \quad S^2 = \frac{1}{n-1} \sum_{i=1}^{n} (Z_i - \overline{Z})^2$$

则在 H_0 成立的条件下，选用统计量 $T = \dfrac{\overline{Z}}{\sqrt{\dfrac{S^2}{n}}} \sim t(n-1)$ 即可。

这种检验通常应用于由两种产品、两种仪器、两种方法得到的成对数据，需要比较其质量或效果好坏的情况。

4. 未知 σ_1^2, σ_2^2，且 $\sigma_1^2 \neq \sigma_2^2$，$n_1 \neq n_2 (n_1 < n_2)$，检验 $H_0: \mu_1 = \mu_2$，$H_1: \mu_1 \neq \mu_2$

令

$$Z_i = X_i - \sqrt{\frac{n_1}{n_2}} Y_i + \frac{1}{\sqrt{n_1 n_2}} \sum_{k=1}^{n_1} Y_k - \frac{1}{n_2} \sum_{k=1}^{n_2} Y_k, \quad i = 1, 2, \cdots, n_1$$

则
$$E(Z_i) = \mu_1 - \sqrt{\frac{n_1}{n_2}}\mu_2 + \sqrt{\frac{n_1}{n_2}}\mu_2 - \mu_2 = \mu_1 - \mu_2$$

$$D(Z_i) = E\left[X_i - \mu_1 - \sqrt{\frac{n_1}{n_2}}(Y_i - \mu_2) + \frac{1}{\sqrt{n_1 n_2}}\sum_{k=1}^{n_1}(Y_k - \mu_2) - \frac{1}{n_2}\sum_{k=1}^{n_2}(Y_k - \mu_2)\right]^2$$

$$= \sigma_1^2 + \frac{n_1}{n_2}\sigma_2^2 + \sigma_2^2\left(\frac{n_1}{n_1 n_2} + \frac{n_2}{n_2^2} - \frac{2}{n_2} + \frac{2\sqrt{n_1}}{n_2\sqrt{n_2}} - \frac{2n_1}{n_2\sqrt{n_1 n_2}}\right)$$

$$= \sigma_1^2 + \frac{n_1}{n_2}\sigma_2^2$$

其中,$\text{Cov}(Z_i, Z_j) = 0$ $(i \neq j, i, j = 1, 2, \cdots, n_1)$,视 $(Z_1, Z_2, \cdots, Z_{n_1})$ 为来自正态总体 $N\left(\mu_1 - \mu_2, \sigma_1^2 + \frac{n_1}{n_2}\sigma_2^2\right)$ 的一个样本。于是,所要进行的检验等价于一个正态总体、方差未知情形下,检验 $H_0: \mu_1 = \mu_2, H_1: \mu_1 \neq \mu_2$。在 H_0 成立的条件下,选用统计量 $T = \dfrac{\overline{Z}}{\sqrt{\dfrac{S^2}{n}}} \sim t(n-1)$ 即可,其中 $\overline{Z} = \dfrac{1}{n_1}\sum_{i=1}^{n_1} Z_i$,$S^2 = \dfrac{1}{n_1 - 1}\sum_{i=1}^{n_1}(Z_i - \overline{Z})$。

8.3.2 两个正态总体方差(或方差比)的检验

未知均值 μ_1, μ_2,检验 $H_0: \sigma_1^2 = \sigma_2^2, H_1: \sigma_1^2 \neq \sigma_2^2$。在 H_0 成立的条件下,

$$F = \frac{S_1^2}{S_2^2} \sim F(n_1 - 1, n_2 - 1) \tag{8.3.3}$$

由给定的检验水平 α,查 F 分布表,得临界值 $F_{\alpha/2}(n_1 - 1, n_2 - 1), F_{1-\alpha/2}(n_1 - 1, n_2 - 1)$,使

$$P\{F > F_{\alpha/2}(n_1 - 1, n_2 - 1)\} = \frac{\alpha}{2}, \quad P\{F < F_{1-\alpha/2}(n_1 - 1, n_2 - 1)\} = \frac{\alpha}{2}$$

即 $\{F > F_{\alpha/2}(n_1 - 1, n_2 - 1)\} \cup \{F < F_{1-\alpha/2}(n_1 - 1, n_2 - 1)\}$ 是小概率事件。由样本值计算统计量 F 的观测值 F_0,并将其与临界值进行比较:若 $F_0 > F_{\alpha/2}(n_1 - 1, n_2 - 1)$ 或 $F_0 < F_{1-\alpha/2}(n_1 - 1, n_2 - 1)$,则否定 H_0;若 $F_{1-\alpha/2}(n_1 - 1, n_2 - 1) < F_0 < F_{\alpha/2}(n_1 - 1, n_2 - 1)$,则接受 H_0,称
$$(0, F_{1-\alpha/2}(n_1 - 1, n_2 - 1)) \cup (F_{\alpha/2}(n_1 - 1, n_2 - 1), +\infty)$$
为否定域。

例 8.3.1 甲、乙两台机床生产同一型号的滚珠,由以往的经验可知,两台机床生产的滚珠直径都服从正态分布,现从这两台机床生产的滚珠中分别抽出 5 个和 4 个,测得其直径(单位:mm)如下:

甲机床:24.3　20.8　23.7　21.3　17.4
乙机床:18.2　16.9　20.2　16.7

甲、乙两台机床生产的滚珠直径的方差有无显著差异($\alpha = 0.05$)?

解 提出假设 $H_0: \sigma_1^2 = \sigma_2^2, H_1: \sigma_1^2 \neq \sigma_2^2$。在 H_0 成立的条件下,
$$F = \frac{S_1^2}{S_2^2} \sim F(n_1 - 1, n_2 - 1)$$

由检验水平 α,查 F 分布表,得临界值 $F_{0.025}(4, 3) = 15.10, F_{0.975}(4, 3) = \dfrac{1}{F_{0.025}(3, 4)} = \dfrac{1}{9.98} \approx$

0.10。由样本值计算 $F_0 = \frac{s_1^2}{s_2^2} = \frac{7.50}{2.59} \approx 2.9$，因为 $0.10 < F_0 < 15.10$，所以接受 H_0，即认为方差无显著差异。

对于单侧检验 $H_0: \sigma_1^2 \geqslant \sigma_2^2, H_1: \sigma_1^2 < \sigma_2^2$，其否定域为 $(0, F_{1-\alpha}(n_1-1, n_2-1))$；对于单侧检验 $H_0: \sigma_1^2 \leqslant \sigma_2^2, H_1: \sigma_1^2 > \sigma_2^2$，其否定域为 $(F_\alpha(n_1-1, n_2-1), +\infty)$。通常遇到的参数假设检验的各种类型及否定域如表 8.3.1 所示。

表 8.3.1

原假设 H_0	检验统计量	H_0 为真时统计量的分布	备择假设 H_1	否定域
$\mu = \mu_0$ (σ^2 已知)	$U = \dfrac{\overline{X} - \mu_0}{\dfrac{\sigma}{\sqrt{n}}}$	$N(0,1)$	$\mu > \mu_0$	$U > u_\alpha$
			$\mu < \mu_0$	$U < -u_\alpha$
			$\mu \neq \mu_0$	$|U| > u_{\alpha/2}$
$\mu = \mu_0$ (σ^2 未知)	$T = \dfrac{\overline{X} - \mu_0}{\dfrac{S}{\sqrt{n}}}$	$t(n-1)$	$\mu > \mu_0$	$T > t_\alpha(n-1)$
			$\mu < \mu_0$	$T < -t_\alpha(n-1)$
			$\mu \neq \mu_0$	$|T| > t_{\alpha/2}(n-1)$
$\sigma^2 = \sigma_0^2$ (μ 未知)	$\chi^2 = \dfrac{(n-1)S^2}{\sigma_0^2}$	$\chi^2(n-1)$	$\sigma^2 > \sigma_0^2$	$\chi^2 > \chi_\alpha^2(n-1)$
			$\sigma^2 < \sigma_0^2$	$\chi^2 < \chi_{1-\alpha}^2(n-1)$
			$\sigma^2 \neq \sigma_0^2$	$\chi^2 > \chi_{\alpha/2}^2(n-1)$ 或 $\chi^2 < \chi_{1-\alpha/2}^2(n-1)$
$\mu_d = \mu_1 - \mu_2 = 0$ (成对数据)	$T = \dfrac{\overline{Z}}{\dfrac{S}{\sqrt{n}}}$	$t(n-1)$	$\mu_d > 0$	$U > u_\alpha$
			$\mu_d > 0$	$U < -u_\alpha$
			$\mu_d \neq 0$	$|U| > u_{\alpha/2}$
$\mu_1 - \mu_2 = \delta$ (σ_1^2, σ_2^2 已知)	$U = \dfrac{\overline{X} - \overline{Y} - \delta}{\sqrt{\dfrac{\sigma_1^2}{n_1} + \dfrac{\sigma_2^2}{n_2}}}$	$N(0,1)$	$\mu_1 - \mu_2 > \delta$	$U > u_\alpha$
			$\mu_1 - \mu_2 < \delta$	$U < -u_\alpha$
			$\mu_1 - \mu_2 \neq \delta$	$|U| > u_{\alpha/2}$
$\mu_1 - \mu_2 = \delta$ ($\sigma_1^2 = \sigma_2^2 = \sigma^2$ 未知)	$T = \dfrac{\overline{X} - \overline{Y} - \delta}{S_w \sqrt{\dfrac{1}{n_1} + \dfrac{1}{n_2}}}$ $S_w = \dfrac{(n_1-1)S_1^2 + (n_2-1)S_2^2}{n_1 + n_2 - 2}$	$t(n_1 + n_2 - 2)$	$\mu_1 - \mu_2 > \delta$	$T > t_\alpha(n_1 + n_2 - 2)$
			$\mu_1 - \mu_2 < \delta$	$T < -t_\alpha(n_1 + n_2 - 2)$
			$\mu_1 - \mu_2 \neq \delta$	$|T| > t_{\alpha/2}(n_1 + n_2 - 2)$
$\sigma_1^2 = \sigma_2^2$ (μ_1, μ_2 未知)	$F = \dfrac{S_1^2}{S_2^2}$	$F(n_1-1, n_2-1)$	$\sigma_1^2 > \sigma_2^2$	$F > F_\alpha(n_1-1, n_2-1)$
			$\sigma_1^2 < \sigma_2^2$	$F < F_{1-\alpha}(n_1-1, n_2-1)$
			$\sigma_1^2 \neq \sigma_2^2$	$F > F_{\alpha/2}(n_1-1, n_2-1)$ 或 $F < F_{1-\alpha/2}(n_1-1, n_2-1)$

8.3.3 非正态总体数学期望的检验*

只要样本容量充分大，根据中心极限定理有关样本特征近似服从正态分布，因此可以用正态总体数学期望的检验方法，即可以按表 8.3.1 中的 U 检验处理任意总体数学期望的检验，只是检验统计量 U 的计算公式略有不同。

1. 一个总体数学期望的检验

设 X 是任意总体,其数学期望 μ 和方差 σ^2 存在,$(X_1,X_2,\cdots,X_n)$ 是来自 X 的简单随机样本,其中样本容量 n 充分大,记

$$U=\frac{\overline{X}-\mu_0}{S/\sqrt{n}} \quad \text{或} \quad U=\frac{\overline{X}-\mu_0}{\sigma_0/\sqrt{n}} \tag{8.3.4}$$

其中 μ_0 和 σ_0 表示已知常数。统计量 U 近似服从标准正态分布。

2. 两个总体数学期望的检验

设总体 X 和 Y 的数学期望 μ_1 和 μ_2,方差 σ_1^2 和 σ_2^2 存在,$(X_1,X_2,\cdots,X_m)$ 和 $(Y_1,Y_2,\cdots,Y_n)$ 是分别来自 X 和 Y 的简单随机样本,其样本均值相应为 $\overline{X}$ 和 $\overline{Y}$,样本方差相应为 S_1^2 和 S_2^2,其中样本容量 m 和 n 充分大,记

$$U=\frac{\overline{X}-\overline{Y}}{\sqrt{\frac{\sigma_1^2}{m}+\frac{\sigma_2^2}{n}}} \quad \text{或} \quad U=\frac{\overline{X}-\overline{Y}}{\sqrt{\frac{S_1^2}{m}+\frac{S_2^2}{n}}} \tag{8.3.5}$$

在 $\mu_1=\mu_2$ 的条件下,统计量 U 近似服从标准正态分布。

习题 8

1. 某车间生产钢丝,用 X 表示钢丝的折断力,由经验知道 $X\sim N(\mu,\sigma^2)$,其中 $\mu=570$,$\sigma^2=8^2$。现在换了一批材料生产钢丝,如果仍有 $\sigma^2=8^2$,现抽得 10 根钢丝,测得其折断力(单位:N)为

   578　572　570　568　572　570　570　572　596　584

试问折断力有无明显变化($\alpha=0.05$)?

2. 根据长期的经验和资料分析,某砖瓦厂所生产的砖的抗断强度 X 服从正态分布,方差 $\sigma^2=1.21$。现从该厂生产的一批砖中随机抽取 6 块,测得抗断强度(单位:kg/cm²)为

   32.56　29.66　31.64　30.00　31.87　31.03

试问这批砖的平均抗断强度可否认为是 32.50 kg/cm²($\alpha=0.05$)?

3. 某炼铁厂的铁水含碳量服从正态分布 $N(4.45,0.108^2)$。现测得 9 炉铁水的平均含碳量为 4.484,若已知方差没有变化,可否认为现在生产的铁水的平均含碳量仍为 4.45($\alpha=0.05$)?

4. 根据统计资料,每天到某运动场所活动的人数 $X\sim N(150,18^2)$。近期随机抽取 50 天,平均活动人数为 145 人,设方差没有变化,试问近期平均活动人数是否有显著变化($\alpha=0.01$)?

5. 设有一种元件,要求其使用寿命不得低于 1 000 小时。现从一批这种元件中随机地抽取 25 件,测得寿命的平均值为 950 小时,已知该元件寿命服从标准差为 100 小时的正态分布,试在显著性水平 $\alpha=0.05$ 下确定这批元件是否合格。

6. 某轮胎厂生产一种轮胎,其寿命服从均值 $\mu=30\ 000$ km,标准差 $\sigma=4\ 000$ km 的正态分布。现在采用一种新工艺,从试验产品中随机抽取 100 只轮胎进行检验,测得其平均寿命为 31 000 km,若标准差没有变化,试问新工艺生产的轮胎寿命是否优于原来的($\alpha=0.02$)?

7. 假定新生婴儿的体重服从正态分布,均值为 3 140 g。现从新生婴儿中随机抽取 20 个,测得其平均体重为 3 160 g,样本标准差为 300 g,试问现在的与过去的新生婴儿体重有无显著差异($\alpha=0.01$)?

8. 某批矿砂的 5 个样品中的镍含量经测定为

$$3.15\% \quad 3.27\% \quad 3.24\% \quad 3.26\% \quad 3.24\%$$

设测定值总体服从正态分布,试问在 $\alpha=0.01$ 下能否认为这批矿砂镍含量的均值为 3.25?

9. 某市统计局调查该市职工平均每天用于上班、下班路途上的时间,假设职工用于上班、下班路途上的时间服从正态分布。主持这项调查的人根据以往的调查经验,认为这一时间与往年的没有多大变化,仍为 1.5 小时。现随机抽取 400 名职工进行调查,得到样本均值为 1.8 小时,样本标准差为 0.6 小时,试问调查结果是否证实了调查主持人的看法 ($\alpha=0.05$)?

10. 某种电池的使用寿命服从正态分布,厂家在广告中宣传平均使用寿命不少于 3 小时。现随机抽取 100 只,测得平均使用寿命为 2.75 小时,标准差为 0.25 小时,根据抽样结果,能否认为厂家的广告是虚假的 ($\alpha=0.01$)?

11. 某车间生产的铜丝一向比较稳定,设铜丝的折断力服从正态分布。现从产品中随机抽取 10 根检查折断力,得数据如下(单位:N):

$$578 \quad 572 \quad 570 \quad 568 \quad 572 \quad 570 \quad 570 \quad 572 \quad 596 \quad 584$$

试问是否可以相信该车间生产的铜丝的折断力的方差为 64 ($\alpha=0.05$)?

12. 已知维尼纶纤度在正常条件下服从 $N(1.405, 0.048^2)$。现抽取 5 根纤维,测得其纤度为

$$1.32 \quad 1.55 \quad 1.36 \quad 1.40 \quad 1.44$$

试问这批维尼纶的纤度的方差是否正常 ($\alpha=0.05$)?

13. 设原有一台仪器测量电阻值,误差服从 $N(0, 0.06)$,现有一台新仪器,对一个电阻测量 10 次,测得数据(单位:Ω)为

$$1.101 \quad 1.103 \quad 1.105 \quad 1.098 \quad 1.099$$
$$1.101 \quad 1.104 \quad 1.095 \quad 1.100 \quad 1.100$$

试问新仪器的精度是否比原来的仪器的精度好 ($\alpha=0.10$)?

14. 按两种不同的配方生产橡胶,测得橡胶伸长率如下:

第一种配方:540% 533% 525% 520% 544% 531% 536% 529% 534%
第二种配方:565% 577% 580% 575% 556% 542% 560% 532% 570% 561%

如果橡胶伸长率服从正态分布,按两种配方生产的橡胶伸长率的标准差是否有显著差异 ($\alpha=0.05$)?

15. 设某次考试的考生成绩服从正态分布,从中随机抽取 36 位考生的成绩,算得平均成绩为 66.5 分,标准差为 15 分,试问是否可以认为这次考试全体考生的平均成绩为 70 分 ($\alpha=0.05$)? 请给出检验过程。

第9章 方差分析

在科学试验和生产实践中,影响一个事物的因素往往很多。方差分析与正交试验设计正是鉴别各因素影响效应的一种有效方法,是数理统计的基本方法之一,是实际问题中分析数据的一种重要工具。当讨论一种或两种因素对事物的影响时,可采用方差分析法,而讨论多个因素对事物的影响时,往往采用正交试验设计。本章主要介绍单因素试验的方差分析和双因素试验的方差分析的基本原理与方法。方差分析是英国统计学家费歇尔在20世纪20年代创立的,目前,这种方法已被应用于很多领域。

9.1 单因素试验的方差分析

9.1.1 方差分析的基本思想

在一项实验中,如果只有一个因素在改变,其他因素保持不变,则称这种试验为单因素试验,所采用的方法称为单因素方差分析。

例 9.1.1 为了比较 4 种不同肥料对小麦亩产量的影响,取一片土质等条件相差不多的土地,分成 16 块。肥料品种记为 A_1, A_2, A_3, A_4,每种肥料施在 4 块土地上,得到亩产量如表 9.1.1 所示(1 斤=500 g),试问施肥品种对小麦亩产量有无显著影响?

表 9.1.1

肥料品种	亩产量/斤			
A_1	901	965	927	769
A_2	605	683	516	458
A_3	791	632	815	715
A_4	911	713	782	884

例 9.1.2 某灯泡厂用 3 种不同材料制成的灯丝生产 3 批灯泡,在每一批中取若干个进行寿命试验,得到表 9.1.2 所示的数据(单位:小时),试问灯丝的材料对灯泡寿命有无显著影响?

例 9.1.1 中的肥料和例 9.1.2 中的灯丝的材料称为因素,其中都只有一个因素。各种肥料和灯丝的材料称为水平,例 9.1.1 称为单因素四水平试验,例 9.1.2 称为单因素三水平试验。

表 9.1.2

灯泡品种	寿命
A_1	1 620　1 610　1 640　1 670　1 710　1 710　1 810
A_2	1 570　1 650　1 630　1 710　1 740
A_3	1 470　1 560　1 610　1 610　1 630　1 650　1 750　1 820

在例 9.1.1 中,施每一种肥料所得小麦的亩产量构成一个总体,共有 4 个总体。在各总体中分别取一容量为 4 的样本(即都做 4 次试验,称为等重复试验),要检验不同肥料所得平均亩产量是否有显著不同,即检验 4 个总体的均值是否相等。如果各总体均值差别不大,则说明施肥品种对亩产量没有显著影响;如果各不同肥料对应的均值差别较大,则说明施肥品种对亩产量有显著影响。在例 9.1.2 中,每一种灯丝材料生产出的灯泡的寿命构成一个总体,共有 3 个总体。从各总体中分别取一样本,容量不等(称为不等重复试验),检验灯丝材料的不同对灯泡平均寿命是否有显著影响,即检验 3 个总体的均值是否相等。如果各材料对应的灯泡的平均寿命差异不大,则认为灯丝的材料对灯泡的平均寿命没有显著影响;如果各材料对应的平均寿命差异较大,则认为这种差异是由"灯丝的材料不同"引起的,即材料对灯泡寿命有显著影响。需要注意的是,这里的各总体的均值(平均亩产量和灯泡的平均寿命)是指理论均值,而不是各总体下样本的实测数据的平均值。检验某因素对试验结果是否有显著影响,就归结为该因素在不同水平下各个总体的(理论)均值是否相等的问题。由于其他条件(或因素)总是尽可能一致,因此可认为每个总体的方差是相同的。在理论上,要检验几个总体的均值是否相等总是要求总体是正态分布的。在例 9.1.1 和例 9.1.2 中各水平对应了方差相等的正态总体,推断因素(肥料品种或灯丝的材料)对结果(小麦的亩产量或灯泡的寿命)是否有显著影响的问题等价于推断具有相同方差的正态总体的均值是否相同的问题。这就是单因素方差分析的基本思想。

例 9.1.3 某化工厂为了探求合适的反应时间以提高其产品(一种试剂)的产出率,在其他条件都加以控制的情况下,对不同的反应时间进行了 5 次试验,结果如表 9.1.3 所示。

表 9.1.3

反应时间/分	产出率(%)
60	73　71　79　74　72
70	85　87　84　85　83
80	80　78　75　74　76

例 9.1.4 某企业现有 3 批电池,它们分别来自 3 个供应商 A,B,C,为评比其质量,各随机抽取几只电池作为样品,经试验得其寿命(单位:小时)如表 9.1.4 所示。

表 9.1.4

供应商	电池寿命
A	40　38　42　45　46
B	26　34　30　28　32　29
C	39　40　43　50

以上例子都是单因素试验。从例 9.1.3 中可以看出,对于不同的反应时间,其产出率存在差异,这种差异可以认为是反应时间这一因素对产出率的影响。在同一反应时间条件下,其产出率也存在差异,这种差异是由其他一些不能控制的次要因素共同作用造成的,可以看作是由随机因素造成的。问题是产出率的差异主要是由反应时间不同造成的,还是由其他随机因素造成的?即分析反应时间对产出率的影响是否显著,或者说,不同反应时间条件下的产出率是否存在显著差异。

类似地,在例 9.1.4 中,要考察 3 个供应商的电池寿命是否存在显著差异。

下面将从上述几个例子中抽象出一般的数学模型。

9.1.2 单因素等重复试验的方差分析模型

设因素 A 有 p 个水平 $A_1, A_2, \cdots, A_p$,在水平 $A_i (i=1,2,\cdots,p)$ 下进行了 $n(n>1)$ 次独立试验,得到表 9.1.5 所示的试验结果。

表 9.1.5

因素 A	观察值	样本总和	样本均值
A_1	$x_{11}, x_{12}, \cdots, x_{1n}$	T_1	$\bar{x}_1.$
A_2	$x_{21}, x_{22}, \cdots, x_{2n}$	T_2	$\bar{x}_2.$
$\vdots$	$\vdots$	$\vdots$	$\vdots$
A_p	$x_{p1}, x_{p2}, \cdots, x_{pn}$	T_p	$\bar{x}_p.$

在表 9.1.5 中,x_{ij} 表示因素 A 取第 i 个水平时所得的第 j 个试验结果,x_{ij} 不仅与因素 A 的第 i 个水平有关,还受随机因素的影响,因此可将它表示成

$$x_{ij} = \mu_i + \varepsilon_{ij}, \quad i=1,2,\cdots,p, j=1,2,\cdots,n$$

其中 μ_i 表示在因素 A 取第 i 个水平下,没有随机因素干扰时本应得到的试验结果值,ε_{ij} 表示仅受随机因素影响的试验误差,它是一个随机变量。这样同一水平下的试验数据可以认为来自同一个总体,并假定这一总体服从正态分布,且对应于不同水平的正态总体,其方差是相同的。也就是说,对应于 A_i 的总体服从正态分布 $N(\mu_i, \sigma^2)$,其中 μ_i, σ^2 均为常数,且各 ε_{ij} 相互独立,这些 ε_{ij} 是由生产或实验中无法控制的差异引起的。这样检验因素 A 对试验结果的影响是否显著就转化为检验 p 个正态总体的均值是否相等,即检验假设

$$H_0: \mu_1 = \mu_2 = \cdots = \mu_p$$
$$H_1: \mu_1, \mu_2, \cdots, \mu_p \text{ 不全相等}$$

因此,单因素方差分析就相当于多总体均值的假设检验。为便于讨论,尤其是为推广到多因素试验的方差分析打下基础,我们引入因素各水平的效应这一概念。

记 $\mu = \dfrac{1}{n} \sum\limits_{i=1}^{n} \mu_i$,称其为总平均。令 $\alpha_i = \mu_i - \mu (i=1,2,\cdots,p)$,称 α_i 为水平 A_i 的**效应**,则

$$x_{ij} = \mu + \alpha_i + \varepsilon_{ij}, \quad i=1,2,\cdots,p, j=1,2,\cdots,n$$

显然 α_i 满足 $\sum\limits_{i=1}^{p} \alpha_i = 0$。综合以上假定,可建立以下单因素方差分析模型:

$$\begin{cases} x_{ij} = \mu + \alpha_i + \varepsilon_{ij}, \quad i=1,2,\cdots,p, j=1,2,\cdots,n \\ \varepsilon_{ij} \sim N(0,\sigma^2), \text{各 } \varepsilon_{ij} \text{ 相互独立} \\ \sum_{i=1}^{p} \alpha_i = 0 \end{cases} \quad (9.1.1)$$

于是检验 $H_0: \mu_1 = \mu_2 = \cdots = \mu_p$ 等价于检验 $H_0: \alpha_1 = \alpha_2 = \cdots = \alpha_p = 0$。因此，单因素方差分析就是在模型(9.1.1)的假定下，检验假设

$$H_0: \alpha_1 = \alpha_2 = \cdots = \alpha_p = 0$$
$$H_1: \alpha_1, \alpha_2, \cdots, \alpha_p \text{ 不全为零}$$

为了建立检验统计量，首先对总离差平方和进行分解

$$S_T = \sum_{i=1}^{p} \sum_{j=1}^{n} (x_{ij} - \overline{x})^2$$

其中 $\overline{x} = \dfrac{1}{np} \sum_{i=1}^{p} \sum_{j=1}^{n} x_{ij}$ 是数据的总平均。S_T 反映了全部试验数据之间的离散程度，称为**总离差平方和**或**总离差**。

记 $\overline{x}_{i\cdot} = \dfrac{1}{n} \sum_{j=1}^{n} x_{ij}$，表示水平 A_i 下的样本平均值，则

$$S_T = \sum_{i=1}^{p} \sum_{j=1}^{n} [(x_{ij} - \overline{x}_{i\cdot}) + (\overline{x}_{i\cdot} - \overline{x})]^2$$
$$= \sum_{i=1}^{p} \sum_{j=1}^{n} (x_{ij} - \overline{x}_{i\cdot})^2 + \sum_{i=1}^{p} \sum_{j=1}^{n} (\overline{x}_{i\cdot} - \overline{x})^2 + 2 \sum_{i=1}^{p} \sum_{j=1}^{n} (x_{ij} - \overline{x}_{i\cdot})(\overline{x}_{i\cdot} - \overline{x})$$

可计算上式第三项等于零，因此可将 S_T 分解成

$$S_T = S_A + S_E$$

其中

$$S_A = \sum_{i=1}^{p} \sum_{j=1}^{n} (\overline{x}_{i\cdot} - \overline{x})^2 = n \sum_{i=1}^{p} (\overline{x}_{i\cdot} - \overline{x})^2$$
$$S_E = \sum_{i=1}^{p} \sum_{j=1}^{n} (x_{ij} - \overline{x}_{i\cdot})^2$$

S_A 的各项 $(\overline{x}_{i\cdot} - \overline{x})^2$ 表示在水平 A_i 下的样本均值与数据总平均的差异，这种差异是由水平 A_i 引起的，因此 S_A 的大小反映了因素 A 对试验结果的影响程度，S_A 越大表明因素 A 的影响程度越大，S_A 叫作**因素 A 的效应平方和**，也称**组间离差平方和**。S_E 的各项 $(x_{ij} - \overline{x}_{i\cdot})^2$ 表示在水平 A_i 下样本观察值与第 i 组样本均值的差异，这是由随机因素引起的，S_E 越大表明随机因素的影响程度越大，S_E 叫作**误差平方和**，也称**组内离差平方和**。显然，S_A 相对于 S_E 越大，即 $\dfrac{S_A}{S_E}$ 越大，因素 A 的影响越显著；反之，因素 A 的影响被淹没在随机因素的影响之中，即因素 A 的影响不显著。那么，究竟 $\dfrac{S_A}{S_E}$ 多大时，才能说明因素 A 的影响显著呢？为此需要知道在原假设 H_0 成立时 $\dfrac{S_A}{S_E}$ 的分布，但其分布不易求得，由于 $\dfrac{\frac{S_A}{p-1}}{\frac{S_E}{p(n-1)}}$ 和 $\dfrac{S_A}{S_E}$ 表达的含义相同，因此等价地考虑 $\dfrac{\frac{S_A}{p-1}}{\frac{S_E}{p(n-1)}}$。可以证明当原假设 H_0 成立时，$\dfrac{\frac{S_A}{p-1}}{\frac{S_E}{p(n-1)}}$ 服从自由度为 $(p-1,$

$p(n-1))$ 的 F 分布。

建立如下检验统计量：

$$F=\frac{\frac{S_A}{p-1}}{\frac{S_E}{p(n-1)}}=\frac{\overline{S}_A}{\overline{S}_E}$$

其中 $p-1$ 是 S_A 的自由度，$p(n-1)$ 是 S_E 的自由度。

可以看出，当 F 值较大时，因素 A 对试验结果的影响显著；反之，影响不显著。给定显著性水平 α，查 F 分位数表得分位数 $F_\alpha(p-1,p(n-1))$。当 $F>F_\alpha(p-1,p(n-1))$ 时，拒绝 H_0，认为因素 A 对试验结果有显著影响；当 $F<F_\alpha(p-1,p(n-1))$ 时，不能否定 H_0，即认为因素 A 对试验结果无显著影响，或者更确切地说，就现有观察数据而言，还不能看出因素 A 的影响。为简便起见，将上述分析列成方差分析表，如表 9.1.6 所示。

表 9.1.6

方差来源	平方和	自由度	均方和	F 值
因素 A	S_A	$p-1$	$\overline{S}_A=\dfrac{S_A}{p-1}$	$F=\dfrac{\overline{S}_A}{\overline{S}_E}$
误差	S_E	$p(n-1)$	$\overline{S}_E=\dfrac{S_E}{p(n-1)}$	
总和	S_T	$np-1$		

在实际中，可按如下公式来计算 S_T, S_A, S_E，

$$T_{i\cdot}=\sum_{j=1}^n x_{ij},\quad i=1,2,\cdots,p;\quad T_{\cdot\cdot}=\sum_{i=1}^p\sum_{j=1}^n x_{ij}$$

则有

$$S_T=\sum_{i=1}^p\sum_{j=1}^n x_{ij}^2-\frac{T_{\cdot\cdot}^2}{np}$$

$$S_A=\sum_{i=1}^p\frac{T_{i\cdot}^2}{n}-\frac{T_{\cdot\cdot}^2}{np}$$

$$S_E=S_T-S_A=\sum_{i=1}^p\sum_{j=1}^n x_{ij}^2-\sum_{i=1}^p\frac{T_{i\cdot}^2}{n}$$

例 9.1.5 利用表 9.1.3 中的数据，检验反应时间对产出率是否有显著影响，并指出反应时间取何水平时，产出率最高，已知 $\alpha=0.05$。

解 本例中，$p=3, n=5$，经计算得

$$S_T=\sum_{i=1}^p\sum_{j=1}^n x_{ij}^2-\frac{T_{\cdot\cdot}^2}{np}=397.6$$

$$S_A=\sum_{i=1}^p\frac{T_{i\cdot}^2}{n}-\frac{T_{\cdot\cdot}^2}{np}=326.8$$

$$S_E=S_T-S_A=70.8$$

于是得到表 9.1.7 所示的方差分析表。

表 9.1.7

方差来源	平方和	自由度	均方和	F 值
因素 A	326.8	2	163.4	$F=27.6949$
误差	70.8	12	5.9	
总和	397.6	14		

因 $F_{0.05}(2,12)=3.89<27.6949$,故在水平 0.05 下拒绝 H_0,认为不同反应时间下的产出率存在显著差异。由于当反应时间为 60 分、70 分、80 分时,其产出率的平均值分别是 73.8%、84.8%、76.6%,因此,认为当反应时间为 70 分时,产出率最高。不过,值得注意的是,若反应时间取水平 65 分、70 分、75 分,即水平之间差距变小时,这 3 个反应时间下的产出率可能不存在显著差异,且 70 分也不一定最好。由此可见,因素对试验结果是否存在显著影响是就其所取水平而言的。

9.1.3 不等重复试验的单因素方差分析

以上讨论的是不同水平下试验的重复次数都一样的情形,有时由于条件的限制,不同水平下试验的重复次数不相同,或者由于某次试验失败,缺少一部分数据,造成不等重复试验。对不等重复的单因素试验的方差分析与对等重复试验的完全类似,只是计算时略有不同。

设有 p 个水平 $A_1, A_2, \cdots, A_p$,分别取容量为 $n_1, n_2, \cdots, n_p$ 的子样(重复次数),则试验总次数为 $n=\sum_{i=1}^{p} n_i$。记

$$\begin{cases} \overline{x}_{i\cdot} = \dfrac{1}{n_i}\sum_{j=1}^{n_i} x_{ij}, \quad i=1,2,\cdots,p \\ \overline{x} = \dfrac{1}{n}\sum_{i=1}^{p}\sum_{j=1}^{n_i} x_{ij} = \dfrac{1}{n}\sum_{i=1}^{p} n_i \overline{x}_{i\cdot} \end{cases}$$

则有

$$\begin{cases} S_T = \sum_{i=1}^{p}\sum_{j=1}^{n_i}(x_{ij}-\overline{x})^2 \\ S_E = \sum_{i=1}^{p}\sum_{j=1}^{n_i}(x_{ij}-\overline{x}_{i\cdot})^2 \\ S_A = \sum_{i=1}^{p} n_i(\overline{x}_{i\cdot}-\overline{x})^2 \end{cases}$$

也有离差分解

$$S_T = S_E + S_A$$

相应地,自由度为 $n-1, n-p, p-1$。

同理可以证明:

$$F = \dfrac{S_A/\sigma^2/(p-1)}{S_E/\sigma^2/(n-p)} = \dfrac{\dfrac{S_A}{p-1}}{\dfrac{S_E}{n-p}} \sim F(p-1, n-p)$$

类似地,单因素不等重复试验的方差分析表如表 9.1.8 所示。

表 9.1.8

方差来源	平方和	自由度	均方和	F 值
因素 A	S_A	$p-1$	$\overline{S}_A=\dfrac{S_A}{p-1}$	$F=\dfrac{\overline{S}_A}{\overline{S}_E}$
误差	S_E	$n-p$	$\overline{S}_E=\dfrac{S_E}{n-p}$	
总和	S_T	$n-1$		

为方便计算,实际计算时常采用下列公式:

$$S_T = \sum_{i=1}^{p}\sum_{j=1}^{n_i} x_{ij}^2 - n\overline{x}^2$$

$$S_A = \sum_{i=1}^{p} n_i \overline{x}_{i\cdot}^2 - n\overline{x}^2$$

$$S_E = S_T - S_A = \sum_{i=1}^{p}\sum_{j=1}^{n_i} x_{ij}^2 - \sum_{i=1}^{p} n_i \overline{x}_{i\cdot}^2$$

例 9.1.6 某灯泡厂用 4 种不同方案制成的灯丝生产 4 批灯泡,在每一批中取若干个进行寿命试验,得到表 9.1.9 所示的数据(单位:小时)。给定 $\alpha=0.05$,试问灯丝的配料方案对灯泡寿命有无显著影响?

表 9.1.9

灯泡品种	寿命
A_1	1 600 1 610 1 650 1 680 1 700 1 720 1 800
A_2	1 580 1 640 1 640 1 700 1 750
A_3	1 460 1 550 1 600 1 620 1 640 1 660 1 740 1 820
A_4	1 510 1 520 1 530 1 570 1 600 1 680

解 根据题意,$p=4, n_1=7, n_2=5, n_3=8, n_4=6, n=26$,经计算可得表 9.1.10 所示的方差分析表。

表 9.1.10

方差来源	平方和	自由度	均方和	F 值
因素 A	44 360.705	3	14 786.902	$F=2.149$
误差	151 350.833	22	6 879.583	
总和	195 711.538	25		

查 F 分位数表得 $F_{0.05}(3,22)=3.05$,因为 $F<F_{0.05}(3,22)$,所以接受 H_0,即可认为灯丝的配料方案对灯泡寿命无显著影响。

9.2 双因素试验的方差分析

在实际问题中,一般遇到的影响指标的因素都不止一个,如例 9.1.3 中影响产出率的因素,除反应时间外,还有反应温度、搅拌速度等,这样就要考察哪些因素影响显著,双因素方差分析就是讨论 2 个因素对试验结果的影响是否显著的有效方法。在双因素试验中,有时会出现这样一种情况:不仅单个因素对试验结果有影响,因素之间的组合作用也会对试验结果产生影响,前者为无交互作用,后者就是交互作用。例如,在小麦生产中,研究几种不同的种子与几种不同的肥料对产量的影响,是否将产量最高的种子与使产量达到最高的肥料搭配到一起,小麦的产量一定会更高呢?实践证明是不一定的,有时反而是不太好的种子与某种肥料搭配到一起会使产量达到最高,这就是所谓的交互作用影响的结果。

为了更清楚地了解交互作用,下面举一个实际例子。

例 9.2.1 在土地情况大致相同的 4 块大豆试验田上进行试验,考虑氮肥(N)和磷肥(P)对平均亩产量的作用,对磷肥分不施与施 4 斤两种情形,对氮肥分不施与施 6 斤两种情形,并且 4 块田上分别采用不施肥、单独施磷肥、单独施氮肥、同时施磷肥和氮肥 4 种方法进行试验,所得平均亩产量(单位:斤)如表 9.2.1 所示。

表 9.2.1

P	N	
	0 斤	6 斤
0 斤	400	430
4 斤	450	560

表 9.2.1 表明,单独施磷肥平均亩产增加 50 斤,单独施氮肥平均亩产增加 30 斤,而同时施两种肥料平均亩产增加 160 斤,因此,两种肥料组合起来的作用是增加亩产 160−50−30 = 80 斤,这就是两种肥料的交互作用,它恰好等于表 9.2.1 主对角线之和(400+560)减去次对角线之和(430+450)。

因素之间是否存在交互作用就是多因素方差分析问题。

9.2.1 双因素等重复试验的方差分析

例 9.2.2 某工序给零件镀银,测试了 3 种不同配方在 2 种工艺下镀上银层的厚度,在每个试验条件下进行了 2 次试验,数据(单位:μm)如表 9.2.2 所示。

这里有两个因素,一个因素是配方,另一个因素是工艺,它们同时影响着银层厚度。由于存在两个因素,因此,除了要分别考察每个因素对银层厚度的影响外,还要研究不同配方和不同工艺对银层厚度的联合影响是否恰好是每个因素分别对银层厚度的影响的叠加。例如,当不考虑随机因素的干扰时,如果将配方固定为 A_1,采用工艺乙时比采用工艺甲时银层的厚度薄 1 μm,如果将工艺固定为工艺甲,采用配方 A_3 时比采用配方 A_1 时银层的厚度薄 3 μm,而采用配方 A_3、工艺乙时银层的厚度并非比采用配方 A_1、工艺甲时银层的厚度薄 1+3 = 4 μm。也就是说,是否产生这样的情况,即分别使银层厚度达到最薄的配方与工艺搭配在一起可能会使银层厚度大大增加,而看起来不是最优的配方和工艺搭配在一起,由于搭配得当而使银层厚度大大变薄。这种由各个因素的不同水平的搭配所产生的新的影响称为**交互作用**,这是多因素试验方差分析不同于单因素试验方差分析之处。

表 9.2.2

配方	工艺			
	甲		乙	
A_1	32	31	30	30
A_2	29	29	31	32
A_3	29	28	30	31

一般地,设影响试验结果的两个因素为 A 和 B,因素 A 有 p 个水平 $A_1, A_2, \cdots, A_p$,因素 B 有 q 个水平 $B_1, B_2, \cdots, B_q$,在每一试验条件 (A_i, B_j) 下均进行了 r 次重复试验,得到表 9.2.3 所示的结果,表中每组数据 $\{x_{ij1}, x_{ij2}, \cdots, x_{ijr}\}$ 可认为是来自同一总体的样本,假定

$$\begin{cases} x_{ijk} \sim N(\mu_{ij}, \sigma^2), \quad i=1,2,\cdots,p; j=1,2,\cdots,q; k=1,2,\cdots,r \\ \text{各 } x_{ijk} \text{ 独立} \end{cases}$$

x_{ijk} 可写成 $x_{ijk} = \mu_{ij} + \varepsilon_{ijk}$,其中 $\varepsilon_{ijk} \sim N(0, \sigma^2)$ 且各 ε_{ijk} 相互独立,令

$$\mu = \frac{1}{pq}\sum_{i=1}^{p}\sum_{j=1}^{q}\mu_{ij}, \quad \mu_{i \cdot} = \frac{1}{q}\sum_{j=1}^{q}\mu_{ij}, \quad \mu_{\cdot j} = \frac{1}{p}\sum_{i=1}^{p}\mu_{ij}$$

$$\alpha_i = \mu_{i \cdot} - \mu, \quad \beta_j = \mu_{\cdot j} - \mu, \quad \gamma_{ij} = \mu_{ij} - \mu_{i \cdot} - \mu_{\cdot j} + \mu$$

称 μ 为总平均,称 α_i 为水平 A_i 的效应,称 β_j 为水平 B_j 的效应,称 γ_{ij} 为水平 A_i 和 B_j 的交互效应。易见

$$\sum_{i=1}^{p}\alpha_i = 0, \quad \sum_{j=1}^{q}\beta_j = 0$$

$$\sum_{j=1}^{q}\gamma_{ij} = 0, \quad i=1,2,\cdots,p, \quad \sum_{i=1}^{p}\gamma_{ij} = 0, \quad j=1,2,\cdots,q$$

于是双因素试验的方差分析模型可写为

$$\begin{cases} x_{ijk} = \mu + \alpha_i + \beta_j + \gamma_{ij} + \varepsilon_{ijk} \\ \varepsilon_{ijk} \sim N(0, \sigma^2) \\ \text{各 } \varepsilon_{ijk} \text{ 独立}, \quad i=1,2,\cdots,p; j=1,2,\cdots,q; k=1,2,\cdots,r \\ \sum_{i=1}^{p}\alpha_i = 0, \quad \sum_{j=1}^{q}\beta_j = 0, \quad \sum_{i=1}^{p}\gamma_{ij} = 0, \quad \sum_{j=1}^{q}\gamma_{ij} = 0 \end{cases}$$

表 9.2.3

因素 A	因素 B			
	B_1	B_2	$\cdots$	B_q
A_1	$x_{111}, x_{112}, \cdots, x_{11r}$	$x_{121}, x_{122}, \cdots, x_{12r}$	$\cdots$	$x_{1q1}, x_{1q2}, \cdots, x_{1qr}$
A_2	$x_{211}, x_{212}, \cdots, x_{21r}$	$x_{221}, x_{222}, \cdots, x_{22r}$	$\cdots$	$x_{2q1}, x_{2q2}, \cdots, x_{2qr}$
$\vdots$	$\vdots$	$\vdots$		$\vdots$
A_p	$x_{p11}, x_{p12}, \cdots, x_{p1r}$	$x_{p21}, x_{p22}, \cdots, x_{p2r}$	$\cdots$	$x_{pq1}, x_{pq2}, \cdots, x_{pqr}$

对上述模型,要分别检验因素 A、因素 B、因素 A 与 B 的交互作用对试验结果是否有显著影响,即检验以下 3 个假设:

$$\begin{cases} H_{01}:\alpha_1=\alpha_2=\cdots=\alpha_p=0 \\ H_{11}:\alpha_1,\alpha_2,\cdots,\alpha_p \text{ 不全为零} \end{cases}$$

$$\begin{cases} H_{02}:\beta_1=\beta_2=\cdots=\beta_q=0 \\ H_{12}:\beta_1,\beta_2,\cdots,\beta_q \text{ 不全为零} \end{cases}$$

$$\begin{cases} H_{03}:\gamma_{11}=\gamma_{12}=\cdots=\gamma_{pq}=0 \\ H_{13}:\gamma_{11},\gamma_{12},\cdots,\gamma_{pq} \text{ 不全为零} \end{cases}$$

为此需分别建立检验统计量,记

$$\bar{x}=\frac{1}{pqr}\sum_{i=1}^{p}\sum_{j=1}^{q}\sum_{k=1}^{r}x_{ijk}$$

$$\bar{x}_{ij\cdot}=\frac{1}{r}\sum_{k=1}^{r}x_{ijk}, \quad i=1,2,\cdots,p;j=1,2,\cdots,q$$

$$\bar{x}_{i\cdot\cdot}=\frac{1}{qr}\sum_{j=1}^{q}\sum_{k=1}^{r}x_{ijk}, \quad i=1,2,\cdots,p$$

$$\bar{x}_{\cdot j\cdot}=\frac{1}{pr}\sum_{i=1}^{p}\sum_{k=1}^{r}x_{ijk}, \quad j=1,2,\cdots,q$$

则总的离差平方和

$$\begin{aligned} S_T &= \sum_{i=1}^{p}\sum_{j=1}^{q}\sum_{k=1}^{r}(x_{ijk}-\bar{x})^2 \\ &= \sum_{i=1}^{p}\sum_{j=1}^{q}\sum_{k=1}^{r}[(x_{ijk}-\bar{x}_{ij\cdot})+(\bar{x}_{i\cdot\cdot}-\bar{x})+(\bar{x}_{\cdot j\cdot}-\bar{x})+(\bar{x}_{ij\cdot}-\bar{x}_{i\cdot\cdot}-\bar{x}_{\cdot j\cdot}+\bar{x})]^2 \\ &= \sum_{i=1}^{p}\sum_{j=1}^{q}\sum_{k=1}^{r}(x_{ijk}-\bar{x}_{ij\cdot})^2 + qr\sum_{i=1}^{p}(\bar{x}_{i\cdot\cdot}-\bar{x})^2 + pr\sum_{j=1}^{q}(\bar{x}_{\cdot j\cdot}-\bar{x})^2 + \\ &\quad r\sum_{i=1}^{p}\sum_{j=1}^{q}(\bar{x}_{ij\cdot}-\bar{x}_{i\cdot\cdot}-\bar{x}_{\cdot j\cdot}+\bar{x})^2 \\ &= S_E+S_A+S_B+S_{A\times B} \end{aligned}$$

其中,

$$S_E=\sum_{i=1}^{p}\sum_{j=1}^{q}\sum_{k=1}^{r}(x_{ijk}-\bar{x}_{ij\cdot})^2$$

$$S_A=qr\sum_{i=1}^{p}(\bar{x}_{i\cdot\cdot}-\bar{x})^2$$

$$S_B=pr\sum_{j=1}^{q}(\bar{x}_{\cdot j\cdot}-\bar{x})^2$$

$$S_{A\times B}=r\sum_{i=1}^{p}\sum_{j=1}^{q}(\bar{x}_{ij\cdot}-\bar{x}_{i\cdot\cdot}-\bar{x}_{\cdot j\cdot}+\bar{x})^2$$

称 $S_E,S_A,S_B,S_{A\times B}$ 分别为误差平方和、因素 A 的效应平方和、因素 B 的效应平方和、A 与 B 的交互效应平方和。

在模型的假定下,可以证明如下结论:

① $E\left(\dfrac{S_E}{pq(r-1)}\right)=\sigma^2$ 且 $\dfrac{S_E}{\sigma^2}\sim\chi^2(pq(r-1))$;

② $E\left(\dfrac{S_A}{p-1}\right)=\sigma^2+\dfrac{qr\sum\limits_{i=1}^{p}\alpha_i^2}{p-1}$;

③ $E\left(\dfrac{S_B}{q-1}\right)=\sigma^2+\dfrac{pr\sum\limits_{j=1}^{q}\beta_j^2}{q-1}$;

④ $E\left(\dfrac{S_{A\times B}}{(p-1)(q-1)}\right)=\sigma^2+\dfrac{r\sum\limits_{i=1}^{p}\sum\limits_{j=1}^{q}\gamma_{ij}^2}{(p-1)(q-1)}$。

构造检验统计量：

$$F_A=\dfrac{S_A/(p-1)}{S_E/[pq(r-1)]}$$

$$F_B=\dfrac{S_B/(q-1)}{S_E/[pq(r-1)]}$$

$$F_{A\times B}=\dfrac{S_{A\times B}/[(p-1)(q-1)]}{S_E/[pq(r-1)]}$$

其中 $pq(r-1),p-1,q-1,(p-1)(q-1)$ 分别是 $S_E,S_A,S_B,S_{A\times B}$ 的自由度。

可以证明：当假设 H_{01} 成立时，$\dfrac{S_A}{\sigma^2}\sim\chi^2(p-1)$，且与 S_E 独立，所以 $F_A\sim F(p-1,pq(r-1))$。当假设 H_{02} 成立时，$\dfrac{S_B}{\sigma^2}\sim\chi^2(q-1)$，且与 S_E 独立，所以 $F_B\sim F(q-1,pq(r-1))$。当假设 H_{03} 成立时，$\dfrac{S_{A\times B}}{\sigma^2}\sim\chi^2((p-1)(q-1))$，且与 S_E 独立，所以 $F_{A\times B}\sim F((p-1)(q-1),pq(r-1))$。

取显著性水平 α，当 $F_A>F_\alpha(p-1,pq(r-1))$ 时，拒绝 H_{01}；当 $F_B>F_\alpha(q-1,pq(r-1))$ 时，拒绝 H_{02}；当 $F_{A\times B}>F_\alpha((p-1)(q-1),pq(r-1))$ 时，拒绝 H_{03}。

上述结果可汇总成表 9.2.4 所示的方差分析表。

表 9.2.4

方差来源	平方和	自由度	均方和	F 值
因素 A	S_A	$p-1$	$\overline{S}_A=\dfrac{S_A}{p-1}$	$F_A=\dfrac{\overline{S}_A}{\overline{S}_E}$
因素 B	S_B	$q-1$	$\overline{S}_B=\dfrac{S_B}{q-1}$	$F_B=\dfrac{\overline{S}_B}{\overline{S}_E}$
交互作用	$S_{A\times B}$	$(p-1)(q-1)$	$\overline{S}_{A\times B}=\dfrac{S_{A\times B}}{(p-1)(q-1)}$	$F_{A\times B}=\dfrac{\overline{S}_{A\times B}}{\overline{S}_E}$
误差	S_E	$pq(r-1)$	$\overline{S}_E=\dfrac{S_E}{pq(r-1)}$	
总和	S_T	$pqr-1$		

实际计算中，可按下列各式计算各个平方和：

$$S_T=\sum_{i=1}^{p}\sum_{j=1}^{q}\sum_{k=1}^{r}x_{ijk}^2-\dfrac{T_{\cdots}^2}{pqr}$$

$$S_A=\dfrac{1}{qr}\sum_{i=1}^{p}T_{i\cdot\cdot}^2-\dfrac{T_{\cdots}^2}{pqr}$$

$$S_B = \frac{1}{pr}\sum_{j=1}^{q}T_{\cdot j\cdot}^2 - \frac{T_{\cdots}^2}{pqr}$$

$$S_E = \sum_{i=1}^{p}\sum_{j=1}^{q}\sum_{k=1}^{r}x_{ijk}^2 - \frac{1}{r}\sum_{i=1}^{p}\sum_{j=1}^{q}T_{ij\cdot}^2$$

$$S_{A\times B} = S_T - S_A - S_B - S_E$$

其中

$$T_{\cdots} = \sum_{i=1}^{p}\sum_{j=1}^{q}\sum_{k=1}^{r}x_{ijk}$$

$$T_{ij\cdot} = \sum_{k=1}^{r}x_{ijk}, \quad i=1,2,\cdots,p; j=1,2,\cdots,q$$

$$T_{i\cdot\cdot} = \sum_{j=1}^{q}\sum_{k=1}^{r}x_{ijk}, \quad i=1,2,\cdots,p$$

$$T_{\cdot j\cdot} = \sum_{i=1}^{p}\sum_{k=1}^{r}x_{ijk}, \quad j=1,2,\cdots,q$$

例 9.2.3 在例 9.2.2 中,假定双因素方差分析所需的条件均满足,试在水平 $\alpha=0.05$ 下,检验不同配方(因素 A)、不同工艺(因素 B)下的银层厚度是否有显著差异,配方和工艺的交互作用是否显著,配方和工艺分别取何水平时,银层厚度最薄。

解 根据表 9.2.2 中的数据,利用上述公式计算得方差分析表,如表 9.2.5 所示。查 F 分位数表得 $F_{0.05}(2,6)=5.14, F_{0.05}(1,6)=5.99$。由此可见,在水平 $\alpha=0.05$ 下,不同配方下的银层厚度无显著差异,而不同工艺下的银层厚度有显著差异,且配方和工艺的交互作用显著,由表 9.2.2 中的数据可知,采用配方 A_3 和工艺甲时银层厚度最薄。

表 9.2.5

方差来源	平方和	自由度	均方和	F 值
因素 A(配方)	3.167	2	1.583	4.75
因素 B(工艺)	3	1	3	9.0
交互作用 $A\times B$	9.5	2	4.75	14.25
误差	2.0	6	0.333	
总和	17.667	11		

例 9.2.4 考虑合成纤维中对纤维弹性有影响的 2 个因素:收缩率 A 和总拉伸倍数 B。A 和 B 各取 4 种水平,整个试验进行 2 次,试验结果如表 9.2.6 所示。试检验收缩率和总拉伸倍数分别对纤维弹性有无显著影响,并检验二者对纤维弹性有无显著性交互作用(给定显著性水平 $\alpha=0.05$)。

表 9.2.6

因素 A	因素 B			
	460(B_1)	520(B_2)	580(B_3)	640(B_4)
0(A_1)	71　73	72　73	75　73	77　73
4(A_2)	73　75	76　74	78　77	74　74
8(A_3)	76　73	79　77	74　75	74　73
12(A_4)	75　73	73　72	70　71	69　69

解 按题意 $p=q=4, r=2, n=32$，计算得表 9.2.7 所示的双因素方差分析表。

表 9.2.7

方差来源	平方和	自由度	均方和	F 值
因素 A	71.844	3	23.948	$F_A=13.933$
因素 B	11.844	3	3.948	$F_B=2.297$
交互作用 $A\times B$	68.281	9	7.587	$F_{A\times B}=4.414$
误差	27.5	16	1.719	
总和	179.469	31		

对于 $\alpha=0.05$，查表得 $F_{0.05}(3,16)=3.24, F_{0.05}(9,16)=2.54$。比较可知 $F_A>3.24, F_B<3.24, F_{A\times B}>2.54$，所以拒绝 H_{01} 和 H_{03}，而接受 H_{02}，即合成纤维的收缩率对弹性有显著影响，总拉伸倍数对弹性无显著影响，而二者对弹性有显著的交互作用。

9.2.2 双因素无重复试验的方差分析

通过前面的讨论，若交互作用存在，则对于每一试验条件 (A_i, B_j)，必须做重复试验，只有这样才能将交互效应平方和从总的离差平方和中分解出来。在实际中，如果我们已经知道不存在交互作用，或已知交互作用对试验结果的影响很小，则可以不考虑交互作用，这时不必做重复试验，对于两个因素的每一组合 (A_i, B_j) 只做一次试验，所得结果如表 9.2.8 所示。

表 9.2.8

因素 A	因素 B			
	B_1	B_2	$\cdots$	B_q
A_1	x_{11}	x_{12}	$\cdots$	x_{1q}
A_2	x_{21}	x_{22}	$\cdots$	x_{2q}
$\vdots$	$\vdots$	$\vdots$		$\vdots$
A_p	x_{p1}	x_{p2}	$\cdots$	x_{pq}

双因素无重复试验的方差分析数据由于不存在交互作用，无重复试验，因此 $r=1, \gamma_{ij}=0 (i=1,2,\cdots,p; j=1,2,\cdots,q)$，于是模型可写成：

$$\begin{cases} x_{ij} = \mu + \alpha_i + \beta_j + \varepsilon_{ij}, & i=1,2,\cdots,p; j=1,2,\cdots,q \\ \varepsilon_{ij} \sim N(0, \sigma^2) \\ \text{各 } \varepsilon_{ij} \text{ 独立} \\ \sum_{i=1}^{p} \alpha_i = 0, \quad \sum_{j=1}^{q} \beta_j = 0 \end{cases}$$

根据上述模型，我们要检验以下两个假设：

$$\begin{cases} H_{01}: \alpha_1 = \alpha_2 = \cdots = \alpha_p = 0 \\ H_{11}: \alpha_1, \alpha_2, \cdots, \alpha_p \text{ 不全为零} \end{cases}$$

$$\begin{cases} H_{02}: \beta_1 = \beta_2 = \cdots = \beta_q = 0 \\ H_{12}: \beta_1, \beta_2, \cdots, \beta_q \text{ 不全为零} \end{cases}$$

相应的方差分析表如表 9.2.9 所示。

表 9.2.9

方差来源	平方和	自由度	均方和	F 值
因素 A	S_A	$p-1$	$\overline{S}_A = \dfrac{S_A}{p-1}$	$F_A = \dfrac{\overline{S}_A}{\overline{S}_E}$
因素 B	S_B	$q-1$	$\overline{S}_B = \dfrac{S_B}{q-1}$	$F_B = \dfrac{\overline{S}_B}{\overline{S}_E}$
误差	S_E	$(p-1)(q-1)$	$\overline{S}_E = \dfrac{S_E}{(p-1)(q-1)}$	
总和	S_T	$pq-1$		

表 9.2.9 中，

$$S_T = \sum_{i=1}^{p} \sum_{j=1}^{q} (x_{ij} - \overline{x})^2 = \sum_{i=1}^{p} \sum_{j=1}^{q} x_{ij}^2 - \frac{T_{..}^2}{pq}$$

$$S_A = q \sum_{i=1}^{p} (\overline{x}_{i.} - \overline{x})^2 = \frac{1}{q} \sum_{i=1}^{p} T_{i.}^2 - \frac{T_{..}^2}{pq}$$

$$S_B = p \sum_{j=1}^{q} (\overline{x}_{.j} - \overline{x})^2 = \frac{1}{p} \sum_{j=1}^{q} T_{.j}^2 - \frac{T_{..}^2}{pq}$$

$$S_E = S_T - S_A - S_B = \sum_{i=1}^{p} \sum_{j=1}^{q} (x_{ij} - \overline{x}_{i.} - \overline{x}_{.j} + \overline{x})^2$$

其中，

$$\overline{x}_{i.} = \frac{1}{q} \sum_{j=1}^{q} x_{ij}, \quad i = 1, 2, \cdots, p$$

$$\overline{x} = \frac{1}{pq} \sum_{i=1}^{p} \sum_{j=1}^{q} x_{ij}$$

$$\overline{x}_{.j} = \frac{1}{p} \sum_{i=1}^{p} x_{ij}, \quad j = 1, 2, \cdots, q$$

$$T_{..} = \sum_{i=1}^{p} \sum_{j=1}^{q} x_{ij}$$

$$T_{.j} = \sum_{i=1}^{p} x_{ij}, \quad j = 1, 2, \cdots, q, \quad T_{i.} = \sum_{j=1}^{q} x_{ij}, \quad i = 1, 2, \cdots, p$$

取显著性水平 α，当 $F_A > F_\alpha(p-1, (p-1)(q-1))$ 时，拒绝 H_{01}；当 $F_B > F_\alpha(p-1, (p-1)(q-1))$ 时，拒绝 H_{02}。

例 9.2.5 在一个小麦农业试验中，考虑 4 种不同的品种和 3 种不同的施肥方法，小麦亩产量数据（单位：kg）如表 9.2.10 所示。试在水平 $\alpha = 0.05$ 下，检验小麦品种和施肥方法对小麦亩产量是否存在显著影响。

表 9.2.10

品种	施肥方法		
	1	2	3
1	292	316	325
2	310	318	317
3	320	318	310
4	370	365	330

利用公式计算得方差分析表,如表 9.2.11 所示。查表得 $F_{0.05}(2,6)=5.14$,$F_{0.05}(3,6)=4.76$,从而在 $\alpha=0.05$ 下,施肥方法对小麦亩产量无显著影响,但小麦品种对产量有显著影响。

表 9.2.11

方差来源	平方和	自由度	均方和	F 值
品种	3 824.25	3	1 274.75	5.226
施肥方法	162.5	2	81.25	0.333
误差	1 463.5	6	243.917	
总和	5 450.25	11		

例 9.2.6 在某种橡胶的配方中,考虑了 3 种不同的促进剂(A),4 种不同分量的氧化锌(B),各种配方试验一次,测得 300% 定强如表 9.2.12 所示,试检验不同促进剂、不同分量的氧化锌分别对定强有无显著影响。

表 9.2.12

A	B				平均值
	B_1	B_2	B_3	B_4	
A_1	32	35	35.5	38.5	35.25
A_2	33.5	36.5	38	39.5	36.875
A_3	36	37.5	39.5	43	39
平均值	33.833	36.333	37.667	40.333	37.042

解 由题可知 $p=3$,$q=4$,$n=pq=12$,得方差分析表,如表 9.2.13 所示。给定 $\alpha=0.05$,查得 $F_{0.05}(2,6)=5.14$,$F_{0.05}(3,6)=4.76$,易见 $F_A>F_{0.05}(2,6)$,$F_B>F_{0.05}(3,6)$,所以拒绝 H_{01},H_{02},即不同促进剂和不同分量的氧化锌对橡胶定强均有显著影响。

表 9.2.13

方差来源	平方和	自由度	均方和	F 值
因素 A	28.292	2	14.146	$F_A=35.737$
因素 B	66.063	3	22.021	$F_B=55.632$
误差	2.375	6	0.396	
总和	96.730	11		

从前面的分析可以看出,对于双因素试验,在每个试验条件下做重复试验,其试验次数已经很多,且方差分析的计算量明显过大,那么对于三因素或更多因素的试验,若做全面试验(即每个试验条件下均做试验),则相应的试验次数和计算量会呈指数形式增长。

例如,一个试验中涉及 4 个因素 A,B,C,D,分别有 p,q,r,s 个水平,每个试验条件下重复做 t 次试验,则共需要做 $pqrst$ 次试验,这样试验次数往往太多,实施起来不太现实。因此,在实际应用中,一般只做部分实施,即在 $pqrs$ 个试验条件中选出一部分试验条件,然后在这一部分试验条件下做试验。当然,这一部分条件不是任意选取的,它们必须满足以下 3 个条件:

① 具有一定的代表性;
② 根据这些试验数据能够估计出模型中的所有参数;
③ 总的离差平方和能够进行相应的分解。

至于如何选取试验条件,这是试验设计(如正交设计、均匀设计等)的内容,其细节已远超出本课程的范围,本书不作讨论。

习题 9

1. 抽查某地区 3 所小学五年级男学生的身高,得到的数据如题 1 表所示,试问该地区 3 所小学五年级男学生的平均身高是否有显著差异($\alpha=0.05$)?

题 1 表

小学	身高/cm				
第一小学	128.1	134.1	133.1	138.9	140.8	127.4
第二小学	150.3	147.9	136.8	126.0	150.7	155.8
第三小学	140.6	143.1	144.5	143.7	148.5	146.4

2. 抽查 3 个地区人的血液中胆固醇的含量,得到的数据如题 2 表所示,试问 3 个地区人的血液中胆固醇的平均量之间是否存在显著差别($\alpha=0.10$)?

题 2 表

地区	测量值								
1	403	311	269	336	259				
2	312	222	302	420	420	386	353	210	286	290
3	403	244	353	235	319	260			

3. 为考察温度对某一化工产品得率的影响,选择了 5 种不同的温度,在同一温度下做 3 次试验,测得的结果如题 3 表所示,试问温度对得率有无显著影响($\alpha=0.05$)?并求 60 ℃时与 80 ℃时平均得率之差的置信区间,以及 70 ℃时与 75 ℃时平均得率之差的置信区间($1-\alpha=0.95$)。

题 3 表

温度/℃	得率(%)
60	90 92 88
65	97 93 92
70	96 96 93
75	84 83 88
80	84 86 82

4. 题 4 表所示为对灯泡光通量的试验结果(单位:lm/W),试问不同工厂生产的灯泡光通量有无显著差异($\alpha=0.01$)?

题 4 表

工厂	测量值
1	9.47 9.00 9.12 9.27 9.27 9.25
2	10.80 11.28 11.15
3	10.37 10.42 10.28
4	10.65 10.33
5	9.54 8.62

5. 在单因素方差分析中,$x_{ij}=\mu+\alpha_i+\varepsilon_{ij}(j=1,2,\cdots,n_i;i=1,2,\cdots,p)$,而 $\sum_{i=1}^{p}n_i\alpha_i=0$,试求 α_i 的无偏估计量及其方差。

6. 在 B_1,B_2,B_3,B_4 这 4 台不同的机器中,采用 3 种不同的加压水平 A_1,A_2,A_3,在每种加压水平和每台机器中各取一个试样测量,得到的纱支强度如题 6 表所示,试问不同加压水平和不同机器之间纱支强度有无显著差异($\alpha=0.01$)?

题 6 表

加压	机器			
	B_1	B_2	B_3	B_4
A_1	1 577	1 692	1 800	1 642
A_2	1 535	1 640	1 783	1 621
A_3	1 592	1 652	1 810	1 663

7. 由 5 位测量员对 5 种不同的活塞环的压力进行测量,其数据如题 7 表所示,我们自然希望不同的环所得的结果是不同的,试问不同的测量员的差异是否显著($\alpha=0.05$)?

题 7 表

活塞环	测量员				
	1	2	3	4	5
1	3.8	3.7	3.8	3.8	3.8
2	4.2	4.3	4.1	4.2	4.2
3	3.9	4.0	3.9	3.9	3.9
4	4.6	4.6	4.5	4.6	4.5
5	4.4	4.3	4.4	4.3	4.3

8. 题 8 表所示为 3 位操作工分别在 4 台不同机器上操作 3 天的日产量,试在显著性水平 $\alpha=0.05$ 下检验:

(1) 操作工之间的差异是否显著?

(2) 机器之间的差异是否显著?

(3) 交互作用的影响是否显著?

题 8 表

机器	操作工		
	甲	乙	丙
B_1	15 15 17	19 19 16	16 18 21
B_2	17 17 17	15 15 15	19 22 22
B_3	15 17 16	18 17 16	18 18 18
B_4	18 20 22	15 16 17	17 17 17

9. 为考察对纤维弹性测量的误差,现对同一批原料,由 4 个厂(A_1,A_2,A_3,A_4)同时测量,每厂各找一位检验员(B_1,B_2,B_3,B_4)轮流使用各厂设备,且重复测量,试验数据如题 9 表所示,试问各因素的影响以及交互作用的影响是否显著($\alpha=0.05$)?

题 9 表

	A_1	A_2	A_3	A_4
B_1	71 73	73 75	76 73	75 73
B_2	72 73	76 74	79 77	73 72
B_3	75 73	78 77	74 75	70 71
B_4	77 75	76 74	74 73	69 69

第 10 章 线性回归分析

回归分析(regression analysis)是数理统计学中应用很广、地位最重要的分支之一,其目的是建立、解释变量之间的关系,进而对未观测对象进行预测和控制。最简单的是仅涉及两个变量的情形,如某个地区人的体重和身高,收入和智商,夫妻结婚时各自的年龄以及树叶的长度和宽度等。

"回归"一词最早是由英国生物学家兼统计学家 F·高尔顿(F·Goltan)在研究人类遗传问题时提出来的。为了研究父代与子代身高的关系,高尔顿搜集了 1 078 对父亲及其儿子的身高数据,他发现这些数据的散点图大致呈直线状态,也就是说,总的趋势是父亲的身高增加时,儿子的身高也倾向于增加。但是,高尔顿对试验数据进行深入的分析后发现了一个很有趣的现象——回归效应。当父亲高于平均身高时,其儿子比他更高的概率要小于比他更矮的概率;当父亲矮于平均身高时,其儿子比他更矮的概率要小于比他更高的概率,这反映了一个规律,即儿子的身高有向他们父辈的平均身高回归的趋势。对于这个一般结论的解释是:大自然具有一种约束力,使人类身高的分布相对稳定而不产生两极分化,这就是所谓的回归效应。现在,回归一词的含义要广泛得多。

本章主要讨论涉及两个变量的一元线性回归问题,并对涉及多个自变量的多元线性回归进行简单介绍。

10.1 一元线性回归模型

与大部分其他统计分析一样,回归的目的就是尽可能简单、适用、美观地总结归纳数据带来的信息。在某些问题中,可以利用已存在的理论来刻画响应变量随着预测变量取值变化的规律性,但是,在很多实际问题中,可能并不存在这样的理论,此时我们需要通过数据来发现这些规律。无论哪种情形,回归分析的第一步都是画出一个合适的数据图。首先,我们讨论研究回归数据的基本图形工具——散点图,然后,根据散点图的提示,导出一元线性回归模型的表达式。

例 10.1.1 为了研究某类企业的产量和成本之间的关系,现随机抽取 30 个企业,以月产量 X 为自变量,以单位成本 Y 为因变量,其产量和成本数据如表 10.1.1 所示。

表 10.1.1

企业编号	产量 x_i/台	单位成本 y_i/千元	企业编号	产量 x_i/台	单位成本 y_i/千元	企业编号	产量 x_i/台	单位成本 y_i/千元
1	17	175	11	42	162	21	56	142
2	19	173	12	42	159	22	56	136
3	20	168	13	44	155	23	59	132
4	21	171	14	45	151	24	63	127
5	25	170	15	45	156	25	64	128
6	29	165	16	46	148	26	65	124
7	34	167	17	47	147	27	67	128
8	36	163	18	48	143	28	67	123
9	39	160	19	50	145	29	69	125
10	39	158	20	53	141	30	70	121

将每对观察值 (x_i, y_i) 在直角坐标系中描点,如图 10.1.1 所示,这种图称为**散点图**。

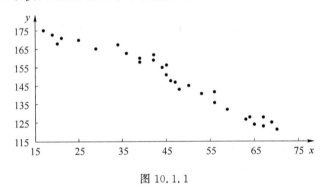

图 10.1.1

从图 10.1.1 中大致可以看出单位成本随着产量的增加而减少,它们之间大致呈线性关系,但这些点不是严格地呈一直线,即成本随着产量的增加基本上以线性关系减少,但也呈现出某种不规则的偏离,即随机性的偏离,因此,成本与产量的关系**可假设**为

$$Y = \beta_0 + \beta_1 x + \varepsilon \tag{10.1.1}$$

其中 $\beta_0 + \beta_1 x$ 表示 Y 随 X 变化的总趋势,即在 $X=x$ 给定的条件下,假设 Y 的**条件均值** $E(Y|X=x) = \beta_0 + \beta_1 x$;$\varepsilon = Y - E(Y|X=x)$ 是随机变量,它表示 Y 与 X 关系的不确定性,称为**随机干扰误差项**。一般地,大量随机干扰因素将相互抵消,其平均干扰为零,即 $E(\varepsilon)=0$,故上述模型中的假设是合理的。

一般来说,随机干扰误差项有以下几个来源:①未被考虑但又影响着因变量 Y 的种种因素;②变量的观测误差;③模型的设定误差,即 Y 对 X 的变化趋势可能是非线性趋势;④在试验或观测中,人们无法控制且难以解释的干扰因素。

若对变量 (X,Y) 进行 n 次观测,得到 n 对数值 $(x_i, y_i)(i=1,2,\cdots,n)$,则式(10.1.1)可写成

$$y_i = \beta_0 + \beta_1 x_i + \varepsilon_i, \quad i=1,2,\cdots,n \tag{10.1.2}$$

并假定

$$\text{(a) } \varepsilon_1, \varepsilon_2, \cdots, \varepsilon_n \text{ 相互独立,} \quad \text{(b) } \varepsilon_i \sim N(0, \sigma^2), \quad i=1,2,\cdots,n \tag{10.1.3}$$

其中 $\beta_0, \beta_1, \sigma^2$ 是未知参数,称式(10.1.2)和式(10.1.3)为**一元线性回归模型**。

上述假定(a)描述的试验(或观测)是独立进行的;假定(b)指出两方面,即随机误差的正态性和方差齐性(等方差),而方差齐性意味着 Y 偏离其条件均值的程度不受自变量 X 的影响。有些情况下,这种假定不成立,如家庭消费与家庭收入之间的关系,对于低收入的家庭,其收入主要用于生活必需品,同样收入的家庭之间的消费差别不大,而高收入家庭的生活必需品只占其消费的很小一部分,他们的消费行为往往千差万别,因此高收入的家庭之间的消费额差别可能很大。

在上述讨论中,产量称为自变量(或预测变量),成本称为因变量,且产量的取值可以由人进行控制(固定设计)。但有时变量间并无明显的因果关系存在,且自变量是随机的,如人的身高和体重,不能说身高是因体重是果,或体重是因身高是果,另外,随机地抽出一个人,同时测量其身高和体重,二者都是随机变量。今后,若无特别说明,在一元回归分析中将固定使用自变量和因变量这对名词,且认为自变量是非随机的。一元线性回归模型可形象地用图来表示,如图 10.1.2 所示。

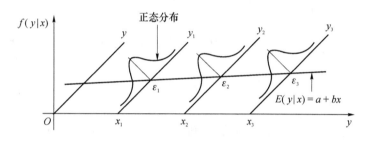

图 10.1.2

10.2 参数估计

10.2.1 最小二乘估计

利用 n 对观测数据 $(x_i, y_i)(i=1,2,\cdots,n)$,在式(10.1.2)和式(10.1.3)的假定下,估计模型中的参数 β_0, β_1。将式(10.1.2)重新表达成

$$\varepsilon_i = y_i - (\beta_0 + \beta_1 x_i), \quad i=1,2,\cdots,n \tag{10.2.1}$$

于是,$\varepsilon_1, \varepsilon_2, \cdots, \varepsilon_n$ 反映了数据点 (x_i, y_i) 对回归直线竖直方向的偏离程度,我们当然希望这些偏离越小越好,衡量这些偏离大小的一个合理的指标是它们的平方和。令

$$Q(\beta_0, \beta_1) = \sum_{i=1}^{n} [y_i - (\beta_0 + \beta_1 x_i)]^2 = \sum_{i=1}^{n} \varepsilon_i^2 \tag{10.2.2}$$

参数 β_0, β_1 的估计值 $\hat{\beta}_0, \hat{\beta}_1$ 满足

$$Q(\hat{\beta}_0, \hat{\beta}_1) = \sum_{i=1}^{n} [y_i - (\hat{\beta}_0 + \hat{\beta}_1 x_i)]^2 = \min_{\beta_0, \beta_1} \{ \sum_{i=1}^{n} [y_i - (\beta_0 + \beta_1 x_i)]^2 \} = \min_{\beta_0, \beta_1} Q(\beta_0, \beta_1)$$

为此,分别取 Q 关于 β_0, β_1 的偏导数,并令它们等于 0:

$$\begin{cases} \left.\dfrac{\partial Q}{\partial \beta_0}\right|_{\substack{\beta_0=\hat{\beta}_0 \\ \beta_1=\hat{\beta}_1}} = -2\sum_{i=1}^{n}[y_i-(\hat{\beta}_0+\hat{\beta}_1 x_i)] = 0 \\ \left.\dfrac{\partial Q}{\partial \beta_1}\right|_{\substack{\beta_0=\hat{\beta}_0 \\ \beta_1=\hat{\beta}_1}} = -2\sum_{i=1}^{n}[y_i-(\hat{\beta}_0+\hat{\beta}_1 x_i)]x_i = 0 \end{cases} \qquad (10.2.3)$$

方程组(10.2.3)称为**正规方程**。

上述方程组的解记为 $\hat{\beta}_0, \hat{\beta}_1$，它们的表达式如下：

$$\begin{cases} \hat{\beta}_1 = \dfrac{n\sum\limits_{i=1}^{n}x_i y_i - \left(\sum\limits_{i=1}^{n}x_i\right)\left(\sum\limits_{i=1}^{n}y_i\right)}{n\sum\limits_{i=1}^{n}x_i^2 - \left(\sum\limits_{i=1}^{n}x_i\right)^2} = \dfrac{\sum\limits_{i=1}^{n}(x_i-\overline{x})(y_i-\overline{y})}{\sum\limits_{i=1}^{n}(x_i-\overline{x})^2} \\ \hat{\beta}_0 = \dfrac{1}{n}\sum\limits_{i=1}^{n}y_i - \dfrac{\hat{\beta}_1}{n}\sum\limits_{i=1}^{n}x_i = \overline{y}-\hat{\beta}_1\overline{x} \end{cases} \qquad (10.2.4)$$

其中，$\overline{x}=\dfrac{1}{n}\sum\limits_{i=1}^{n}x_i, \overline{y}=\dfrac{1}{n}\sum\limits_{i=1}^{n}y_i$。上述估计使误差平方和达到最小，这种估计方法称为**最小二乘法**(least squares method)，式(10.2.4)确定的 $\hat{\beta}_0, \hat{\beta}_1$ 称为 β_0, β_1 的**最小二乘估计**(Least Squares Estimates, LSE)。

若 $\hat{\beta}_0, \hat{\beta}_1$ 分别是 β_0, β_1 的最小二乘估计，则对于某个给定的 x，取 $\hat{y}=\hat{\beta}_0+\hat{\beta}_1 x$ 作为 y 的预测。方程 $\hat{y}=\hat{\beta}_0+\hat{\beta}_1 x$ 称为 y 关于 x 的**最小二乘线性回归方程**，其图形为回归直线，$\hat{\beta}_0, \hat{\beta}_1$ 分别为直线的截距和斜率，$\hat{\beta}_0, \hat{\beta}_1$ 使得所有数据点 $(x_i, y_i)(i=1,2,\cdots,n)$ 在竖直方向上离回归直线的距离平方和最小。记

$$\hat{y}_i=\hat{\beta}_0+\hat{\beta}_1 x_i, \quad i=1,2,\cdots,n, \quad e_i=y_i-\hat{y}_i, \quad i=1,2,\cdots,n$$

称 $\hat{y}_i$ 为 $x=x_i$ 时 y 的**回归值**，称 e_i 为**残差**，即观测值与回归值之差。

我们注意到，$\hat{\beta}_0=\overline{y}-\hat{\beta}_1\overline{x}$，将其代入线性回归方程 $\hat{y}=\hat{\beta}_0+\hat{\beta}_1 x$ 得

$$\hat{y}=\overline{y}+\hat{\beta}_1(x-\overline{x}) \qquad (10.2.5)$$

式(10.2.5)表明回归直线经过散点图的几何中心 $(\overline{x}, \overline{y})$。

为了计算方便，记

$$\begin{cases} S_{xx} = \sum\limits_{i=1}^{n}(x_i-\overline{x})^2 = \sum\limits_{i=1}^{n}x_i^2 - \dfrac{1}{n}\left(\sum\limits_{i=1}^{n}x_i\right)^2 \\ S_{xy} = \sum\limits_{i=1}^{n}(x_i-\overline{x})(y_i-\overline{y}) = \sum\limits_{i=1}^{n}x_i y_i - \dfrac{1}{n}\left(\sum\limits_{i=1}^{n}x_i\right)\left(\sum\limits_{i=1}^{n}y_i\right) \\ S_{yy} = \sum\limits_{i=1}^{n}(y_i-\overline{y})^2 = \sum\limits_{i=1}^{n}y_i^2 - \dfrac{1}{n}\left(\sum\limits_{i=1}^{n}y_i\right)^2 \end{cases} \qquad (10.2.6)$$

则

$$\hat{\beta}_0=\overline{y}-\hat{\beta}_1\overline{x}, \quad \hat{\beta}_1=\dfrac{S_{xy}}{S_{xx}} \qquad (10.2.7)$$

例 10.2.1 根据表 10.1.1 给出的观测数据,确定 y 对 x 的线性回归方程。

解 根据式(10.2.6)得 $S_{xx}=7\,380.7$,$\bar{x}=45.9$,$S_{xy}=-7\,713.7$,$\bar{y}=148.766\,7$,进而得

$$\hat{\beta}_1=\frac{S_{xy}}{S_{xx}}=\frac{-7\,713.7}{7\,380.7}=-1.045$$

$$\hat{\beta}_0=148.766\,7-(-1.045)\times 45.9=196.738$$

于是,线性回归方程为

$$\hat{y}=196.738-1.045x \tag{10.2.8}$$

现代统计学已经和计算机科学密不可分了,在理解上述最小二乘估计思想的基础上,使用许多常见的计算软件,如 Excel、R、SPSS、SAS、MATLAB 等,可以方便快捷地求出上述估计值。下面以 Excel 软件为例,简要介绍求解最小二乘估计的步骤,详细步骤可参考 Excel 工具书。

将表 10.1.1 给出的观测数据录入 Excel。然后,单击 Excel 中的"工具"菜单,可见数据分析选项。用鼠标双击"数据分析"选项,弹出"数据分析"对话框,然后选择"回归",确定后,最后选择 X,Y 值合适的输入区域,选择一定的参数设置后,易得表 10.2.1 所示的结果。表 10.2.1 中的"Coefficients"一列的两个值依次为模型中截距项(Intercept)的估计 $\hat{\beta}_0$ 和回归系数的估计 $\hat{\beta}_1$ 的值。

表 10.2.1

回归统计	
Multiple R	0.972314
R Square	0.945394
Adjusted R Square	0.943444
标准误差	4.078001
观测值	30

模型检验				
方差分析				
	df	SS	MS	F
回归分析	1	8061.724	8061.724	484.7674
残差	28	465.6425	16.63009	
总计	29	8527.367		

参数估计				
	Coefficients	标准误差	t Stat	P-value
Intercept	196.7376	2.302471	85.44629	2.11E-35
X Variable 1	−1.04512	0.047468	−22.0174	3.21E-19

10.2.2 极大似然估计

利用最小二乘方法估计 β_0,β_1 时,没有用到回归模型(10.1.3)中正态性的假定带来的信息。现在我们考虑在回归模型(10.1.2)和模型(10.1.3)的假定下,同时估计 3 个参数 β_0,β_1,σ^2 的极大似然估计方法。

给定一组自变量的值 $x_1, x_2, \cdots, x_n$，进行 n 次独立观测试验，得到因变量 y 相应的一组样本 $y_1, y_2, \cdots, y_n$，它们相互独立，且 $y_i \sim N(\beta_0 + \beta_1 x_i, \sigma^2)$，则似然函数

$$L(\beta_0, \beta_1, \sigma^2) = \prod_{i=1}^{n} \frac{1}{\sqrt{2\pi}\sigma} \exp\left\{-\frac{1}{2\sigma^2}[y_i - (\beta_0 + \beta_1 x_i)]^2\right\}$$

$$= (2\pi\sigma^2)^{-\frac{n}{2}} \exp\left\{-\frac{1}{2\sigma^2} \sum_{i=1}^{n} [y_i - (\beta_0 + \beta_1 x_i)]^2\right\}$$

两边取对数得

$$\ln L = -\frac{n}{2}\ln 2\pi - \frac{n}{2}\ln \sigma^2 - \frac{1}{2\sigma^2} \sum_{i=1}^{n} [y_i - (\beta_0 + \beta_1 x_i)]^2$$

解方程组

$$\begin{cases} \dfrac{\partial \ln L}{\partial \beta_0} = \dfrac{1}{\sigma^2} \sum_{i=1}^{n} [y_i - (\beta_0 + \beta_1 x_i)] = 0 \\ \dfrac{\partial \ln L}{\partial \beta_1} = \dfrac{1}{\sigma^2} \sum_{i=1}^{n} [y_i - (\beta_0 + \beta_1 x_i)] x_i = 0 \\ \dfrac{\partial \ln L}{\partial \sigma^2} = -\dfrac{n}{2\sigma^2} + \dfrac{1}{2\sigma^4} \sum_{i=1}^{n} [y_i - (\beta_0 + \beta_1 x_i)]^2 = 0 \end{cases} \tag{10.2.9}$$

得 $\beta_0, \beta_1, \sigma^2$ 的极大似然估计

$$\begin{cases} \hat{\beta}_1 = \dfrac{S_{xy}}{S_{xx}} \\ \hat{\beta}_0 = \overline{y} - \hat{\beta}_1 \overline{x} \\ \hat{\sigma}^2 = \dfrac{1}{n} \sum_{i=1}^{n} [y_i - (\hat{\beta}_0 + \hat{\beta}_1 x_i)]^2 = \dfrac{1}{n} \sum_{i=1}^{n} (y_i - \hat{y}_i)^2 = \dfrac{1}{n} \sum_{i=1}^{n} e_i^2 \end{cases} \tag{10.2.10}$$

可见，β_0, β_1 的极大似然估计与其最小二乘估计一致。

10.2.3 估计的性质

在模型(10.1.2)和模型(10.1.3)下，由式(10.2.9)确定的参数 $\beta_0, \beta_1, \sigma^2$ 的极大似然估计有以下性质。

性质 10.2.1 $\hat{\beta}_1 \sim N\left(\beta_1, \dfrac{\sigma^2}{S_{xx}}\right)$。 \hfill (10.2.11)

可见 $\hat{\beta}_1$ 是 β_1 的无偏估计。

证明 由于 $\sum\limits_{i=1}^{n}(x_i - \overline{x})(y_i - \overline{y}) = \sum\limits_{i=1}^{n}(x_i - \overline{x}) y_i$，$\sum\limits_{i=1}^{n}(x_i - \overline{x})^2 = \sum\limits_{i=1}^{n}(x_i - \overline{x}) x_i$，令

$$c_i = \frac{x_i - \overline{x}}{\sum\limits_{i=1}^{n}(x_i - \overline{x})^2} = \frac{x_i - \overline{x}}{S_{xx}}, \quad i = 1, 2, \cdots, n$$

则

$$\hat{\beta}_1 = \frac{\sum\limits_{i=1}^{n}(x_i - \overline{x}) y_i}{\sum\limits_{i=1}^{n}(x_i - \overline{x})^2} = \sum_{i=1}^{n} c_i y_i$$

$\hat{\beta}_1$ 为 $y_1, y_2, \cdots, y_n$ 的线性组合,因为 $y_1, y_2, \cdots, y_n$ 相互独立,且 $y_i \sim N(a+bx_i, \sigma^2)(i=1,2,\cdots,n)$,所以 $\hat{\beta}_1$ 应服从正态分布,且

$$E(\hat{\beta}_1) = E\left(\sum_{i=1}^n c_i y_i\right) = \sum_{i=1}^n c_i E(y_i) = \sum_{i=1}^n c_i (\beta_0 + \beta_1 x_i)$$
$$= \beta_0 \sum_{i=1}^n c_i + \beta_1 \sum_{i=1}^n c_i x_i = 0 + \beta_1 \cdot \sum_{i=1}^n \frac{(x_i - \overline{x}) x_i}{S_{xx}} = \beta_1$$

$$D(\hat{\beta}_1) = \sum_{i=1}^n D(c_i y_i) = \sum_{i=1}^n c_i^2 D(y_i) = \sum_{i=1}^n c_i^2 \sigma^2 = \frac{\sum_{i=1}^n (x_i - \overline{x})^2}{S_{xx}^2} \cdot \sigma^2 = \frac{\sigma^2}{S_{xx}}$$

证毕。

性质 10.2.2 $\hat{\beta}_0 \sim N\left(\beta_0, \left(\frac{1}{n} + \frac{\overline{x}^2}{S_{xx}}\right)\sigma^2\right)$。 (10.2.12)

可见 $\hat{\beta}_0$ 也是 β_0 的无偏估计。

证明 易见 $\hat{\beta}_0 = \overline{y} - \hat{\beta}_1 \overline{x}$ 仍是 $y_1, y_2, \cdots, y_n$ 的线性组合,故仍然服从正态分布。注意到

$$E(\hat{\beta}_0) = E(\overline{y} - \hat{\beta}_1 \overline{x}) = E(\overline{y}) - \overline{x} E(\hat{\beta}_1) = (\beta_0 + \beta_1 \overline{x}) - \beta_1 \overline{x} = \beta_0$$
$$D(\hat{\beta}_0) = D(\overline{y}) + D(\hat{\beta}_1 \overline{x}) - 2\text{Cov}(\overline{y}, \hat{\beta}_1 \overline{x})$$

因为 $D(\overline{y}) = D\left(\frac{1}{n}\sum_{i=1}^n y_i\right) = \frac{\sigma^2}{n}, D(\hat{\beta}_1 \overline{x}) = \overline{x}^2 D(\hat{\beta}_1) = \frac{\overline{x}^2}{S_{xx}} \cdot \sigma^2$,

$$\text{Cov}(\overline{y}, \hat{\beta}_1 \overline{x}) = \overline{x}\text{Cov}(\overline{y}, \hat{\beta}_1) = \frac{\overline{x}}{n}\text{Cov}\left(\sum_{i=1}^n y_i, \sum_{j=1}^n c_j y_j\right) = \frac{\overline{x}}{n}\sum_{i=1}^n \sum_{j=1}^n c_j \text{Cov}(y_i, y_j)$$
$$= \frac{\overline{x}}{n}\sum_{j=1}^n c_j D(y_j) = \frac{\overline{x}}{n} \cdot \sigma^2 \sum_{j=1}^n c_j = 0$$

所以 $D(\hat{\beta}_0) = \left(\frac{1}{n} + \frac{\overline{x}^2}{S_{xx}}\right)\sigma^2$,证毕。

性质 10.2.3 $\overline{y}, \hat{\beta}_1, \hat{\sigma}^2$ 相互独立,且

$$\frac{n\hat{\sigma}^2}{\sigma^2} \sim \chi^2(n-2)$$ (10.2.13)

可见 $\hat{\sigma}^2$ 并非是 σ^2 的无偏估计,而 σ^2 的无偏估计是

$$s^2 = \frac{n\hat{\sigma}^2}{n-2} = \frac{1}{n-2}\sum_{i=1}^n e_i^2$$ (10.2.14)

另外,残差平方和 $\sum_{i=1}^n e_i^2$ 的自由度为 $n-2$,这是由于 $e_1, e_2, \cdots, e_n$ 并非相互独立,它们满足两个约束条件,即 $\sum_{i=1}^n e_i = 0$ 和 $\sum_{i=1}^n x_i e_i = 0$,此即正规方程(10.2.3)。

10.3 回归模型的检验

在模型(10.1.2)的假定中,我们假定 Y 关于 X 的回归函数 $E(Y|X=x)$ 具有 $\beta_0 + \beta_1 x$ 的线

性形式。回归函数 $E(Y|X=x)$ 是否为 x 的线性函数一般有两种判断方法：一种方法是根据相关领域的专业理论知识或以往的经验来判断；另一种方法是在没有相关理论基础的情况下，根据实际观测数据，利用假设检验的方法来推断。在 10.2 节的讨论中不难看出，在拟合回归直线的实际计算中，并不需要对变量做任何假定，即对任意 n 对数据，均可利用式(10.2.4)求出回归方程，即可拟合一条直线以表示 X 和 Y 之间的关系，那么这条直线是否具有实用价值？或者说，X 和 Y 之间是否具有显著的线性关系？本节将利用假设检验的方法来加以判断，即检验假设：

$$H_0: Y \text{ 对 } X \text{ 的线性关系不显著}, \quad H_1: Y \text{ 对 } X \text{ 的线性关系显著} \tag{10.3.1}$$

不难看出，若线性关系显著，则 β_1 不应为 0，因为若 $\beta_1=0$，则 Y 不依赖于 X。因此检验假设(10.3.1)等价于检验假设

$$H_0: \beta_1=0, \quad H_1: \beta_1 \neq 0 \tag{10.3.2}$$

10.3.1　F 检验

考虑 y 的 n 个观测值 $y_1, y_2, \cdots, y_n$ 的总离差平方和分解：

$$\begin{aligned} S_{yy} &= \sum_{i=1}^{n}(y_i-\overline{y})^2 = \sum_{i=1}^{n}[(y_i-\hat{y}_i)+(\hat{y}_i-\overline{y})]^2 \\ &= \sum_{i=1}^{n}(y_i-\hat{y}_i)^2 + \sum_{i=1}^{n}(\hat{y}_i-\overline{y})^2 + 2\sum_{i=1}^{n}(y_i-\hat{y}_i)(\hat{y}_i-\overline{y}) \end{aligned}$$

因为交叉项

$$\begin{aligned} \sum_{i=1}^{n}(y_i-\hat{y}_i)(\hat{y}_i-\overline{y}) &= \sum_{i=1}^{n}[y_i-(\hat{\beta}_0+\hat{\beta}_1 x_i)]\hat{\beta}_1(x_i-\overline{x}) \\ &= \hat{\beta}_1\Big\{\sum_{i=1}^{n}[y_i-(\hat{\beta}_0+\hat{\beta}_1 x_i)]x_i - \overline{x}\sum_{i=1}^{n}[y_i-(\hat{\beta}_0+\hat{\beta}_1 x_i)]\Big\} \end{aligned}$$

由正规方程(10.2.3)得交叉项为零，于是

$$\sum_{i=1}^{n}(y_i-\overline{y})^2 = \sum_{i=1}^{n}(y_i-\hat{y}_i)^2 + \sum_{i=1}^{n}(\hat{y}_i-\overline{y})^2 \tag{10.3.3}$$

此平方和分解如图 10.3.1 所示。

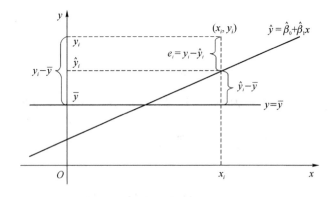

图 10.3.1

令
$$S_e^2 = \sum_{i=1}^n (y_i - \hat{y}_i)^2 \tag{10.3.4}$$

$$S_R^2 = \sum_{i=1}^n (\hat{y}_i - \overline{y})^2 \tag{10.3.5}$$

则
$$S_{yy} = S_e^2 + S_R^2 \tag{10.3.6}$$

其中 S_R^2 称为**回归平方和**,S_e^2 称为**残差平方和**。若 $\beta_1 = 0$,则回归直线 $\hat{y} = \hat{\beta}_0 + \hat{\beta}_1 x$ 就变成 $\hat{y} = \overline{y}$,和直线 $y = \overline{y}$ 重合,此时 S_R^2 应为零。因此,S_R^2 表示由 X 的变化引起的 Y 的变化,它反映了 Y 的变差中 Y 随 X 作线性变化的部分。S_R^2 在 S_{yy} 中的比例越大,表明 X 对 Y 的线性影响越大,即 Y 对 X 的线性关系越显著。另一方面,若 Y 完全由 X 确定,则给定 $X = x_i$ 时,Y 的观测值 y_i 应等于其回归值 $\hat{y}_i$,S_e^2 应为零,因此 S_e^2 是除 X 对 Y 的线性影响外的一切随机因素所引起的 Y 的变差部分。S_e^2 在 S_{yy} 中的比例越大,S_R^2 在 S_{yy} 中的比例越小,这表明由 X 的变化而引起的 Y 的线性变化部分淹没在由随机因素引起的 Y 的变化中,这时 Y 对 X 的线性关系不显著,回归方程也就失去了实际意义。因此,可利用比值

$$F = \frac{S_R^2}{S_e^2/(n-2)} = (n-2)\frac{S_R^2}{S_e^2} \tag{10.3.7}$$

作为检验假设(10.3.2)的检验统计量。当 F 值较大时,拒绝原假设 H_0;当 F 值较小时,不能拒绝 H_0。可以证明:① $\dfrac{S_e^2}{\sigma^2} \sim \chi^2(n-2)$ 且 S_e^2 与 S_R^2 相互独立;② 当 H_0 成立时,$\dfrac{S_R^2}{\sigma^2} \sim \chi^2(1)$。于是,当 H_0 成立时,$F = (n-2)\dfrac{S_R^2}{S_e^2} \sim F(1, n-2)$。

给定显著性水平 α,当 $F > F_\alpha(1, n-2)$ 时拒绝 H_0,即认为 Y 对 X 的线性关系显著;反之,认为 Y 对 X 的线性关系不显著。以上检验过程可归纳成表 10.3.1 所示的方差分析表。

表 10.3.1

变差来源	平方和	自由度	均方和	F 值
回归	$S_R^2 = \sum_{i=1}^n (\hat{y}_i - \overline{y})^2$	1	S_R^2	$(n-2)\dfrac{S_R^2}{S_e^2}$
残差	$S_e^2 = \sum_{i=1}^n (y_i - \hat{y}_i)^2$	$n-2$	$\dfrac{S_e}{n-2}$	
总和	$S_{yy} = S_R^2 + S_e^2$	$n-1$		

S_{yy}, S_R^2, S_e^2 通常按下列各式计算:

$$S_{yy} = \sum_{i=1}^n y_i^2 - \frac{1}{n}\left(\sum_{i=1}^n y_i\right)^2 \tag{10.3.8}$$

$$S_R^2 = \sum_{i=1}^n (\hat{y}_i - \overline{y})^2 = \sum_{i=1}^n (\hat{\beta}_0 + \hat{\beta}_1 x_i - \overline{y})^2 = \sum_{i=1}^n [(\overline{y} - \hat{\beta}_1 \overline{x} + \hat{\beta}_1 x_i) - \overline{y}]^2$$

$$= \hat{\beta}_1^2 \sum_{i=1}^n (x_i - \overline{x})^2 = \hat{\beta}_1^2 S_{xx} = \hat{\beta}_1 S_{xy} \tag{10.3.9}$$

$$S_e^2 = S_{yy} - S_R^2 \qquad (10.3.10)$$

例 10.3.1 给定显著性水平 $\alpha=0.05$,试检验例 10.1.1 中的回归方程(10.2.8)的线性效果是否显著。

解 由式(10.3.8)~式(10.3.10),经 Excel 计算得表 10.3.2 所示的方差分析表(表 10.2.1 的部分输出结果)。

查表得 $F_{0.05}(1,28)=4.20<484.767$,因此拒绝 H_0,认为当显著性水平 $\alpha=0.05$ 时,回归方程(10.2.8)的线性效果显著。

表 10.3.2

变差来源	平方和	自由度	均方和	F 值
回归	8 061.724	1	8 061.724	484.767
残差	465.642	28	16.630	
总和	8 527.367	29		

10.3.2 t 检验

为了给出假设(10.3.2)的 t 检验法,我们由性质 10.2.1 和性质 10.2.3 给出它们的一个推论。

推论 10.3.1 在模型(10.1.2)和模型(10.1.3)下,$\hat{\beta}_1,\hat{\sigma}^2$ 分别是 β_1,σ^2 的极大似然估计,则有

$$\frac{(\hat{\beta}_1-\beta_1)}{s}\sqrt{S_{xx}} \sim t(n-2)$$

其中 $s^2=\dfrac{n\hat{\sigma}^2}{n-2}=\dfrac{1}{n-2}\sum_{i=1}^{n}e_i^2$ 是 σ^2 的无偏估计。

证明 由性质 10.1.1,$\hat{\beta}_1 \sim N\left(\beta_1,\dfrac{\sigma^2}{S_{xx}}\right)$,故 $\dfrac{\hat{\beta}_1-\beta_1}{\sigma/\sqrt{S_{xx}}} \sim N(0,1)$。

由性质 10.2.3,$\hat{\beta}_1,\hat{\sigma}^2$ 相互独立,且 $\dfrac{n\hat{\sigma}^2}{\sigma^2} \sim \chi^2(n-2)$,由 t 分布的定义,可知随机变量

$$\frac{\hat{\beta}_1-\beta_1}{s}\sqrt{S_{xx}} = \frac{\hat{\beta}_1-\beta_1}{\sigma/\sqrt{S_{xx}}} \bigg/ \sqrt{\frac{n\hat{\sigma}^2/\sigma^2}{n-2}} \sim t(n-2)$$

证毕。

由推论 10.3.1,若假设(10.3.2)中的原假设 $H_0:\beta_1=0$ 成立,则有统计量 $T=\dfrac{\hat{\beta}_1}{s}\sqrt{S_{xx}} \sim t(n-2)$。若原假设 $H_0:\beta_1=0$ 成立,由于 $\hat{\beta}_1$ 是 β_1 的优良估计,统计量 $\dfrac{\hat{\beta}_1}{s}\sqrt{S_{xx}}$ 取较小值的可能性较大,因此假设(10.3.2)的检验否定域为 $\{|T|>t_{\frac{\alpha}{2}}(n-2)\}$,这便给出了显著性水平为 α 的 t 检验方法。

事实上,t 检验方法和 F 检验方法是等价的,注意到式(10.3.7)中的检验统计量 $F=T^2$,可知等价性。

10.4 根据回归方程进行预测和控制

前几节的讨论主要在于推断变量 X 和 Y 之间是否存在线性相关关系以及如何描述它们之间的线性关系。本节讨论一元回归分析的另一部分内容——回归预测和控制,即如果 Y 对 X 的线性回归方程线性效果显著,一方面是如何根据自变量 X 的值预测因变量 Y 的取值和取值范围——预测区间,以及 Y 均值的置信区间等,另一方面是预测的反问题——控制,即要求观测值在某区间 (y_1, y_2) 内取值时,求应控制 X 在什么范围,也就是说,要求以 $100(1-\alpha)\%$ 的置信度求出相应的 x_1, x_2,使得 $x_1 < X < x_2$ 时 X 所对应的观测值 y 落在 (y_1, y_2) 内。

10.4.1 均值 $E(y_0 | x_0)$ 的置信区间

根据变量 (X, Y) 的 n 对样本数据 $(x_i, y_i)(i=1, 2, \cdots, n)$,拟合 Y 对 X 的线性回归方程 $\hat{y} = \hat{\beta}_0 + \hat{\beta}_1 x$。假定通过检验,该回归方程线性显著,设当自变量 $X = x_0$ 时,因变量 Y 的观测值为 y_0,则在线性回归模型(10.1.2)和模型(10.1.3)的假定下,

$$y_0 = \beta_0 + \beta_1 x_0 + \varepsilon_0, \quad \varepsilon_0 \sim N(0, \sigma^2) \tag{10.4.1}$$

于是在 x_0 处 Y 的均值 $E(y_0 | x_0) = \beta_0 + \beta_1 x_0$,而在 x_0 处,Y 的回归值为

$$\hat{y}_0 = \hat{\beta}_0 + \hat{\beta}_1 x_0 \tag{10.4.2}$$

其中 $\hat{\beta}_0, \hat{\beta}_1$ 由式(10.2.4)给出。很自然地,取 $\hat{y}_0$ 作为 $E(y_0 | x_0) = \beta_0 + \beta_1 x_0$ 的估计值。由于 $\hat{\beta}_0, \hat{\beta}_1$ 均是 $y_1, y_2, \cdots, y_n$ 的线性组合,因此 $\hat{y}_0$ 是 $y_1, y_2, \cdots, y_n$ 的线性组合。而 $y_1, y_2, \cdots, y_n$ 相互独立,且 $y_i \sim N(\beta_0 + \beta_1 x_i, \sigma^2)$,易证

$$\hat{y}_0 \sim N\left(\beta_0 + \beta_1 x_0, \left(\frac{1}{n} + \frac{(x_0 - \overline{x})^2}{S_{xx}}\right)\sigma^2\right) \tag{10.4.3}$$

因此

$$\frac{\hat{y}_0 - E(y_0 | x_0)}{\sigma \sqrt{\frac{1}{n} + \frac{(x_0 - \overline{x})^2}{S_{xx}}}} \sim N(0, 1) \tag{10.4.4}$$

由式(10.2.13)和式(10.2.14)得

$$\frac{(n-2)s^2}{\sigma^2} \sim \chi^2(n-2) \tag{10.4.5}$$

其中 s^2 是 σ^2 的无偏估计。由性质 10.2.3 知 $\overline{y}, \hat{\beta}_1, \hat{\sigma}^2$ 相互独立,因此,$\hat{y}_0 = \hat{\beta}_0 + \hat{\beta}_1 x_0 = \overline{y} + \hat{\beta}_1(x_0 - \overline{x})$ 与 $s^2 = \frac{n\hat{\sigma}^2}{n-2}$ 独立,从而根据式(10.4.4)和式(10.4.5)得

$$\frac{\hat{y}_0 - E(y_0 | x_0)}{s \sqrt{\frac{1}{n} + \frac{(x_0 - \overline{x})^2}{S_{xx}}}} \sim t(n-2) \tag{10.4.6}$$

则有

$$P\left(\left|\frac{\hat{y}_0 - E(y_0 | x_0)}{s \sqrt{\frac{1}{n} + \frac{(x_0 - \overline{x})^2}{S_{xx}}}}\right| < t_{\frac{\alpha}{2}}(n-2)\right) = 1 - \alpha$$

从而 $E(y_0|x_0)$ 的 $100(1-\alpha)\%$ 置信区间为

$$\hat{y}_0 - s\sqrt{\frac{1}{n} + \frac{(x_0-\overline{x})^2}{S_{xx}}} \cdot t_{\frac{\alpha}{2}}(n-2) < E(y_0|x_0) < \hat{y}_0 + s\sqrt{\frac{1}{n} + \frac{(x_0-\overline{x})^2}{S_{xx}}} \cdot t_{\frac{\alpha}{2}}(n-2)$$
(10.4.7)

例 10.4.1 设在例 10.1.1 的某类企业中,现有若干个企业均计划下个月产量为 51 台,求其单位成本均值的 95% 置信区间。

解 经计算得 $\overline{x} = 45.9$,$S_{xx} = 7\,380.7$,由式(10.4.7)及表 10.3.2 得 $s^2 = \dfrac{1}{n-2}\sum\limits_{i=1}^{n} e_i^2 = \dfrac{S_e^2}{n-2} = \dfrac{465.642}{30-2} = 16.630$,查表得 $t_{0.025}(28) = 2.048\,4$,于是

$$s\sqrt{\frac{1}{n} + \frac{(x_0-\overline{x})^2}{S_{xx}}} \cdot t_{0.025}(28) = \sqrt{16.630} \times \sqrt{\frac{1}{30} + \frac{(51-45.9)^2}{7\,380.7}} \times 2.048\,4 = 1.603\,7$$

由式(10.2.8)得 $\hat{y}_0 = \hat{a} + \hat{b}x_0 = 196.738 - 1.045 \times 51 = 143.443$,由式(10.4.7)得当 $x_0 = 51$ 时,单位成本均值 $E(y_0|x_0)$ 的置信区间为 $(141.839\,3, 145.046\,7)$[①]。

10.4.2 观测值 y_0 的预测区间

当 $x = x_0$ 时,仍然用 $\hat{y}_0$ 作为 y_0 的预测值,由于 (x_0, y_0) 是将要做的一次独立试验的结果,因此 $y_0, y_1, y_2, \cdots, y_n$ 相互独立,而 $\hat{y}_0$ 是 $y_1, y_2, \cdots, y_n$ 的线性组合,故 $y_0, \hat{y}_0$ 相互独立。于是由式(10.4.1)和式(10.4.2)得

$$y_0 - \hat{y}_0 \sim N\left(0, \left[1 + \frac{1}{n} + \frac{(x_0-\overline{x})^2}{S_{xx}}\right]\sigma^2\right), \quad \frac{y_0 - \hat{y}_0}{\sigma\sqrt{1 + \frac{1}{n} + \frac{(x_0-\overline{x})^2}{S_{xx}}}} \sim N(0,1) \quad (10.4.8)$$

则由于 y_0 与 $y_1, y_2, \cdots, y_n$ 相互独立,从而也与 $\hat{\sigma}^2$ 相互独立,结合性质 10.2.3 知,$y_0, \hat{y}_0, s^2$ 相互独立,根据式(10.4.5)和式(10.4.8)得

$$\frac{y_0 - \hat{y}_0}{s\sqrt{1 + \frac{1}{n} + \frac{(x_0-\overline{x})^2}{S_{xx}}}} \sim t(n-2)$$

于是对于给定的置信度 $1-\alpha$ 有

$$P\left(\left|\frac{y_0 - \hat{y}_0}{s\sqrt{1 + \frac{1}{n} + \frac{(x_0-\overline{x})^2}{S_{xx}}}}\right| < t_{\frac{\alpha}{2}}(n-2)\right) = 1-\alpha$$

从而得 y_0 的 $100(1-\alpha)\%$ 预测区间为

$$\hat{y}_0 - s\sqrt{1 + \frac{1}{n} + \frac{(x_0-\overline{x})^2}{S_{xx}}} \cdot t_{\frac{\alpha}{2}}(n-2) < y_0 < \hat{y}_0 + s\sqrt{1 + \frac{1}{n} + \frac{(x_0-\overline{x})^2}{S_{xx}}} \cdot t_{\frac{\alpha}{2}}(n-2)$$
(10.4.9)

例 10.4.2 在例 10.1.1 中,现有某个企业计划其下个月产量为 51 台,求该企业下个月

---

① $E(y_0|x_0)$ 的 95% 置信区间 $(141.839\,3, 145.046\,7)$ 可这样理解:设现有同类企业 km 个,其月产量均为 51 台,第 i 组 k 个企业,单位成本为 $y_{i1}, y_{i2}, \cdots, y_{ik}$,平均单位成本 $\overline{y}_i = \dfrac{1}{k}\sum\limits_{j=1}^{k} y_{ij}$ $(i=1,2,\cdots,m)$,当 k 和 m 充分大时,m 个平均单位成本 $\overline{y}_1, \overline{y}_2, \cdots, \overline{y}_m$ 中大约有 95% 落在 $(141.839\,3, 145.046\,7)$ 区间中。

的单位成本的 95% 预测区间。

解 类似于例 10.4.1,得

$$s\sqrt{1+\frac{1}{n}+\frac{(x_0-\overline{x})^2}{S_{xx}}} \cdot t_{0.025}(28) = \sqrt{16.630} \times \sqrt{1+\frac{1}{30}+\frac{(51-45.9)^2}{7\,380.7}} \times 2.048\,4 = 8.505\,9$$

根据式(10.4.9)得单位成本 y_0 的 95% 预测区间为 (134.937 1, 151.948 9)[①]。

10.4.3 几点说明

① 预测区间与置信区间意义相似,只是后者是对未知参数而言的,前者是对随机变量而言的。

② 对应于已知的 x_0, y_0 的均值 $E(y_0|x_0)$ 的预测精度要比 y_0 的预测精度高。这是因为在置信度相同的情况下,由式(10.4.7)和式(10.4.9)易见,$E(y_0|x_0)$ 的置信区间比 y_0 的预测区间更窄,如图 10.4.1 所示。

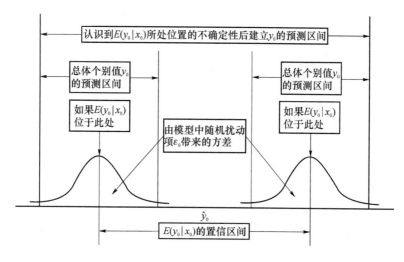

图 10.4.1

③ 由式(10.4.7)和式(10.4.9)易见,x_0 越靠近 $\overline{x}$,预测精度越高,反之,精度越差。如果 $x_0 \in (\min_{1 \leqslant i \leqslant n}\{x_i\}, \max_{1 \leqslant i \leqslant n}\{x_i\})$,即 x_0 在样本数据值域之内,则这样的预测称为**内插预测**;如果 $x_0 \notin (\min_{1 \leqslant i \leqslant n}\{x_i\}, \max_{1 \leqslant i \leqslant n}\{x_i\})$,即 x_0 在样本数据值域之外,则这样的预测称为**外推预测**。由于在样本数据值域以外,变量之间的线性关系可能发生变化,如图 10.4.2 所示,因此外推预测具有一定的风险,而内插预测利用的是经过检验的模型,故相对可靠。

④ 自变量的样本数据 $x_1, x_2, \cdots, x_n$ 越分散,即离差平方和 $S_{xx} = \sum_{i=1}^{n}(x_i-\overline{x})^2$ 越大,预测精度越高。因此,若 x 可控制,选出各 x_i 时应使 S_{xx} 尽量大,以提高预测精度。

10.4.4 控制问题

控制是预测的反问题,即要求以 $100(1-\alpha)$% 的置信度求出相应的 x_1, x_2,使得 $x_1 < X < x_2$

[①] y_0 的 95% 预测区间为 (134.937 1, 151.948 9) 可这样理解:设现有 m 个同类企业,其月产量均为 51 台,相应的单位成本为 $y_1, y_2, \cdots, y_m$,则当 m 充分大时,这 m 个单位成本中大约有 95% 落在 (134.937 1, 151.948 9) 区间中。

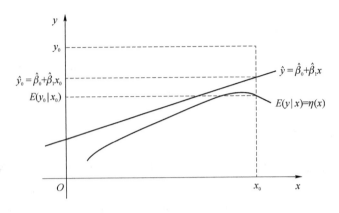

图 10.4.2

时 X 所对应的观测值 y 落在 (y_1,y_2) 内。

在式(10.4.9)中,我们得到 y_0 的 $100(1-\alpha)\%$ 预测区间为

$$(\hat{y}_0 - \delta_n, \hat{y}_0 + \delta_n) \tag{10.4.10}$$

其中,$\delta_n = s\sqrt{1+\dfrac{1}{n}+\dfrac{(x_0-\overline{x})^2}{S_{xx}}} \cdot t_{\frac{\alpha}{2}}(n-2)$,由此可以看出,当样本观测值给定时,$\delta_n$ 仍然依 x_0 而变,x_0 越接近于 $\overline{x}$,δ_n 越小,预测越精密,反之,预测就越差。

设 x_0 取一般值 x,则由式(10.4.10)可得

$$(y_1(x), y_2(x)) = (\hat{y}-\delta(x), \hat{y}+\delta(x)) \tag{10.4.11}$$

其中,

$$\hat{y} = \hat{\beta}_0 + \hat{\beta}_1 x, \quad \delta(x) = s\sqrt{1+\dfrac{1}{n}+\dfrac{(x-\overline{x})^2}{S_{xx}}} \cdot t_{\frac{\alpha}{2}}(n-2) \tag{10.4.12}$$

由式(10.4.11),具体而言,控制问题就是在一般情况下,寻找两个数 x_1, x_2,使得对 $\forall x \in (x_1, x_2)$,恒有

$$\begin{cases} \hat{y} - \delta(x) > y_1 \\ \hat{y} - \delta(x) < y_2 \end{cases} \tag{10.4.13}$$

在一般情形下 $\delta(x)$ 的形式非常复杂,要简化计算,一般在样本容量 n 较大且 x 离 $\overline{x}$ 较近时,式(10.4.12)中的根式可近似地等于 1,$t_{\frac{\alpha}{2}}(n-2)$ 可用 $u_{\frac{\alpha}{2}}$ 近似。由式(10.4.13),只需解方程组

$$\begin{cases} y_1 = \hat{\beta}_0 + \hat{\beta}_1 x_1 - u_{\frac{\alpha}{2}} s \\ y_2 = \hat{\beta}_0 + \hat{\beta}_1 x_2 - u_{\frac{\alpha}{2}} s \end{cases} \tag{10.4.14}$$

即可得 x_1, x_2,从而得到 x 的控制范围。

例 10.4.3 在某种产品表面进行腐蚀刻线试验,得到腐蚀深度 y 与腐蚀时间 x 对应的一组数据,如表 10.4.1 所示。若要求腐蚀深度为 $10 \sim 20\,\mu m$,则腐蚀时间应如何控制?

表 10.4.1

X/s	5	10	15	20	30	40	50	60	70	90	120
$Y/\mu m$	6	10	10	13	16	17	19	23	25	29	46

解 易算出 $\sum x_i = 510, \sum y_i = 214, \sum x_i^2 = 36\,750, \sum y_i^2 = 5\,422, \sum x_i y_i = 13\,910$。因为 $n=11$，所以 $\bar{x} = \dfrac{510}{11}, \bar{y} = \dfrac{214}{11}$。又

$$S_{xx} = \sum x_i^2 - \frac{1}{n}\left(\sum x_i^2\right)^2 = 36\,750 - \frac{1}{11} \times 510^2 = 13\,104.55$$

$$S_{xy} = \sum x_i y_i - \frac{1}{n}\left(\sum x_i\right)\left(\sum y_i\right) = 13\,910 - \frac{1}{11} \times 510 \times 214 = 3\,988.18$$

$$S_{yy} = \sum y_i^2 - \frac{1}{n}\left(\sum y_i\right)^2 = 5\,422 - \frac{1}{11} \times 214^2 = 1\,258.73$$

则有

$$\hat{\beta}_1 = \frac{S_{xy}}{S_{xx}} = \frac{3\,988.18}{13\,104.55} = 0.304$$

$$\hat{\beta}_0 = \bar{y} - \hat{\beta}_1 \bar{x} = \frac{214}{11} - 0.304 \times \frac{510}{11} = \frac{58.96}{11} = 5.36$$

故腐蚀深度 y 对腐蚀时间 x 的回归直线为

$$\hat{y} = 5.36 + 0.304 x$$

要求深度为 $10 \sim 20\ \mu m$ 时，由式(10.4.14)得

$$5.36 + 0.304 x_1 - 1.96 \times 2.24 = 10$$
$$5.36 + 0.304 x_2 + 1.96 \times 2.24 = 20$$

由此解得 $x_1 = 29.70, x_2 = 33.72$，即腐蚀时间控制在 29.70 s 和 33.72 s 之间。

10.5 可化为线性回归的非线性回归模型

前几节都是在两变量之间的内在关系为线性关系时讨论回归分析问题，但是，在实际中有时两变量之间的内在关系是非线性关系，即 $E(Y|X=x) = f(x; \beta_0, \beta_1)$ 是非线性的。例如，在细菌培养实验中，每一时刻的细菌总量观测值 y 与时间 x 的趋势关系是指数关系，即 $y = \beta_0 e^{\beta_1 x} + \varepsilon$。另一种情形，是在根据理论和经验无法推知 x 和 y 之间的函数类型时，只能根据试验数据选取恰当类型的函数曲线来拟合。在拟合曲线时，在参照散点图的基础上，最好用不同函数类型计算后进行比较，选取某个优良性准则下最好的一种曲线拟合方法。

一个方向是希望所选择的拟合曲线 $\hat{y} = f(x; \hat{\beta}_0, \hat{\beta}_1)$ 与观测数据 $(x_i, y_i)(i=1,2,\cdots,n)$ 拟合较好。通常用残差平方和

$$S_e^2 = \sum_{i=1}^{n}(\hat{y}_i - y_i)^2 \tag{10.5.1}$$

或相关指数

$$R^2 = 1 - \frac{\displaystyle\sum_{i=1}^{n}(\hat{y}_i - y_i)^2}{\displaystyle\sum_{i=1}^{n}(y_i - \bar{y})^2} = 1 - \frac{S_e^2}{S_{yy}} \tag{10.5.2}$$

的值来衡量拟合曲线的好坏程度，其中 $\hat{y}_i = f(x_i; \hat{\beta}_0, \hat{\beta}_1)$，且 S_e^2 越小或 R^2 越大，表明拟合效果越好。有关非线性回归模型已有丰富的研究，由于本书内容特征所限，不再赘述。

本节主要考虑针对所选取的曲线函数，可以通过适当的变换，将变量间的关系式化为线性形式，如下所示。

① 对于双曲线 $\frac{1}{y} = \beta_0 + \frac{\beta_1}{x} + \varepsilon, \varepsilon \sim N(0, \sigma^2)$，若令 $y' = \frac{1}{y}, x' = \frac{1}{x}$，则 $y' = \beta_0 + \beta_1 x' + \varepsilon, \varepsilon \sim N(0, \sigma^2)$。

② 对于幂函数曲线 $y = d x^{\beta_1} \varepsilon, \ln \varepsilon \sim N(0, \sigma^2)$，若令 $y' = \ln y, x' = \ln x, \beta_0 = \ln d, \varepsilon' = \ln \varepsilon$，则 $y' = \beta_0 + \beta_1 x' + \varepsilon', \varepsilon' \sim N(0, \sigma^2)$。

③ 对于对数函数曲线 $y = \beta_0 + \beta_1 \ln x + \varepsilon, \varepsilon \sim N(0, \sigma^2)$，若令 $x' = \ln x$，则 $y = \beta_0 + \beta_1 x' + \varepsilon, \varepsilon \sim N(0, \sigma^2)$。

④ 对于指数函数曲线 $y = d e^{\beta_1 x} \varepsilon, \ln \varepsilon \sim N(0, \sigma^2)$，若令 $y' = \ln y, \beta_0 = \ln d, \varepsilon' = \ln \varepsilon$，则 $y' = \beta_0 + \beta_1 x + \varepsilon', \varepsilon' \sim N(0, \sigma^2)$。

⑤ 对于 S 型曲线 $y = \frac{1}{\beta_0 + \beta_1 e^{-x} + \varepsilon}, \varepsilon \sim N(0, \sigma^2)$，如图 10.5.1 所示，若令 $y' = \frac{1}{y}, x' = e^{-x}$，则 $y' = \beta_0 + \beta_1 x' + \varepsilon, \varepsilon \sim N(0, \sigma^2)$。

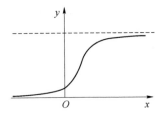

图 10.5.1

例 10.5.1 为了考察某市百货商店的销售额 x 与流通费用率 y 之间的关系，表 10.5.1 列出了该市 9 个商店的销售额与流通费用率的统计数据，求 y 关于 x 的回归方程。

表 10.5.1

商店编号	1	2	3	4	5	6	7	8	9
销售额 x	1.5	4.5	7.5	10.5	15.5	16.5	19.5	22.5	25.5
流通费用率 y	7.0	4.8	3.6	3.1	2.7	2.5	2.4	2.3	2.2

解 作散点图，从图 10.5.2 中可以看出 y 随 x 的增加而减少，它们之间大致呈双曲函数关系或幂函数关系。

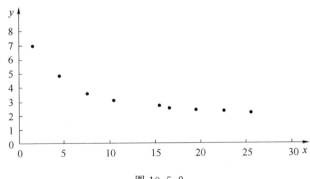

图 10.5.2

先考察双曲函数关系，即 $\frac{1}{y}=\beta_0+\frac{\beta_1}{x}$。令 $y'=\frac{1}{y}, x'=\frac{1}{x}$，则有 $y'=\beta_0+\beta_1 x'$，这是线性回归方程，从而可用最小二乘法估计 β_0 和 β_1，经计算得 $\overline{x}'=0.153\,058, \overline{y}'=0.34, S_{x'x'}=0.364\,289$，$S_{x'y'}=-0.165\,938$，从而

$$\hat{\beta}_1=\frac{S_{x'y'}}{S_{x'x'}}=-0.456, \quad \hat{\beta}_0=\overline{y}'-\hat{\beta}_1\overline{x}'=0.406$$

于是得回归方程

$$y'=0.406-0.456x' \tag{10.5.3}$$

经检验，在显著性水平 $\alpha=0.05$ 下，回归方程 (10.5.3) 的线性关系显著，根据回归方程计算对应于各 x_i 的回归值 $\hat{y}_i=\frac{1}{\hat{y}'_i}$，残差 $e_i=y_i-\hat{y}_i$，以及残差平方和 $\sum_{i=1}^{n}e_i^2$，具体计算结果如表 10.5.2 所示。

表 10.5.2

编号	x_i	y_i	$\frac{-0.456}{x_i}$	$\hat{y}'_i$	$e_i=y_i-\hat{y}_i$	e_i^2
1	1.5	7.0	−0.304	0.102	−2.804	7.862
2	4.5	4.8	−0.101	0.305	1.518	2.303
3	7.5	3.6	−0.061	0.345	0.703	0.494
4	10.5	3.1	−0.043	0.363	0.342	0.117
5	15.5	2.7	−0.029	0.377	0.045	0.002
6	16.5	2.5	−0.028	0.378	−0.143	0.020
7	19.5	2.4	−0.023	0.383	−0.214	0.046
8	22.5	2.3	−0.020	0.386	−0.292	0.086
9	25.5	2.2	−0.018	0.388	−0.376	0.142
Σ						11.072

从表 10.5.2 中可以看出，残差平方和 $S_e^2\approx 11.072$，总平方和 $S_{yy}=22.5$，相关指数 $R^2=1-\frac{11.072}{22.5}=0.492$，销售额与流通费用率的简单相关系数的平方和 $\rho^2=0.753\,4$，因此，两者是不同的。

再考察 x 与 y 之间的幂函数关系 $y=\beta_0 x^{\beta_1}$，得回归方程 $y=8.520972 x^{-0.423293}$，残差平方和 $S_e^2=0.007\,021\,2$，相关指数 $R^2=0.994\,21$。因此，拟合幂函数曲线比拟合双曲线的实际效果要好。另外，在对 y 进行预测时，可先对 y' 进行预测，再将 y' 的预测区间变换到 y 的区间。

10.6 多元线性回归简介

多元线性回归推广了一元线性回归，它有着广泛的实际背景。在实际问题中，影响一个量 Y（称为因变量）的因素（称为自变量）往往有多个，分别记为 $X_1,X_2,\cdots,X_p$。例如，影响一种商品的销售量 Y 的因素有人均年收入 X_1、该产品的价格 X_2、相关商品的价格 X_3 等。我们把研

究一个因变量与多个自变量之间相随变动的定量关系问题称为**多元回归分析**。

通常考虑因变量关于自变量的线性关系，即**多元线性回归**。在一元线性回归分析中，如只考虑人均年收入 X_1 对销售量 Y 的影响时，均值函数形式为
$$E(Y|X_1=x_1)=\beta_0+\beta_1 x_1$$
在多元线性回归分析中，同时考虑多个自变量 $X_1,X_2,\cdots,X_p$ 对响应变量 Y 的影响时，假设均值函数的形式为
$$E(Y|X_1=x_1,X_2=x_2,\cdots,X_p=x_p)=\beta_0+\beta_1 x_1+\beta_2 x_2+\cdots+\beta_p x_p$$
其中主要的思想是通过加入 $X_2,\cdots,X_p$ 这 $p-1$ 个新的变量来解释 X_1 对 Y 未能解释的部分。

虽然多元回归比一元回归应用更广泛、方法更复杂，但其基本原理与一元回归的类似，因而可看作一元回归分析的一种扩展。前几节中讨论一元回归分析的很多方法和概念对多元回归问题仍然适用，但在理论和计算上较复杂，为此需要利用矩阵这一代数工具，使得叙述更方便、公式表达更简洁。本节不对多元回归的理论方法等作详细介绍，只是对多元回归的模型和参数估计问题进行简单介绍。

假设关于变量 $(X_1,X_2,\cdots,X_p,Y)$ 的多元线性回归模型为
$$y=\beta_0+\beta_1 x_1+\cdots+\beta_p x_p+\varepsilon, \quad \varepsilon\sim N(0,\sigma^2) \tag{10.6.1}$$
其中，y 是在 $X_1=x_1,X_2=x_2,\cdots,X_p=x_p$ 的条件下 Y 的可能观测值，β_0 是截距项，$\beta_1,\beta_2,\cdots,\beta_p$ 分别称为 y 对 $x_1,x_2,\cdots,x_p$ 的**回归系数**，ε 仍为随机干扰项。

现设在给定 p 维自变量 $(X_1,X_2,\cdots,X_p)$ 的 n 个值（p 维的）条件下，分别对 Y 进行了 n 次观察，得到 $(X_1,X_2,\cdots,X_p,Y)$ 的 n 个观察值 $(x_{i1},x_{i2},\cdots,x_{ip},y_i)(i=1,2,\cdots,n),\varepsilon_1,\varepsilon_2,\cdots,\varepsilon_n$ 是相应的随机观测误差，则基于样本的多元线性回归模型为
$$y_i=\beta_0+\beta_1 x_{i1}+\cdots+\beta_p x_{ip}+\varepsilon_i, \quad i=1,2,\cdots,n \tag{10.6.2}$$
并假定 $\varepsilon_1,\varepsilon_2,\cdots,\varepsilon_n$ 相互独立，且同服从正态分布 $N(0,\sigma^2)$。令

$$\boldsymbol{Y}=\begin{bmatrix}y_1\\y_2\\\vdots\\y_n\end{bmatrix},\quad \boldsymbol{\varepsilon}=\begin{bmatrix}\varepsilon_1\\\varepsilon_2\\\vdots\\\varepsilon_n\end{bmatrix},\quad \boldsymbol{B}=\begin{bmatrix}\beta_0\\\beta_1\\\vdots\\\beta_p\end{bmatrix},\quad \boldsymbol{X}=\begin{bmatrix}1&x_{11}&\cdots&x_{1p}\\1&x_{21}&\cdots&x_{2p}\\\vdots&\vdots&&\vdots\\1&x_{n1}&\cdots&x_{np}\end{bmatrix}$$

则模型(10.6.2)可简写成
$$\boldsymbol{Y}=\boldsymbol{XB}+\boldsymbol{\varepsilon},\quad \boldsymbol{\varepsilon}\sim N(\boldsymbol{0},\sigma^2 \boldsymbol{I}_n) \tag{10.6.3}$$
若 $p=1$，则模型(10.6.3)化成一元线性回归模型。

和一元回归分析一样，我们要根据观察所得数据对 $\beta_0,\beta_1,\beta_2,\cdots,\beta_p,\sigma^2$ 进行估计。令
$$Q(\beta_0,\beta_1,\cdots,\beta_p)=\sum_{i=1}^n[y_i-(\beta_0+\beta_1 x_{i1}+\cdots+\beta_p x_{ip})]^2=\sum_{i=1}^n \varepsilon_i^2$$
则 $\beta_0,\beta_1,\cdots,\beta_p$ 的最小二乘估计 $\hat{\beta}_0,\hat{\beta}_1,\cdots,\hat{\beta}_p$ 应满足 $Q(\hat{\beta}_0,\hat{\beta}_1,\cdots,\hat{\beta}_p)=\min_{\beta_0,\beta_1,\cdots,\beta_p} Q(\beta_0,\beta_1,\cdots,\beta_p)$，即求 $\beta_0,\beta_1,\cdots,\beta_p$ 使 $Q(\beta_0,\beta_1,\cdots,\beta_p)$ 达到最小，为此，令 $\dfrac{\partial Q}{\partial \beta_j}=0(j=0,1,2,\cdots,p)$，得

$$\begin{cases}-2\sum_{i=1}^n[y_i-(\beta_0+\beta_1 x_{i1}+\cdots+\beta_p x_{ip})]=0\\-2\sum_{i=1}^n[y_i-(\beta_0+\beta_1 x_{i1}+\cdots+\beta_p x_{ip})]x_{ij}=0,\quad j=1,2,\cdots,p\end{cases} \tag{10.6.4}$$

上述 $p+1$ 个方程称为**正规方程**。将式(10.6.4)进行整理,并用矩阵表示,即为
$$(X'X)B = X'Y \tag{10.6.5}$$
若 $X'X$ 可逆,在式(10.6.5)两边左乘 $(X'X)^{-1}$ 可得 $B=(\beta_0,\beta_1,\cdots,\beta_p)'$ 的最小二乘估计

$$\hat{B} = \begin{pmatrix} \hat{\beta}_0 \\ \hat{\beta}_1 \\ \vdots \\ \hat{\beta}_p \end{pmatrix} = (X'X)^{-1}X'Y \tag{10.6.6}$$

称 $\hat{y}_i = \hat{\beta}_0 + \hat{\beta}_1 x_{i1} + \cdots + \hat{\beta}_p x_{ip}\ (i=1,2,\cdots,n)$ 为回归值,称 $e_i = y_i - \hat{y}_i$ 为残差,令

$$\hat{Y} = \begin{pmatrix} \hat{y}_1 \\ \hat{y}_2 \\ \vdots \\ \hat{y}_n \end{pmatrix} = X\hat{B} = X(X'X)^{-1}X'Y \tag{10.6.7}$$

$$e = \begin{pmatrix} e_1 \\ e_2 \\ \vdots \\ e_n \end{pmatrix} = \begin{pmatrix} y_1 - \hat{y}_1 \\ y_2 - \hat{y}_2 \\ \vdots \\ y_n - \hat{y}_n \end{pmatrix} = Y - \hat{Y} = Y - X(X'X)^{-1}X'Y = [I_n - X(X'X)^{-1}X']Y \tag{10.6.8}$$

$$s^2 = \frac{1}{n-p-1} \sum_{i=1}^{n} e_i^2 \tag{10.6.9}$$

与一元线性回归类似,有如下定理。

定理 10.6.1 ① $\hat{B}$ 是 B 的线性无偏估计。

② s^2 是 σ^2 的无偏估计。

③ $\hat{B}$ 与 s^2 相互独立。

证明 ① 由于 $\varepsilon_1,\varepsilon_2,\cdots,\varepsilon_n$ 相互独立,且同服从正态分布 $N(0,\sigma^2)$,因此 $E(\boldsymbol{\varepsilon})=0$,根据式(10.6.3)得 $E(Y)=E(XB+\boldsymbol{\varepsilon})=XB+E(\boldsymbol{\varepsilon})=XB$,从而得

$$E(\hat{B}) = E((X'X)^{-1}X'Y) = (X'X)^{-1}X'E(Y) = (X'X)^{-1}X'XB = B$$

故 $\hat{B}$ 是 B 的线性无偏估计。

② 令 $P = I_n - X(X'X)^{-1}X'$,则有 $P'=P, P^2=P$,且 P 的迹

$$\mathrm{tr}(P) = \mathrm{tr}(I_n) - \mathrm{tr}(X(X'X)^{-1}X') = n - \mathrm{tr}(X'X(X'X)^{-1}) = n-p-1$$

易见 $PXB=0$,而由式(10.6.8)知,$e=PY$,因此 $e=PY=PY-PXB=P(Y-XB)=P\boldsymbol{\varepsilon}$,则 $\sum_{i=1}^{n}e_i^2 = e'e = (P\boldsymbol{\varepsilon})'(P\boldsymbol{\varepsilon}) = \boldsymbol{\varepsilon}'P'P\boldsymbol{\varepsilon} = \boldsymbol{\varepsilon}'P\boldsymbol{\varepsilon}$,而

$$E\left(\sum_{i=1}^{n}e_i^2\right) = E(\boldsymbol{\varepsilon}'P\boldsymbol{\varepsilon}) = E(\mathrm{tr}(\boldsymbol{\varepsilon}'P\boldsymbol{\varepsilon})) = E(\mathrm{tr}(P\boldsymbol{\varepsilon}\boldsymbol{\varepsilon}')) = \mathrm{tr}(E(P\boldsymbol{\varepsilon}\boldsymbol{\varepsilon}')) = \mathrm{tr}(PE(\boldsymbol{\varepsilon}\boldsymbol{\varepsilon}'))$$
$$= \mathrm{tr}(P \cdot \sigma^2 I_n) = \sigma^2 \mathrm{tr}(P) = (n-p-1)\sigma^2$$

从而 $E(s^2) = \dfrac{1}{n-p-1} E\left(\sum\limits_{i=1}^{n}e_i^2\right) = \sigma^2$。

③的证明较为繁复,这里略去。

与一元线性回归一样,还需检验如下假设:
$$H_0: \beta_1 = \beta_2 = \cdots = \beta_p = 0, \quad H_1: \beta_1, \beta_2, \cdots, \beta_p \text{ 中至少有一个不为零}$$

若拒绝原假设 H_0,则说明多元回归模型线性效果显著,反之,回归方程并无实际意义。除此之外,还需对单个回归系数进行检验,即检验:
$$H_{0j}: \beta_j = 0, \quad H_{1j}: \beta_j \neq 0$$

若拒绝 H_{0j},则说明 x_j 对 y 的线性影响显著,反之,说明 x_j 对 y 的影响较小,应从回归方程中予以剔除,并重新计算回归方程,这实际上是对变量进行筛选。逐步回归分析就是讨论这样的问题。另外,和一元回归分析一样,可根据所得回归方程进行预测,对此,本书不再一一介绍。

习题 10

1. 在钢材碳含量对电阻的效应研究中,得到题 1 表所示的数据,设给定的 x, y 为正态变量,且方差与 x 无关。

   (1) 画出 (x_i, y_i) 散点图;
   (2) 求线性回归方程 $\hat{y} = \hat{a} + \hat{b} x$;
   (3) 检验假设 $H_0: b = 0, H_1: b \neq 0$,已知 $\alpha = 0.05$;
   (4) 求 $x = 0.50$,置信度为 0.95 时,y 的预测区间。

题 1 表

碳含量 $x(\%)$	0.10	0.30	0.40	0.55	0.70	0.80	0.95
电阻 $y(20\ \text{℃} 时)/\mu\Omega$	15	18	19	21	22.6	23.8	26

2. 题 2 表所示的数据是退火温度 x 对黄铜延性 y 效应的试验结果,y 是以延长度计算的,且设给定的 x, y 为正态变量,其方差与 x 无关。画出散点图并求 y 对于 x 的线性回归方程。

题 2 表

$x/\text{℃}$	300	400	500	600	700	800
$y(\%)$	40	50	55	60	67	70

3. 考虑过原点的线性回归模型 $y_i = b x_i + \varepsilon_i (i = 1, 2, \cdots, n)$,误差项 $\varepsilon_1, \varepsilon_2, \cdots, \varepsilon_n$ 仍假定满足式(10.1.2)和式(10.1.3)。

   (1) 给出 b 的最小二乘估计 $\hat{b}$;
   (2) 给出残差平方和 $S_e^2 = \sum\limits_{i=1}^{n} e_i^2$ 的表达式,并证明 $\dfrac{S_e^2}{n-1}$ 是 σ^2 的无偏估计。

4. 根据我国 1990—1995 年铁路运营里程 Y(单位:万公里)的统计资料,如题 4 表所示:

   (1) 建立里程 Y 对年度 t 的回归方程;
   (2) 求方差 σ^2 的无偏估计值;
   (3) 检验回归效果。

题 4 表

年度 t	x=t−1985	运营里程 Y	年度 t	x=t−1985	运营里程 Y
1986	1	5.25	1991	6	5.34
1987	2	5.26	1992	7	5.36
1988	3	5.28	1993	8	5.38
1989	4	5.32	1994	9	5.40
1990	5	5.34	1995	10	5.46

5. 在土质、面积、种子相同的条件下种植的 8 块试验田上的小麦产量 Y(单位:kg)与化肥施用量 X(单位:kg)有题 5 表所示的数据:

(1) 建立小麦产量 Y 对化肥施用量 X 的回归方程;

(2) 求方差 σ^2 的无偏估计值;

(3) 检验回归效果是否显著(取显著性水平 0.05);

(4) 求 $X=16$ kg 时,小麦产量 Y 的 95% 预测区间。

题 5 表

小麦产量 Y	266	340	356	372	389	404	420	435
化肥施用量 X	15	18	21	24	27	30	33	36

6. 某种产品的供给量 Y(单位:kg)及其收购价格 X(单位:元/千克)的数据如题 6 表所示,试求供给函数方程(供给函数即供给量 Y 作为收购价格 X 的函数;选用幂函数)。

题 6 表

供给量 Y	960	800	700	580	450	440	300	225	165	380
收购价格 X	61	54	50	43	38	36	28	23	19	33

习题参考答案

习题 1

(A)

1. 略。

2. $\overline{A}=\{$甲产品不畅销$\}$, $\overline{B}=\{$乙产品不畅销$\}$;

    $A\cup B=\{$甲、乙两种产品至少有一种畅销$\}$;

    $AB=\{$甲、乙两种产品都畅销$\}$;

    $\overline{A\cup B}=\overline{A}\,\overline{B}=\{$甲、乙两种产品至少有一种不畅销$\}$;

    $\overline{AB}=\overline{A}\cup\overline{B}=\{$甲、乙两种产品都不畅销$\}$;

    $A-B=A\overline{B}=\{$甲产品畅销、乙产品不畅销$\}$。

3. $X=\overline{B}$。

4. (1) $A\subset B, AB=A=\{x\,|\,1/2<x\leqslant 1\}$;

    (2) $A\cup B=B, B=\{x\,|\,1/4\leqslant x\leqslant 3/2\}$;

    (3) $\overline{A}B=\{x\,|\,1/4\leqslant x\leqslant 1/2$ 或 $1<x\leqslant 3/2\}$;

    (4) $\overline{AB}=\overline{A}=\{x\,|\,0\leqslant x\leqslant 1/2$ 或 $1<x\leqslant 2\}$。

5. 易证。

6. (1) 最大值是 0.6;(2) 最小值是 0.4。

7. $P(A)=\dfrac{96}{1\,000}=\dfrac{12}{125}$。

8. $P(A)=\dfrac{1}{6}$; $P(B)=1-P(\overline{B})=1-\dfrac{2}{6}=\dfrac{2}{3}$。

9. $P(A_1)=0.018\,144$; $P(A_2)=0.000\,000\,1$; $P(A_3)=0.000\,000\,01$;

    $P(A_4)=0.033\,067\,44$。

10. (1) $\dfrac{1}{12}$;(2) $\dfrac{1}{20}$。

11. $\dfrac{1}{2}$。

12. $\dfrac{13}{21}$。

13. $P(A) = \dfrac{4}{A_{11}^7} = 0.0000024$。

14. (1) 0.375；(2) 0.5625；(3) 0.0625。

15. 0.2465。

16. $\dfrac{1}{1960}$。

17. $\dfrac{7}{12}$。

18. $\dfrac{1}{3}$。

19. 0.18。

20. (1) $\dfrac{28}{45}$；(2) $\dfrac{1}{45}$；(3) $\dfrac{16}{45}$；(4) $\dfrac{1}{5}$。

21. $\dfrac{3}{10}$；$\dfrac{3}{5}$。

22. 都是 0.1。

23. $\dfrac{nN+mN+n}{(n+m)(N+M+1)}$。

24. 0.25。

25. $\dfrac{20}{21}$。

26. $\dfrac{196}{197}$。

27. $\dfrac{9}{13}$。

28. (1) $\dfrac{2}{5}$；(2) $\dfrac{690}{1421} = 0.4856$。

29. $\alpha = 0.68\dot{1}\dot{8}$；$\beta = 0.31\dot{8}\dot{1}$。

30. 电路 MN 畅通的概率为 99.97%。

31. 0.6。

32. (1) 0.5386；(2) 0.1175。

33. $P(A_1 | B) = \dfrac{P(A_1)P(B|A_1)}{P(A_1)P(B|A_1)+P(A_2)P(B|A_2)+P(A_3)P(B|A_3)}$

    $= \dfrac{0.8 \times 0.98^3}{0.8 \times 0.98^3 + 0.15 \times 0.90^3 + 0.05 \times 0.1^3} = 0.873$；

同理可求 $P(A_2 | B) = 0.127$；$P(A_3 | B) = 0$。

(B)

1. (C)。

2. $\dfrac{13}{48}$。

3. (C)。

4. (C)。

5. $\dfrac{4}{9}$。

6. (D)。

7. $\dfrac{3}{4}$。

8. (B)。

9. (C)。

10. (A)。

11. $\dfrac{2}{9}$。

12. (A)。

13. $\dfrac{1}{4}$。

14. (C)。

习题 2

(A)

1. (1) $\{X=9\}$；(2) $\{X\leqslant 8\}$；(3) $\{X\geqslant 5\}$。

2. $X=0,1,2,3$。

3. $X\sim\begin{pmatrix} 0 & 1 & 2 & 3 \\ 0.064 & 0.288 & 0.432 & 0.216 \end{pmatrix}$。

4. (1) $P\{X=k\}=C_5^k\left(\dfrac{1}{3}\right)^k\left(\dfrac{2}{3}\right)^{5-k}, k=0,1,2,3,4,5$；

   (2) $P\{Y=2\}=\dfrac{2}{3}, P\{Y=1\}=\dfrac{1}{3}$。

5. $X\sim\begin{pmatrix} 1 & 2 & 3 & 4 & 5 \\ 0.9 & 0.09 & 0.009 & 0.0009 & 0.0001 \end{pmatrix}$。

6. $X\sim\begin{pmatrix} 0 & 1 & 2 & 3 & 3.5 \\ 0.5 & 0.1 & 0.2 & 0.1 & 0.1 \end{pmatrix}$。

7. (1) 抽出产品件数 X 的概率分布为

$$P\{X=1\}=P(A_1)=\dfrac{8}{10}=\dfrac{4}{5}$$

$$P\{X=2\}=P(\overline{A}_1 A_2)=\dfrac{2\times 8}{10\times 9}=\dfrac{8}{45}$$

$$P\{X=3\}=P(\overline{A}_1 \overline{A}_2 A_3)=\dfrac{2\times 1\times 8}{10\times 9\times 8}=\dfrac{1}{45}$$

(2) 抽出产品件数 X 的分布函数为

$$F(x)=\begin{cases} 0, & \text{若 } x<1 \\ \dfrac{4}{5}, & \text{若 } 1\leqslant x<2 \\ \dfrac{44}{45}, & \text{若 } 2\leqslant x<3 \\ 1, & \text{若 } x\geqslant 3 \end{cases}$$

8. 对于任意正整数 $n=1,2,3,\cdots$,有
$$P\{X=n\}=P(\overline{A}_1\overline{B}_1\cdots\overline{A}_{n-1}\overline{B}_{n-1}A_n)+P(\overline{A}_1\overline{B}_1\cdots\overline{A}_{n-1}\overline{B}_{n-1}\overline{A}_nB_n)$$
$$=0.3^{n-1}\times 0.4+0.3^{n-1}\times 0.6\times 0.5=0.3^{n-1}\times 0.7。$$

9. $P\{15X\geqslant 270\}=P\{X\geqslant 18\}=\sum\limits_{k=18}^{20}C_{20}^k\,0.8^k\times 0.2^{20-k}\approx 0.206\,1$。

10. (1) $P\{X>3\}=\sum\limits_{k=4}^{\infty}\dfrac{2^k}{k!}e^{-2}=1-\sum\limits_{k=0}^{3}\dfrac{2^k}{k!}e^{-2}\approx 0.142\,9$;

(2) 设设备增加到 n,则 $P\{X\leqslant n\}\geqslant 90\%$,即 $\sum\limits_{k=0}^{n}\dfrac{2^k}{k!}e^{-2}\geqslant 90\%$,求出 $n=4$。

11. $F(x)=\begin{cases} 0, & x<-2 \\ \dfrac{1}{4}, & -2\leqslant x<0 \\ \dfrac{1}{2}, & 0\leqslant x<1 \\ \dfrac{3}{4}, & 1\leqslant x<2 \\ 1, & 2\leqslant x \end{cases}$。

12. $F(x)=\begin{cases} 0, & x<0 \\ \dfrac{4}{25}, & 0\leqslant x<1 \\ \dfrac{16}{25}, & 1\leqslant x<2 \\ 1, & x\geqslant 2 \end{cases}$。

13. (1) X 不是离散型随机变量,也不是连续型随机变量。

(2) $P\{X<2\}=F(2-0)=F(2)=\dfrac{2}{3}$,

$P\{X=1\}=F(1)-F(1-0)=\dfrac{2}{3}-\dfrac{1}{2}=\dfrac{1}{6}$,

$P\left\{X>\dfrac{1}{2}\right\}=1-F\left(\dfrac{1}{2}\right)=1-\dfrac{1}{4}=\dfrac{3}{4}$,

$P\{2<X<3\}=F(3-0)-F(2)=\dfrac{2}{3}-\dfrac{2}{3}=0$。

14. $\left.\begin{array}{l} F(-\infty)=0\Rightarrow A-\dfrac{\pi}{2}B=0 \\ F(+\infty)=1\Rightarrow A+\dfrac{\pi}{2}B=1 \end{array}\right\}\Rightarrow A=\dfrac{1}{2},B=\dfrac{1}{\pi}$。

15. (1) $F(1)=1\Rightarrow A=1$;

(2) $f(x)=F'(x)\Rightarrow f(x)=\begin{cases} 2x, & 0\leqslant x<1 \\ 0, & \text{其他} \end{cases}$;

(3) $P\{0.7<X<0.9\}=F(0.9)-F(0.7)=0.32$。

16. (1) $F(1)-F(-1)=\dfrac{1}{2}$;(2) $f(x)=F'(x)=\dfrac{1}{\pi(1+x^2)}$。

17. (1) $a=\dfrac{\lambda^3}{2}$;

(2) X 的分布函数为

$$F(x) = \begin{cases} 1 - \dfrac{1}{2}(\lambda^2 x^2 + 2\lambda x + 2)e^{-\lambda x}, & \text{若 } x > 0 \\ 0, & \text{若 } x \leqslant 0 \end{cases}$$

(3) 随机变量 X 在区间 $(0, 1/\lambda)$ 取值的概率为

$$P\{0 < X < \dfrac{1}{\lambda}\} = F\left(\dfrac{1}{\lambda}\right) - F(0) = F\left(\dfrac{1}{\lambda}\right) = 1 - \dfrac{5}{2e}$$

18. (1) R 的分布函数为

$$F(x) = P(R \leqslant x) = \begin{cases} 1, & 0, x \geqslant r \\ \dfrac{\pi x^2}{\pi r^2}, & 0 \leqslant x < r = \begin{cases} 1, & x \geqslant r \\ \dfrac{x^2}{r^2}, & 0 \leqslant x < r \\ 0, & x < 0 \end{cases} \\ 0, & x < 0 \end{cases}$$

(2) R 的密度函数为

$$f(x) = F'(x) = \begin{cases} \dfrac{2x}{r^2}, & 0 \leqslant x < r \\ 0, & \text{其他} \end{cases}$$

19. $P\{16k^2 - 16(k+2) \geqslant 0\} = P\{k \geqslant 2 \text{ 或 } k \leqslant -1\} = \dfrac{3}{5}$。

20. $P\{X \leqslant 3\} = \dfrac{3}{5}$。

21. 0.864 6

22. $P\{X > 1\,200\} = P\left\{Y > \dfrac{1\,200 - 1\,600}{\sigma}\right\} = 0.96, \dfrac{-400}{\sigma} = -1.75, \sigma = \dfrac{400}{1.75} \approx 228.571\,4$。

23. 对于任意自然数 $m \leqslant n = 0, 1, 2, \cdots$,

$$\begin{aligned}
P\{X = m\} &= \sum_{n=m}^{\infty} P\{X = m \mid \nu = n\} P\{\nu = n\} \\
&= \sum_{n=m}^{\infty} [C_n^m p^m (1-p)^{n-m}] \left[\dfrac{\lambda^n}{n!} e^{-\lambda}\right] \\
&= e^{-\lambda} \sum_{n=m}^{\infty} C_n^m p^m (1-p)^{n-m} \dfrac{\lambda^n}{n!} \\
&= \dfrac{(\lambda p)^m}{m!} e^{-\lambda} \sum_{n=m}^{\infty} \dfrac{1}{(n-m)!} [(1-p)\lambda]^{n-m} \\
&= \dfrac{(\lambda p)^m}{m!} e^{-\lambda} \sum_{k=0}^{\infty} \dfrac{1}{k!} [(1-p)\lambda]^k \\
&= \dfrac{(\lambda p)^m}{m!} e^{-\lambda} e^{(1-p)\lambda} = \dfrac{(\lambda p)^m}{m!} e^{-\lambda p}
\end{aligned}$$

一日内到过该商店的顾客中购货的人数 X 服从参数为 λp 的泊松分布。

24. (1) $\left(\dfrac{2}{3}\right)^3 = \dfrac{8}{27}$; (2) $\left(\dfrac{1}{3}\right)^3 = \dfrac{1}{27}$。

25. (1) $Y \sim \begin{pmatrix} 2 & \dfrac{8}{3} & \dfrac{10}{3} \\ 0.25 & 0.50 & 0.25 \end{pmatrix}$;

(2) $Z \sim \begin{pmatrix} 1 & \cos 1 & \cos 2 \\ 0.25 & 0.50 & 0.25 \end{pmatrix}$。

26. $Y = \sin\left(\dfrac{\pi}{2}X\right)$ 的分布律为

X	-1	0	1
P	$\dfrac{3}{40}$	$\dfrac{1}{4}$	$\dfrac{27}{40}$

27. Y 的密度函数为

$$f_Y(y) = F'_Y(y) = \begin{cases} \dfrac{1}{\sqrt{y-1}} - 1, & 1 < y < 2 \\ 0, & \text{其他} \end{cases}$$

28. $F_Y(y) = \begin{cases} 0, & y < 0 \\ \dfrac{5}{8}\sqrt{y}, & 0 \leq y < 1 \\ 1, & y \geq 1 \end{cases}$。

29. $g(y) = F'_Y(y) = \dfrac{1}{\sqrt{2\pi}} e^{-\frac{y^2}{2}}, -\infty < y < +\infty$。

30. Y 的密度函数为

$$f_Y(y) = F'_Y(y) = \begin{cases} \dfrac{1}{8\sqrt{6+y}}, & -6 \leq y < -5 \\ \dfrac{5}{16\sqrt{6+y}}, & -5 \leq y < -2 \\ \dfrac{1}{16\sqrt{6+y}}, & -2 \leq y < 3 \\ 0, & \text{其他} \end{cases}$$

(B)

1. $Y = F(X)$ 的分布函数为

$$G(y) = \begin{cases} 0, & \text{若 } y < 0 \\ y, & \text{若 } 0 \leq y < 1 \\ 1, & \text{若 } y \geq 1 \end{cases}$$

2. $P\{Y=2\} = \dfrac{13}{48}$。

3. (A)。

4. $f_Y(y) = F'_Y(y) = \begin{cases} \dfrac{3}{8\sqrt{y}}, & 0 < y < 1 \\ \dfrac{1}{8\sqrt{y}}, & 1 \leq y < 4 \\ 0, & \text{其他} \end{cases}$。

5. (C)。
6. (C)。
7. (A)。
8. (D)。
9. (A)。
10. (B)。
11. (A)。
12. (A)。

习题 3

(A)

1. (1)

X \ Y	0	1
0	16/25	4/25
1	4/25	1/25

(2)

X \ Y	0	1
0	28/45	8/45
1	8/45	1/45

2.

X_1 \ X_2	0	1	2
0	1/4	1/4	1/16
1	1/4	1/8	0
2	1/16	0	0

3. X 和 Y 的联合概率分布为

$$(X,Y) \sim \begin{pmatrix} (0,0) & (0,1) & (1,0) & (1,1) \\ 0.12 & 0.28 & 0.18 & 0.42 \end{pmatrix}$$

X 和 Y 的联合分布函数为

$$F(x,y) = \begin{cases} 0, & \text{若 } x<0 \text{ 或 } y<0 \\ 0.12, & \text{若 } 0 \leqslant x<1, 0 \leqslant y<1 \\ 0.30, & \text{若 } x \geqslant 1, 0 \leqslant y<1 \\ 0.40, & \text{若 } 0 \leqslant x<1, y \geqslant 1 \\ 1, & \text{若 } x \geqslant 1, y \geqslant 1 \end{cases}$$

X 的边缘分布函数为

$$F_X(x)=\begin{cases}0, & \text{若 } x<0\\ 0.4, & \text{若 } 0\leqslant x<1\\ 1, & \text{若 } x\geqslant 1\end{cases}$$

Y 的边缘分布函数为

$$F_Y(y)=\begin{cases}0, & \text{若 } y<0\\ 0.3, & \text{若 } 0\leqslant y<1\\ 1, & \text{若 } y\geqslant 1\end{cases}$$

4. (1)

X \ Y	−1	0	1	Σ
−1	0	1/4	0	1/4
0	1/4	0	1/4	1/2
1	0	1/4	0	1/4
Σ	1/4	1/2	1/4	1

(2)

X \ Y	−1	0	1	Σ
−1	0	0	1/4	1/4
0	0	1/2	0	1/2
1	1/4	0	0	1/4
Σ	1/4	1/2	1/4	1

5. (1) $k=1$;

(2) $F(x,y)=(1-e^{-x})(1-e^{-y})\ (x>0, y>0)$;

(3) $F(1,2)=(1-e^{-1})(1-e^{-2})=0.55$;

(4) $\iint\limits_{x\leqslant y}e^{-(x+y)}dxdy=\int_0^{+\infty}\int_0^y e^{-(x+y)}dxdy=\int_0^{+\infty}\int_x^{+\infty}e^{-(x+y)}dydx=\dfrac{1}{2}$。

6. (1) $f_X(x)=\begin{cases}e^{-x}, & \text{若 } x>0\\ 0, & \text{若 } x\leqslant 0\end{cases}$, $f_Y(y)=\begin{cases}ye^{-y}, & \text{若 } y>0\\ 0, & \text{若 } y\leqslant 0\end{cases}$;

(2) $P\{X+Y\leqslant 1\}=\iint\limits_{x+y\leqslant 1}f(x,y)dxdy$

$=\int_0^{\frac{1}{2}}dx\int_x^{1-x}e^{-y}dy=1+e^{-1}-2e^{-\frac{1}{2}}$。

7. (1) $C=\dfrac{1}{2}$; $f_X(x)=\begin{cases}\dfrac{\sin x+\cos x}{2}, & x\in\left[0,\dfrac{\pi}{2}\right]\\ 0, & x\notin\left[0,\dfrac{\pi}{2}\right]\end{cases}$。

(2) 对于任意 $x\left(0<x<\dfrac{\pi}{2}\right)$,

213

$$f_{Y|X}(y|x)=\frac{f(x,y)}{f_X(x)}=\begin{cases}\dfrac{\sin(x+y)}{\cos x+\sin x}, & \text{若 } 0\leqslant y\leqslant\dfrac{\pi}{2}\\ 0, & \text{若不然}\end{cases}$$

8. $A=\dfrac{1}{\pi^2}, B=C=\dfrac{\pi}{2}$。

9. (1) $f(x,y)=\begin{cases}\dfrac{1}{2x}, & \text{若 } 0<x<2,\ 0<y<x\\ 0, & \text{若不然}\end{cases}$;

(2) $f_Y(y)=\begin{cases}\dfrac{1}{2}(\ln 2-\ln y), & \text{若 } y\in(0,2)\\ 0, & \text{若 } y\notin(0,2)\end{cases}$。

10. (1)
$$f_X(x)=\begin{cases}\dfrac{21}{4}x^2\int_{x^2}^{1}y\mathrm{d}y=\dfrac{21}{8}x^2(1-x^4), & |x|\leqslant 1\\ 0, & |x|>1\end{cases}$$

$$f_Y(y)=\begin{cases}\dfrac{7}{2}y^{\frac{5}{2}}, & \text{若 } 0\leqslant y\leqslant 1\\ 0, & \text{若不然}\end{cases}$$

(2) 对于 $-1<x<1$,
$$f_{Y|X}(y|x)=\frac{f(x,y)}{f_X(x)}=\begin{cases}\dfrac{2y}{1-x^4}, & \text{若 } x^2<y<1\\ 0, & \text{其他}\end{cases}$$

对于 $0<y\leqslant 1$,
$$f_{X|Y}(x|y)=\frac{f(x,y)}{f_Y(y)}=\begin{cases}3x^2 y^{-\frac{3}{2}}, & \text{若 } -\sqrt{y}<x<\sqrt{y}\\ 0, & \text{其他}\end{cases}$$

11. (1) $f(x,y)=\begin{cases}\dfrac{1}{\pi R^2}, & x^2+y^2\leqslant R^2\\ 0, & \text{其他}\end{cases}$,

$$f_X(x)=\int_{-\infty}^{+\infty}f(x,y)\mathrm{d}y=\begin{cases}\displaystyle\int_{-\sqrt{R^2-x^2}}^{\sqrt{R^2-x^2}}\dfrac{1}{\pi R^2}\mathrm{d}y=\dfrac{2\sqrt{R^2-x^2}}{\pi R^2}, & -R<x<R\\ 0, & \text{其他}\end{cases}$$

$$f_Y(y)=\int_{-\infty}^{+\infty}f(x,y)\mathrm{d}x=\begin{cases}\displaystyle\int_{-\sqrt{R^2-y^2}}^{\sqrt{R^2-y^2}}\dfrac{1}{\pi R^2}\mathrm{d}x=\dfrac{2\sqrt{R^2-y^2}}{\pi R^2}, & -R<y<R\\ 0, & \text{其他}\end{cases}$$

(2) 当 $-R<y<R$ 时,
$$f_{X|Y}(x|y)=\frac{f(x,y)}{f_Y(y)}=\begin{cases}\dfrac{\dfrac{1}{\pi R^2}}{\dfrac{2\sqrt{R^2-y^2}}{\pi R^2}}=\dfrac{1}{2\sqrt{R^2-y^2}}, & |x|<\sqrt{R-y^2}\\ 0, & \text{其他}\end{cases}$$

当 $-R<x<R$ 时,

$$f_{Y|X}(y|x) = \frac{f(x,y)}{f_X(x)} = \begin{cases} \dfrac{\dfrac{1}{\pi R^2}}{\dfrac{2\sqrt{R^2-x^2}}{\pi R^2}} = \dfrac{1}{2\sqrt{R^2-x^2}}, & |y| < \sqrt{R-x^2} \\ 0, & \text{其他} \end{cases}$$

(3) $P\{Y>0|Y>X\} = \dfrac{P\{Y>0, Y>X\}}{P\{Y>X\}} = \dfrac{\frac{3}{8}}{\frac{1}{2}} = \dfrac{3}{4}$。

12. (1) $P\{X \leq 0.5, Y \leq 0.6\} = 0.5$;

(2)
$$f_X(x) = \begin{cases} 6(x-x^2), & \text{若 } x \in (0,1) \\ 0, & \text{若 } x \notin (0,1) \end{cases}$$

$$f_Y(y) = \begin{cases} 6(\sqrt{y}-y), & \text{若 } y \in (0,1) \\ 0, & \text{若 } y \notin (0,1) \end{cases}$$

13. (1) $f_X(x) = \begin{cases} 2x, & 0<x<1 \\ 0, & \text{其他} \end{cases}$,

当 $0<x<1$ 时,
$$f_{Y|X}(y|x) = \begin{cases} \dfrac{1}{2x}, & |y|<x \\ 0, & \text{其他} \end{cases}$$

$$f_Y(y) = \begin{cases} 1-|y|, & |y|<1 \\ 0, & \text{其他} \end{cases}$$

当 $|y|<1$ 时,
$$f_{X|Y}(x|y) = \begin{cases} \dfrac{1}{1-|y|}, & |y|<x<1 \\ 0, & \text{其他} \end{cases}$$

(2) $P\{X>\frac{1}{2}|Y>0\} = \frac{3}{4}, P\{Y>\frac{1}{2}|X>\frac{1}{2}\} = \dfrac{P\{X>\frac{1}{2}, Y>\frac{1}{2}\}}{P\{X>\frac{1}{2}\}} = \dfrac{1}{6}$。

14.
$$f(x,y) = \begin{cases} \dfrac{1}{8}, & \text{若 } (x,y) \in G \\ 0, & \text{若 } (x,y) \notin G \end{cases}$$

$$f_X(x) = \begin{cases} \dfrac{2+x}{4}, & \text{若 } -2 \leq x < 0 \\ \dfrac{2-x}{4}, & \text{若 } 0 \leq x \leq 2 \\ 0, & \text{若 } |x|>2 \end{cases}, \quad f_Y(y) = \begin{cases} \dfrac{2+y}{4}, & \text{若 } -2 \leq y < 0 \\ \dfrac{2-y}{4}, & \text{若 } 0 \leq y \leq 2 \\ 0, & \text{若 } |y|>2 \end{cases}$$

15. $f_Y(y) = \begin{cases} \lambda e^{-\lambda y}, & y>0 \\ 0, & \text{其他} \end{cases}$。

16.

(U,V)	(0,0)	(0,1)	(1,0)	(1,1)
概率	0.25	0	0.25	0.5

17. X 和 Y 的联合分布率为

X \ Y	1	2	3
0	0.1	0.2	0.1
−1	0.3	0.1	0.2

$Y \neq 1$ 时,X 的条件分布律为

X \ Y	0	1
$P\{X=k|Y\neq 1\}$	1/2	1/2

18.
$$f_X(x) = \int_0^x 3x\,\mathrm{d}y = 3x^2, \quad 0 < x < 1$$
$$f_Y(y) = \int_y^1 3x\,\mathrm{d}x = \frac{3}{2}(1-y^2), \quad 0 < y < 1$$

$f(x,y) \neq f_X(x)f_Y(y)$,X 与 Y 不独立。

19. $c = \dfrac{\mathrm{e}^{-1}\sqrt{2}}{\pi}$;$\mu_1 = -2$,$\mu_2 = 2$,$\sigma_1^2 = \dfrac{1}{4}$,$\sigma_2^2 = \dfrac{1}{2}$,$\rho = 0$。

20. (1) $a = \dfrac{6}{11}$,$b = \dfrac{36}{49}$;

(2) (X,Y) 的联合分布律为

X \ Y	1	2	3
1	$\dfrac{216}{539}$	$\dfrac{54}{539}$	$\dfrac{24}{539}$
2	$\dfrac{108}{539}$	$\dfrac{27}{539}$	$\dfrac{12}{539}$
3	$\dfrac{72}{539}$	$\dfrac{18}{539}$	$\dfrac{8}{539}$

$X+Y$ 的分布律为

X+Y	2	3	4	5	6
P	$\dfrac{216}{539}$	$\dfrac{162}{539}$	$\dfrac{123}{539}$	$\dfrac{30}{539}$	$\dfrac{8}{539}$

21. $\dfrac{3}{8}$。

22. (1)

$$x \geqslant 0, y \geqslant 0, f(x,y) = \frac{\partial^2}{\partial x \partial y}(1-e^{-\frac{x}{2}})(1-e^{-\frac{y}{2}}) = \frac{1}{4}e^{-\frac{x+y}{2}}$$

$$x \geqslant 0, f_X(x) = \int_0^{+\infty} \frac{1}{4}e^{-\frac{x+y}{2}} dy = -\left(\frac{1}{2}e^{-\frac{x+y}{2}}\right)\Big|_0^{+\infty} = \frac{1}{2}e^{-\frac{x}{2}}$$

$$y \geqslant 0, f_Y(y) = \frac{1}{2}e^{-\frac{y}{2}}$$

X 和 Y 是相互独立的。

(2) $P\{X>0.1, Y>0.1\} = 1 - F(0.1, +\infty) - F(+\infty, 0.1) + F(0.1, 0.1)$
$= 1 - (1-e^{-0.05}) - (1-e^{-0.05}) + (1-e^{-0.05})(1-e^{-0.05})$
$= e^{-0.1} = 0.904\ 837\ 4$

23. 证明略。

24. (1) $P\{X=2|Y=3\} = \frac{0.05}{0.32} = \frac{5}{32}$, $P\{Y=1|X=1\} = \frac{0.06}{0.3} = \frac{1}{5}$;

(2) $Z = X+Y$ 的分布律为

Z	0	1	2	3	4	5	6	7
P	0.1	0.09	0.2	0.2	0.16	0.14	0.09	0.02

(3) $W = 2X - Y$ 的分布律为

W	−3	−2	−1	0	1	2	3	4	5	6	7	8
P	0.08	0.13	0.15	0.18	0.11	0.06	0.08	0.06	0.05	0.05	0.04	0.01

(4) $M = \max(X, Y)$ 的分布律为

M	0	1	2	3	4
P	0.1	0.15	0.25	0.4	0.1

(5) $N = \min(X, Y)$ 的分布律为

N	0	1	2	3
P	0.44	0.34	0.14	0.08

(6) $U = M + N$ 的分布律为

U	0	1	2	3	4	5	6	7
P	0.1	0.09	0.2	0.2	0.16	0.14	0.09	0.02

25.
$$F_z(z) = \begin{cases} 0, & \text{若 } z < 0 \\ \frac{z}{2}, & \text{若 } 0 \leqslant z \leqslant 2 \\ 1, & \text{若 } z > 2 \end{cases}$$

Z 服从区间 $[0,2]$ 上的均匀分布。

26. $f_U(u) = \begin{cases} u^2, & \text{若 } 0 \leq u < 1 \\ u(2-u), & \text{若 } 1 \leq u \leq 2 \\ 0, & \text{其他} \end{cases}$

27. $g_Z(z) = \begin{cases} ze^{-z}, & \text{若 } z \geq 0 \\ 0, & \text{若 } z < 0 \end{cases}$

28. $$g_Z(z) = \begin{cases} \lambda(e^{-\lambda z/2} - e^{-\lambda z}), & \text{若 } z > 0 \\ 0, & \text{若 } z \leq 0 \end{cases}$$

29. (1) $c = 8$；

   (2) $P\{X+Y > 1\} = \dfrac{5}{6}$；

   (3) 当 $0 < y < 1$ 时，
   $$f_{X|Y}(x|y) = \frac{f(x,y)}{f_Y(y)} = \begin{cases} \dfrac{2x}{y^2}, & 0 < x < y \\ 0, & \text{其他} \end{cases}$$
   $$F_{X|Y}(x|y) = \int_{-\infty}^{x} f_{X|Y}(t|y)dt = \begin{cases} 0, & x < 0 \\ \dfrac{x^2}{y^2}, & 0 \leq x < y \\ 1, & x \geq y \end{cases}$$

   (4) $F_Z(z) = \begin{cases} 0, & z \leq 0 \\ z^2 - 2z^2 \ln z, & 0 < z < 1, \\ 1, & z \geq 1 \end{cases}$ $f_Z(z) = \begin{cases} -4z\ln z, & 0 < z < 1 \\ 0, & \text{其他} \end{cases}$。

30. $F_Z(z) = \begin{cases} 0, & z \leq 0 \\ \dfrac{3}{2}z - \dfrac{1}{2}z^3, & 0 < z < 1, \\ 1, & z \geq 1 \end{cases}$ $f_Z(z) = F_Z'(z) = \begin{cases} \dfrac{3}{2} - \dfrac{3}{2}z^2, & 0 < z < 1 \\ 0, & \text{其他} \end{cases}$。

(B)

1. $\dfrac{1}{4}$。

2. $g(u) = 0.3f(u-1) + 0.7f(u-2)$。

3. (C)。

4. (1) (X,Y) 的概率分布为

X \ Y	0	1
0	$\dfrac{2}{3}$	$\dfrac{1}{12}$
1	$\dfrac{1}{6}$	$\dfrac{1}{12}$

(2) Z 的概率分布为

Z	0	1	2
P	$\frac{2}{3}$	$\frac{1}{4}$	$\frac{1}{12}$

5. (1) $f(x,y)=\begin{cases}\dfrac{1}{x}, & 0<y<x<1 \\ 0, & \text{其他}\end{cases}$;

   (2) $f_Y(y)=\begin{cases}-\ln y, & 0<y<1 \\ 0, & \text{其他}\end{cases}$;

   (3) $P\{X+Y>1\}=1-\ln 2$。

6. (B)。

7. (1) $f_X(x)=\begin{cases}2x, & 0<x<1 \\ 0, & \text{其他}\end{cases}$, $f_Y(y)=\begin{cases}1-\dfrac{y}{2}, & 0<y<2 \\ 0, & \text{其他}\end{cases}$;

   (2) $f_Z(z)=\begin{cases}1-\dfrac{1}{2}z, & 0<z<2 \\ 0, & \text{其他}\end{cases}$。

8. $\dfrac{1}{9}$。

9. (1) $a=0.2, b=0.1, c=0.1$;

   (2)

Z	-2	-1	0	1	2
P	0.2	0.1	0.3	0.3	0.1

   (3) $P\{X=Z\}=0.2$。

10. (A)。

11. (1) $P\{X>2Y\}=\dfrac{7}{24}$;

    (2) $f_Z(z)=\begin{cases}\int_0^z (2-x)dx, & 0<z<1 \\ \int_{z-1}^1 (2-x)dx, & 1<z<2 \\ 0, & \text{其他}\end{cases}=\begin{cases}2z-z^2 & 0<z<1 \\ (2-z)^2 & 1\leqslant z<2 \\ 0, & \text{其他}\end{cases}$。

12.

U \ V	1	2
1	$\dfrac{4}{9}$	$\dfrac{4}{9}$
2	0	$\dfrac{1}{9}$

13. (A)。

14. (B)。

219

15. (1) $P\{X=1 \mid Z=0\}=\dfrac{4}{9}$;

(2) $P\{X=0, Y=0\}=\dfrac{3\times 3}{6\times 6}=\dfrac{1}{4}, P\{X=0, Y=1\}=\dfrac{C_2^1\times 2\times 3}{6\times 6}=\dfrac{1}{3}$,

$P\{X=0, Y=2\}=\dfrac{2\times 2}{6\times 6}=\dfrac{1}{9}, P\{X=1, Y=0\}=\dfrac{C_2^1\times 1\times 3}{6\times 6}=\dfrac{1}{6}$,

$P\{X=1, Y=1\}=\dfrac{C_2^1\times 1\times 2}{6\times 6}=\dfrac{1}{9}, P\{X=1, Y=2\}=0$,

$P\{X=2, Y=0\}=\dfrac{1\times 1}{6\times 6}=\dfrac{1}{36}, P\{X=2, Y=1\}=P\{X=2, Y=2\}=0$。

16. (1) 当 $x>0$ 时，Y 的条件概率密度为

$$f_{Y\mid X}(y\mid x)=\dfrac{f(x,y)}{f_X(x)}=\begin{cases}\dfrac{1}{x}, & 0<y<x\\ 0, & \text{其他}\end{cases}$$

(2) $P\{X\leqslant 1\mid Y\leqslant 1\}=\dfrac{e-2}{e-1}$。

17. $A=\dfrac{1}{\pi}$；$f_{Y\mid X}(y\mid x)=\dfrac{f(x,y)}{f_X(x)}=\dfrac{1}{\sqrt{\pi}}e^{-x^2+2xy-y^2}$，$-\infty<x<+\infty$，$-\infty<y<+\infty$。

18.

X\Y	0	1	2
0	$\dfrac{1}{5}$	$\dfrac{2}{5}$	$\dfrac{1}{15}$
1	$\dfrac{1}{5}$	$\dfrac{2}{15}$	0

19. (1)

X\Y	−1	0	1	$P_{i\cdot}$
0	0	$\dfrac{1}{3}$	0	$\dfrac{1}{3}$
1	$\dfrac{1}{3}$	0	$\dfrac{1}{3}$	$\dfrac{2}{3}$
$P_{\cdot j}$	$\dfrac{1}{3}$	$\dfrac{1}{3}$	$\dfrac{1}{3}$	1

(2) $Z=XY$ 的分布律为

Z	−1	0	1
P	$\dfrac{1}{3}$	$\dfrac{1}{3}$	$\dfrac{1}{3}$

20. (1) $f_X(x)=\begin{cases}\int_0^x \mathrm{d}y, & 0<x<1\\ \int_0^{2-x}\mathrm{d}y, & 1<x<2\\ 0, & \text{其他}\end{cases}=\begin{cases}x, & 0<x<1\\ 2-x, & 1<x<2;\\ 0, & \text{其他}\end{cases}$

(2) 当 $0<y<1$ 时,有条件概率密度

$$f_{X|Y}(x|y)=\frac{f(x,y)}{f_Y(y)}=\begin{cases}\dfrac{1}{2(1-y)}, & y<x<2-y\\ 0, & \text{其他}\end{cases}$$

21. (A)。

22. $P\{X=2Y\}=P\{X=0,Y=0\}+P\{X=2,Y=1\}=\dfrac{1}{4}+0=\dfrac{1}{4}$。

23. (D)。

24. $f_V(v)=F_V'(v)=\begin{cases}2\mathrm{e}^{-2v}, & v>0\\ 0, & v\leqslant 0\end{cases}$。

习题 4

(A)

1. $E(X)=-\dfrac{1}{4},D(X)=\dfrac{15}{16}$。

2. $E(X)=1,D(X)=1$。

3. $E(Y)=2$。

4. $E(X)=0,D(X)=2$。

5. $\alpha=2,K=3$。

6. $a=\dfrac{3}{5},b=\dfrac{6}{5}$。

7. $E(X)=1.0556,D(X)=0.7778$。

8. $D(Y)=46$。

9. $E(3X)=\dfrac{3}{2},D(3X)=\dfrac{9}{4};E(\mathrm{e}^{-3X})=\dfrac{2}{5},D(\mathrm{e}^{-3X})=\dfrac{9}{100}$。

10. $E(X)=1,D(X)=\dfrac{1}{6}$。

11. $E(X)=3\times\dfrac{1}{4}+4\times\dfrac{3}{8}+5\times\dfrac{3}{8}=4.125\approx 4$。

12. $E(X)=\dfrac{5}{4}$。

13. $E(Y)=93.815$。

14. $E(X)=8.78$。

15. $E(Y)=0,D(Y)=\dfrac{1}{2}$。

16. $E(X)=2;E(Y)=0;D(X)=0.8;D(Y)=0.6;E(XY)=0.2;$
$E[(X+1)(Y-1)]=-2.8;\mathrm{Cov}(X,Y)=0.2;\rho_{XY}=\dfrac{\sqrt{3}}{6}$。

17. $E(X)=\dfrac{7}{6};E(Y)=\dfrac{7}{6};D(X)=\dfrac{11}{36};D(Y)=\dfrac{11}{36};E(XY)=\dfrac{4}{3};\mathrm{Cov}(X,Y)=-\dfrac{1}{36};$

$\rho_{XY} = -\dfrac{1}{11}$。

18. (1) $K=2$；(2) $E(X) = \dfrac{2}{3}, E(Y) = \dfrac{1}{3}$；(3) $D(X) = \dfrac{1}{18}, D(Y) = \dfrac{1}{18}$；(4) $\mathrm{Cov}(X,Y) = \dfrac{1}{36}$；

    (5) $\rho_{XY} = \dfrac{1}{2}$。

19. (1) $E(XY) = \dfrac{1}{2}$；(2) $\mathrm{Cov}(X,Y) = 0$；(3) $\rho_{XY} = 0$。

20. (1) $E(X+Y) = \dfrac{3}{4}$；(2) $E(XY) = \dfrac{1}{8}$；(3) $E(2X-Y^2) = \dfrac{7}{8}$。

21. $D(X+Y) = 85; D(X-Y) = 37$。

22. $\rho_{XY} = -\dfrac{1}{2}; D(3X-2Y) = 108$。

23. 略。

24. $E(\min(X_1, X_2)) = \mu - \dfrac{\sigma}{\sqrt{n}}$。

25. $\mathrm{Cov}(X,Y) = \dfrac{2}{3}$。

26. $\rho_{ZY} = 0.7$。

(B)

1. $E(X) = E(X_1 + X_2 + X_3) = \dfrac{3}{2}; P(A) = \dfrac{1}{4}$。

2. $E(X+Y)^2 = 6$。

3. (1) $D(Y_i) = \dfrac{n-1}{n}\sigma^2$；(2) $\mathrm{Cov}(X_1, Y_n) = -\dfrac{1}{n}\sigma^2$。

4. $\mathrm{Cov}(X-Y, Y) = -\dfrac{2}{3}$。

5. $\rho_{XY} = 0$。

6. $E|X-Y| = \sqrt{\dfrac{2}{\pi}}, D|X-Y| = 1 - \dfrac{2}{\pi}$。

7. $\mathrm{Cov}(U,V) = \dfrac{4}{81}$。

8. $E(Z^2) = 5$。

9. $D(X_1 - \overline{X}) = \dfrac{n-1}{n}\sigma^2, \mathrm{Cov}(X_1, \overline{X}) = \dfrac{\sigma^2}{n}, \rho_{X_1 \overline{X}} = \dfrac{1}{\sqrt{n}}$。

10. $a = 0$。

11. (1) $f_Z(z) = F_Z'(z) = p f_X(-z) + (1-p) f_X(z) = \begin{cases} (1-p)\mathrm{e}^{-z}, & z > 0 \\ p\mathrm{e}^z, & z \leq 0 \end{cases}$；

    (2) $p = \dfrac{1}{2}$ 时，X 与 Z 不相关；

    (3) 对于任意 $0 < p < 1$，X 与 Z 不相互独立。

习题 5

(A)

1. 应用 Chebyshev 不等式，最小需要抛掷 250 次。
   应用 De Moivre-Laplace 中心极限定理，最少需要抛掷 69 次。
2. 可以，应用辛钦大数定律，$E((\xi_i-u)^2)=\sigma^2$。
3. 500 件。
4. 643 件。
5. 537 个。
6. 12 655 只。
7. 16 条。
8. 0.079 3。
9. 应用辛钦大数定律，$E(\xi_k^2)=\lambda+\lambda^2$。
10. 应用辛钦大数定律，$E(\xi_k^2)=n^2p^2+np(1-p)$。
11. 0.477 2。
12. $\alpha=0.006\ 2$。
13. $\alpha=0.008\ 0$。
14. $\alpha=0.086\ 9$。
15. (1) $\alpha=0.091\ 0$；(2) $\beta=0.752\ 0$。
16. $\alpha=0.5$。

(B)

1. $\dfrac{1}{2}$。
2. (C)。

习题 6

(A)

1. $f(x_1,x_2,\cdots,x_n;\lambda)=\prod\limits_{i=1}^{n}P(x_i;\lambda)=\dfrac{e^{-n\lambda}}{x_1!x_2!\cdots x_n!}\lambda^{x_1+x_2+\cdots+x_n}\ (x_i=0,1,2,\cdots)$。

2. $f(x_1,x_2,\cdots,x_n;a,b)=\prod\limits_{i=1}^{n}P(x_i;a,b)=\begin{cases}\dfrac{1}{(b-a)^n}, & \text{若 }a\leqslant x_1,\cdots,x_n\leqslant b\\ 0, & \text{否则}\end{cases}$。

3. $f(x_1,x_2,\cdots,x_n;\lambda)=\begin{cases}\lambda^n e^{-\lambda(x_1+x_2+\cdots+x_n)}, & \text{若 }x_1,\cdots,x_n>0\\ 0, & \text{否则}\end{cases}$。

4. $P(x_1,x_2,\cdots,x_n;p)=P(X_1=x_1,X_2=x_2,\cdots,X_n=x_n)=\prod\limits_{i=1}^{n}P(x_i;p)$

$$= \begin{cases} \dfrac{p^n}{(1-p)^n}(1-p)^{x_1+x_2+\cdots+x_n}, & \text{若 } x_1,\cdots,x_n \text{ 全为正整数} \\ 0, & \text{否则} \end{cases}$$

5. $\overline{X} = \dfrac{1}{100}(2\times 20 + 3\times 20 + \cdots + 6\times 15) = 3.85; R = 4;$

   $\overline{X^2} = \dfrac{1}{100}(2^2\times 20 + 3^2\times 30 + \cdots + 6^2\times 15) = 16.75;$

   $S_0^2 = \overline{X^2} - \overline{X}^2 = 1.9275; S^2 = \dfrac{100}{99}S_0^2 \approx 1.9470;$

   $$F_n(x) = \begin{cases} 0, & x<2 \\ 0.20, & 2\leqslant x<3 \\ 0.50, & 3\leqslant x<4 \\ 0.60, & 4\leqslant x<5 \\ 0.85, & 5\leqslant x<6 \\ 1, & x\geqslant 6 \end{cases}$$

6. (1) $f(x_1,x_2,x_3) = \dfrac{1}{(\sqrt{2\pi\sigma^2})^3} e^{-\sum\limits_{i=1}^{3}\frac{(x_i-\mu)^2}{2\sigma^2}};$

   (2) 统计量为:$X_1+X_2+X_3, X_2+2\mu, \min(X_1,X_2,X_3), X_3, \dfrac{\sqrt{n}(\overline{X}-\mu)}{S}$。

7. (1) $2(1-\Phi(10))$; (2) 0.01。

8. $P(59.8216 < \sum\limits_{i=1}^{30} X_i^2 < 139.2) = 0.74$。

9. (1) $n\geqslant 40$; (2) $n\geqslant 255$; (3) $n\geqslant 1537$。

10. $P\{|\overline{X}-\overline{Y}|>0.4\} \approx 0.6456$。

11. (1) $P\{\dfrac{S_1^2}{S_2^2} \leqslant 2.65\} = 0.95$; (2) $P\{\dfrac{S_1^2}{\sigma^2} \leqslant 2.114\} = 0.975$。

12. 提示:据 t 分布、F 分布的定义可得。

13. $F(10,5)$。

14. 0.99。

(B)

1. $\chi^2(2)$。
2. (A)。
3. (B)。

习题 7

(A)

1. $\hat{\lambda} = \dfrac{1}{\overline{x}}$。

2. 矩估计：$\hat{p}=\dfrac{1}{\bar{x}}$；极大似然估计：$\hat{p}=\dfrac{1}{\bar{x}}$。

3. $\hat{a}=\bar{x}-\sqrt{\dfrac{3}{n}\sum\limits_{i=1}^{n}(x_i-\bar{x})^2}$；

   $\hat{b}=\bar{x}+\sqrt{\dfrac{3}{n}\sum\limits_{i=1}^{n}(x_i-\bar{x})^2}$。

4. $\hat{\theta}=\dfrac{-n}{\sum\limits_{i=1}^{n}\ln x_i}$。

5. $\hat{\mu}_1$ 更有效，证明略。

6. 是。

7. (1) T_1，T_3 是无偏的；

   (2) T_3 较为有效。

8. (1) $29.645<\mu<31.605$；

   (2) $29.826<\mu<31.424$。

9. 90% 的置信区间为 $(0.153,0.307)$。95% 的置信区间为 $(0.138,0.322)$。

10. $(0.507,0.773)$。

11. $(992,1\,008)$。

12. $(7.4,21.1)$。

13. $(15.943,16.056)$。

14. μ 的置信区间：$(24.783,25.297)$。σ 的置信区间：$(0.124,0.596)$。

15. 平均亩产量的置信区间：$(439.808,460.192)$。总产量的置信区间：$(2.199\times10^{10},2.3\times10^{10})$。

16. (1) $(-7.32,-3.480)$；(2) $(0.193,32.183)$。

17. μ 的置信区间：$(70.422,86.578)$。σ 的置信区间：$(15.685,27.608)$。

18. $(167.429,232.571)$。

19. $(0.037,0.163)$。

20. $40\,526.7$。

(B)

1. (1) $\hat{\sigma}^2=\dfrac{1}{n}\sum\limits_{i=1}^{n}(x_i-\mu_0)^2$；

   (2) $E(\hat{\sigma}^2)=\sigma^2$，$D(\hat{\sigma}^2)=\dfrac{2\sigma^4}{n}$。

2. (1) $f(z;\sigma^2)=\dfrac{1}{\sqrt{6\pi}\sigma}e^{-\frac{z^2}{6\sigma^2}}$；

   (2) $\hat{\sigma}^2=\dfrac{1}{3n}\sum\limits_{i=1}^{n}Z_i^2$；

   (3) 证明略。

3. (1) $\hat{\theta}=\bar{x}$；

(2) $\hat{\theta} = \dfrac{2n}{\sum\limits_{i=1}^{n} \dfrac{1}{x_i}}$。

4. (1) $E(X) = \dfrac{\sqrt{\pi\theta}}{2}, E(X^2) = \theta$;

   (2) $\hat{\theta}_n = \dfrac{1}{n} \sum\limits_{i=1}^{n} x_i^2$;

   (3) $a = \theta$。

5. (1) $\hat{\theta} = 2\bar{x} - 1$;

   (2) $\hat{\theta} = \min\limits_{1 \leqslant i \leqslant n} x_i$。

6. (1) $f_T(t) = \begin{cases} \dfrac{9t^8}{\theta^9}, & 0 < t < \theta \\ 0, & \text{其他} \end{cases}$;

   (2) $a = \dfrac{10}{9}$。

7. (1) $f_{Z_1}(z) = \begin{cases} \sqrt{\dfrac{2}{\pi}} \dfrac{1}{\sigma} e^{-\frac{z^2}{2\sigma^2}}, & z > 0 \\ 0, & z \leqslant 0 \end{cases}$;

   (2) $\hat{\sigma} = \sqrt{\dfrac{\pi}{2}} \bar{z}$;

   (3) $\hat{\sigma} = \sqrt{\dfrac{1}{n} \sum\limits_{i=1}^{n} z_i^2}$。

8. (1) $\hat{\sigma} = \dfrac{1}{n} \sum\limits_{i=1}^{n} |X_i|$;

   (2) $E(\hat{\sigma}) = \sigma, D(\hat{\sigma}) = \dfrac{1}{n} D(|X|) = \dfrac{\sigma^2}{n}$。

9. (1) $A = \sqrt{\dfrac{2}{\pi}}$;

   (2) $\hat{\sigma}^2 = \dfrac{1}{n} \sum\limits_{i=1}^{n} (X_i - \mu)^2$。

习题 8

1. 认为折断力有明显变化。
2. 这批砖的平均抗断强度不可认为是 32.50 kg/cm^2。
3. 认为现在生产的铁水,其平均含碳量仍为 4.45。
4. 认为近期平均活动人数没有显著变化。
5. 认为这批元件不合格。
6. 认为新工艺生产的轮胎寿命优于原来的。
7. 认为现在的与过去的新生婴儿体重无显著差异。

8. 认为这批矿砂的镍含量的均值为 3.25。
9. 否定了调查主持人的看法。
10. 认为厂家的广告是虚假的。
11. 该车间的铜丝折断力的方差为 64。
12. 这批维尼纶的纤度方差不正常。
13. 新仪器的精度比原来的仪器的精度好。
14. 认为有显著性差异。
15. 可以认为这次考试全体考生的平均成绩为 70 分。

习题 9

1. 有显著差异。
2. 在 $\alpha=0.10$ 下，认为不同地区人的血液中胆固醇的平均量无显著差异。
3. 有显著影响。置信区间是 $(1.932, 10.068)$ 和 $(5.932, 14.068)$。
4. 在 $\alpha=0.01$ 下，认为不同工厂对生产的灯泡光通量的测定的影响是高度显著的。
5. $\hat{a}_i = \overline{X}_{i\cdot} - \overline{X}$, $D(\hat{a}_i) = \left(\dfrac{1}{n_i} - \dfrac{1}{n}\right)\sigma^2$。
6. 有显著差异。
7. 不同的测量员对所测得的结果无显著影响。
8. (1) 操作工之间的差异是显著的；
   (2) 机器之间的差异不显著；
   (3) 交互作用的影响是显著的。
9. 不同厂对测量的影响高度显著；交互作用的影响高度显著；不同检验员对测量无显著影响。

习题 10

1. (1) 略；
   (2) $\hat{y} = 13.95839 + 12.55034x$；
   (3) 拒绝原假设，线性方程显著；
   (4) 95% 预测区间：$(20.029, 20.438)$。
2. 散点图略；y 对于 x 的线性回归方程为 $\hat{y} = 24.62857 + 0.058857x$。
3. (1) $\hat{b} = \dfrac{\sum\limits_{i=1}^{n} x_i y_i}{\sum\limits_{i=1}^{n} x_i^2}$；
   (2) $S_e^2 = \sum\limits_{i=1}^{n} e_i^2 = \sum\limits_{i=1}^{n}(y_i - \hat{b}x_i)^2$，无偏性证明略。

4. （1）铁路运营里程 Y 对年度 t 的回归方程为
$$\hat{Y}=5.2227+0.0212x=5.2227+0.0212(t-1985)$$
（2）方差 σ^2 的无偏估计值为
$$S_e^2=\frac{1}{8}\sum_{j=1}^{10}(Y_j-\hat{Y}_j)^2=\frac{0.0018}{8}=0.000225=0.015^2$$
（3）线性回归效果显著。

5. （1）经验回归方程为
$$\hat{Y}=196.29+6.92X$$
（2）方差 σ^2 的无偏估计值为
$$S_e^2=\frac{1}{6}\sum_{i=1}^{8}(\hat{Y}_i-Y_i)^2=\frac{1993.12}{6}=332.187$$
（3）线性回归效果显著；

（4）95％预测区间：$(254.91, 359.09)$。

6. 选用幂函数 $y=ax^b$ 来近似表示 Y 对 t 的相依关系，得经验回归方程
$$\hat{Y}=2.0271t^{1.4974}$$

附 录

附表 1　几种常用的概率分布

分布	参数	分布律或概率密度	数学期望	方差
二项分布	$n\geq 1$ $0<p<1$	$P\{X=k\}=\binom{n}{k}p^k(1-p)^{n-k},\quad k=0,1,\cdots,n$	np	$np(1-p)$
负二项分布	$r\geq 1$ $0<p<1$	$P\{X=k\}=\binom{k-1}{r-1}p^r(1-p)^{k-r},\quad k=r,r+1,\cdots$	$\dfrac{r}{p}$	$\dfrac{r(1-p)}{p^2}$
几何分布	$0<p<1$	$P\{X=k\}=p(1-p)^{k-1},\quad k=1,2,\cdots$	$\dfrac{1}{p}$	$\dfrac{1-p}{p^2}$
Γ 分布	$\alpha>0$ $\beta>0$	$f(x)=\begin{cases}\dfrac{1}{\beta^\alpha \Gamma(\alpha)}x^{\alpha-1}\mathrm{e}^{-\frac{x}{\beta}}, & x>0\\ 0, & \text{其他}\end{cases}$	$\alpha\beta$	$\alpha\beta^2$
超几何分布	N,M,n $(n\leq M)$	$P\{X=k\}=\dfrac{\binom{M}{k}\binom{N-M}{n-k}}{\binom{N}{n}},\quad k=0,1,\cdots,n$	$n\dfrac{M}{N}$	$n\dfrac{M}{N}\left(1-\dfrac{M}{N}\right)\cdot\left(\dfrac{N-n}{N-1}\right)$
均匀分布	$a<b$	$f(x)=\begin{cases}\dfrac{1}{b-a}, & a<x<b\\ 0, & \text{其他}\end{cases}$	$\dfrac{a+b}{2}$	$\dfrac{(b-a)^2}{12}$
正态分布	μ $\sigma>0$	$f(x)=\dfrac{1}{\sqrt{2\pi}\sigma}\mathrm{e}^{-\frac{(x-\mu)^2}{2\sigma^2}}$	μ	σ^2
F 分布	n_1,n_2	$f(x)=\begin{cases}\dfrac{\Gamma\left(\frac{n_1+n_2}{2}\right)}{\Gamma\left(\frac{n_1}{2}\right)\Gamma\left(\frac{n_2}{2}\right)}\left(\dfrac{n_1}{n_2}\right)\left(\dfrac{n_1}{n_2}x\right)^{\frac{n_1+n_2}{2}}\left(1+\dfrac{n_1}{n_2}x\right)^{-\frac{n_1+n_2}{2}}, & x>0\\ 0, & \text{其他}\end{cases}$	$\dfrac{n_2}{n_2-2}$ $(n_2>2)$	$\dfrac{2n_2^2(n_1+n_2-2)}{n_1(n_2-2)^2(n_2-4)}$ $(n_2>4)$
指数分布	$\theta>0$	$f(x)=\begin{cases}\dfrac{1}{\theta}\mathrm{e}^{-\frac{x}{\theta}}, & x>0\\ 0, & \text{其他}\end{cases}$	θ	θ^2
χ^2 分布	$n\geq 1$	$f(x)=\begin{cases}\dfrac{1}{2^{\frac{n}{2}}\Gamma\left(\frac{n}{2}\right)}x^{\frac{n}{2}-1}\mathrm{e}^{-\frac{x}{2}}, & x>0\\ 0, & \text{其他}\end{cases}$	n	$2n$

续 表

分布	参数	分布律或概率密度	数学期望	方差
韦布尔分布	$\eta>0$ $\beta>0$	$f(x)=\begin{cases}\dfrac{\beta}{\eta}\left(\dfrac{x}{\eta}\right)^{\beta-1}\mathrm{e}^{-\frac{x}{\eta}\cdot\beta},&x>0\\0,&\text{其他}\end{cases}$	$\eta\Gamma\left(\dfrac{1}{\beta}+1\right)$	$\eta^2\left\{\Gamma\left(\dfrac{2}{\beta}+1\right)-\left[\Gamma\left(\dfrac{1}{\beta}+1\right)\right]^2\right\}$
0-1 分布	$0<p<1$	$P\{X=k\}=p^k(1-p)^{1-k},\quad k=0,1$	p	$p(1-p)$
瑞利分布	$\sigma>0$	$f(x)=\begin{cases}\dfrac{x}{\sigma^2}\mathrm{e}^{-\frac{x^2}{2\sigma^2}},&x>0\\0,&\text{其他}\end{cases}$	$\sqrt{\dfrac{\pi}{2}}\sigma$	$\dfrac{4-\pi}{2}\sigma^2$
β 分布	$\alpha>0$ $\beta>0$	$f(x)=\begin{cases}\dfrac{\Gamma(\alpha+\beta)}{\Gamma(\alpha)+\Gamma(\beta)}x^{\alpha-1}(1-x)^{\beta-1},&0<x<1\\0,&\text{其他}\end{cases}$	$\dfrac{\alpha}{\alpha+\beta}$	$\dfrac{\alpha\beta}{(\alpha+\beta)^2(\alpha+\beta+1)}$
对数正态分布	μ $\sigma>0$	$f(x)=\begin{cases}\dfrac{1}{\sqrt{2\pi}\sigma x}\mathrm{e}^{-\frac{(\ln\sigma-\mu)^2}{2\sigma^2}},&x>0\\0,&\text{其他}\end{cases}$	$\mathrm{e}^{\mu+\frac{\sigma^2}{2}}$	$\mathrm{e}^{2\mu+\sigma^2}(\mathrm{e}^{\sigma^2}-1)$
柯西分布	α $\lambda>0$	$f(x)=\dfrac{1}{\pi[\lambda^2+(x-\alpha)^2]}$	不存在	不存在
泊松分布	$\lambda>0$	$P\{X=k\}=\dfrac{\lambda^k\mathrm{e}^{-\lambda}}{k!},\quad k=0,1,\cdots$	λ	λ
t 分布	$n\geqslant 1$	$f(x)=\dfrac{\Gamma\left(\dfrac{n+1}{2}\right)}{\sqrt{\pi n}\Gamma\left(\dfrac{n}{2}\right)}\left(1+\dfrac{x^2}{n}\right)^{-\frac{n+1}{2}}$	0	$\dfrac{n}{n-2}(n>2)$

附表2 标准正态分布表

$$\Phi(x) = P(X \leqslant x) = \int_{-\infty}^{x} \frac{1}{\sqrt{2\pi}} e^{-\frac{u^2}{2}} du$$

x	0	1	2	3	4	5	6	7	8	9
0.0	0.5000	0.5040	0.5080	0.5120	0.5160	0.5199	0.5239	0.5279	0.5319	0.5359
0.1	0.5398	0.5438	0.5478	0.5517	0.5557	0.5596	0.5636	0.5675	0.5714	0.5753
0.2	0.5793	0.5832	0.5871	0.5910	0.5948	0.5987	0.6026	0.6064	0.6103	0.6141
0.3	0.6179	0.6217	0.6255	0.6293	0.6331	0.6368	0.6406	0.6443	0.6480	0.6517
0.4	0.6554	0.6591	0.6628	0.6664	0.6700	0.6736	0.6772	0.6808	0.6844	0.6879
0.5	0.6915	0.6950	0.6985	0.7019	0.7054	0.7088	0.7123	0.7157	0.7190	0.7224
0.6	0.7257	0.7291	0.7324	0.7357	0.7389	0.7422	0.7454	0.7486	0.7517	0.7549
0.7	0.7580	0.7611	0.7642	0.7673	0.7703	0.7734	0.7764	0.7794	0.7823	0.7852
0.8	0.7881	0.7910	0.7939	0.7967	0.7995	0.8023	0.8051	0.8078	0.8106	0.8133
0.9	0.8159	0.8186	0.8212	0.8238	0.8264	0.8289	0.8315	0.8340	0.8365	0.8389
1.0	0.8413	0.8438	0.8461	0.8485	0.8508	0.8531	0.8554	0.8577	0.8599	0.8621
1.1	0.8643	0.8665	0.8686	0.8708	0.8729	0.8749	0.8770	0.8790	0.8810	0.8830
1.2	0.8849	0.8869	0.8888	0.8907	0.8925	0.8944	0.8962	0.8980	0.8997	0.9015
1.3	0.9032	0.9049	0.9066	0.9082	0.9099	0.9115	0.9131	0.9147	0.9162	0.9177
1.4	0.9192	0.9207	0.9222	0.9236	0.9251	0.9265	0.9278	0.9292	0.9306	0.9319
1.5	0.9332	0.9345	0.9357	0.9370	0.9382	0.9394	0.9406	0.9418	0.9430	0.9441
1.6	0.9452	0.9463	0.9474	0.9484	0.9495	0.9505	0.9515	0.9525	0.9535	0.9545
1.7	0.9554	0.9564	0.9573	0.9582	0.9591	0.9599	0.9608	0.9616	0.9625	0.9633
1.8	0.9641	0.9648	0.9656	0.9664	0.9671	0.9678	0.9686	0.9693	0.9700	0.9706
1.9	0.9713	0.9719	0.9726	0.9732	0.9738	0.9744	0.9750	0.9756	0.9762	0.9767
2.0	0.9772	0.9778	0.9783	0.9788	0.9793	0.9798	0.9803	0.9808	0.9812	0.9817
2.1	0.9821	0.9826	0.9830	0.9834	0.9838	0.9842	0.9846	0.9850	0.9854	0.9857
2.2	0.9861	0.9864	0.9868	0.9871	0.9874	0.9878	0.9881	0.9884	0.9887	0.9890
2.3	0.9893	0.9896	0.9898	0.9901	0.9904	0.9906	0.9909	0.9911	0.9913	0.9916
2.4	0.9918	0.9920	0.9922	0.9925	0.9927	0.9929	0.9931	0.9932	0.9934	0.9936
2.5	0.9938	0.9940	0.9941	0.9943	0.9945	0.9946	0.9948	0.9949	0.9951	0.9952
2.6	0.9953	0.9955	0.9956	0.9957	0.9959	0.9960	0.9961	0.9962	0.9963	0.9964
2.7	0.9965	0.9966	0.9967	0.9968	0.9969	0.9970	0.9971	0.9972	0.9973	0.9974
2.8	0.9974	0.9975	0.9976	0.9977	0.9977	0.9978	0.9979	0.9979	0.9980	0.9981
2.9	0.9981	0.9982	0.9982	0.9983	0.9984	0.9984	0.9985	0.9985	0.9986	0.9986
3.0	0.9987	0.9990	0.9993	0.9995	0.9997	0.9998	0.9998	0.9999	0.9999	1.0000

注：表中末行系函数值 $\Phi(3.0), \Phi(3.1), \cdots, \Phi(3.9)$。

附表3　标准正态分布双侧上分位数表

本表列出满足条件 $P(|X| \geqslant u_{\alpha/2}) = \alpha$ 的 $u_{\alpha/2}$，其中 X 服从标准正态分布。

α	0.0	0.1	0.2	0.3	0.4
0.00	—	1.6449	1.2816	1.0364	0.8416
0.01	2.5758	1.5982	1.2536	1.0152	0.8239
0.02	2.3268	1.5548	1.2265	0.9945	0.8064
0.03	2.1701	1.5141	1.2004	0.9741	0.7892
0.04	2.0537	1.4758	1.1750	0.9542	0.7722
0.05	1.9600	1.4395	1.1503	0.9346	0.7554
0.06	1.8808	1.4051	1.1264	0.9154	0.7388
0.07	1.8119	1.3722	1.1031	0.8965	0.7225
0.08	1.7507	1.3408	1.0808	0.8779	0.7063
0.09	1.6954	1.3106	1.0581	0.8596	0.6903

附表4 t 分布上侧分位数表

$P\{t(n) > t_\alpha(n)\} = \alpha$

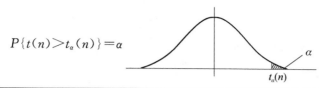

n \ α	0.20	0.15	0.10	0.05	0.025	0.01	0.005
1	1.376	1.963	3.0777	6.3138	12.7062	31.8207	63.6574
2	1.061	1.386	1.8856	2.9200	4.3027	6.9646	9.9248
3	0.978	1.250	1.6377	2.3534	3.1824	4.5407	5.8409
4	0.941	1.190	1.5332	2.1318	2.7764	3.7469	4.6041
5	0.920	1.156	1.4759	2.0150	2.5706	3.3649	4.0322
6	0.906	1.134	1.4398	1.9432	2.4469	3.1427	3.7074
7	0.896	1.119	1.4149	1.8946	2.3646	2.9980	3.4995
8	0.889	1.108	1.3968	1.8595	2.3060	2.8965	3.3554
9	0.883	1.100	1.3830	1.8331	2.2622	2.8214	3.2498
10	0.879	1.093	1.3722	1.8125	2.2281	2.7638	3.1693
11	0.876	1.088	1.3634	1.7959	2.2010	2.7181	3.1058
12	0.873	1.083	1.3562	1.7823	2.1788	2.6810	3.0545
13	0.870	1.079	1.3502	1.7709	2.1604	2.6503	3.0123
14	0.868	1.076	1.3450	1.7613	2.1448	2.6245	2.9768
15	0.866	1.074	1.3406	1.7531	2.1315	2.6025	2.9467
16	0.865	1.071	1.3368	1.7459	2.1199	2.5835	2.9208
17	0.863	1.069	1.3334	1.7396	2.1098	2.5669	2.8982
18	0.862	1.067	1.3304	1.7341	2.1009	2.5524	2.8784
19	0.861	1.066	1.3277	1.7291	2.0930	2.5395	2.8609
20	0.860	1.064	1.3253	1.7247	2.0860	2.5280	2.8453
21	0.859	1.063	1.3232	1.7207	2.0796	2.5177	2.8314
22	0.858	1.061	1.3212	1.7171	2.0739	2.5083	2.8188
23	0.858	1.060	1.3195	1.7139	2.0687	2.4999	2.8073
24	0.857	1.059	1.3178	1.7109	2.0639	2.4922	2.7969
25	0.856	1.058	1.3163	1.7081	2.0595	2.4851	2.7874
26	0.856	1.058	1.3150	1.7056	2.0555	2.4786	2.7787
27	0.855	1.057	1.3137	1.7033	2.0518	2.4727	2.7707
28	0.855	1.056	1.3125	1.7011	2.0484	2.4671	2.7635
29	0.854	1.055	1.3114	1.6991	2.0452	2.4620	2.7564
30	0.854	1.055	1.3104	1.6973	2.0423	2.4573	2.7500
31	0.8535	1.0541	1.3095	1.6955	2.0395	2.4528	2.7440
32	0.8531	1.0536	1.3086	1.6939	2.0369	2.4487	2.7385
33	0.8527	1.0531	1.3077	1.6924	2.0345	2.4448	2.7333
34	0.8524	1.0526	1.3070	1.6909	2.0322	2.4411	2.7284
35	0.8521	1.0521	1.3062	1.6896	2.0301	2.4377	2.7238
36	0.8518	1.0516	1.3055	1.6883	2.0281	2.4345	2.7195
37	0.8515	1.0512	1.3049	1.6871	2.0262	2.4314	2.7154
38	0.8512	1.0508	1.3042	1.6860	2.0244	2.4286	2.7116
39	0.8510	1.0504	1.3036	1.6849	2.0227	2.4258	2.7079
40	0.8507	1.0501	1.3031	1.6839	2.0211	2.4233	2.7045
41	0.8505	1.0498	1.3025	1.6829	2.0195	2.4208	2.7012
42	0.8503	1.0494	1.3020	1.6820	2.0181	2.4185	2.6981
43	0.8501	1.0491	1.3016	1.6811	2.0167	2.4163	2.6951
44	0.8499	1.0488	1.3011	1.6802	2.0154	2.4141	2.6923
45	0.8497	1.0485	1.3006	1.6794	2.0141	2.4121	2.6896

附表 5　χ^2 分布上侧分位数表

$$P\{\chi^2(n) > \chi^2_\alpha(n)\} = \alpha$$

α \ n	0.995	0.99	0.975	0.95	0.90	0.10	0.05	0.025	0.01	0.005
1	0.000	0.000	0.001	0.004	0.016	2.706	3.843	5.025	6.637	7.882
2	0.010	0.020	0.051	0.103	0.211	4.605	5.992	7.378	9.210	10.597
3	0.072	0.115	0.216	0.352	0.584	6.251	7.815	9.348	11.344	12.837
4	0.207	0.297	0.484	0.711	1.064	7.779	9.488	11.143	13.277	14.860
5	0.412	0.554	0.831	1.145	1.610	9.236	11.070	12.832	15.085	16.748
6	0.676	0.872	1.237	1.635	2.204	10.645	12.592	14.440	16.812	18.548
7	0.989	1.239	1.690	2.167	2.833	12.017	14.067	16.012	18.474	20.276
8	1.344	1.646	2.180	2.733	3.490	13.362	15.507	17.534	20.090	21.954
9	1.735	2.088	2.700	3.325	4.168	14.684	16.919	19.022	21.665	23.587
10	2.156	2.558	3.247	3.940	4.865	15.987	18.307	20.483	23.209	25.188
11	2.603	3.053	3.816	4.575	5.578	17.275	19.675	21.920	24.724	26.755
12	3.074	3.571	4.404	5.226	6.304	18.549	21.026	23.337	26.217	28.300
13	3.565	4.107	5.009	5.892	7.041	19.812	22.362	24.735	27.687	29.817
14	4.075	4.660	5.629	6.571	7.790	21.064	23.685	26.119	29.141	31.319
15	4.600	5.229	6.262	7.261	8.547	22.307	24.996	27.488	30.577	32.799
16	5.142	5.812	6.908	7.962	9.312	23.542	26.296	28.845	32.000	34.267
17	5.697	6.407	7.564	8.682	10.085	24.769	27.587	30.190	33.408	35.716
18	6.265	7.015	8.231	9.390	10.865	25.989	28.869	31.526	34.805	37.156
19	6.843	7.632	8.906	10.117	11.651	27.203	30.143	32.852	36.190	38.580
20	7.434	8.260	9.591	10.851	12.443	28.412	31.410	34.170	37.566	39.997
21	8.033	8.897	10.283	11.591	13.240	29.615	32.670	35.478	38.930	41.399
22	8.643	9.542	10.982	12.338	14.042	30.813	33.924	36.781	40.289	42.796
23	9.260	10.195	11.688	13.090	14.848	32.007	35.172	38.075	41.637	44.179
24	9.886	10.856	12.401	13.848	15.659	33.196	36.415	39.364	42.980	45.558
25	10.519	11.523	13.120	14.611	16.473	34.381	37.652	40.646	44.313	46.925
26	11.160	12.198	13.844	15.379	17.292	35.563	38.885	41.923	45.642	48.290
27	11.807	12.878	14.573	16.151	18.114	36.741	40.113	43.194	46.962	49.642
28	12.461	13.565	15.308	16.928	18.939	37.916	41.337	44.461	48.278	50.993
29	13.120	14.256	16.147	17.708	19.768	39.087	42.557	45.772	49.586	52.333
30	13.787	14.954	16.791	18.493	20.599	40.256	43.773	46.979	50.892	53.672
31	14.457	15.655	17.538	19.280	21.433	41.422	44.985	48.231	52.190	55.000
32	15.134	16.362	18.291	20.072	22.271	42.585	46.194	49.480	53.486	56.328
33	15.814	17.073	19.046	20.866	23.110	43.745	47.400	50.724	54.774	57.646
34	16.501	17.789	19.806	21.664	23.952	44.903	48.602	51.966	56.061	58.964
35	17.191	18.508	20.569	22.465	24.796	46.059	49.802	53.203	57.340	60.272
36	17.887	19.233	21.336	23.269	25.643	47.212	50.998	54.437	58.619	61.581
37	18.584	19.960	22.105	24.075	26.492	48.363	52.192	55.667	59.891	62.880
38	19.289	20.691	22.878	24.884	27.343	49.513	53.384	56.896	61.162	64.181
39	19.994	21.425	23.654	25.695	28.196	50.660	54.572	58.119	62.426	65.473
40	20.706	22.164	24.433	26.509	29.050	51.805	55.758	59.342	63.691	66.766

当 $n > 40$ 时，$\chi^2_\alpha(n) \approx \dfrac{1}{2}(z_\alpha + \sqrt{2n-1})^2$。

附表 6　F 分布上侧分位数表

$$P\{F(n_1, n_2) > F_\alpha(n_1, n_2)\} = \alpha \; (\alpha = 0.10)$$

n_2 \ n_1	1	2	3	4	5	6	7	8	9	10	12	15	20	24	30	40	60	120	∞
1	39.86	49.50	53.59	55.83	57.24	58.20	58.91	59.44	59.86	60.19	60.71	61.22	61.74	62.00	62.26	62.53	62.79	63.06	63.33
2	8.53	9.00	9.16	9.24	9.29	9.33	9.35	9.37	9.38	9.39	9.41	9.42	9.44	9.45	9.46	9.47	9.47	9.48	9.49
3	5.54	5.46	5.39	5.34	5.31	5.28	5.27	5.25	5.24	5.23	5.22	5.20	5.18	5.18	5.17	5.16	5.15	5.14	5.13
4	4.54	4.32	4.19	4.11	4.05	4.01	3.98	3.95	3.94	3.92	3.90	3.87	3.84	3.83	3.82	3.80	3.79	3.78	3.76
5	4.06	3.78	3.62	3.52	3.45	3.40	3.37	3.34	3.32	3.30	3.27	3.24	3.21	3.19	3.17	3.16	3.14	3.12	3.10
6	3.78	3.46	3.29	3.18	3.11	3.05	3.01	2.98	2.96	2.94	2.90	2.87	2.84	2.82	2.80	2.78	2.76	2.74	2.72
7	3.59	3.26	3.07	2.96	2.88	2.83	2.78	2.75	2.72	2.70	2.67	2.63	2.59	2.58	2.56	2.54	2.51	2.49	2.47
8	3.46	3.11	2.92	2.81	2.73	2.67	2.62	2.59	2.56	2.54	2.50	2.46	2.42	2.40	2.38	2.36	2.34	2.32	2.29
9	3.36	3.01	2.81	2.69	2.61	2.55	2.51	2.47	2.44	2.42	2.38	2.34	2.30	2.28	2.25	2.23	2.21	2.18	2.16
10	3.29	2.92	2.73	2.61	2.52	2.46	2.41	2.38	2.35	2.32	2.28	2.24	2.20	2.18	2.16	2.13	2.11	2.08	2.06
11	3.23	2.86	2.66	2.54	2.45	2.39	2.34	2.30	2.27	2.25	2.21	2.17	2.12	2.10	2.08	2.05	2.03	2.00	1.97
12	3.18	2.81	2.61	2.48	2.39	2.33	2.28	2.24	2.21	2.19	2.15	2.10	2.06	2.04	2.01	1.99	1.96	1.93	1.90
13	3.14	2.76	2.56	2.43	2.35	2.28	2.23	2.20	2.16	2.14	2.10	2.05	2.01	1.98	1.96	1.93	1.90	1.88	1.85
14	3.10	2.73	2.52	2.39	2.31	2.24	2.19	2.15	2.12	2.10	2.05	2.01	1.96	1.94	1.91	1.89	1.86	1.83	1.80
15	3.07	2.70	2.49	2.36	2.27	2.21	2.16	2.12	2.09	2.06	2.02	1.97	1.92	1.90	1.87	1.85	1.82	1.79	1.76
16	3.05	2.67	2.46	2.33	2.24	2.18	2.13	2.09	2.06	2.03	1.99	1.94	1.89	1.87	1.84	1.81	1.78	1.75	1.72
17	3.03	2.64	2.44	2.31	2.22	2.15	2.10	2.06	2.03	2.00	1.96	1.91	1.86	1.84	1.81	1.78	1.75	1.72	1.69
18	3.01	2.62	2.42	2.29	2.20	2.13	2.08	2.04	2.00	1.98	1.93	1.89	1.84	1.81	1.78	1.75	1.72	1.69	1.66
19	2.99	2.61	2.40	2.27	2.18	2.11	2.06	2.02	1.98	1.96	1.91	1.86	1.81	1.79	1.76	1.73	1.70	1.67	1.63
20	2.97	2.59	2.38	2.25	2.16	2.09	2.04	2.00	1.96	1.94	1.89	1.84	1.79	1.77	1.74	1.71	1.68	1.64	1.61
21	2.96	2.57	2.36	2.23	2.14	2.08	2.02	1.98	1.95	1.92	1.87	1.83	1.78	1.75	1.72	1.69	1.66	1.62	1.59
22	2.95	2.56	2.35	2.22	2.13	2.06	2.01	1.97	1.93	1.90	1.86	1.81	1.76	1.73	1.70	1.67	1.64	1.60	1.57
23	2.94	2.55	2.34	2.21	2.11	2.05	1.99	1.95	1.92	1.89	1.84	1.80	1.74	1.72	1.69	1.66	1.62	1.59	1.55
24	2.93	2.54	2.33	2.19	2.10	2.04	1.98	1.94	1.91	1.88	1.83	1.78	1.73	1.70	1.67	1.64	1.61	1.57	1.53
25	2.92	2.53	2.32	2.18	2.09	2.02	1.97	1.93	1.89	1.87	1.82	1.77	1.72	1.69	1.66	1.63	1.59	1.56	1.52
26	2.91	2.52	2.31	2.17	2.08	2.01	1.96	1.92	1.88	1.86	1.81	1.76	1.71	1.68	1.65	1.61	1.58	1.54	1.50
27	2.90	2.51	2.30	2.17	2.07	2.00	1.95	1.91	1.87	1.85	1.80	1.75	1.70	1.67	1.64	1.60	1.57	1.53	1.49
28	2.89	2.50	2.29	2.16	2.06	2.00	1.94	1.90	1.87	1.84	1.79	1.74	1.69	1.66	1.63	1.59	1.56	1.52	1.48
29	2.89	2.50	2.28	2.15	2.06	1.99	1.93	1.89	1.86	1.83	1.78	1.73	1.68	1.65	1.62	1.58	1.55	1.51	1.47
30	2.88	2.49	2.28	2.14	2.05	1.98	1.93	1.88	1.85	1.82	1.77	1.72	1.67	1.64	1.61	1.57	1.54	1.50	1.46
40	2.84	2.44	2.23	2.09	2.00	1.93	1.87	1.83	1.79	1.76	1.71	1.66	1.61	1.57	1.54	1.51	1.47	1.42	1.38
60	2.79	2.39	2.18	2.04	1.95	1.87	1.82	1.77	1.74	1.71	1.66	1.60	1.54	1.51	1.48	1.44	1.40	1.35	1.29
120	2.75	2.35	2.13	1.99	1.90	1.82	1.77	1.72	1.68	1.65	1.60	1.55	1.48	1.45	1.41	1.37	1.32	1.26	1.19
∞	2.71	2.30	2.08	1.94	1.85	1.77	1.72	1.67	1.63	1.60	1.55	1.49	1.42	1.38	1.34	1.30	1.24	1.17	1.00

($\alpha=0.05$)

n_2 \ n_1	1	2	3	4	5	6	7	8	9	10	12	15	20	24	30	40	60	120	∞
1	161	200	216	225	230	234	237	239	241	242	244	246	248	249	250	251	252	253	254
2	18.5	19.0	19.2	19.2	19.3	19.3	19.4	19.4	19.4	19.4	19.4	19.4	19.4	19.5	19.5	19.5	19.5	19.5	19.5
3	10.1	9.55	9.28	9.12	9.01	8.94	8.89	8.85	8.81	8.79	8.74	8.70	8.66	8.64	8.62	8.59	8.57	8.55	8.53
4	7.71	6.94	6.59	6.39	6.26	6.16	6.09	6.04	6.00	5.96	5.91	5.86	5.80	5.77	5.75	5.72	5.69	5.66	5.63
5	6.61	5.79	5.41	5.19	5.05	4.95	4.88	4.82	4.77	4.74	4.68	4.62	4.56	4.53	4.50	4.46	4.43	4.40	4.36
6	5.99	5.14	4.76	4.53	4.39	4.28	4.21	4.15	4.10	4.06	4.00	3.94	3.87	3.84	3.81	3.77	3.74	3.70	3.67
7	5.59	4.74	4.35	4.12	3.97	3.87	3.79	3.73	3.68	3.64	3.57	3.51	3.44	3.41	3.38	3.34	3.30	3.27	3.23
8	5.32	4.46	4.07	3.84	3.69	3.58	3.50	3.44	3.39	3.35	3.28	3.22	3.15	3.12	3.08	3.04	3.01	2.97	2.93
9	5.12	4.26	3.86	3.63	3.48	3.37	3.29	3.23	3.18	3.14	3.07	3.01	2.94	2.90	2.86	2.83	2.79	2.75	2.71
10	4.96	4.10	3.71	3.48	3.33	3.22	3.14	3.07	3.02	2.98	2.91	2.85	2.77	2.74	2.70	2.66	2.62	2.58	2.54
11	4.84	3.98	3.59	3.36	3.20	3.09	3.01	2.95	2.90	2.85	2.79	2.72	2.65	2.61	2.57	2.53	2.49	2.45	2.40
12	4.75	3.89	3.49	3.26	3.11	3.00	2.91	2.85	2.80	2.75	2.69	2.62	2.54	2.51	2.47	2.43	2.38	2.34	2.30
13	4.67	3.81	3.41	3.18	3.03	2.92	2.83	2.77	2.71	2.67	2.60	2.53	2.46	2.42	2.38	2.34	2.30	2.25	2.21
14	4.60	3.74	3.34	3.11	2.96	2.85	2.76	2.70	2.65	2.60	2.53	2.46	2.39	2.35	2.31	2.27	2.22	2.18	2.13
15	4.54	3.68	3.29	3.06	2.90	2.79	2.71	2.64	2.59	2.54	2.48	2.40	2.33	2.29	2.25	2.20	2.16	2.11	2.07
16	4.49	3.63	3.24	3.01	2.85	2.74	2.66	2.59	2.54	2.49	2.42	2.35	2.28	2.24	2.19	2.15	2.11	2.06	2.01
17	4.45	3.59	3.20	2.96	2.81	2.70	2.61	2.55	2.49	2.45	2.38	2.31	2.23	2.19	2.15	2.10	2.06	2.01	1.96
18	4.41	3.55	3.16	2.93	2.77	2.66	2.58	2.51	2.46	2.41	2.34	2.27	2.19	2.15	2.11	2.06	2.02	1.97	1.92
19	4.38	3.52	3.13	2.90	2.74	2.63	2.54	2.48	2.42	2.38	2.31	2.23	2.16	2.11	2.07	2.03	1.98	1.93	1.88
20	4.35	3.49	3.10	2.87	2.71	2.60	2.51	2.45	2.39	2.35	2.28	2.20	2.12	2.08	2.04	1.99	1.95	1.90	1.84
21	4.32	3.47	3.07	2.84	2.68	2.57	2.49	2.42	2.37	2.32	2.25	2.18	2.10	2.05	2.01	1.96	1.92	1.87	1.81
22	4.30	3.44	3.05	2.82	2.66	2.55	2.46	2.40	2.34	2.30	2.23	2.15	2.07	2.03	1.98	1.94	1.89	1.84	1.78
23	4.28	3.42	3.03	2.80	2.64	2.53	2.44	2.37	2.32	2.27	2.20	2.13	2.05	2.01	1.96	1.91	1.86	1.81	1.76
24	4.26	3.40	3.01	2.78	2.62	2.51	2.42	2.36	2.30	2.25	2.18	2.11	2.03	1.98	1.94	1.89	1.84	1.79	1.73
25	4.24	3.39	2.99	2.76	2.60	2.49	2.40	2.34	2.28	2.24	2.16	2.09	2.01	1.96	1.92	1.87	1.82	1.77	1.71
26	4.23	3.37	2.98	2.74	2.59	2.47	2.39	2.32	2.27	2.22	2.15	2.07	1.99	1.95	1.90	1.85	1.80	1.75	1.69
27	4.21	3.35	2.96	2.73	2.57	2.46	2.37	2.31	2.25	2.20	2.13	2.06	1.97	1.93	1.88	1.84	1.79	1.73	1.67
28	4.20	3.34	2.95	2.71	2.56	2.45	2.36	2.29	2.24	2.19	2.12	2.04	1.96	1.91	1.87	1.82	1.77	1.71	1.65
29	4.18	3.33	2.93	2.70	2.55	2.43	2.35	2.28	2.22	2.18	2.10	2.03	1.94	1.90	1.85	1.81	1.75	1.70	1.64
30	4.17	3.32	2.92	2.69	2.53	2.42	2.33	2.27	2.21	2.16	2.09	2.01	1.93	1.89	1.84	1.79	1.74	1.68	1.62
40	4.08	3.23	2.84	2.61	2.45	2.34	2.25	2.18	2.12	2.08	2.00	1.92	1.84	1.79	1.74	1.69	1.64	1.58	1.51
60	4.00	3.15	2.76	2.53	2.37	2.25	2.17	2.10	2.04	1.99	1.92	1.84	1.75	1.70	1.65	1.59	1.53	1.47	1.39
120	3.92	3.07	2.68	2.45	2.29	2.17	2.09	2.02	1.96	1.91	1.83	1.75	1.66	1.61	1.55	1.50	1.43	1.35	1.25
∞	3.84	3.00	2.60	2.37	2.21	2.10	2.01	1.94	1.88	1.83	1.75	1.67	1.57	1.52	1.46	1.39	1.32	1.22	1.00

($\alpha=0.025$)

n_1 \ n_2	1	2	3	4	5	6	7	8	9	10	12	15	20	24	30	40	60	120	∞
1	648	800	864	900	922	937	948	957	963	969	977	985	993	997	1000	1010	1010	1010	1020
2	38.5	39.0	39.2	39.2	39.3	39.3	39.4	39.4	39.4	39.4	39.4	39.4	39.4	39.5	39.5	39.5	39.5	39.5	39.5
3	17.4	16.0	15.4	15.1	14.9	14.7	14.6	14.5	14.5	14.4	14.3	14.3	14.2	14.1	14.1	14.0	14.0	13.9	13.9
4	12.2	10.6	9.98	9.60	9.36	9.20	9.07	8.98	8.90	8.84	8.75	8.66	8.56	8.51	8.46	8.41	8.36	8.31	8.26
5	10.0	8.43	7.76	7.39	7.15	6.98	6.85	6.76	6.68	6.62	6.52	6.43	6.33	6.28	6.23	6.18	6.12	6.07	6.02
6	8.81	7.26	6.60	6.23	5.99	5.82	5.70	5.60	5.52	5.46	5.37	5.27	5.17	5.12	5.07	5.01	4.96	4.90	4.85
7	8.07	6.54	5.89	5.52	5.29	5.12	4.99	4.90	4.82	4.76	4.67	4.57	4.47	4.42	4.36	4.31	4.25	4.20	4.14
8	7.57	6.06	5.42	5.05	4.82	4.65	4.53	4.43	4.36	4.30	4.20	4.10	4.00	3.95	3.89	3.84	3.78	3.73	3.67
9	7.21	5.71	5.08	4.72	4.48	4.32	4.20	4.10	4.03	3.96	3.87	3.77	3.67	3.61	3.56	3.51	3.45	3.39	3.33
10	6.94	5.46	4.83	4.47	4.24	4.07	3.95	3.85	3.78	3.72	3.62	3.52	3.42	3.37	3.31	3.26	3.20	3.14	3.08
11	6.72	5.26	4.63	4.28	4.04	3.88	3.76	3.66	3.59	3.53	3.43	3.33	3.23	3.17	3.12	3.06	3.00	2.94	2.88
12	6.55	5.10	4.47	4.12	3.89	3.73	3.61	3.51	3.44	3.37	3.28	3.18	3.07	3.02	2.96	2.91	2.85	2.79	2.72
13	6.41	4.97	4.35	4.00	3.77	3.60	3.48	3.39	3.31	3.25	3.15	3.05	2.95	2.89	2.84	2.78	2.72	2.66	2.60
14	6.30	4.86	4.24	3.89	3.66	3.50	3.38	3.29	3.21	3.15	3.05	2.95	2.84	2.79	2.73	2.67	2.61	2.55	2.49
15	6.20	4.77	4.15	3.80	3.58	3.41	3.29	3.20	3.12	3.06	2.96	2.86	2.76	2.70	2.64	2.59	2.52	2.46	2.40
16	6.12	4.69	4.08	3.73	3.50	3.34	3.22	3.12	3.05	2.99	2.89	2.79	2.68	2.63	2.57	2.51	2.45	2.38	2.32
17	6.04	4.62	4.01	3.66	3.44	3.28	3.16	3.06	2.98	2.92	2.82	2.72	2.62	2.56	2.50	2.44	2.38	2.32	2.25
18	5.98	4.56	3.95	3.61	3.38	3.22	3.10	3.01	2.93	2.87	2.77	2.67	2.56	2.50	2.44	2.38	2.32	2.26	2.19
19	5.92	4.51	3.90	3.56	3.33	3.17	3.05	2.96	2.88	2.82	2.72	2.62	2.51	2.45	2.39	2.33	2.27	2.20	2.13
20	5.87	4.46	3.86	3.51	3.29	3.13	3.01	2.91	2.84	2.77	2.68	2.57	2.46	2.41	2.35	2.29	2.22	2.16	2.09
21	5.83	4.42	3.82	3.48	3.25	3.09	2.97	2.87	2.80	2.73	2.64	2.53	2.42	2.37	2.31	2.25	2.18	2.11	2.04
22	5.79	4.38	3.78	3.44	3.22	3.05	2.93	2.84	2.76	2.70	2.60	2.50	2.39	2.33	2.27	2.21	2.14	2.08	2.00
23	5.75	4.35	3.75	3.41	3.18	3.02	2.90	2.81	2.73	2.67	2.57	2.47	2.36	2.30	2.24	2.18	2.11	2.04	1.97
24	5.72	4.32	3.72	3.38	3.15	2.99	2.87	2.78	2.70	2.64	2.54	2.44	2.33	2.27	2.21	2.15	2.08	2.01	1.94
25	5.69	4.29	3.69	3.35	3.13	2.97	2.85	2.75	2.68	2.61	2.51	2.41	2.30	2.24	2.18	2.12	2.05	1.98	1.91
26	5.66	4.27	3.67	3.33	3.10	2.94	2.82	2.73	2.65	2.59	2.49	2.39	2.28	2.22	2.16	2.09	2.03	1.95	1.88
27	5.63	4.24	3.65	3.31	3.08	2.92	2.80	2.71	2.63	2.57	2.47	2.36	2.25	2.19	2.13	2.07	2.00	1.93	1.85
28	5.61	4.22	3.63	3.29	3.06	2.90	2.78	2.69	2.61	2.55	2.45	2.34	2.23	2.17	2.11	2.05	1.98	1.91	1.83
29	5.59	4.20	3.61	3.27	3.04	2.88	2.76	2.67	2.59	2.53	2.43	2.32	2.21	2.15	2.09	2.03	1.96	1.89	1.81
30	5.57	4.18	3.59	3.25	3.03	2.87	2.75	2.65	2.57	2.51	2.41	2.31	2.20	2.14	2.07	2.01	1.94	1.87	1.79
40	5.42	4.05	3.46	3.13	2.90	2.74	2.62	2.53	2.45	2.39	2.29	2.18	2.07	2.01	1.94	1.88	1.80	1.72	1.64
60	5.29	3.93	3.34	3.01	2.79	2.63	2.51	2.41	2.33	2.27	2.17	2.06	1.94	1.88	1.82	1.74	1.67	1.58	1.48
120	5.15	3.80	3.23	2.89	2.67	2.52	2.39	2.30	2.22	2.16	2.05	1.94	1.82	1.76	1.69	1.61	1.53	1.43	1.31
∞	5.02	3.69	3.12	2.79	2.57	2.41	2.29	2.19	2.11	2.05	1.94	1.83	1.71	1.64	1.57	1.48	1.39	1.27	1.00

$(\alpha = 0.01)$

n_1 \ n_2	1	2	3	4	5	6	7	8	9	10	12	15	20	24	30	40	60	120	∞
1	4050	5000	5400	5620	5760	5860	5930	5980	6020	6060	6110	6160	6210	6230	6260	6290	6310	6340	6370
2	98.5	99.0	99.2	99.2	99.3	99.3	99.4	99.4	99.4	99.4	99.4	99.4	99.4	99.5	99.5	99.5	99.5	99.5	99.5
3	34.1	30.8	29.5	28.7	28.2	27.9	27.7	27.5	27.3	27.2	27.1	26.9	26.7	26.6	26.5	26.4	26.3	26.2	26.1
4	21.2	18.0	16.7	16.0	15.5	15.2	15.0	14.8	14.7	14.5	14.4	14.2	14.0	13.9	13.8	13.7	13.7	13.6	13.5
5	16.3	13.3	12.1	11.4	11.0	10.7	10.5	10.3	10.2	10.1	9.89	9.72	9.55	9.47	9.38	9.29	9.20	9.11	9.02
6	13.7	10.9	9.78	9.15	8.75	8.47	8.26	8.10	7.98	7.87	7.72	7.56	7.40	7.31	7.23	7.14	7.06	6.97	6.88
7	12.2	9.55	8.45	7.85	7.46	7.19	6.99	6.84	6.72	6.62	6.47	6.31	6.16	6.07	5.99	5.91	5.82	5.74	5.65
8	11.3	8.65	7.59	7.01	6.63	6.37	6.18	6.03	5.91	5.81	5.67	5.52	5.36	5.28	5.20	5.12	5.03	4.95	4.86
9	10.6	8.02	6.99	6.42	6.06	5.80	5.61	5.47	5.35	5.26	5.11	4.96	4.81	4.73	4.65	4.57	4.48	4.40	4.31
10	10.0	7.56	6.55	5.99	5.64	5.39	5.20	5.06	4.94	4.85	4.71	4.56	4.41	4.33	4.25	4.17	4.08	4.00	3.91
11	9.65	7.21	6.22	5.67	5.32	5.07	4.89	4.74	4.63	4.54	4.40	4.25	4.10	4.02	3.94	3.86	3.78	3.69	3.60
12	9.33	6.93	5.95	5.41	5.06	4.82	4.64	4.50	4.39	4.30	4.16	4.01	3.86	3.78	3.70	3.62	3.54	3.45	3.36
13	9.07	6.70	5.74	5.21	4.86	4.62	4.44	4.30	4.19	4.10	3.96	3.82	3.66	3.59	3.51	3.43	3.34	3.25	3.17
14	8.86	6.51	5.56	5.04	4.69	4.46	4.28	4.14	4.03	3.94	3.80	3.66	3.51	3.43	3.35	3.27	3.18	3.09	3.00
15	8.68	6.36	5.42	4.89	4.56	4.32	4.14	4.00	3.89	3.80	3.67	3.52	3.37	3.29	3.21	3.13	3.05	2.96	2.87
16	8.53	6.23	5.29	4.77	4.44	4.20	4.03	3.89	3.78	3.69	3.55	3.41	3.26	3.18	3.10	3.02	2.93	2.84	2.75
17	8.40	6.11	5.18	4.67	4.34	4.10	3.93	3.79	3.68	3.59	3.46	3.31	3.16	3.08	3.00	2.92	2.83	2.75	2.65
18	8.29	6.01	5.09	4.58	4.25	4.01	3.84	3.71	3.60	3.51	3.37	3.23	3.08	3.00	2.92	2.84	2.75	2.66	2.57
19	8.18	5.93	5.01	4.50	4.17	3.94	3.77	3.63	3.52	3.43	3.30	3.15	3.00	2.92	2.84	2.76	2.67	2.58	2.49
20	8.10	5.85	4.94	4.43	4.10	3.87	3.70	3.56	3.46	3.37	3.23	3.09	2.94	2.86	2.78	2.69	2.61	2.52	2.42
21	8.02	5.78	4.87	4.37	4.04	3.81	3.64	3.51	3.40	3.31	3.17	3.03	2.88	2.80	2.72	2.64	2.55	2.46	2.36
22	7.95	5.72	4.82	4.31	3.99	3.76	3.59	3.45	3.35	3.26	3.12	2.98	2.83	2.75	2.67	2.58	2.50	2.40	2.31
23	7.88	5.66	4.76	4.26	3.94	3.71	3.54	3.41	3.30	3.21	3.07	2.93	2.78	2.70	2.62	2.54	2.45	2.35	2.26
24	7.82	5.61	4.72	4.22	3.90	3.67	3.50	3.36	3.26	3.17	3.03	2.89	2.74	2.66	2.58	2.49	2.40	2.31	2.21
25	7.77	5.57	4.68	4.18	3.85	3.63	3.46	3.32	3.22	3.13	2.99	2.85	2.70	2.62	2.54	2.45	2.36	2.27	2.17
26	7.72	5.53	4.64	4.14	3.82	3.59	3.42	3.29	3.18	3.09	2.96	2.81	2.66	2.58	2.50	2.42	2.33	2.23	2.13
27	7.68	5.49	4.60	4.11	3.78	3.56	3.39	3.26	3.15	3.06	2.93	2.78	2.63	2.55	2.47	2.38	2.29	2.20	2.10
28	7.64	5.45	4.57	4.07	3.75	3.53	3.36	3.23	3.12	3.03	2.90	2.75	2.60	2.52	2.44	2.35	2.26	2.17	2.06
29	7.60	5.12	4.54	4.04	3.73	3.50	3.33	3.20	3.09	3.00	2.87	2.73	2.57	2.49	2.41	2.33	2.23	2.14	2.03
30	7.56	5.39	4.51	4.02	3.70	3.47	3.30	3.17	3.07	2.98	2.84	2.70	2.55	2.47	2.39	2.30	2.21	2.11	2.01
40	7.31	5.18	4.31	3.83	3.51	3.29	3.12	2.99	2.89	2.80	2.66	2.52	2.37	2.29	2.20	2.11	2.02	1.92	1.80
60	7.08	4.98	4.13	3.65	3.34	3.12	2.95	2.82	2.72	2.63	2.50	2.35	2.20	2.12	2.03	1.94	1.84	1.73	1.60
120	6.85	4.79	3.95	3.48	3.17	2.96	2.79	2.66	2.56	2.47	2.34	2.19	2.03	1.95	1.86	1.76	1.66	1.53	1.38
∞	6.63	4.61	3.78	3.32	3.02	2.80	2.64	2.51	2.41	2.32	2.18	2.04	1.88	1.79	1.70	1.59	1.47	1.32	1.00

($\alpha=0.005$)

n_1 \ n_2	1	2	3	4	5	6	7	8	9	10	12	15	20	24	30	40	60	120	∞
1	16200	20000	21600	22500	23100	23400	23700	23900	24100	24200	24400	24600	24800	24900	25000	25100	25300	25400	25500
2	199	199	199	199	199	199	199	199	199	199	199	199	199	199	199	199	199	199	200
3	55.6	49.8	47.5	46.2	45.4	44.8	44.4	44.1	43.9	43.7	43.4	43.1	42.8	42.6	42.5	42.3	42.1	42.0	41.8
4	31.3	26.3	24.3	23.2	22.5	22.0	21.6	21.4	21.1	21.0	20.7	20.4	20.2	20.0	19.9	19.8	19.6	19.5	19.3
5	22.8	18.3	16.5	15.6	14.9	14.5	14.2	14.0	13.8	13.6	13.4	13.1	12.9	12.8	12.7	12.5	12.4	12.3	12.1
6	18.6	14.5	12.9	12.0	11.5	11.1	10.8	10.6	10.4	10.3	10.0	9.81	9.59	9.47	9.36	9.24	9.12	9.01	8.88
7	16.2	12.4	10.9	10.1	9.52	9.16	8.89	8.68	8.51	8.38	8.18	7.97	7.75	7.65	7.53	7.42	7.31	7.19	7.08
8	14.7	11.0	9.60	8.81	8.30	7.95	7.69	7.50	7.34	7.21	7.01	6.81	6.61	6.50	6.40	6.29	6.18	6.06	5.95
9	13.6	10.1	8.72	7.96	7.47	7.13	6.88	6.69	6.54	6.42	6.23	6.03	5.83	5.73	5.62	5.52	5.41	5.30	5.19
10	12.8	9.43	8.08	7.34	6.87	6.54	6.30	6.12	5.97	5.85	5.66	5.47	5.27	5.17	5.07	4.97	4.86	4.75	4.64
11	12.2	8.91	7.60	6.88	6.42	6.10	5.86	5.68	5.54	5.42	5.24	5.05	4.86	4.76	4.65	4.55	4.44	4.34	4.23
12	11.8	8.51	7.23	6.52	6.07	5.76	5.52	5.35	5.20	5.09	4.91	4.72	4.53	4.43	4.33	4.23	4.12	4.01	3.90
13	11.4	8.19	6.93	6.23	5.79	5.48	5.25	5.08	4.94	4.82	4.64	4.46	4.27	4.17	4.07	3.97	3.87	3.76	3.65
14	11.1	7.92	6.68	6.00	5.56	5.26	5.03	4.86	4.72	4.60	4.43	4.25	4.06	3.96	3.86	3.76	3.66	3.55	3.44
15	10.8	7.70	6.48	5.80	5.37	5.07	4.85	4.67	4.54	4.42	4.25	4.07	3.88	3.79	3.69	3.58	3.48	3.37	3.26
16	10.6	7.51	6.30	5.64	5.21	4.91	4.69	4.52	4.38	4.27	4.10	3.92	3.73	3.64	3.54	3.44	3.33	3.22	3.11
17	10.4	7.35	6.16	5.50	5.07	4.78	4.56	4.39	4.25	4.14	3.97	3.79	3.61	3.51	3.41	3.31	3.21	3.10	2.98
18	10.2	7.21	6.03	5.37	4.96	4.66	4.44	4.28	4.14	4.03	3.86	3.68	3.50	3.40	3.30	3.20	3.10	2.99	2.87
19	10.1	7.09	5.92	5.27	4.85	4.56	4.34	4.18	4.04	3.93	3.76	3.59	3.40	3.31	3.21	3.11	3.00	2.89	2.78
20	9.94	6.99	5.82	5.17	4.76	4.47	4.26	4.09	3.96	3.85	3.68	3.50	3.32	3.22	3.12	3.02	2.92	2.81	2.69
21	9.83	6.89	5.73	5.09	4.68	4.39	4.18	4.01	3.88	3.77	3.60	3.43	3.24	3.15	3.05	2.95	2.84	2.73	2.61
22	9.73	6.81	5.65	5.02	4.61	4.32	4.11	3.94	3.81	3.70	3.54	3.36	3.18	3.08	2.98	2.88	2.77	2.66	2.55
23	9.63	6.73	5.58	4.95	4.54	4.26	4.05	3.88	3.75	3.64	3.47	3.30	3.12	3.02	2.92	2.82	2.71	2.60	2.48
24	9.55	6.66	5.52	4.89	4.49	4.20	3.99	3.83	3.69	3.59	3.42	3.25	3.06	2.97	2.87	2.77	2.66	2.55	2.43
25	9.48	6.60	5.46	4.84	4.43	4.15	3.94	3.78	3.64	3.54	3.37	3.20	3.01	2.92	2.82	2.72	2.61	2.50	2.38
26	9.41	6.54	5.41	4.79	4.38	4.10	3.89	3.73	3.60	3.49	3.33	3.15	2.97	2.87	2.77	2.67	2.56	2.45	2.33
27	9.34	6.49	5.36	4.74	4.34	4.06	3.85	3.69	3.56	3.45	3.28	3.11	2.93	2.83	2.73	2.63	2.52	2.41	2.29
28	9.28	6.44	5.32	4.70	4.30	4.02	3.81	3.65	3.52	3.41	3.25	3.07	2.89	2.79	2.69	2.59	2.48	2.37	2.25
29	9.23	6.40	5.28	4.66	4.26	3.98	3.77	3.61	3.48	3.38	3.21	3.04	2.86	2.76	2.66	2.56	2.45	2.33	2.21
30	9.18	6.35	5.24	4.62	4.23	3.95	3.74	3.58	3.45	3.34	3.18	3.01	2.82	2.73	2.63	2.52	2.42	2.30	2.18
40	8.83	6.07	4.98	4.37	3.99	3.71	3.51	3.35	3.22	3.12	2.95	2.78	2.60	2.50	2.40	2.30	2.18	2.06	1.93
60	8.49	5.79	4.73	4.14	3.76	3.49	3.29	3.13	3.01	2.90	2.74	2.57	2.39	2.29	2.19	2.08	1.96	1.83	1.69
120	8.18	5.54	4.50	3.92	3.55	3.28	3.09	2.93	2.81	2.71	2.54	2.37	2.19	2.09	1.98	1.87	1.75	1.61	1.43
∞	7.88	5.30	4.28	3.72	3.35	3.09	2.90	2.74	2.62	2.52	2.36	2.19	2.00	1.90	1.79	1.67	1.53	1.36	1.00